"十四五"高等职业教育专科校院合作"双元"规划教材

供医学检验技术及相关专业用

有机化学

主　编　方应权　曾琦斐

副主编　宋煜伟　于俊美　李　刚　王宜萍

编　委（按姓名汉语拼音排序）

方应权（重庆三峡医药高等专科学校）
洪开文（安顺职业技术学院）
李　刚（菏泽医学专科学校）
刘雪莹（菏泽医学专科学校）
苗　方（菏泽医学专科学校）
宋煜伟（洛阳职业技术学院）
王宜萍（宜春职业技术学院）
王英玲（菏泽医学专科学校）
尹莲梅（石家庄人民医学高等专科学校）
于俊美（石家庄人民医学高等专科学校）
曾琦斐（湖南环境生物职业技术学院）

北京大学医学出版社

YOUJI HUAXUE

图书在版编目（CIP）数据

有机化学 / 方应权，曾琦斐主编 . —北京：
北京大学医学出版社，2024.1
ISBN 978-7-5659-2886-4

Ⅰ. ①有… Ⅱ. ①方… ②曾… Ⅲ. ①有机化学 - 高等
职业教育 - 教材 Ⅳ. ①O62

中国国家版本馆 CIP 数据核字（2023）第 060798 号

有机化学

主　　编： 方应权　曾琦斐
出版发行： 北京大学医学出版社
地　　址：（100191）北京市海淀区学院路 38 号　北京大学医学部院内
电　　话： 发行部 010-82802230；图书邮购 010-82802495
网　　址： http: //www.pumpress.com.cn
E-mail： booksale@bjmu.edu.cn
印　　刷： 北京瑞达方舟印务有限公司
经　　销： 新华书店
责任编辑： 杨　杰　　**责任校对：** 靳新强　　**责任印制：** 李　啸
开　　本： 850 mm × 1168 mm　1/16　　**印张：** 17.25　　**字数：** 488 千字
版　　次： 2024 年 1 月第 1 版　2024 年 1 月第 1 次印刷
书　　号： ISBN 978-7-5659-2886-4
定　　价： 45.00 元

出版说明

国务院印发《国家职业教育改革实施方案》，提出了进一步办好新时代职业教育的具体措施，中共中央办公厅、国务院办公厅印发《关于推动现代职业教育高质量发展的意见》，为新时代职业教育的高质量发展指明了方向。文件指出要促进产教融合校企“双元”育人，完善产教融合办学体制，深化教育教学改革，创新教学模式与方法，改进教学内容与教材，完善“岗课赛证”综合育人机制，推动现代信息技术与教育教学深度融合，提高课堂教学质量；推动教师、教材、教法“三教”改革，强化教材建设国家事权，建设一大批校企“双元”合作开发的国家规划教材；推进习近平新时代中国特色社会主义思想进教材、进课堂、进头脑。

高质量的教材是实施教育改革、提升人才培养质量的重要支撑。为深入贯彻党的二十大精神，更好地支持新时代卫生健康职业教育事业发展、服务于我国高职专科医学检验技术专业人才培养，北京大学医学出版社有代表性地组织各地院校、行业单位启动了高职专科医学检验技术专业教材建设；在各方面专家的指导下，结合各院校教学教材调研反馈，经过论证决定启动16种教材建设。

本套教材的主要特点如下：

1．优选参编院校

遴选全国30余所优质高职院校的具有丰富教学经验的骨干教师参与教材建设，力求使教材的内容和深浅度具有全国代表性、普适性、实用性。

2．产教融合共建

吸纳教学医院、行业医院的临床检验岗位专家参与教材编写、审稿，学校教师与行业专家“双元”共建，确保教材内容符合行业发展、符合医院临床检验岗位实际和人才培养需求。

3．严把知识体系

教材编写对照教育部《高等职业学校医学检验技术专业教学标准》及相关大纲，明确培养需求，结合各地院校教学实际与行业医院临床检验岗位实际编排教材知识体系，纳入已有定论的知识、理论、技术，内容以“必需、够用”为度，“岗课赛证”融通建设，使教材既符合多数院校教学现状，又适度引领教学改革。

4．优化编写体例

以学生为中心，以突出技术技能培养为导向，设置“学习目标”“案例”“知识链接”“自测题”等模块，图文并茂，使教材贴近情境式学习、基于案例的学习，促进学生的临床评判性思维能力、岗位胜任力培养。

5．实践纸数融合

将纸质教材与二维码技术相结合，按章节设置二维码，通过微信扫码获取拓展知识、微课、技术操作视频、图片等数字教学资源，促进“以学生为中心”的自主学习，实现以纸质教材为核心、配套数字教学资源的融媒体教材建设。为便于教师、学生使用，PPT 课件统一做成压缩包，用微信“扫一扫”扫描封底激活码，即可导出 PPT 课件、激活教材正文二维码。

6．贯彻教材思政

深入贯彻课程思政教学要求，将思政潜移默化地融入教材中，培根铸魂、启智增慧，体现人文关怀，提高职业认同度，着力培养学生“敬佑生命、救死扶伤、甘于奉献、大爱无疆”的医者精神，引导学生始终把人民群众生命安全和身体健康放在首位。

本套教材供高职专科医学检验技术专业及相关专业用。希望广大师生多提宝贵意见，反馈使用信息，以逐步完善教材内容，提高教材质量，为新时代卫生健康职业教育事业发展和医学检验技术人才培养做出贡献！

前言

本书为“十四五”高等职业教育专科校院合作“双元”规划教材，为适应现代职业教育改革的需要，针对高职高专医学检验技术、医学影像技术、药学、药品生产技术等专业培养目标，以有机化学的基本概念、基本原理和基本理论为中心，同时考虑到医学检验技术、医学影像技术、药学、药品生产技术等专业后续课程所需的化学知识点，注重反映本学科领域的新进展，注重理论联系实际，注重职业技能的培养，体现了高等职业教育特色。

本教材的编写有以下四个特点：一是新颖性，根据现代职业教育的要求和高等职业教育教学的特点，在内容体系和编排结构上进行了创新，把有机化学学科前沿的新知识、新方法和新技术融入其中。二是实用性，坚持“理论够用、突出技能”的编写原则，突出实用性，注重有机物和有机化学在医药卫生领域的应用。三是“立体化”建设，教材配套设置了数字教学资源，便于学生自主学习。四是重视职业技能培养，坚持以就业为导向，拓宽基础知识，注重基本技能和实践操作能力，便于学生掌握工作岗位所需的职业技能和实践能力。

本教材共十三章，阐述了有机化学理论知识，附录为实训内容，既注重突出重点、突破难点、关注学科前沿热点，又注重教材内容的整体优化，同时注重教材语言简明扼要、深入浅出、通俗易懂。

本教材在内容设置、结构编排、思考题选编等方面进行了一些创新性尝试，具有较强的实用性和职业教育特色，但由于编者学识水平有限，难免存在不足之处，恳请各位读者提出宝贵意见，以便进一步修订和完善。教材编写过程中得到了相关高等职业院校以及出版社各位专家、领导的大力支持和帮助，在此一并表示衷心的感谢!

主　编

目 录

第一章
总论

第一章
数字资源

学习目标

1. 掌握有机化合物的概念、特性、结构特点和分类。
2. 熟悉杂化轨道理论及共价键的形成、属性和类型。
3. 了解共价键的断裂方式及有机反应类型。
4. 了解有机化合物在医药领域的应用。
5. 了解有机化学的含义、研究内容及学习方法。

案例导入

1932 年，德国科学家格哈德·多马克（Gerhard Domagk）发现一种偶氮磺胺染料可以治愈细菌性败血症。随后，化学家们研发了许多新型磺胺类药物。这种偶氮磺胺染料是一种有机化合物，磺胺类药物属于有机化合物类药物。医学和药学的发展史表明，有机化合物广泛应用于医药卫生领域，某些有机化合物本身可以作为药物，某些有机化合物可以作为合成药物的原料，在疾病的预防、诊断和治疗方面发挥着非常重要的作用。

思考题：

1. 有机化合物在人类生命活动中具有哪些重要作用？
2. 有机化合物在人类疾病的预防、诊断和治疗方面有哪些重要作用？

自然界中 99% 以上的物质是有机化合物。人体组织主要由有机化合物组成，人体内主要营养物质（如糖、脂肪、蛋白质）的代谢过程都是有机化学反应。治疗疾病的药物的有效成分大多是有机化合物；工业生产中的塑料、橡胶、树脂、石油、天然气等均为有机化合物；农业使用的农药、化肥大多为有机化合物；汽车、飞机、轮船燃烧的汽油、柴油等均为有机化合物。可见，有机化合物与人们的生活、医药卫生、工农业生产和交通运输等息息相关。本章主要介绍有机化合物的概念、特性、结构特点、分类、反应类型及其在医药领域中的应用。

第一节 概 述

有机化合物与人类的关系非常密切，在人们的衣、食、住、行以及医疗保健、工农业生产、能源、材料、生命科学和其他科学技术等领域都具有广泛的应用。

一、有机化合物与有机化学

（一）有机化合物

人类对物质的认识是逐步发展的。1807 年，瑞典化学家贝采尼乌斯（J. J. Berzelius）首先提出将物质划分为两大类，一类是从矿物中分离及提炼出的物质，称为无机物，如盐、铜、金、银、铁等；另一类是从动植物体内得到的物质，称为有机物，如葡萄糖、蔗糖、乳糖、淀粉、纤维素、蛋白质、核酸、脂肪和尿素等。

19 世纪以前，有机化合物被认为是“有生命功能的神秘物质”，只能在“生命力”的作用下生成，不能人工合成。这就是“生命力”学说。“生命力”学说统治化学界长达半个世纪之久，严重阻碍了有机化学的发展。随着科学的发展，科学家们在实验室中陆续合成了许多有机化合物。例如，1828 年，德国化学家弗里德里希·维勒（Friedrich Wohler）首次在实验室中用无机物氰酸钾和氯化铵合成了有机化合物尿素；1845 年，柯尔伯（H. Kolbe）合成了乙酸；1854 年，柏赛罗（Berthelot）合成了油脂等。有机化合物可以合成的大量事实弥合了无机物和有机物之间的鸿沟，打破了只能从有机体中获得有机化合物的错误观点。此后，化学家们摆脱了“生命力”学说的束缚，加快了有机化合物的研究和人工合成，促进了有机化学的发展。许多蛋白质、核酸、激素等生物大分子物质也逐步实现了人工合成。

有机化合物在元素组成、结构和性质方面都与无机物有明显的区别。研究表明，**有机化合物**（organic compound）中都含有碳元素，绝大多数有机化合物还含有氢元素，有的甚至还含有氧、硫、氮、磷等元素。由于有机化合物分子中的氢原子可被其他原子或原子团所代替，从而衍生出许多其他的有机化合物，因此通常把碳氢化合物及其衍生物称为有机化合物，简称有机物。

有机化合物都是含碳元素的化合物，但含碳元素的化合物不一定是有机化合物。例如，一氧化碳（CO）、二氧化碳（CO_2）、碳酸（H_2CO_3）、碳酸盐（$CaCO_3$、Na_2CO_3、$NaHCO_3$）、碳化钙（CaC_2）、氰化物（HCN、$NaCN$、KCN）、硫氰化物（$HSCN$、$NaSCN$、$KSCN$）等少数含碳元素的化合物，均具有典型的无机物的成键方式和化学性质，通常把这些物质归为无机物。

无机物与有机物之间并没有绝对的界限，两者在一定条件下可以相互转化。例如，碳化钙与水反应可生成乙炔，乙醇、汽油、柴油等燃烧后可生成二氧化碳和水，植物可以通过光合作用把二氧化碳和水转化为葡萄糖，葡萄糖在人体内可以氧化分解为二氧化碳和水。

知识链接

富勒烯

富勒烯（fullerene）是由 50 个、60 个、70 个碳原子组成的 C_{50}、C_{60}、C_{70} 等一类化合物的统称，是一族只由碳元素组成的笼状化合物。富勒烯是碳的同素异形体，属于无机化合物，但富勒烯及其衍生物的分子结构和化学性质又像芳香烃，因此也可归属于有机化合物。自柯尔（R. F. Carl）、克罗托（H. Kroto）和斯莫利（R. E. Smalley）三位科学家于1985年发现C_{60}以来，C_{60}和富勒烯族化合物的研究就相当活跃。C_{60}是继苯分子后化学领域的又一个重大发现，三位科学家也因此获得1996年诺贝尔化学奖。C_{60}是由60个碳原子通过不等性sp^2杂化轨道相互成键形成的笼状分子，未杂化的p轨道形成一个非平面的共轭离域大π键，60个碳原子在12个五元环和20个六元环组成的具有32个平面的多面体的60个顶点上，是一个高度对称的分子。富勒烯的结构如图1所示。

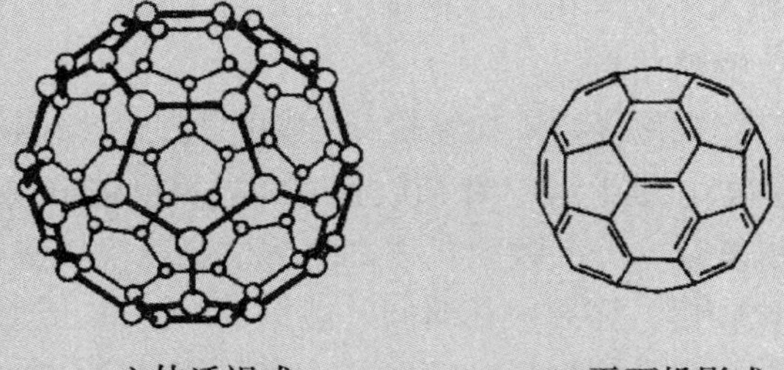

a. 立体透视式　　b. 平面投影式

图1　富勒烯的结构

研究表明，C_{60}在许多领域发挥了重要作用。C_{60}是纳米级材料，可作为记忆元件，制成超级耐高温润滑剂、高能蓄电池、燃料、太空火箭推进剂等。纯C_{60}是绝缘体，但是在C_{60}笼状分子中嵌入钾原子后，能产生较好的超导性和光学性，可在非线性光学材料和特殊有机磁性材料中应用。另外，由于其结构的特殊性，表现出很强的非线性光学性质，在光学计算机和光纤通信中也有特殊价值。C_{60}的水溶性磷脂衍生物可与某些癌细胞结合，并具有生物活性，从而为杀灭癌细胞提供了条件。富勒烯的出现，为化学、物理学、电子学、天文学、材料科学、生命科学和医学等学科开辟了新的研究领域。

（二）有机化学

有机化学（organic chemistry）是一门研究有机化合物的结构、性质、合成方法、应用以及它们之间相互转化和内在联系的学科。通常，有机化学研究有机化合物的四个方面，即有机化合物的结构、命名、合成（包括分离和提纯）及有机反应（包括反应历程、范围、限制及其在有机合成中的应用）。

有机化学是连贯性、系统性和规律性很强的学科，在学习过程中要不断总结有机化合物结构与性质的关系，揭示各类有机化合物之间的内在联系与相互转化关系。只有熟练掌握这些关系，灵活运用有机反应，才能设计出合理的有机合成路线。要重视有机化学实验教学，结合实验掌握有机化学的基本概念、基本原理和基本理论，理解和巩固有机化学基础知识，提高观察问题、分析问题和解决问题的能力，培养动手操作能力、实事求是的科学态度和严谨的工作作风。要通过大量的练习，进一步巩固和检验所学知识，才能灵活运用理论知识解决实际问题。总之，学习有机化学要做到多思考、多动手、多总结和多练习。

二、有机化合物的特性

与无机物相比，大多数有机化合物具有下列特性：

1. 易燃烧 绝大多数有机化合物（如甲烷、乙烯、乙炔、汽油、乙醇、乙醚、油脂等）都能燃烧，燃烧时主要生成二氧化碳和水，并放出大量的热。大多数无机物不能燃烧。

2. 熔点、沸点低 有机化合物多以共价键相结合，其结构单元大多是分子，分子间范德瓦尔斯力较弱，因此其熔点、沸点较低。在常温条件下，大多数有机化合物为气体、液体或低熔点固体，而无机物大多为固体，熔点和沸点较高。通常，纯净的有机化合物都有固定的熔点和沸点，熔点和沸点是有机化合物的重要物理常数，可通过测定熔点和沸点来鉴定有机化合物的种类和纯度。

3. 难溶于水，易溶于有机溶剂 通常，有机化合物极性较弱或无极性，而水具有强极性。根据相似相溶原理，绝大多数有机化合物难溶或不溶于水，易溶于有机溶剂。无机物则相反，大多易溶于水，难溶于有机溶剂。

4. 稳定性差 大多数有机化合物不如无机化合物稳定，常因温度、细菌、空气或光照等因素的影响而发生变质。例如，维生素 C 片剂放置时间过长可被空气氧化变质而失去药效。

5. 反应速度慢，产物复杂 大多数无机物之间的反应速率较快，往往瞬间完成。大多数有机化合物之间的反应则比较慢，需要较长时间才能完成。因此，通常采用加热、加压、搅拌或使用催化剂等方法加快有机化合物的反应速度。大多数有机化合物之间的反应常伴有副反应发生，反应产物通常是混合物。而无机物之间的副反应较少。书写有机反应方程式一般不需要配平、不用等号（=），而是用箭头（→），并且只需写出主要产物。

6. 导电性能差 有机化合物中的化学键大多数是非极性或弱极性共价键，在水溶液中或熔融状态下难以电离为离子。因此，有机化合物一般是非电解质，在水溶液中或熔融状态下不导电。

当然，上述有机化合物的特性只是一般情况，也有许多特殊情况。例如，四氯化碳虽然是有机化合物，但不能燃烧，还有灭火作用，通常作为灭火剂；低级醇、醛、酮、羧酸等易溶于水，其中少数有机化合物，如甲醇、乙醇、甘油（丙三醇）、苯甲醛、丙酮、甲酸等，能与水以任意比例混溶；TNT 是一种烈性炸药，加热到 240℃时可发生爆炸，反应瞬间完成。

三、有机化学与药物

药物是用于预防、诊断和治疗疾病的化学物质的总称。根据来源不同，可将药物大致分为三类：①天然来源的植物药、矿物药及来源于动物组织的药物；②微生物来源的药物，如抗生素等；③化学合成的药物。大多数药物是化学合成的药物。某些来源于动、植物或微生物的药物目前也实现了化学合成，某些药物是以天然材料中的成分为主要原料通过化学方法合成（即"半合成"药物）的。因此，也可以说药物是特殊的化学品。

人类应用动物药、植物药和矿物药等预防和治疗疾病已有数千年历史，药物与化学最早的结合来源于古代炼丹术。炼丹术为人类利用化学方法制备药物起到了奠基石的作用，虽然只是原始的方法且缺乏科学依据，但为人们提供了一种可能性的思考。

19 世纪以后，随着科学技术的发展，化学在药物学中的应用得到迅速发展。例如，通过化学方法提取天然药物中的有效成分，使吗啡、可卡因、奎宁、阿托品等药物相继问世。随后，某些人工合成的新物质陆续用于治疗疾病，如乙醚、三氯甲烷等作为麻醉药，苯酚作为消毒剂等。继而，人们从染料和染料中间体中寻找到一系列可以用于治疗疾病的化合物，如应用偶氮磺胺染料治疗细菌性败血症，并据此研发出许多新型磺胺类药物。

药物中的有机化合物所占比例很大，对大多数药物的认识离不开有机化学知识。例如，对某一中草药有效成分的研究，需要经过分离、提纯、成分分析、结构测定、人工合成等步骤，这些都离不开有机化学知识。药品合成路线的选择离不开有机化合物的反应，只有掌握有机化学反应的规律和特点，才能合理地选择药品合成路线。药物的鉴定、保存、剂型加工等都必须建立在掌握药物理化性质的基础之上。

现代化学尤其是有机化学的发展为药物研究和生产开辟了一个崭新的天地。依据有机化学理论知识和实验方法，可以研究药物的组成、结构和性质，探索化学合成方法，进而实现现代化大规模化生产。可以说，新药物的研发和现代医学的发展离不开有机化学的发展。特效药物的出现，使某些长期危害人类健康的疾病（如结核病、伤寒、疟疾及病毒性肝炎等）得到了有效治疗。

当然，有机化学在推动药物研发的同时，其自身也得到了迅速发展。化学家们在分离、提纯、改良及合成天然药物以及筛选活性物质的过程中，不断完善有机化学的理论体系和实验方法、技术，建立了许多新的有机合成反应及方法，推动了有机化学的发展。

第二节　有机化合物的分子结构

有机化合物的性质取决于其自身的化学结构。化学结构指的是分子中原子相互结合或连接的顺序和方式。碳元素是构成有机化合物的基本元素，碳原子的结构特点和独特的成键方式决定了有机化合物的结构及其主要性质。

一、碳原子的结构

碳元素位于元素周期表第二周期ⅣA族，基态时电子构型为 $1s^2 2s^2 2p^2$。s 轨道呈球形对称。p 轨道呈哑铃形，分为 p_x、p_y、p_z 3 种，它们的形状相同，空间取向不同，分别沿 x 轴、y 轴和 z 轴方向伸展，相互间的夹角为 90°。碳原子最外层有 4 个电子，难以得失电子，主要是通过共用电子对与其他原子相结合。因此，有机化合物分子中的化学键主要是共价键。

由原子光谱可知，碳原子最外电子层上的 2 个 2s 电子已成对，只有 2 个未成对的 2p 电子能形成共价键，碳原子只能显 2 价。但在有机物分子中，碳原子显 4 价。这是因为碳原子在成键过程中，2s 轨道的 1 个电子被激发跃迁到 2p 亚层的空轨道上，碳原子从基态变为激发态（图 1-1），形成 4 个未成对电子。这种电子由低能轨道跃迁到高能轨道的现象称为激发。激发态碳原子的 4 个价电子中，有 1 个 s 电子和 3 个 p 电子，其成键方向和能量不完全相同。但是，甲烷分子中碳原子的 4 个键完全相同。为了解释这种现象，Pauling 等提出了杂化轨道理论。

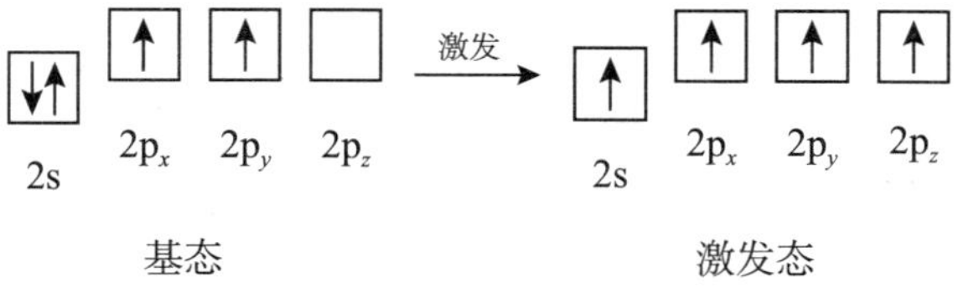

图 1-1　碳原子的激发态

二、杂化轨道理论和共价键的类型

（一）杂化轨道理论

1. 杂化轨道理论要点

（1）杂化：在成键过程中，由于原子间的相互影响，同一原子中类型不同、能量相近的原子轨道“混杂”起来，重新组成一组新的原子轨道的过程称为杂化。

（2）杂化轨道：通过杂化形成的新轨道称为杂化轨道。有多少个原子轨道参与杂化，就形成多少个杂化轨道。与杂化前的原子轨道相比，杂化轨道的能量平均化，形态和方向也发生了变化。等性杂化是指参与杂化的原子轨道全部只含单电子或全部为空轨道，所形成的杂化轨道的形状、能量和所含原子轨道成分均相同。不等性杂化是指参与杂化的原子轨道含有孤对电子。

（3）杂化轨道的成键能力：杂化轨道的形状通常是一端肥大，在成键时有利于轨道的最大化重叠，使成键能力增强。不同杂化轨道的成键能力强弱顺序依次为：$sp^3>sp^2>sp>p>s$。

（4）杂化轨道的空间构型：sp^3、sp^2、sp 杂化轨道分别呈正四面体形、正三角形和直线形。

2. 杂化轨道的类型

（1）sp^3 杂化轨道：由 1 个 2s 轨道和 3 个 2p 轨道杂化形成的 4 个能量、形状完全相同的新轨道，称为 sp^3 杂化轨道。每个 sp^3 杂化轨道中含有 1/4 s 轨道成分和 3/4 p 轨道成分。4 个 sp^3 杂化轨道对称地指向正四面体的 4 个顶端，夹角为 109° 28′。sp^3 杂化轨道的形状是一头大一头小。成键时，大头的电子云区域重叠程度比未杂化的 s 轨道或 p 轨道都大，故 sp^3 杂化轨道所形成的共价键较牢固。例如，烷烃分子中碳原子的 4 个共价键均由 sp^3 杂化轨道形成。

（2）sp^2 杂化轨道：由 1 个 2s 轨道和 2 个 2p 轨道杂化形成的 3 个能量、形状完全相同的新轨道，称为 sp^2 杂化轨道。每个 sp^2 杂化轨道中含有 1/3 s 轨道成分和 2/3 p 轨道成分。3 个 sp^2 杂化轨道对称地分布在同一平面上，夹角为 120°，形成平面正三角形。未参与杂化的 2p 轨道的对称轴垂直于 3 个 sp^2 杂化轨道所形成的平面。例如，乙烯分子中的碳原子是 sp^2 杂化，乙烯分子为平面结构。

（3）sp 杂化轨道：由 1 个 2s 轨道和 1 个 2p 轨道杂化形成的 2 个能量、形状完全相同的新轨道，称为 sp 杂化轨道。每个 sp 杂化轨道中含有 1/2 s 轨道成分和 1/2 p 轨道成分。2 个 sp 杂化轨道的对称轴在同一直线上，夹角为 180°，呈直线形。未参与杂化的 2 个 p 轨道的对称轴相互垂直，并垂直于 sp 杂化轨道对称轴所在的直线。例如，乙炔分子中的碳原子是 sp 杂化，乙炔为直线形结构。

sp^3、sp^2、sp 杂化轨道的形成过程如图 1-2 所示。

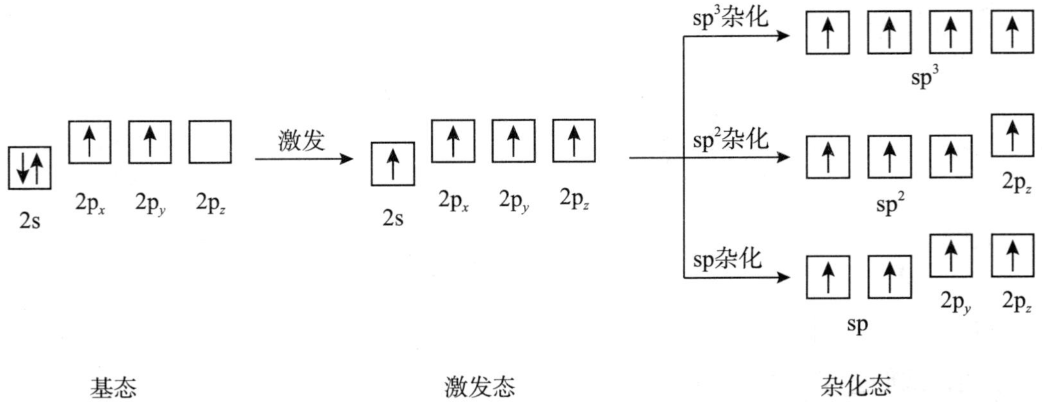

图 1-2　sp^3、sp^2、sp 杂化轨道形成过程示意图

（二）共价键的类型

根据成键时原子轨道重叠的方式不同，可将共价键分为 σ 键和 π 键。

1. σ 键　成键原子轨道沿键轴方向以“头碰头”方式重叠，重叠部分沿键轴呈圆柱形对称分布且在两核间电子云密度最大，这样的共价键称为 σ 键。σ 键能以键轴为旋转轴进行自由旋转，这是有机化合物存在构象异构现象的原因。

2. π 键　两个相互平行的 p 轨道从侧面以“肩并肩”方式重叠，重叠部分与 C—C σ 键的键轴所在平面呈上下块状对称分布，这样的共价键称为 π 键。π 键不能旋转，这是含有 π 键的化合物存在顺反异构现象的原因之一。σ 键和 π 键的主要特点见表 1-1。

表1-1　σ键和π键的主要特点

项目	σ键	π键
轨道重叠方式	成键轨道沿键轴方向重叠	成键轨道侧面重叠
轨道重叠程度	较大	较小
存在形式	可以单独存在	不能单独存在，只能与 σ 键共存
对称性	轴对称，可以沿键轴进行自由旋转	面对称，不能进行自由旋转
稳定性	键能较大，性质较稳定，难断裂	键能较小，性质不稳定，易断裂
键的极化性	键的极化性较弱	键的极化性较强

三、同分异构现象及有机化合物结构的表示方法

（一）同分异构现象

很多有机化合物的分子组成相同，但性质却有差异。这种性质上的差异是由分子结构不同导致的。分子结构不同的化合物就是不同的物质。例如，分子式 C_2H_6O 可代表两种结构、性质不同的物质，其分子结构可表示如下：

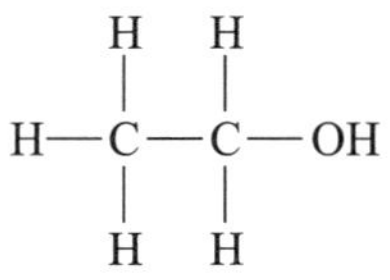

乙醇（沸点78.3℃）

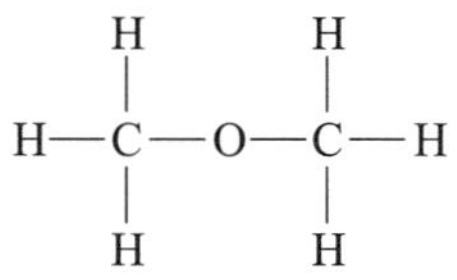

甲醚（沸点-23.6℃）

上述化学式既能表示有机化合物分子中原子的种类和数目，又能表示原子之间的连接顺序和方式。这种能表示有机化合物分子中原子间的连接顺序和方式的化学式称为**结构式**。

乙醇和甲醚的分子组成相同，但结构不同。这种分子组成相同而结构不同的化合物互称为**同分异构体**（isomer），这种现象称为**同分异构现象**（isomerism）。同分异构现象在有机化合物中普遍存在，是有机化合物种类繁多的又一重要原因。

（二）有机化合物结构的表示方法

由于有机化合物普遍存在同分异构现象，一个分子式可能对应多种不同的分子结构，代表多种不同的物质。因此，有机化合物通常不能用分子式表示，而用结构式、结构简式、电子式和键线式表示。例如，丁烷的结构式、结构简式、电子式和键线式可分别表示为：

（1）结构式：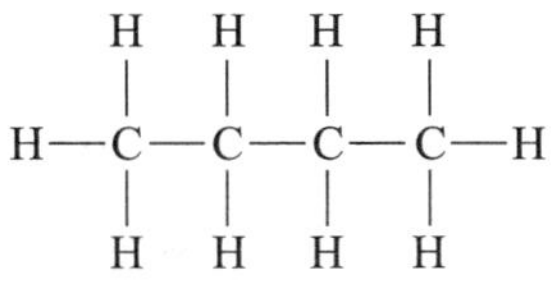

（2）结构简式：$CH_3CH_2CH_2CH_3$

（3）电子式：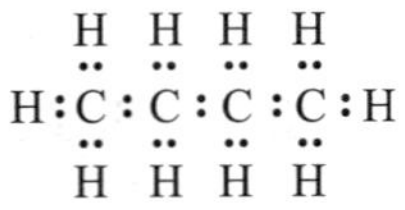

（4）键线式：

四、有机化合物的反应类型

（一）按反应历程分类

化学反应涉及反应物中旧键的断裂和生成物中新键的形成。有机化合物中主要的化学键是共价键，共价键的断裂主要有均裂和异裂两种方式。

1. 均裂与自由基反应 **均裂**是指成键的一对电子平均分给两个成键原子，生成两个自由基（又称游离基）的过程。

$$A:B \longrightarrow A\cdot + B\cdot$$

自由基

在有机化学反应中，共价键按均裂方式进行的反应称为自由基反应，又称游离基反应。自由基反应通常在光照、加热或过氧化物存在的情况下进行，多为链反应。反应一旦发生，即迅速进行，直到反应结束。

2. 异裂与离子型反应 **异裂**是指成键的一对电子在断裂时分给某一个原子而生成正、负离子的过程。带正电荷的碳原子称为碳正离子，带负电荷的碳原子称为碳负离子。

$$C:X \longrightarrow C^+ + X^-$$

碳正离子

$$C:X \longrightarrow C^- + X^+$$

碳负离子

在有机化学反应中，共价键按异裂方式进行的反应称为离子型反应。离子型反应通常在酸性、碱性或极性物质（包括极性溶剂）的催化下进行。根据反应时首先进攻的试剂不同，可将离子型反应分为亲电反应和亲核反应两种类型。亲电反应又分为亲电取代反应和亲电加成反应，亲核反应又分为亲核取代反应和亲核加成反应。

自由基、碳正离子、碳负离子都是有机反应中的活性中间体，往往在生成的一瞬间就参与化学反应，只有极少数能稳定存在，目前已经能测定或证实其存在。

（二）按反应形式分类

根据反应物和生成物组成和结构的变化，可将有机化学反应分为以下几种类型。

1. 取代反应 有机化合物分子中某些原子或原子团被其他原子或原子团所代替的反应称为**取代反应**（substitution reaction）。例如，甲烷与氯气在光照或加热条件下发生反应，甲烷分子中的氢原子被氯原子取代。其反应式为：

$$CH_4 + Cl_2 \xrightarrow{光照} CH_3Cl + HCl$$

2. 加成反应 有机化合物分子中双键或三键中的 π 键断裂，加入其他原子或原子团的反应，称为**加成反应**（addition reaction）。例如，在催化剂（如 Pt、Pd 或 Ni 等）的作用下，乙烯与氢气发生加成反应生成乙烷。其反应式为：

$$CH_2{=}CH_2 + H_2 \xrightarrow{Pt} CH_3{-}CH_3$$

3. 聚合反应　在一定条件下，由小分子结合成大分子的过程称为**聚合反应**（polymerization reaction）。发生聚合反应的小分子称为单体，生成物称为聚合物，聚合物分子链中连续出现的重复结构单元数称为聚合度，用 n 表示。例如：

$$n\,CH_2{=}CH_2 \xrightarrow{催化剂} \underset{聚乙烯}{\left[CH_2{-}CH_2 \right]_n}$$

4. 消除反应　在适当条件下，从一个有机化合物分子中脱去一个小分子（如 H_2O、HX 等），生成不饱和化合物的反应，称为消除反应（elimination reaction），又称消去反应。例如，在浓硫酸催化作用下，乙醇加热至 170℃，脱去 1 分子水，生成乙烯。这是实验室中制备乙烯的重要方法。其反应式为：

$$\underset{H}{CH_2}\underset{OH}{CH_2} \xrightarrow[170^\circ C]{H_2SO_4} H_2C{=}CH_2\uparrow + H_2O$$

5. 重排反应　有机化合物由于自身稳定性较差，在常温、常压条件下，或在其他试剂、加热或外界因素的影响下，分子中的某些基团发生转移或分子中的碳原子骨架发生改变的反应，称为重排反应（rearrangement reaction）。例如，炔烃在硫酸和硫酸汞的催化下可与水发生加成反应，产物是醛或酮，而不是烯醇，这是烯醇不稳定而自动发生重排反应的结果。其反应式为：

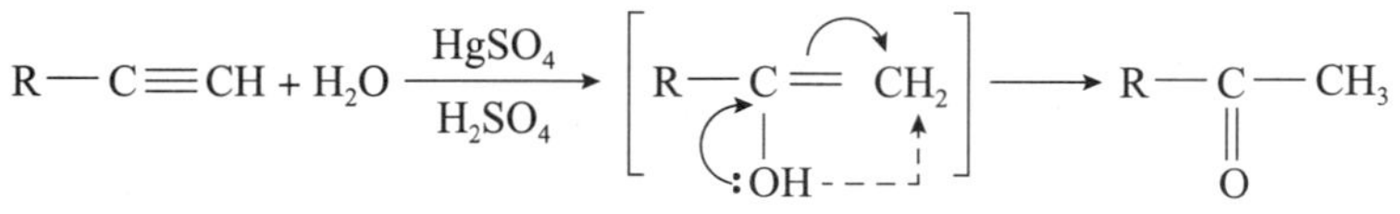

知识链接

绿色化学与绿色化工

20 世纪，有机化学工业的快速发展在为人类带来经济效益、创造便利生活的同时，也对人类赖以生存的生态环境造成了严重的污染和破坏。20 世纪 90 年代初，化学家提出了与传统的“治理污染”不同的“绿色化学”概念，即从源头做起，主要通过研究和改进化学工业过程及相应的工艺技术，从根本上减少甚至消除副产品或废弃物的生成，从而达到保护和改善环境的目的。绿色化学又称环境无害化学、环境无污染化学、环境无毒化学，在其基础上形成的创新技术称为绿色技术、环境友好技术、环境安全技术或洁净技术，由此生产的产品称为绿色化工产品、环境友好产品或环境安全产品，其核心是利用化学原理从反应源头消除化工生产过程中造成的环境污染，其产品的使用也不会造成二次污染。无论是从科学、环境，还是经济的角度来看，都符合经济可持续发展的要求。

建立在“绿色化学”基础上的化学工业称为绿色化工。绿色化工所要求的可持续发展，不仅是指利用绿色化工来减少或消除对环境的污染，还包括化工企业对于健康、安全、环境以及社会的全方位负责的态度，从而极大地降低治理环境污染的社会成本。

第三节　有机化合物的分类

有机化合物的种类和数目众多，需要一个完整的分类系统来阐明它们的结构、性质以及它们之间的相互关系。有机化合物的结构和性质是密切相关的，分子结构上的某些微小变化就会导致该物质性质发生变化。有机化合物的分子结构包括分子的原子组成及原子间的连接顺序、连接方式和空间位置，以及分子中电子的分布状态等。化学结构式虽然不能完全表示分子结构的全部内容，但在一定程度上可以反映分子结构的基本特点。有机化合物常用的分类方法有两种：一是按分子中碳原子的连接方式（碳架）分类，二是按官能团分类。

一、按碳架分类

（一）开链化合物

开链化合物是指碳原子间相互连接成具有开放性链状结构的有机化合物。由于油脂中含有这种链式结构，所以开链化合物又称脂肪族化合物。例如：

$CH_3—CH_2—CH_3$　　　$CH_3—CH_2—CH_2—CH_2—OH$

丙烷　　　1-丁醇

（二）闭链化合物

闭链化合物又称环状化合物，是指碳原子间或碳原子与其他原子间结合成环状结构的有机化合物。根据成环的原子种类不同，闭链化合物又可分为碳环化合物和杂环化合物。

1. 碳环化合物　碳环化合物是指分子中的环全部由碳原子组成的化合物。根据碳环结构不同，又可分为脂环化合物和芳香化合物。

（1）脂环化合物：这类化合物从结构上可以看成是由开链化合物的碳链首尾相连而形成的。由于其性质与脂肪族化合物相似，所以称为脂环化合物。例如：

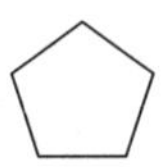
环戊烷

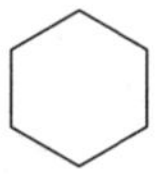
环己烷

（2）芳香化合物：这类化合物分子中含有由碳原子连接而成的特殊环状结构（即苯环），具有与脂环化合物较大差异的特殊性质。由于这类化合物最初是从某些带有芳香气味的物质中获得的，因此将其称为芳香化合物。例如：

苯

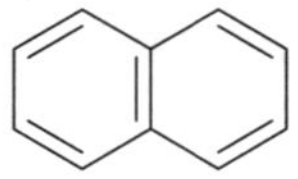
萘

2. 杂环化合物　组成环状结构的原子除碳原子外，还含有其他元素原子（称为杂原子）的化合物，称为杂环化合物。常见的杂原子有氧、硫、氮原子等。例如：

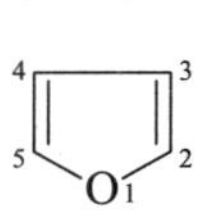

呋喃

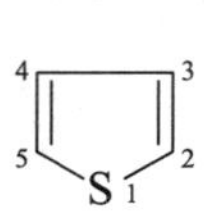

噻吩

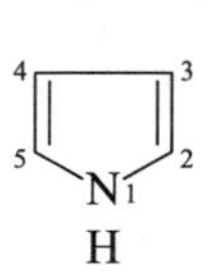

吡咯

二、按官能团分类

能决定一类有机化合物主要化学性质的原子或原子团称为**官能团**（functional group），又称为功能基。官能团相同的化合物，其化学性质相似。根据所含官能团不同，可将有机化合物分为不同的类别。常见的官能团及有机化合物的类别见表 1-2。

表1-2　常见官能团及有机化合物的类别

官能团的名称	官能团的结构	有机化合物类别
碳碳双键	C＝C	烯烃
碳碳三键	C≡C	炔烃
卤素原子	—X	卤代烃
羟基	—OH	醇、酚
醚键	—O—	醚
羰基	$-\overset{\overset{\displaystyle O}{\|}}{C}-$	酮
醛基	$-\overset{\overset{\displaystyle O}{\|}}{C}-H$	醛
羧基	—COOH	羧酸
氨基	$-NH_2$	胺
硝基	$-NO_2$	硝基化合物

通常把两种分类方法结合起来，如 CH_3CHO 属于脂肪醛，C_6H_5CHO 属于芳香醛，CH_3NH_2 属于脂肪胺，$C_6H_5NH_2$ 属于芳香胺。

自测题

一、单项选择题

1. 下列属于有机化合物的是

A. CO_2　　B. CH_4　　C. CO

D. $CaCO_3$　　E. $NaHCO_3$

2. 下列属于无机物的是

A. C_2H_6　　B. C_2H_4　　C. CaC_2

D. CH_3CHO　　E. C_2H_2

3. 以下不含 π 键的是

A. 碳碳单键　　B. 碳碳双键　　C. 碳碳三键

D. 羧基　　E. 醛基

4. 有机化合物中一定含有的元素是

A. O　　B. H　　C. N

D. C　　E. S

5. 有机化合物分子中，碳原子的化合价均为

A. 0 价　　B. 2 价　　C. 4 价
D. 2 价或 4 价　　E. 0 价或 4 价

6. 乙烯分子中，碳原子的杂化方式为
A. sp^4 杂化　　B. sp^3 杂化　　C. sp^2 杂化
D. sp 杂化　　E. sp^2 或 sp 杂化

7. 羧酸的官能团是
A. 羟基　　B. 醛基　　C. 酮基
D. 羧基　　E. 氨基

8. 下列有机化合物中不含氧元素的是
A. 丙醛　　B. 丙酮　　C. 丙酸
D. 丙烷　　E. 丙醇

9. 下列有机化合物中不能燃烧的是
A. 四氯化碳　　B. 甲烷　　C. 乙醇
D. 乙醚　　E. 乙炔

10. 下列有机化合物中不能与水以任意比例混溶的是
A. 甲醇　　B. 甲烷　　C. 丙酮
D. 丙三醇　　E. 乙醇

二、填空题

1. 有机化合物是指________________________。

2. 有机化合物中碳原子显________价，且均为________键。

3. 有机化合物中，碳原子有________、________和________三种杂化方式，碳原子间可形成________、________和________三种碳碳键。

4. 同分异构体是指________________________。

5. 官能团是指________________________，烯烃的官能团是________，炔烃的官能团是________，醇的官能团是________，羧酸的官能团是________。

6. 开链化合物是指碳原子间连接成________结构的有机化合物，又称________。

7. 闭链化合物是指碳原子间或碳原子与其他原子间结合成________结构的有机化合物，又称________。芳香化合物分子中含有________结构。

8. 组成环状结构的原子除碳原子外，还含有其他元素原子的有机化合物，称为________。

（曾琦斐）

第二章

脂肪烃和脂环烃

第二章
数字资源

学习目标

1. 掌握脂肪烃和脂环烃的结构特点、同分异构现象和命名。
2. 理解脂肪烃的主要化学性质以及马氏规则和过氧化物效应。
3. 了解重要的脂肪烃、脂环烃的主要性质和应用。
4. 学会烃的化学反应实验操作，并能用化学方法鉴别不饱和烃。

案例导入

石蜡油与“毒大米”事件

2000 年某地发生一起“毒大米”事件。经卫生防疫部门检验，证实这种大米中掺入了工业石蜡油，俗称“肥仔米”。用手摸上去，这种米粒很光滑，其表面有油，闻起来有一种特别的油味。石蜡油对人体肠胃道有刺激作用，服用后可导致呕吐、腹泻，甚至头晕。医用石蜡油作为软膏剂的基质，主要用于调节软膏剂的黏稠度，还可用于配制滴鼻剂或喷雾剂，也可作为缓泻剂。

思考题：

1. 石蜡油的化学成分是什么？
2. 工业石蜡油对人体有哪些危害？医用石蜡油在临床上主要有哪些用途？

由碳、氢两种元素组成的化合物称为碳氢化合物，简称烃。烃是其他各类有机化合物的母体，广泛存在于自然界中，特别是在石油和动、植物体内。根据烃的结构和性质不同，可将其分为下列几类：

- 烃
  - 链烃
    - 饱和链烃——烷烃
    - 不饱和链烃
      - 烯烃
      - 炔烃
  - 环烃
    - 脂环烃
    - 芳香烃

本章将主要介绍脂肪烃和脂环烃的结构特点、命名方法及主要化学性质，以及重要的脂肪烃和脂环烃在工农业生产、医药领域及日常生活中的应用。

第一节 烷 烃

一、烷烃的通式、同系物和同分异构体

（一）烷烃的通式与同系物

烷烃是指碳原子之间以单键相连成链状，其余的价键均与氢原子相连的化合物。在碳原子数相同的链烃中，烷烃分子中结合的氢原子数最多，即被氢原子所饱和，故又称为饱和链烃。根据烷烃的定义，可以写出一些简单烷烃的结构式（表 2-1）。

表2-1 一些简单烷烃的结构式

结构式	名称	分子式	结构简式
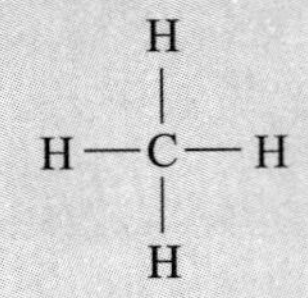	甲烷	CH_4	CH_4
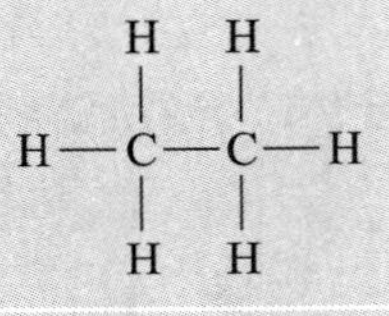	乙烷	C_2H_6	CH_3CH_3
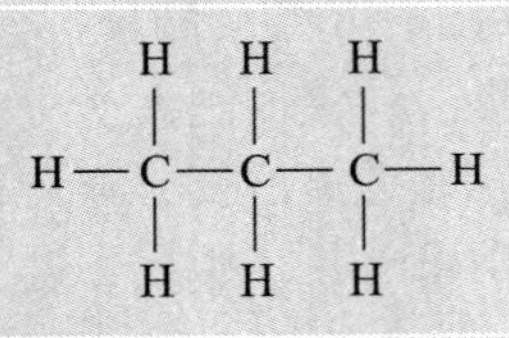	丙烷	C_3H_8	$CH_3CH_2CH_3$
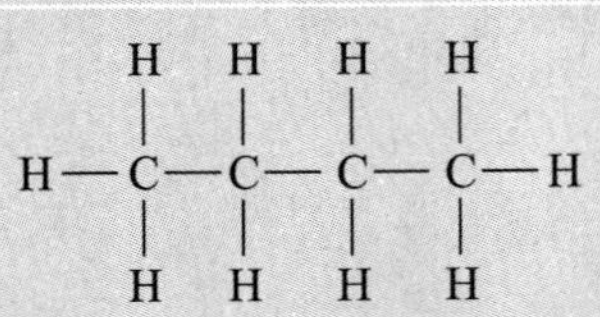	正丁烷	C_4H_{10}	$CH_3CH_2CH_2CH_3$

分析表 2-1 中烷烃的分子组成，可以看出：从甲烷开始，每增加 1 个碳原子，就相应增加 2 个氢原子。如果将碳原子数设为 n，则氢原子数为 $2n+2$。因此，可用通式 C_nH_{2n+2}（$n \geq 1$）来表示烷烃的分子组成。这种结构相似、具有同一通式且在分子组成上相差 1 个或多个 CH_2 基团的一系列化合物，称为同系列。同系列中的各化合物互为同系物，CH_2 原子团称为同系差。同系物具有相似的化学性质，掌握同系物中典型的、具有代表性的化合物性质，便可推测其他同系物的一般性质。

（二）烷烃的同分异构体

在烷烃系列中，从 C_4H_{10} 开始，每个分子式都可写出若干个不同的结构式，即碳原子的连接顺序和排列方式可以有所不同。例如，C_4H_{10} 中的 4 个碳原子有 2 种连接方式，可以形成两种不同的丁烷，即：

$CH_3CH_2CH_2CH_3$

正丁烷

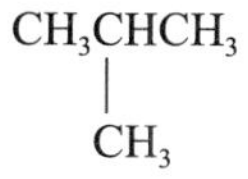

异丁烷

这种具有相同的分子组成，只是由于碳链结构不同而产生的同分异构现象称为碳链异构。在烷烃分子中，除甲烷、乙烷和丙烷外，其他烷烃都存在碳链异构体。例如，戊烷有 3 种碳链异构体，即：

$CH_3CH_2CH_2CH_2CH_3$

正戊烷

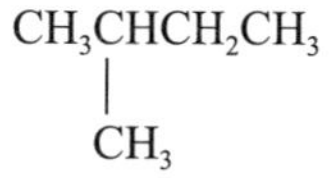

异戊烷

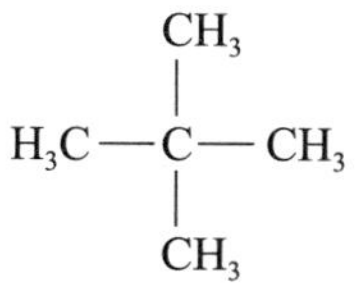

新戊烷

随着烷烃分子中碳原子数的增多，碳原子之间会形成更多的连接方式，因而碳链异构体的数目也会随之增加。例如，己烷（C_6H_{14}）有 5 个异构体，癸烷（$C_{10}H_{22}$）有 75 个异构体，二十烷则有 366 319 个异构体。

二、碳原子和氢原子的类型

通过观察碳链异构体的结构式可以发现，碳原子在碳链中所处的位置不同，它们所连接的碳原子和氢原子的数目也不相同。根据所连接的碳原子的数目不同，可以把碳原子分为 4 类：只与 1 个碳原子直接相连的碳原子称为伯碳原子（一级或 1°）；与 2 个碳原子直接相连的碳原子称为仲碳原子（二级或 2°）；与 3 个碳原子直接相连的碳原子称为叔碳原子（三级或 3°）；与 4 个碳原子直接相连的碳原子称为季碳原子（四级或 4°）。例如：

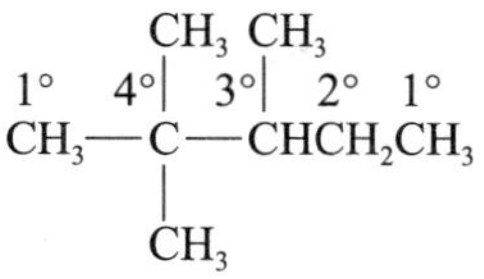

与此相对应，连接在伯碳原子、仲碳原子和叔碳原子上的氢原子分别称为伯氢原子（1° H）、仲氢原子（2° H）和叔氢原子（3° H）。

由于 4 种碳原子和 3 种氢原子所处的位置不同，受其他原子的影响也不相同，因而它们的反应活性会存在差异。

三、烷烃的结构

（一）甲烷的分子结构

甲烷是最简单的烷烃，分子式为 CH_4，结构式如图 2-1a 所示。现代物理学研究表明，甲烷分子的空间形状是正四面体，如图 2-1b 所示，碳原子处于正四面体的中心，4 个氢原子占据正四面体的 4 个顶点，4 个碳氢键的键长及键能相等，键角均为 109.5°。甲烷分子模型包括球棍模型和比例模型，如图 2-1c、d 所示。

（二）烷烃中碳原子的成键方式

碳原子核外电子排布式为 $1s^22s^22p^2$，在最外层的 4 个价电子中，2 个是已经配对的 s 电

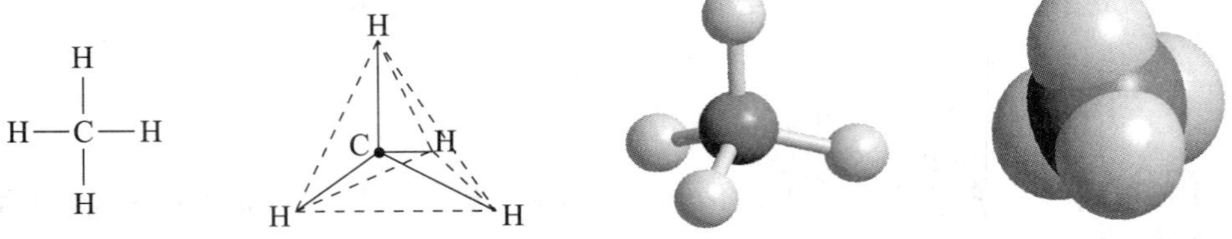

a. 结构式　b. 正四面体模型　c. 球棍模型　d. 比例模型

图 2-1　甲烷分子的结构式及模型

子，另外 2 个是未配对的 p 电子。这样，碳原子在形成化合物时应该是二价，但有机化合物中的碳原子都是四价。现代价键理论认为，这是由于甲烷分子中的碳原子并不是以 p 轨道参与成键的，而是采用杂化轨道进行成键。碳原子在成键时，2s 轨道上的 1 个电子吸收能量后受到激发，跃迁到 2p 空轨道中，形成 $2s^12p^3$ 的电子排布。然后，1 个 2s 轨道和 3 个 2p 轨道重新组合成 4 个能量、方向及电子云形状相同的新轨道，称为 sp^3 杂化轨道。其杂化过程可表示为：

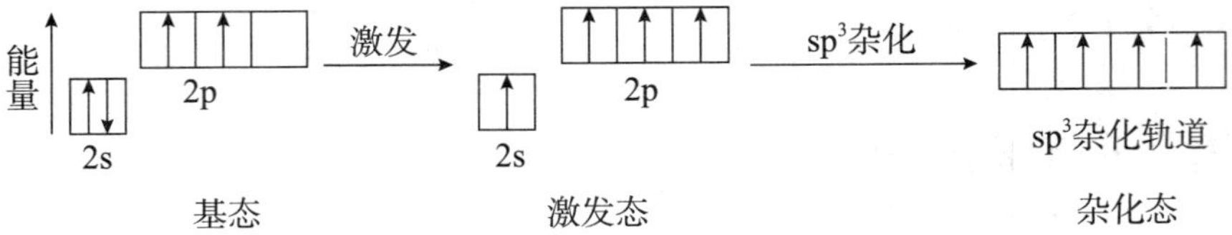

sp^3 杂化轨道的电子云形状由原来 s 轨道的球形对称和 p 轨道的纺锤形对称变为一头大、一头小的形状（图 2-2）。这样可以增强与其他原子轨道重叠成键的能力，使轨道成键时的重叠程度增大，所形成的共价键就会更加牢固。

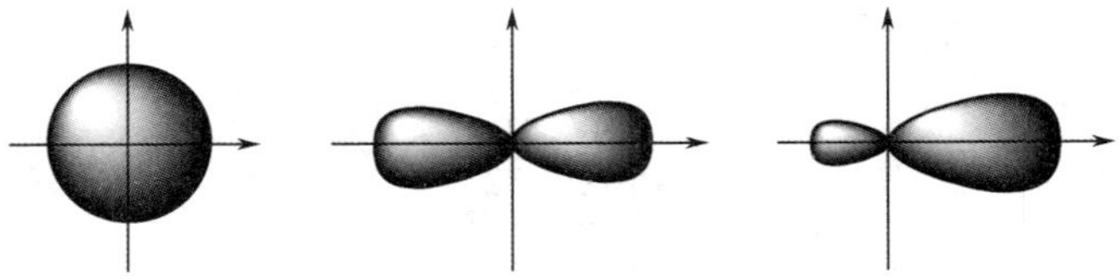

s 轨道　p 轨道　sp^3 轨道

图 2-2　电子云的分布图

另外，这 4 个 sp^3 杂化轨道在碳原子核周围呈对称分布，2 个相邻轨道的对称轴间夹角为 109.5°，相当于由正四面体的中心伸向 4 个顶点（图 2-3）。sp^3 杂化轨道的空间形状可以使 4 个轨道之间相距最远，使电子间的相互斥力最小，因而该体系最稳定。

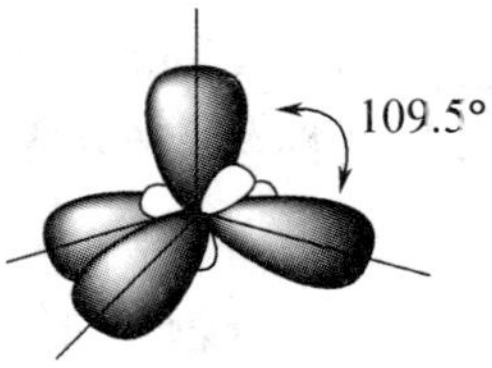

图 2-3　碳原子的 4 个 sp^3 杂化轨道

甲烷分子中，碳原子的 4 个 sp^3 杂化轨道分别与氢原子的 1s 轨道沿对称轴方向以“头碰头”的方式最大限度地重叠，形成 4 个相同的 C—H σ 键，相互之间的夹角为 109.5°，所以甲烷分子具有正四面体结构，如图 2-4a 所示。

除甲烷分子外，乙烷和其他烷烃分子中的碳原子也是 sp^3 杂化。这些烷烃分子中两个碳原子的 sp^3 杂化轨道沿对称轴方向以“头碰头”的方式重叠形成 C—C σ 键，而其他 sp^3 杂化轨道则与氢原子形成 C—H σ 键，如图 2-4b 所示。

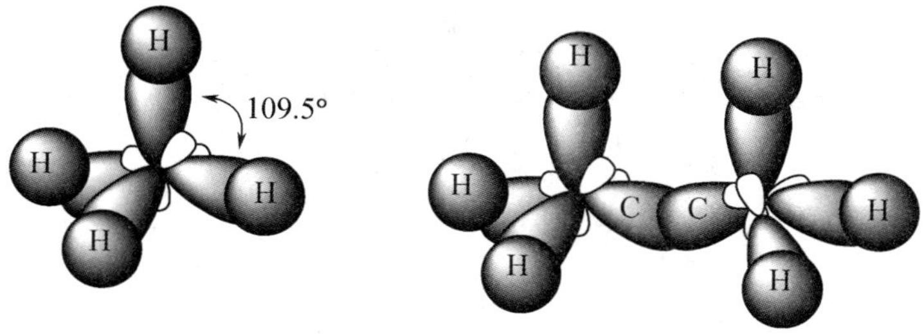

a. 甲烷分子的形成　　b. 乙烷分子的形成

图 2-4 烷烃的结构

四、烷烃的命名

有机化合物的种类繁多、数量庞大、结构复杂。如何正确而简便地对有机化合物进行命名，是学习有机化学的重要内容之一。烷烃的命名是其他各类有机化合物命名的基础，所以尤为重要。烷烃的命名法有两种，即普通命名法和系统命名法。

（一）普通命名法

普通命名法仅适用于结构比较简单的烷烃，根据我国汉字的特点，规定其基本命名原则如下。

（1）根据分子中碳原子的总数命名，称为“某烷”，碳原子数在 10 以内（包括 10）的烷烃分别用天干甲、乙、丙、丁、戊、己、庚、辛、壬、癸表示；碳原子数在 10 以上的用汉字十一、十二……表示。例如：

CH_4	C_5H_{12}	C_9H_{20}	$C_{12}H_{26}$	$C_{25}H_{52}$
甲烷	戊烷	壬烷	十二烷	二十五烷

（2）为了区别同分异构体，常把直链烷烃称为“正某烷”；只在碳链一端第二位碳原子上连有 1 个甲基的烷烃，按碳原子总数称为“异某烷”；只在碳链一端第二位碳原子上连有 2 个甲基的烷烃，按碳原子总数称为“新某烷”。例如：

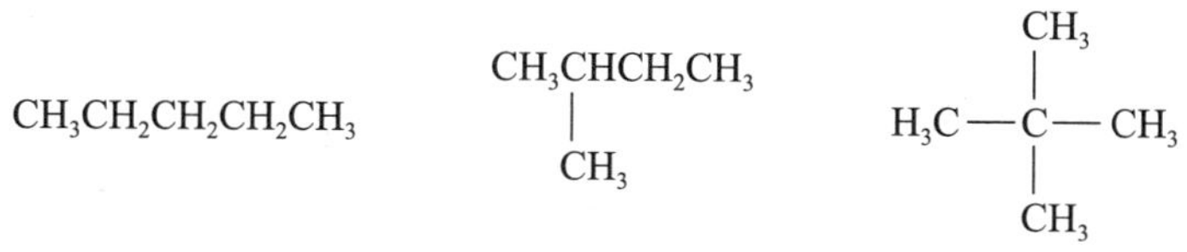

正戊烷　　异戊烷　　新戊烷

随着烷烃碳链异构体数目的增加，使用普通命名法难以准确地进行命名，因而其适用范围有限。对结构较为复杂的烷烃只能使用系统命名法来命名。

（二）系统命名法

系统命名法是根据国际纯粹与应用化学联合会（International Union of Pure and Applied Chemistry，IUPAC）制定的有机化合物命名原则，结合我国汉字特点而制定的一套命名原则。使用系统命名法命名的化合物，名称与结构式一一对应。可以根据化合物的系统名称，写出其结构式。

1. 烷基的命名　烷烃分子中去掉 1 个氢原子后所剩余的原子团称为烷基，通式为—C_nH_{2n+1}，用 R—表示。表 2-2 列出了一些常见的烷基。

表2-2　常见的烷基

烷基	烷基名称	烷基	烷基名称
$CH_3—$	甲基	$CH_3CH_2CH_2CH_2—$	正丁基
$CH_3CH_2—$或 $C_2H_5—$	乙基	$CH_3CH(CH_3)CH_2—$ 或（CH_3）$_2CHCH_2—$	异丁基
$CH_3CH_2CH_2—$	正丙基	$CH_3CH_2CH(CH_3)—$	仲丁基
$CH_3CH(CH_3)—$ 或（CH_3）$_2CH—$	异丙基	$CH_3—C(CH_3)_2—$ 或（CH_3）$_3C—$	叔丁基

2. 烷烃的命名　在系统命名法中，对于无支链的烷烃，省略“正”字，称为“某烷”。对于结构复杂的烷烃，按照“一选二编三命名”的原则进行命名。

（1）选主链：选取最长（碳原子数最多）的碳链为主链，根据主链碳原子数将烷烃称为“某烷”，以它作为母体，将其他支链看成取代基。若有等长碳链，则选择含取代基最多的碳链为主链。例如：

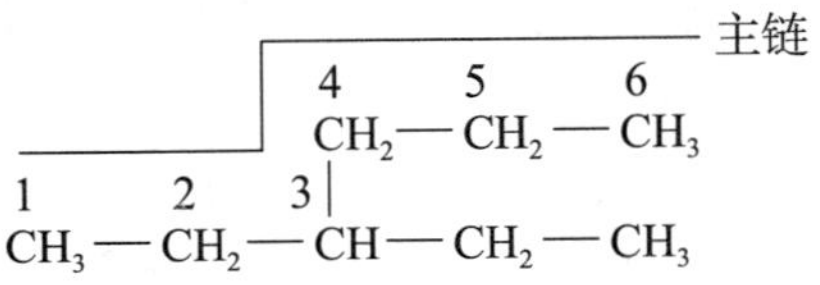

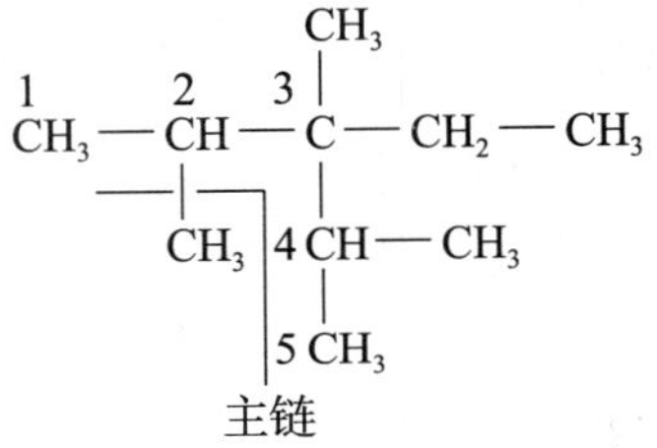

（2）编号：从距离支链最近的一端开始，将主链碳原子用阿拉伯数字依次编号，使支链（取代基）编号的位次最小。如果碳链两端等距离处有 2 个不同的取代基，则应使较小的取代基有尽可能小的编号。常见烷基的顺序为：异丙基＞正丙基＞乙基＞甲基。例如：

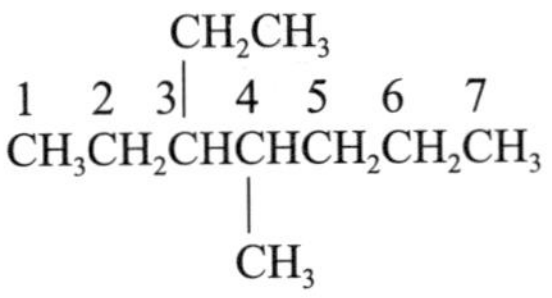

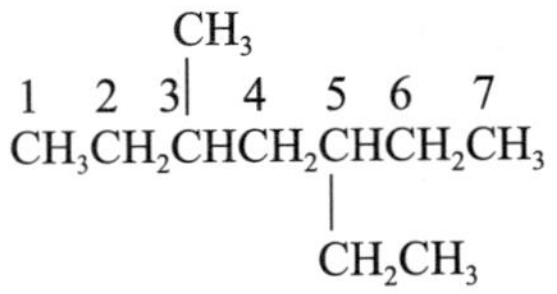

（3）命名：将取代基的位次、数目、名称写在“某烷”之前。如果有几个相同的取代基，则在取代基名称前加上二、三等字样，表示位次的数字间用逗号隔开，取代基的位次与名称之间用连字符相连；如果有几个不同的取代基，则按照较小的在前、较大的在后的次序，并用连字符相连。例如：

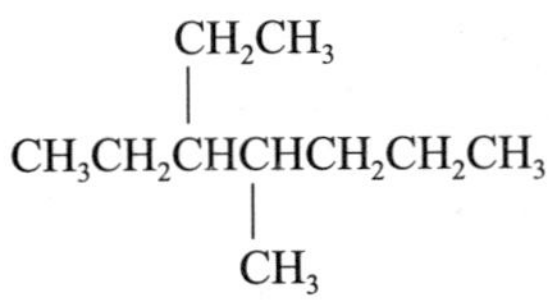

4-甲基-3-乙基庚烷

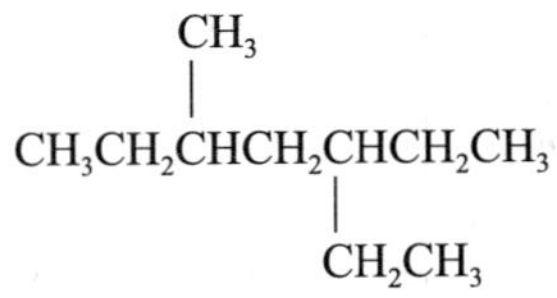

3-甲基-5-乙基庚烷

五、烷烃的物理性质

对于有机化合物，决定其性质的内因是分子结构。烷烃的物理性质随着相对分子质量的增加而有规律地变化。烷烃的主要物理性质包括以下几方面。

（1）在常温、常压条件下，直链烷烃中，$C_1 \sim C_4$ 的烷烃是气体，$C_5 \sim C_{17}$ 的烷烃是液体，C_{18} 以上的烷烃是固体。

（2）直链烷烃的沸点随着分子量的增大而升高。碳原子数相同的支链烷烃的沸点比直链烷烃低，支链越多，沸点越低。这是由于支链的存在使分子不能相互靠得更近，减弱了色散力，从而使沸点降低。

（3）相对密度随着碳原子数的增加而增大，但增加幅度很小，所有烷烃的密度都小于 $1\ g/cm^3$，比水的密度小。

（4）烷烃是非极性或弱极性分子，不溶于水和其他极性溶剂，而溶于非极性或弱极性有机溶剂，如丙酮、四氯化碳和苯等。

六、烷烃的化学性质

烷烃分子中，原子之间以比较牢固的 C—C σ 键和 C—H σ 键相结合，在常温条件下具有比较稳定的化学性质，不与强酸、强碱、强氧化剂及强还原剂发生反应。但烷烃的这种稳定性是相对的，在一定的条件下，如在光照、加热、催化剂作用下，烷烃也能与某些物质发生化学反应。

（一）卤代反应

甲烷与氯气加热至 250℃以上或在紫外光作用下可发生反应，甲烷中的 4 个氢原子可被氯原子逐步取代。例如：

$$CH_4 + Cl_2 \xrightarrow{\text{光照}} CH_3Cl + HCl$$

$$CH_3Cl + Cl_2 \xrightarrow{\text{光照}} CH_2Cl_2 + HCl$$

$$CH_2Cl_2 + Cl_2 \xrightarrow{\text{光照}} CHCl_3 + HCl$$

$$CHCl_3 + Cl_2 \xrightarrow{\text{光照}} CCl_4 + HCl$$

反应所得到的是含有上述 4 种卤代烃的混合物。由于分离这些产物较困难，所以通常不经分离就将其直接作为溶剂使用。

除氯气可与烷烃发生反应外，其他卤素也能与烷烃进行类似的反应，但各种卤素的反应活性不同，反应由易到难的顺序依次是：$F_2 > Cl_2 > Br_2 > I_2$。由于氟代反应非常剧烈，难以控制，而碘代反应非常缓慢甚至难以进行，因此卤代反应通常是指氯代反应和溴代反应。在同一烷烃分子中，存在着伯氢原子、仲氢原子、叔氢原子三种不同类型的氢原子时，它们被卤原子取代的难易程度也不相同，由易到难的顺序依次是：3° H > 2° H > 1° H。反应所得到的产物比例不仅受到氢原子种类的影响，而且受到氢原子个数和温度的影响。例如：

$$CH_3CH_2CH_2CH_3 + Cl_2 \xrightarrow{\text{光照}} \underset{28\%}{CH_3CH_2CH_2CH_2Cl} + \underset{72\%}{CH_3CH_2\overset{\displaystyle Cl \atop |}{C}HCH_3}$$

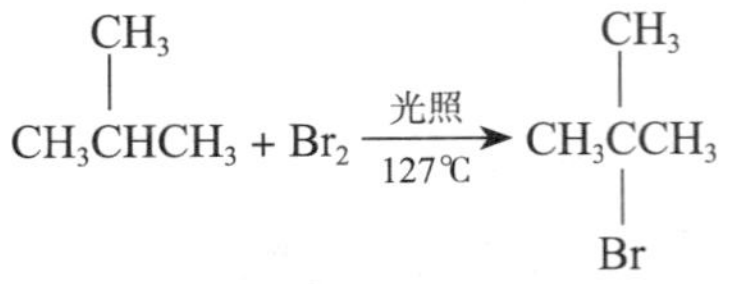

>99%

（二）氧化反应

烷烃在室温条件下不与氧化剂反应，但点燃后可以在空气中燃烧；如果氧气充足，则可完全燃烧生成二氧化碳和水，同时放出大量的热（Q）。其反应式为：

$$CH_4 + 2O_2 \xrightarrow{\text{点燃}} CO_2 + 2H_2O + Q$$

汽油、柴油都是重要的燃料，它们的主要成分是不同烷烃的混合物，燃烧时可放出大量的热。烷烃不完全燃烧时可放出一氧化碳，对空气造成严重的污染。

七、烷烃的来源与重要的烷烃

（一）烷烃的来源

烷烃主要来源于石油和天然气。石油是一种深褐色的黏稠液体，有“工业的血液”之称。它是多种烃的混合物，包括烷烃、环烷烃和芳香烃。此外，石油还含有少量非烃化合物，如硫化氢、硫醇、噻吩、吡咯和吡啶等。天然气由 $C_1 \sim C_8$ 烷烃组成，主要成分是甲烷（80%），其他成分有乙烷（13%）、丙烷（3%）、丁烷（1%）、$C_5 \sim C_8$ 烷烃（0.5%）以及氮气（2.5%）。天然气中几乎不含硫化物，所以天然气是一种比石油更清洁的燃料。

（二）重要的烷烃

1. 甲烷（CH_4） 是无色、无臭、无味的可燃性气体，大量存在于自然界中，是天然气、沼气和石油气的主要成分。甲烷燃烧时可产生淡蓝色火焰，并生成二氧化碳和水，同时放出大量的热。因此，甲烷可作为燃料。甲烷不完全燃烧后可生成炭黑，这是生产炭黑的一种重要方法。炭黑是黑色颜料，可用来制造油墨，也可作为橡胶的填料，能增加橡胶的强度。

2. 固体石蜡 是各种固体烃的混合物，熔点为 50 ~ 65℃，主要用于调节软膏的稠度，医药上可用于蜡疗。

3. 液状石蜡 即石蜡油，是各种液体烃的混合物，为无色透明的液体，不溶于水和醇，能溶于醚和三氯甲烷。液状石蜡能与多种脂肪油或挥发油混合，作为软膏剂的基质，主要用于调节软膏的黏稠度，在医药上还可用于配制滴鼻剂或喷雾剂，也可作为缓泻剂。

4. 凡士林 又称软石蜡，是由液体烃和固体烃组成的半固体混合物，熔点为 38 ~ 60℃，无臭、无味、无刺激性，不溶于水，易溶于乙醚和石油醚，性质稳定，能与多种药物配伍，特别是遇水不稳定的药物。凡士林有适宜的黏稠度和涂展性，可单独作为软膏基质。由于其油性大、吸水性差，不利于水性分泌物的排出和热量的散发，所以不适用于急性炎症并有大量渗出液的患处。

知识链接

烷烃卤代反应的历程

烷烃的卤代反应一般需要在光照或高温条件下才能发生。若在黑暗环境中或室温条件下，则一般不发生反应，这与卤代反应的反应历程有关。

甲烷的氯代反应一旦引发，就会像链条一样一环接一环地连续进行下去，故称为链反应或连锁反应。其反应实质是共价键均裂引起自由基连锁反应。对氯分子进行光照或加热时，可使其吸收能量而发生共价键均裂，产生带单电子的氯自由基。氯自由基具有较高的能量和较强的反应活性，并由此引发反应的进行。因此，自由基的产生是链反应的第一阶段，称为链引发。其反应式为：

$$Cl \vdots Cl \xrightarrow{光照} 2Cl\cdot$$

活泼的氯自由基可立即夺取甲烷分子中的氢原子，产生甲基自由基。甲基自由基的性质同样非常活泼，可以进攻另一个氯气分子，生成一氯甲烷和1个新的氯自由基。新的氯自由基可以重复上述反应，也可以与刚生成的一氯甲烷反应，生成二氯甲烷。此后反应继续循环进行，可得到三氯甲烷及四氯化碳。其反应式为：

$$Cl\cdot + H-CH_3 \longrightarrow CH_3\cdot + HCl$$

$$CH_3\cdot + Cl-Cl \longrightarrow CH_3Cl + Cl\cdot$$

$$Cl\cdot + H-CH_2Cl \longrightarrow \cdot CH_2Cl + HCl$$

$$\cdot CH_2Cl + Cl-Cl \longrightarrow CH_2Cl_2 + Cl\cdot$$

甲烷的氯代反应，每一步都会消耗1个自由基，同时又为下一步反应产生另1个自由基，从而使反应连续进行下去。这样周而复始的过程是链反应的第二个阶段，称为链增长。

随着反应的不断进行，甲烷被迅速消耗，自由基浓度不断增高，因此，自由基之间碰撞并结合成分子的机会逐渐增加。随着自由基减少直至消失，取代反应便逐渐终止。这个阶段称为链终止。其反应式为：

$$Cl\cdot + CH_3 \longrightarrow CH_3Cl$$

$$Cl\cdot + Cl\cdot \longrightarrow Cl_2$$

$$\cdot CH_3 + \cdot CH_3 \longrightarrow CH_3CH_3$$

链反应需要经历链引发、链增长和链终止3个阶段才能完成。因此，烷烃的卤代反应一旦发生，就很难停留在某一步，而是必须连续进行下去，直至完成为止。这样，甲烷和氯气的反应产物中就包含4种卤代烃。

第二节 烯 烃

一、烯烃的通式与同分异构体

（一）烯烃的通式

分子中含有碳碳双键（C═C）的开链烃称为烯烃。碳碳双键是烯烃的官能团。

根据分子中碳碳双键的数目不同，可将烯烃分为单烯烃、二烯烃和多烯烃。含有1个双键的烯烃称为单烯烃，含有2个双键的烯烃称为二烯烃，含有3个或3个以上双键的烯烃称为多烯烃。通常所说的烯烃是指单烯烃，通式为 C_nH_{2n}（$n \geq 2$）。

（二）烯烃的同分异构体

烯烃的同分异构现象比烷烃复杂，其异构体的数目也比碳原子数目相同的烷烃多。概括起来，烯烃的同分异构现象主要有以下三种类型。

1. 碳链异构 这是由于碳链的骨架不同而引起的异构现象。例如：

$CH_2{=}CHCH_2CH_3$

1- 丁烯

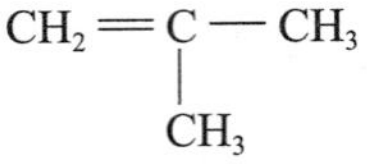

2- 甲基丙烯

2. 位置异构 这是由于双键在碳链上的位置不同而引起的异构现象。例如：

$CH_2{=}CHCH_2CH_3$ $CH_3CH{=}CHCH_3$

1- 丁烯 2- 丁烯

3. 顺反异构 在烯烃分子中，由于 π 键的存在限制了碳碳双键的自由旋转，所以与双键碳原子直接相连的原子或原子团在空间的排列方式是固定的。当双键两端的原子各连有 2 个不同的原子或原子团时，双键碳原子上的 4 个原子或原子团在空间就有两种不同的排列方式（即构型），即产生两种异构体。

例如，2- 丁烯的两种构型为：

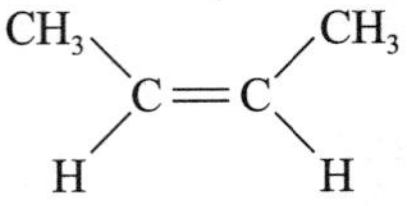

顺-2-丁烯

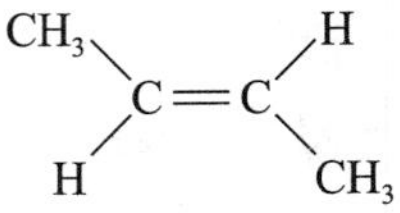

反-2-丁烯

以上两种构型的区别在于原子或原子团在空间的排列方式不同。这种由于碳碳双键（或碳环）不能旋转而导致分子中的原子或原子团在空间的排列方式不同所产生的异构现象，称为**顺反异构**，又称**几何异构**，属于立体异构的一种。

只有每个双键碳原子上所连的 2 个原子或原子团不同时，烯烃才有顺反异构体。如下式中，由于（1）式的一个碳原子上连接了 2 个相同的原子或原子团，所以无顺反异构体；而（2）、（3）、（4）式的每个双键碳原子上均连接了 2 个不同的原子或原子团，所以会产生顺反异构体。

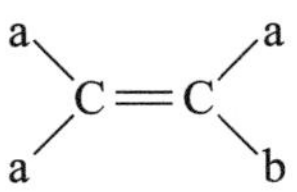

（1）

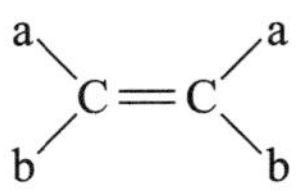

（2）

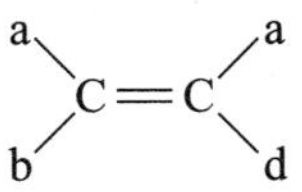

（3）

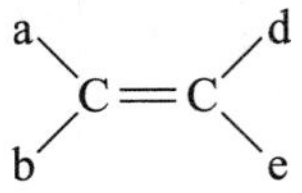

（4）

二、烯烃的结构

乙烯（$CH_2{=}CH_2$）是最简单的烯烃，其结构式为：

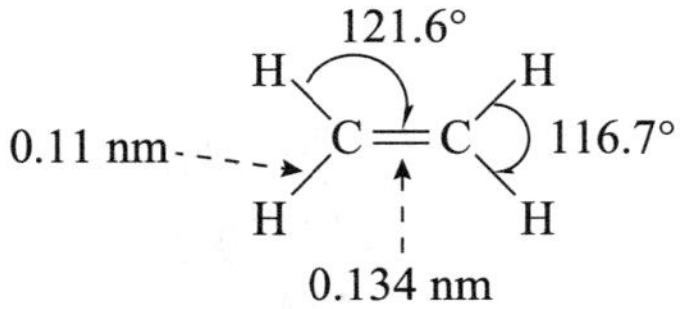

乙烯分子中的所有原子都在同一平面内，即乙烯为平面型分子，其碳碳双键的平均键长为

0.134 nm，比碳碳单键的键长（0.154 nm）短；碳碳双键的平均键能为 610.28 kJ/mol，是单键键能的 1.75 倍左右，这表明双键并不是两个单键的简单相加。

乙烯分子中的碳原子在形成双键时，以 sp^2 杂化方式进行杂化，即碳原子以 1 个 2s 轨道和 2 个 2p 轨道进行杂化，形成 3 个能量完全相同的 sp^2 杂化轨道。这一杂化过程称为 sp^2 杂化，可表示为：

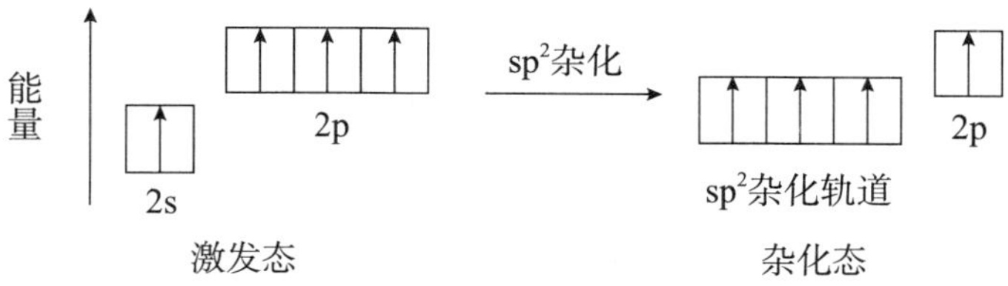

每个 sp^2 杂化轨道含 1/3 s 轨道成分和 2/3 p 轨道成分，形状是一头大一头小；3 个 sp^2 杂化轨道的对称轴在同一平面上，彼此间的夹角是 120°，呈平面三角形；未参与杂化的 2p 轨道对称轴与此平面垂直，如图 2-5 所示。

在乙烯分子的形成过程中，2 个碳原子各用 1 个 sp^2 杂化轨道沿键轴方向以“头碰头”的方式重叠，形成 1 个 C—C σ 键。每个碳原子剩下的 2 个 sp^2 杂化轨道分别与 2 个氢原子的 1s 轨道形成 2 个 C—H σ 键。5 个 σ 键处于同一平面上，如图 2-6a 所示。2 个碳原子未杂化的 p 轨道对称轴都垂直于该平面，彼此互相平行，以“肩并肩”的方式从侧面互相重叠形成 π 键，这样就在 2 个碳原子之间形成一个碳碳双键。形成 π 键的一对电子称为 π 电子。π 键平行于 σ 键所在的平面，所以乙烯为平面型分子。乙烯分子中 π 键的形成过程如图 2-6 b、c 所示。

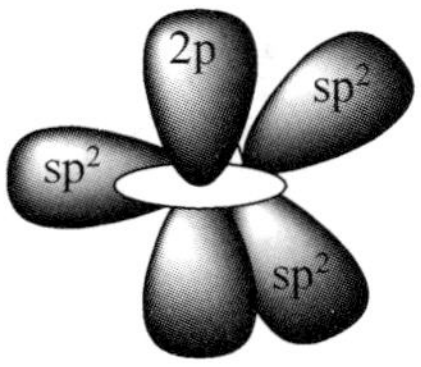

图 2-5　碳原子的 sp^2 杂化轨道及未杂化的 2p 轨道

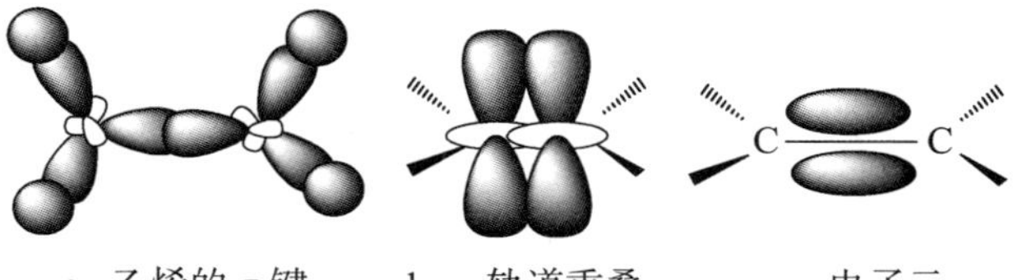

a. 乙烯的 σ 键　b. p 轨道重叠　c. π 电子云

图 2-6　乙烯分子中的 σ 键和 π 键

由于碳碳双键原子间的电子云密度比碳碳单键大，使两个碳原子核更加靠近，因此，碳碳双键的平均键长比碳碳单键的键长短。π 键是由 2 个未杂化的 p 轨道从侧面重叠而形成的，其电子云的重叠程度比 σ 键小，π 键的键能比 σ 键小。因此，π 键比 σ 键更容易断裂，是发生化学反应的主要部位。

π 键由 2 个未杂化的 p 轨道从侧面重叠形成，这种方式使 π 键所连的两个碳原子不能像 σ 键那样可以自由旋转。因此，碳碳双键上所连接的原子和基团具有固定的空间排列方式，从而产生顺反异构现象。

乙烯也可用球棍模型和比例模型表示，如图 2-7 所示。

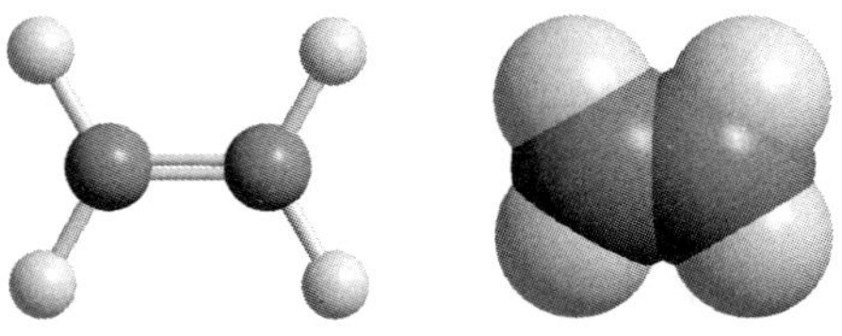

球棍模型　比例模型

图 2-7　乙烯的分子模型示意图

三、烯烃的命名

（一）系统命名法

烯烃的命名采用系统命名法，其命名原则如下。

1. 选主链 选择含有双键的最长碳链作为主链，把支链作为取代基。根据主链碳原子数将烯烃称为“某烯”作为母体名称，多于 10 个碳原子的烯烃用中文数字加“碳烯”表示。

2. 编号 从靠近双键的一端开始，依次对主链碳原子编号，把双键的位次写在“某烯”之前，并用连字符相连。若双键恰好在中间，则主链碳原子的编号从靠近取代基的一端开始。

3. 命名 取代基的位次、数目、名称写在双键位次之前，表示方式与烷烃相同。例如：

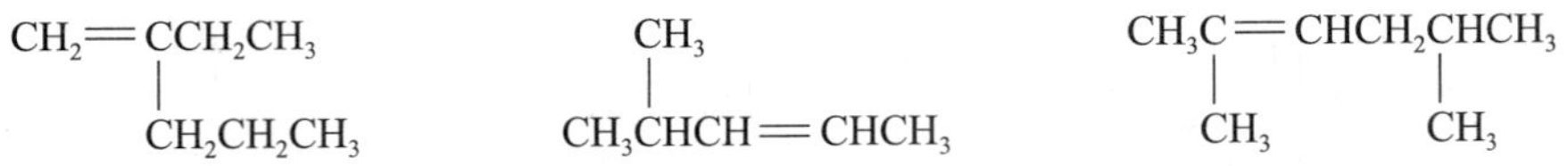

2-乙基-1-戊烯　　4-甲基-2-戊烯　　2,5-二甲基-2-己烯

烯烃分子中去掉 1 个氢原子后剩下的基团称为烯基。命名烯基时，其编号从游离价键所在的碳原子开始。常见的烯基有：

$CH_2{=}CH—$	$CH_3CH{=}CH—$	$CH_2{=}CHCH_2—$
乙烯基	丙烯基	烯丙基

（二）顺反异构体的命名

顺反异构体的命名方法有两种，即顺反构型命名法和 *Z*、*E* 构型命名法。

1. 顺反构型命名法 如果双键的 2 个碳原子上连有相同的原子或原子团，则可用“顺”或“反”表示其构型。当 2 个相同原子或原子团处于双键同侧时，称为顺式；处于双键不同侧时，则称为反式。例如：

顺-2-戊烯　　反-2-戊烯

顺反构型命名法主要用于命名 2 个双键碳原子上连有相同原子或原子团的顺反异构体。如果双键的 2 个碳原子上没有相同的原子或原子团，则需采用以“次序规则”为基础的 *Z*、*E* 构型命名法。

2. 次序规则 次序规则是确定取代基基团优先顺序的规则，利用次序规则可以将所有的基团按顺序进行排列。次序规则的主要内容包括以下几方面。

（1）将与每一个双键碳原子直接相连的 2 个原子按原子序数由大到小排序，原子序数较大者为优先基团。按此规则，一些常见基团的优先次序为：—I＞—Br＞—Cl＞—SH＞—OH＞$—NH_2$＞$—CH_3$＞—H。

（2）若基团中与双键碳原子直接相连的原子相同，则依次比较与该原子相连的其他原子的原子序数，直到比出大小为止。如$—CH_3$和$—CH_2CH_3$，第一个原子都是碳原子，则比较碳原子上所连的原子。在$—CH_3$中，与碳原子相连的 3 个原子是 H、H、H；但是在$—CH_2CH_3$中，与第一个碳原子相连的是 C、H、H，其中有一个碳原子，碳的原子序数大于氢，所以$—CH_2CH_3$＞$—CH_3$。同理，可得出以下排序：$—C(CH_3)_3$＞$—CH(CH_3)_2$＞$—CH_2CH_2CH_3$＞$—CH_2CH_3$＞$—CH_3$。

（3）若基团中含有不饱和键，则将双键或三键原子看成是以单键与 2 个或 3 个原子相连接。例如：

3. Z、E 构型命名法 即用 Z、E 来表示顺反异构体两种不同的构型。首先应按“次序规则”，确定每一个双键碳原子所连的 2 个原子或原子团的优先次序。当 2 个“优先”基团位于双键同侧时，用“Z”（德文 Zusammen 的缩写，意为“共同”，指同侧）标记其构型；位于双键不同侧时，用“E”（德文 Entgegen 的缩写，意为“相反”，指不同侧）标记其构型。书写时，将“Z”或“E”写在化合物名称前面，并用连字符相连。例如，当 a 优先于 b、d 优先于 e 时，可表示为：

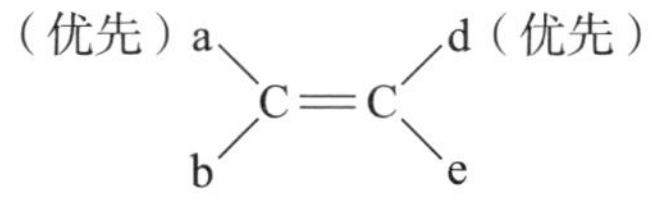

Z-构型

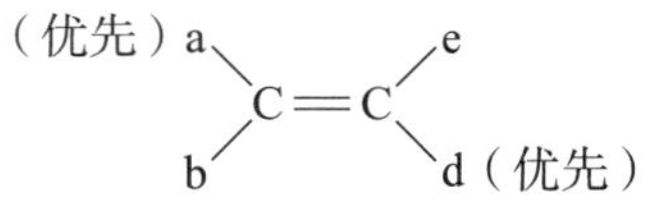

E-构型

利用 Z、E 构型命名法可以命名所有的顺反异构体。例如：

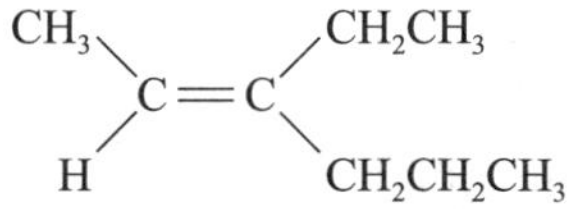

（E）-3-乙基-2-己烯

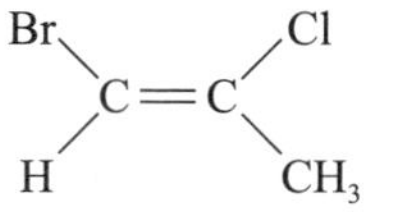

（Z）-2-氯-1-溴丙烯

需要注意的是，Z、E 构型命名法和顺反构型命名法是两种不同的命名体系，两者之间无必然联系。例如：

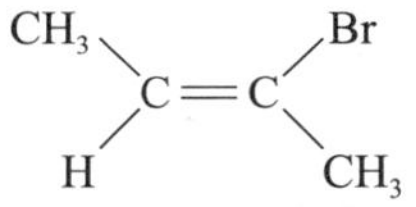

（Z）-2-溴-2-丁烯或反-2-溴-2-丁烯

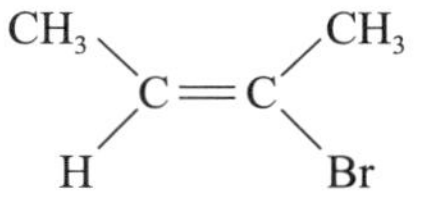

（E）-2-溴-2-丁烯或顺-2-溴-2-丁烯

（三）二烯烃的分类与命名

分子中含有 2 个碳碳双键的不饱和烃称为二烯烃。二烯烃的通式是 C_nH_{2n-2}（$n \geqslant 3$）。根据 2 个碳碳双键的位置不同，可将二烯烃分为以下 3 类。

1. 隔离二烯烃（又称孤立二烯烃） 是指二烯烃分子中的 2 个双键被 2 个或 2 个以上单键隔开，如 1,4- 戊二烯。隔离二烯烃分子中的 2 个双键距离较远，相互影响校小，其性质与单烯烃相似。其结构式为：

隔离二烯烃（$n \geqslant 1$）

2. 聚集二烯烃（又称累积二烯烃） 是指二烯烃分子中的 2 个双键与同一个碳原子相连，如丙二烯。聚集二烯烃的稳定性较差，一般很少见。其结构式为：

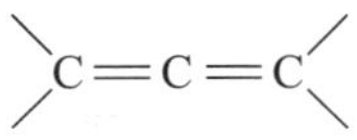

聚集二烯烃

3. 共轭二烯烃 是指二烯烃分子中的 2 个双键之间间隔 1 个单键，如 1,3- 丁二烯。共轭二烯烃具有特殊的结构和性质。其结构式为：

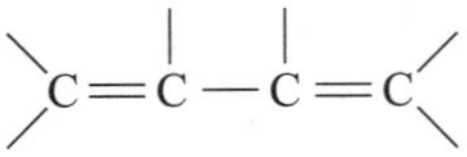

共轭二烯烃

二烯烃的系统命名法：选择含有 2 个双键的最长碳链作为主链，称为“某二烯”；从距离双键最近的一端开始对主链碳原子进行编号，将 2 个双键的位次标在“某二烯”之前，以连字符相连，2 个双键的位次用逗号隔开。取代基的位次、数目、名称写在双键位次之前，表示方式与烷烃相同。例如：

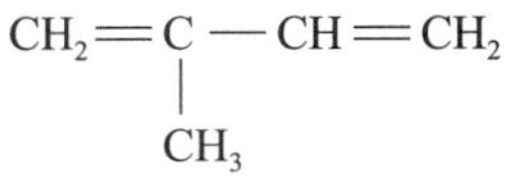

2-甲基-1,3-丁二烯

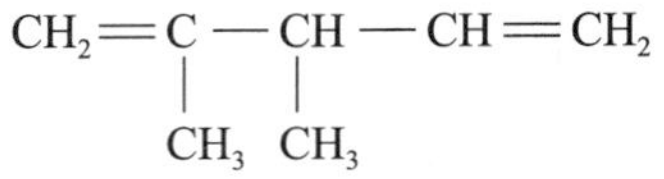

2,3-二甲基-1,4-戊二烯

知识链接

共轭二烯烃的结构和共轭效应

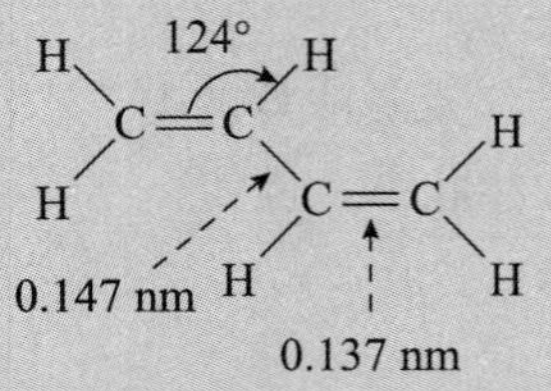

最简单的共轭二烯烃是 1,3- 丁二烯，为平面型分子。其单键和双键的键长有平均化的趋势。

在 1,3- 丁二烯分子中，4 个碳原子都是 sp^2 杂化，各以 1 个或 2 个 sp^2 杂化轨道相互重叠形成 3 个 C—C σ 键。每个碳原子剩余的 sp^2 杂化轨道分别与氢原子的 1s 轨道重叠，形成 6 个 C—H σ 键，分子中的所有原子都在同一平面上。每个碳原子的未杂化 p 轨道垂直于分子所在的平面且相互平行，从侧面相互重叠。C_1、C_2 及 C_3、C_4 之间重叠形成 2 个 π 键。由于 2 个 π 键相距很近，所以 C_2、C_3 之间亦可发生一定程度的重叠，也具有 π 键的性质。在 1,3- 丁二烯分子中，π 电子的运动范围并不局限在成键原子之间，而是在整个分子内的 4 个碳原子上运动，比普通 π 键中的电子具有更大的运动空间，称为 π 电子的离域，这样形成的 π 键称为共轭 π 键，如图 1 所示。

像 1,3- 丁二烯分子这样具有共轭 π 键的特殊结构体系，称为共轭体系。在共轭体系中，π 电子的离域使电子云密度平均化，键长也趋于平均化，体系能量降低而稳定性增加，这种效应称为共轭效应。当共轭体系的一端受到电场的影响时，由于 π 电子的离域，这种影响会沿着共轭链传递到整个共轭体系。因此，共轭效应的影响不会因为链的增长而减弱，它的影响是远程的。

像 1,3- 丁二烯分子这种单键与双键交替的共轭体系称为 π-π 共轭。此外，还有 p-π 共轭和 σ-π 超共轭。

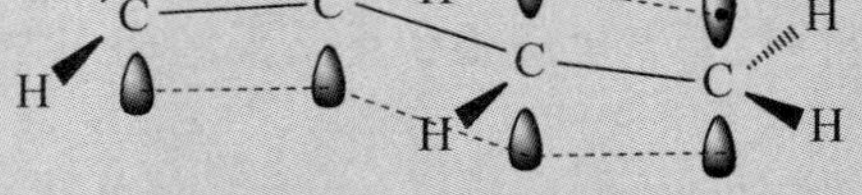

图 1　1,3- 丁二烯的共轭 π 键

四、烯烃的物理性质

烯烃的物理性质与相应的烷烃相似。在常温、常压条件下，$C_2 \sim C_4$ 的烯烃为气体，

$C_5 \sim C_{18}$ 的烯烃为液体，C_{19} 以上的烯烃为固体。烯烃的熔点、沸点和相对密度均随分子量的增大而升高，烯烃难溶于水而易溶于有机溶剂。

五、烯烃的化学性质

烯烃的化学性质主要表现在官能团碳碳双键上。由于 π 键的键能比 σ 键小，π 键的牢固程度较弱，流动性较大，容易受外界电场的影响而发生极化，比 σ 键更容易断裂，所以烯烃的化学性质比烷烃活泼得多，容易发生加成、氧化和聚合等反应。

（一）加成反应

烯烃的加成反应是指烯烃分子中的 π 键断裂，双键的 2 个碳原子上各增加 1 个原子或原子团，形成 2 个新的 σ 键，使烯烃变成饱和烃。双键碳原子在加成反应过程中由 sp^2 杂化转变为 sp^3 杂化。加成反应是烯烃的典型反应。

1. 催化加氢　烯烃与氢气在催化剂（Pt、Pd 或 Ni）作用下可以发生加成反应，生成相应的烷烃。其反应式为：

$$RCH{=}CHR' + H_2 \xrightarrow{Pt} RCH_2CH_2R'$$

此反应只有在催化剂作用下才能进行，又称催化氢化。由于反应定量完成，故可以根据反应吸收氢的量来确定分子中所含双键的数目。

2. 加卤素　烯烃与卤素（Br_2、Cl_2）在四氯化碳或三氯甲烷等溶剂中反应，可生成邻二卤代烃。其反应式为：

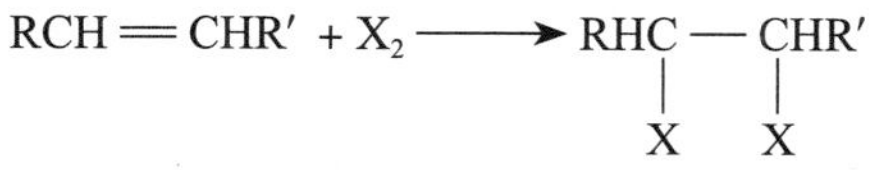

氟与烯烃反应十分剧烈，同时也可发生其他副反应；碘的活泼性较弱，通常不能与烯烃直接发生加成反应。因此，烯烃与卤素发生加成反应主要是加氯或溴。烯烃与溴的加成产物邻二溴代烃为无色化合物，其反应现象为溴的四氯化碳溶液的红棕色褪去，而烷烃不能使之褪色。因此，常用该反应鉴别烯烃和烷烃。

3. 加卤化氢　烯烃与卤化氢发生加成反应，可生成一卤代烃。其反应式为：

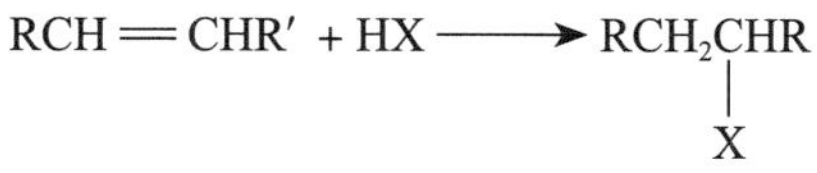

同一烯烃与不同卤化氢发生加成反应时的活性顺序依次为：HI>HBr>HCl。HF 与烯烃发生加成反应的同时，可使烯烃发生聚合反应。

结构不对称的烯烃与卤化氢发生加成反应，可以生成两种不同的加成产物。例如：

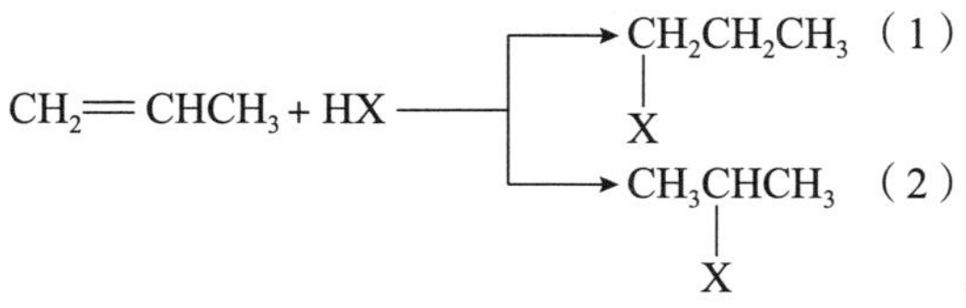

实验结果表明，（2）是主要产物。当反应的取向有可能产生几种异构体时，只生成或主要生成一种产物，这一反应现象称为区域选择性。

俄国化学家马尔科夫尼科夫（V. V. Markovnikov）总结出一个经验规则：当不对称烯烃和不对称试剂（如 HX、H_2O、H_2SO_4 等）发生加成反应时，不对称试剂中带正电荷的部分总是加到连有氢原子较多的双键碳原子上，带负电荷的部分总是加到连有氢原子较少或不含氢原子的双键碳原子上，这一规则称为马尔科夫尼科夫规则，简称马氏规则。根据马氏规则，可以预测反应的主要产物。

应用马氏规则时要特别注意，当反应条件发生改变时，可能出现异常现象。例如，有少量过氧化物存在时，HBr 与丙烯发生加成反应的主要产物是 1- 溴丙烷，而不是 2- 溴丙烷。其反应式为：

$$CH_2{=}CHCH_3 \xrightarrow[CH_3COOOH]{HBr} BrCH_2CH_2CH_3$$

这是由于过氧化物的存在，改变了加成反应的历程，这种现象称为**过氧化物效应**。

4. 加硫酸 烯烃与浓硫酸发生反应，可以生成烷基硫酸氢酯，并溶于硫酸溶液。此反应是亲电加成反应，反应的取向亦遵守马氏规则。其反应式为：

$$RCH{=}CH_2 + HOSO_2OH \longrightarrow \underset{\displaystyle OSO_2OH}{\underset{|}{RCH}}{-}CH_3$$

烷烃不与硫酸发生反应，利用此反应可以去除混在烷烃中的少量烯烃。

上述反应产物中的烷基硫酸氢酯可以水解生成醇。工业上利用这种方法合成醇，称为烯烃间接水合法。其反应式为：

$$\underset{\displaystyle OSO_2OH}{\underset{|}{RCH}}CH_3 + H_2O \longrightarrow \underset{\displaystyle OH}{\underset{|}{RCH}}CH_3 + H_2SO_4$$

通常，烯烃不能直接与水发生加成反应，但在硫酸、磷酸等催化下，烯烃可与水直接发生加成反应生成醇，称为烯烃直接水合法。例如：

$$CH_2{=}CH_2 + H_2O \xrightarrow[300℃,\ 7\ MPa]{H_3PO_4} CH_3CH_2OH$$

（二）氧化反应

烯烃的碳碳双键容易被氧化，π 键首先断裂；当反应条件剧烈时，σ 键也可断裂。因此，氧化剂和反应条件不同，烯烃的氧化产物也不同。

烯烃与碱性（或中性）高锰酸钾稀溶液发生反应时，π 键断裂，双键碳原子上各引入 1 个羟基，可生成邻二醇。其反应式为：

$$RCH{=}CHR' \xrightarrow[OH^-]{KMnO_4} \underset{\displaystyle OH}{\underset{|}{RCH}}\underset{\displaystyle OH}{\underset{|}{CHR'}}$$

由于该反应容易进行，可以使高锰酸钾溶液的紫红色很快褪去，生成褐色的二氧化锰沉淀。该现象较明显，易于观察，可用于鉴别不饱和烃。

若采用酸性高锰酸钾溶液或进行加热，使烯烃在比较强烈的反应条件下被氧化，则烯烃的碳碳双键发生断裂，最终产物为二氧化碳、酮、羧酸或它们的混合物。例如：

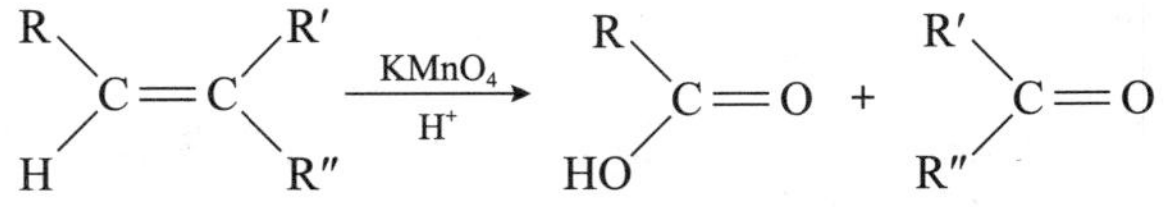

羧酸　　酮

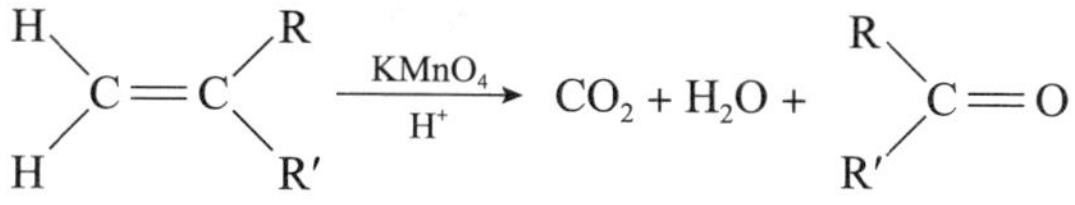

酮

上述反应的氧化产物取决于烯烃的结构，反应现象是高锰酸钾溶液褪色。利用此性质，可鉴别烯烃和烷烃。

根据烯烃氧化产物的种类和结构，可推测原烯烃的结构。例如，烯烃 A、B 和 C 的分子式均为 C_4H_8，经酸性高锰酸钾溶液氧化后，A 生成丙酸和 CO_2 气体，B 生成乙酸，C 生成丙酮和 CO_2 气体，则 A 的结构简式为 $CH_2=CH—CH_2—CH_3$，B 的结构简式为 $CH_3—CH=CH—CH_3$，C 的结构简式为 $CH_2=C(CH_3)_2$。

（三）聚合反应

烯烃在催化剂或引发剂的作用下，其分子中的 π 键可断开，相当数量的烯烃分子间发生自身加成反应，形成大分子，这种大分子称为**聚合物**。这种由小分子结合成大分子的反应过程称为**聚合反应**，发生聚合反应的烯烃分子称为**单体**。例如：

$$n\,CH_2=CH_2 \xrightarrow{\text{催化剂}} \left[CH_2-CH_2\right]_n$$

聚乙烯

上述反应式中，聚合物分子链中连续出现的重复结构单元数称为**聚合度**，用 n 表示。

聚乙烯是一种无毒、绝缘性良好的塑料，广泛用于食品袋、塑料杯等日用品的生产，是目前世界上生产量最大的一种塑料。

其他烯烃也可以发生聚合反应。例如，在一定条件下，丙烯可聚合成聚丙烯，氯乙烯可聚合成聚氯乙烯。

知识链接

诱导效应

由于原子（或原子团）的电负性不同，引起分子中的电子云沿着碳链向某一方向移动的现象称为诱导效应，用符号 I 表示。诱导效应是一种静电作用，是一种永久性的效应。以氯为例进行说明，氯原子取代烷烃分子中的氢原子后，由于氯的电负性较强，可以使共价键的电子云密度分布发生以下变化：

$$\underset{3}{\overset{\delta\delta\delta^+}{C}} \longrightarrow \underset{2}{\overset{\delta\delta^+}{C}} \longrightarrow \underset{1}{\overset{\delta^+}{C}} \longrightarrow \overset{\delta^-}{Cl}$$

氯原子取代氢原子后，C—Cl 键的电子云偏向氯原子，产生偶极，箭头所指的方向是电子云偏移的方向，C_1 带有部分正电荷；C_1 上的正电荷吸引 C_1、C_2 键之间的电子云偏向 C_1，但偏移程度较小，那么 C_2 也带有少量正电荷；同理，C_3 也带有更少的正电荷。诱导效应随着传递距离的增加而迅速减弱，一般传递 3 个 σ 键后可忽略不计。

诱导效应中电子移动的方向以 C—H 键中的氢原子作为比较标准，电负性大于氢原子的原子或原子团称为吸电子基团，由吸电子基团引起的诱导效应称为吸电子诱导效应，用 –I 表示；电负性小于氢原子的原子或原子团，称为给电子基团，由给电子基团引起的诱导效应称为给电子诱导效应，以 +I 表示。例如：

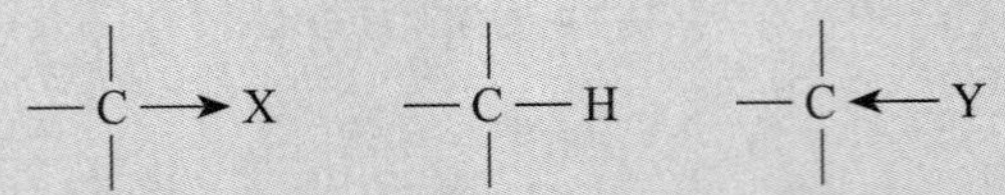

X 是吸电子基团　　比较标准　　Y 是给电子基团

–I 效应　　　　　　　　　　　+I 效应

常见的给电子取代基和吸电子取代基及其强弱顺序依次为：

给电子基团（+I）：$—O^- > —COO^- > —C(CH_3)_3 > —CH(CH_3)_2 > —CH_2CH_3 > —CH_3 > —H$

吸电子基团（–I）：$—NO_2 > —CN > —COOH > —F > —Cl > —Br > —I > —OH > —C_6H_5 > —CH{=}CH_2 > —H$

马氏规则可以用诱导效应很好地进行解释。例如，丙烯和卤化氢发生加成反应，由于丙烯中的甲基具有给电子诱导效应，可使双键的 π 键电子云发生偏移，C_1 带有部分负电荷，C_2 带有部分正电荷，所以当其与卤化氢进行反应时，亲电试剂 H^+ 首先加到带部分负电荷的双键碳原子上，形成碳正离子中间体，然后卤素负离子加到带正电荷的碳原子上。其反应过程为：

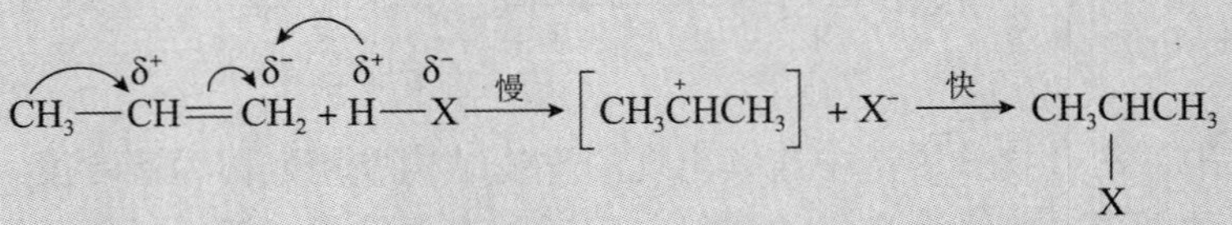

烯烃与溴化氢在过氧化物存在的情况下发生的加成反应历程是自由基加成，反应过程中没有碳正离子中间体生成，所以最终的产物为反马氏规则的产物。

六、共轭二烯烃的加成反应

共轭二烯烃具有一般单烯烃的化学性质，如能发生加成、氧化、聚合等反应。另外，由于共轭体系的存在，使共轭二烯烃还具有某些特殊的化学性质。

1. 1,2- 加成与 1,4- 加成　共轭二烯烃与 1 分子卤素、卤化氢等亲电试剂发生加成反应，产物通常有两种。例如，1,3- 丁二烯与溴发生加成反应，可得到 1,2- 加成产物和 1,4- 加成产物。其反应式为：

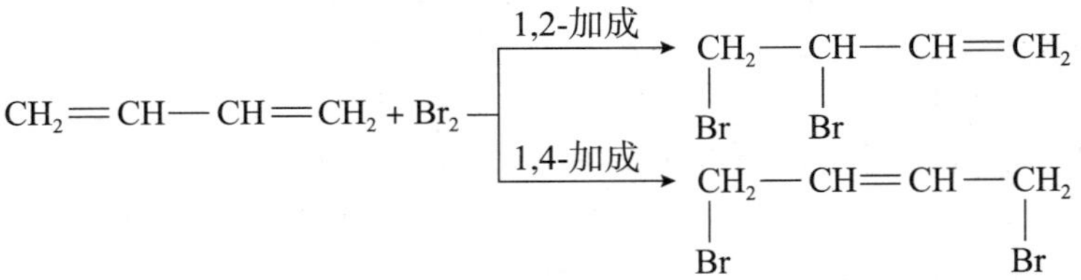

1,4- 加成又称共轭加成，是共轭二烯烃的特殊反应。共轭二烯烃的 1,2- 加成和 1,4- 加成是竞争反应，具体是何种加成反应占优势，取决于反应条件。通常，在低温条件下及非极性溶剂中以 1,2- 加成为主，在高温条件下及极性溶剂中以 1,4- 加成为主。

2. 双烯合成反应　共轭二烯烃可与含有双键或三键的不饱和化合物发生 1,4- 加成反应，生成六元环状化合物，该反应称为双烯合成反应或第尔斯 - 阿尔德（Diels-Alder）反应。例如：

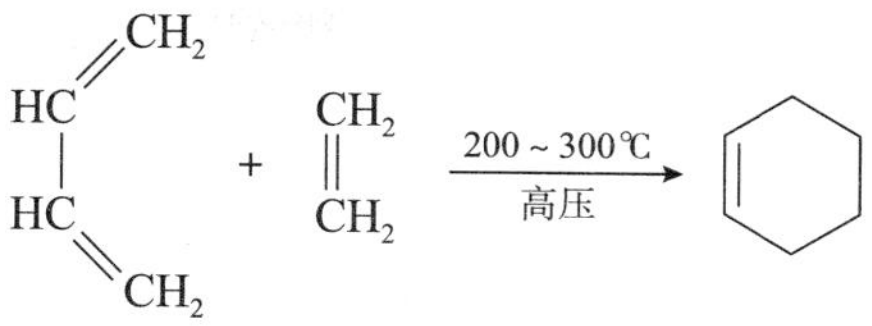

进行双烯合成反应需要两种化合物，一种称为双烯体，即共轭二烯类化合物；另一种称为亲双烯体，即不饱和化合物，如单烯类或炔类。当亲双烯体的双键碳原子上连有吸电子基团（如—CHO、—CN、—NO_2 等）时，即容易成环，产物生成率也高。例如：

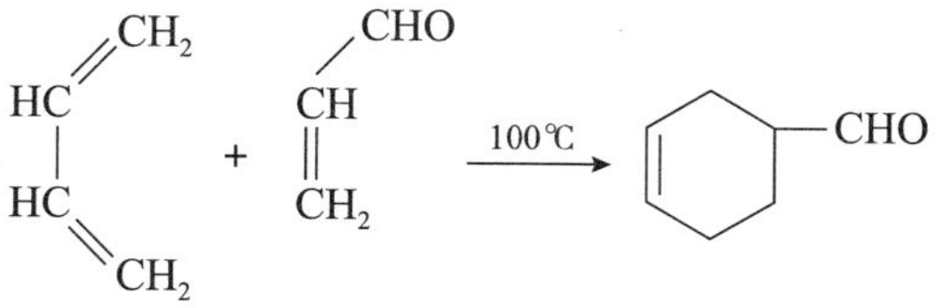

双烯合成反应的用途非常广泛，是合成六碳环化合物的一种重要手段。

七、重要的烯烃

1. 乙烯（C_2H_4） 常温条件下为无色、稍带甜味、易燃的气体，密度为 0.5674 g/cm^3，熔点为 −169℃，沸点为 −103.7℃，不溶于水，易溶于有机溶剂。乙烯在空气中燃烧时的火焰比甲烷燃烧时明亮，并带有黑烟。乙烯有较强的麻醉作用，其特点是麻醉迅速、苏醒快。长期接触乙烯，可引起头晕、全身不适、乏力、注意力不集中等症状。乙烯可作为水果和蔬菜的催熟剂。以乙烯为原料可以制备一系列重要的石油化工中间产品和最终产品。例如，乙烯是合成纤维、橡胶、塑料及乙醇的基本化工原料，也可用于制造氯乙烯、苯乙烯、环氧乙烷、乙酸和乙醛等。乙烯的产量可以衡量一个国家化工水平的高低，其最大的用途是生产聚乙烯。乙烯广泛用于日常生活用品制造及电气、食品、制药等各个领域。

2. 丙烯（C_3H_6） 常温条件下为无色、易燃的气体，熔点为 −185℃，沸点为 −48℃，微溶于水，易溶于乙醇、乙醚。目前，丙烯在工业生产方面得到广泛应用，可用于制备甘油、丙烯腈、氯丙醇、异丙醇、丙酮和聚丙烯等。这些产品可进一步用于制备塑料、合成纤维及合成橡胶等。

3. 1,3- 丁二烯（C_4H_6） 为无色、有特殊气味、易燃的气体，熔点为 −108.9℃，沸点为 −4.5℃，稍溶于水，易溶于丙酮、乙醚、三氯甲烷等有机溶剂。1,3- 丁二烯具有麻醉和刺激作用，急性中毒时，轻者有头痛、头晕、恶心、咽痛、耳鸣、全身乏力、嗜睡等症状，重者可出现醉酒状态、呼吸困难、脉搏加快、意识丧失和抽搐。皮肤直接接触 1,3- 丁二烯可导致灼伤或冻伤。1,3- 丁二烯是制造合成橡胶、合成树脂及尼龙等的重要原料。

第三节 炔 烃

一、炔烃的通式与同分异构体

（一）通式

炔烃是指含有碳碳三键（—C≡C—）的不饱和链烃，其官能团是碳碳三键（—C≡C—）。由于炔烃的官能团比烯烃的官能团多一个 π 键，因此，炔烃比碳原子数相同的烯烃少 2 个氢原子，炔烃的通式是 C_nH_{2n-2}（$n \geq 2$）。

（二）同分异构体

与烯烃相似，由于碳链的异构和碳碳三键位次的不同，炔烃也具有碳链异构、位置异构及官能团异构三种同分异构现象。

1. 碳链异构 即由于碳原子与碳原子的连接方式不同而引起的异构现象。例如：

$CH_3—CH_2—CH_2—C\equiv CH$　　1-戊炔

$CH_3—CH(CH_3)—C\equiv CH$　　3-甲基-1-丁炔

2. 位置异构 即由于碳碳三键的位置不同而引起的异构现象。例如：

$CH_3—CH_2—CH_2—C\equiv CH$　　1-戊炔

$CH_3—CH_2—C\equiv C—CH_3$　　2-戊炔

3. 官能团异构 炔烃与碳原子数相同的二烯烃及环烯烃互为同分异构体。例如：

$CH_3—CH_2—C\equiv C—CH_2—CH_3$　　3-己炔

$CH_2=CH—CH=CH—CH_2—CH_3$　　1,3-己二烯

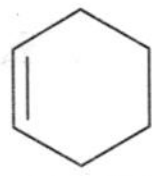

环己烯

二、炔烃的结构

炔烃的官能团碳碳三键（—C≡C—）上的两个碳原子均为 sp 杂化。如图 2-8 所示，该碳原子成键时，2s 轨道上的 1 个电子吸收能量后被激发到 $2p_z$ 空轨道上，成为激发态。能量相近的 2s、$2p_x$ 轨道重新组合，形成 2 个能量完全相同的 sp 杂化轨道，剩余的 $2p_y$、$2p_z$ 轨道不参与杂化。每个 sp 杂化轨道中有 1/2 的 2s 轨道成分和 1/2 的 $2p_x$ 轨道成分，2 个 sp 杂化轨道的对称轴呈直线形构型，键角为 180°，剩余 2 个未杂化的 p 轨道互相垂直，且与 sp 杂化轨道垂直（图 2-9）。

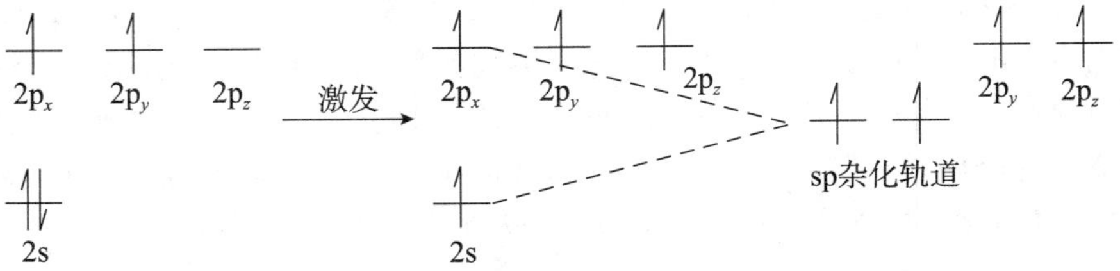

图 2-8　三键碳原子的 sp 杂化

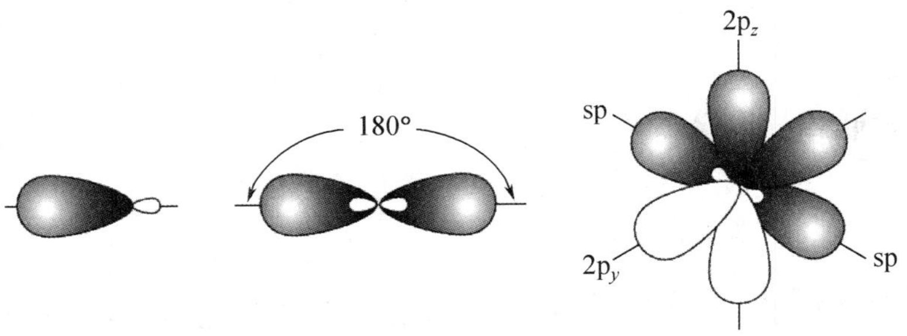

图 2-9　sp 杂化轨道的空间构型

结构最简单的炔烃是乙炔，其分子式为 C_2H_2，结构式为 HC≡CH。如图 2-10 所示，碳碳三键成键时，2 个碳原子各用 1 个 sp 杂化轨道沿轨道轴方向以“头碰头”的方式重叠形成 C—C σ 键，同时各用 2 个未杂化的 p 轨道以“肩并肩”的方式重叠形成 2 个 π 键，剩余的 sp 杂化轨道与氢原子的 s 轨道以“头碰头”的方式重叠形成 C—H σ 键。因此，2 个碳原子和 2 个氢原子处于同一条直线上，即乙炔是直线型分子。

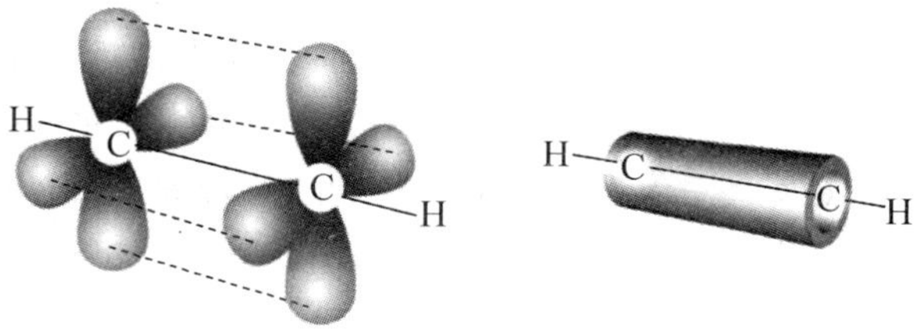

图 2-10　乙炔分子结构示意图

综上所述，炔烃的官能团碳碳三键（—C≡C—）的 2 个碳原子间形成了 1 个 σ 键和 2 个 π 键。炔烃的结构可用 R—C≡CH 或 R′—C≡C—R 表示。

三、炔烃的命名

炔烃的命名也与烯烃相似，其系统命名法的命名规则和步骤如下。

1. 选主链　选择含有碳碳三键在内的最长碳链作为主链，根据主链上碳原子的数目将其命名为“某炔”。对多于 10 个碳原子的炔烃进行命名时，需在“炔”之前加个“碳”字，如十八碳炔。

2. 编号　从靠近碳碳三键的一端开始，依次用阿拉伯数字对主链上的碳原子进行编号；若碳碳三键位于中间，则从靠近取代基的一端开始。三键的位次与三键上位号较小的碳原子一致。

3. 命名　将取代基的位次、数目、名称和三键的位号依次写在主链名称“某炔”的前面，并分别用连字符隔开，即取代基位次 - 取代基名称 - 三键位次 - 主链名称。其他命名原则与烷烃相似。例如：

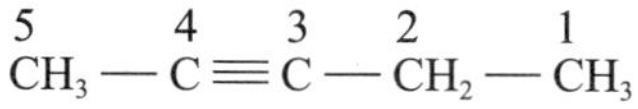

2- 戊炔

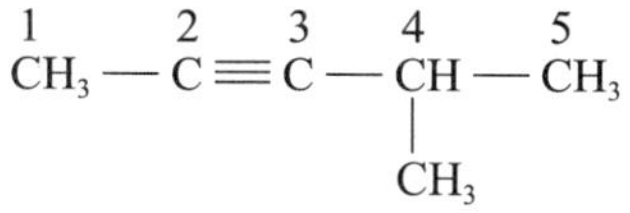

4- 甲基 -2- 戊炔

若分子中同时含有 C=C 和 C≡C，则应选择同时含有碳碳双键和碳碳三键的最长碳链作为主链，编号时从靠近不饱和键的一端开始；若碳碳双键和碳碳三键距离碳链末端的位置相同，则优先考虑从靠近双键的一端开始编号；命名时，烯在前、炔在后。例如：

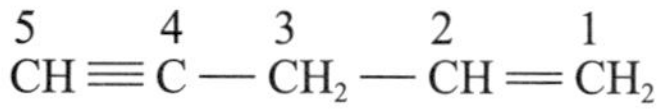

1- 戊烯 -4- 炔

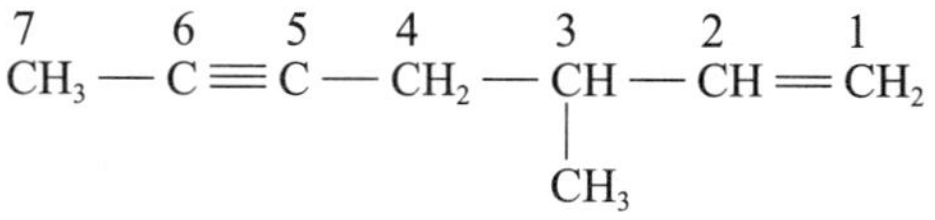

3- 甲基 -1- 庚烯 -5- 炔

四、炔烃的物理性质

炔烃的熔点、沸点和相对密度等物理性质在同系物中的变化规律与烷烃、烯烃类似，都是随着碳原子数的增加而呈现规律性的变化。在常温、常压条件下，C_2 ~ C_4 的炔烃是气体，

C_5 ~ C_{15} 的炔烃是液体，C_{16} 以上的炔烃是固体。炔烃的熔点和沸点也随着碳原子数目的增加而升高，相对密度都小于 1，且由于多了 1 个 π 键，炔烃的沸点和相对密度均比相应的烯烃稍高。炔烃难溶于水，易溶于苯、三氯甲烷、四氯化碳等有机溶剂。

五、炔烃的化学性质

与烯烃类似，炔烃中也含有 π 键，因此，炔烃也能发生加成、氧化、聚合等反应。此外，由于炔烃中碳原子的杂化方式与烯烃不同，所以炔烃也能发生一些特殊反应。例如，碳碳三键在一端的炔烃（R—C≡C—H）中的 C—H σ 键与普通的 C—H σ 键有所不同，能显示弱酸性（图 2-11）。

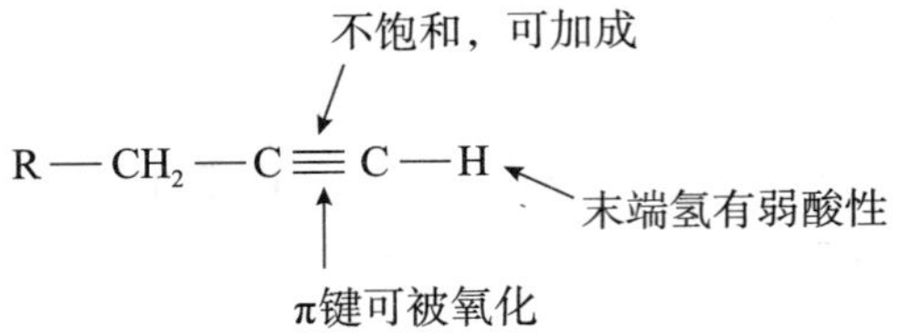

图 2-11　炔烃的化学性质

（一）加成反应

与烯烃类似，碳碳三键中的 π 键不稳定，易发生断裂，也能与氢气（H_2）、卤素（X_2）和卤化氢（HX）等发生加成反应。

1. 加氢　在催化剂（Pt、Pd 或 Ni 等）的作用下，炔烃可与 H_2 发生加成反应，首先生成烯烃，最后生成烷烃。例如：

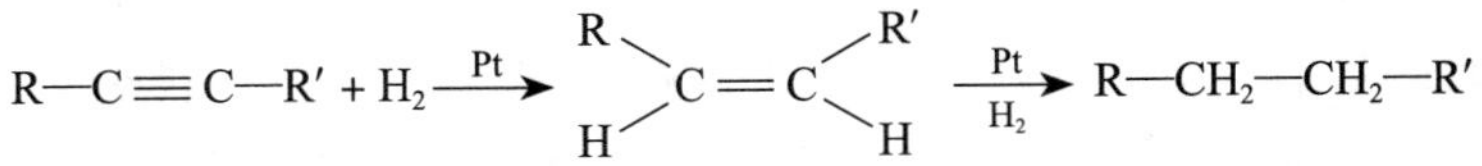

$$CH\equiv CH \xrightarrow[Pt]{H_2} CH_2=CH_2 \xrightarrow[Pt]{H_2} CH_3CH_3$$

2. 加卤素　炔烃能在常温条件下与卤素（Br_2、Cl_2）分两步发生加成反应，生成多卤代烃。例如：

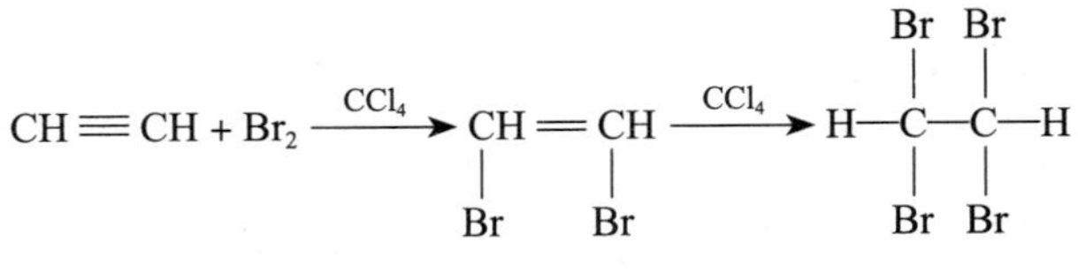

溴的四氯化碳溶液呈红棕色，反应后生成的卤代烃为无色，因此，可用溴的四氯化碳溶液鉴别炔烃。

3. 加卤化氢　炔烃和卤化氢（HX）的加成反应也是分两步进行的。由于卤化氢为不对称试剂，因此在发生反应时，同样遵循马氏规则。例如：

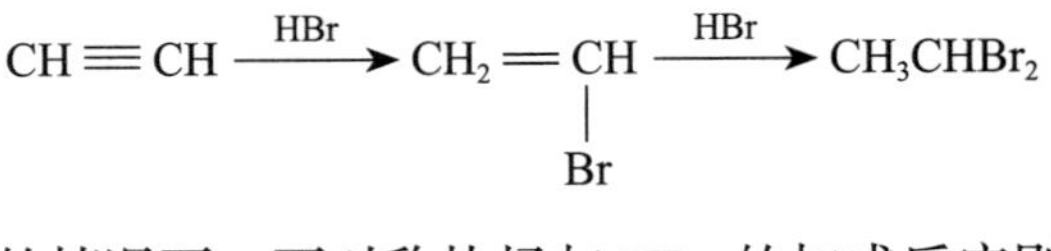

但是在过氧化物存在的情况下，不对称炔烃与 HBr 的加成反应则遵循反马氏规则。

4. 加水　在硫酸和硫酸汞存在的情况下，炔烃可与水（H_2O）发生加成反应，起初先生成烯醇，由于烯醇性质不稳定，可发生分子内重排，所以最终会转化为醛或酮。例如：

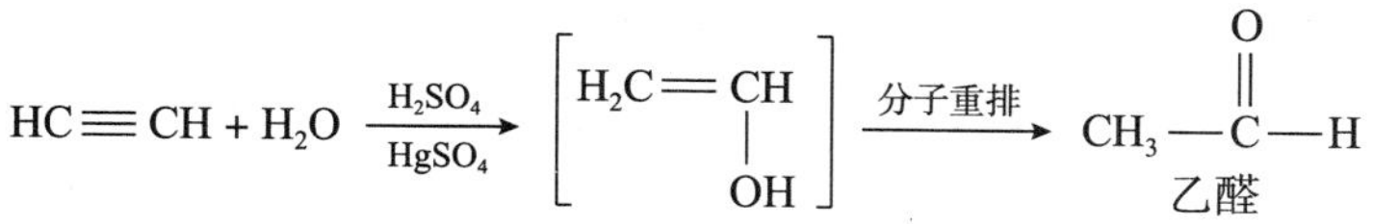
乙醛

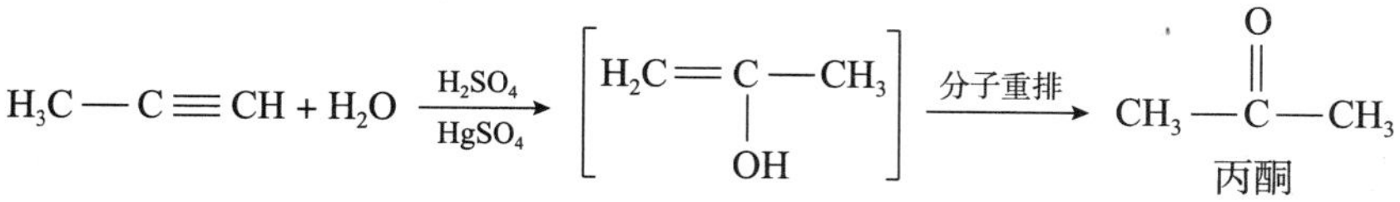
丙酮

（二）氧化反应

由于炔烃分子中含有容易断裂的 π 键，因此与烯烃一样，炔烃也能被酸性高锰酸钾溶液等强氧化剂氧化，使高锰酸钾溶液的紫红色很快褪去。由于该反应方法简单，现象明显，因此可利用酸性高锰酸钾溶液来鉴别炔烃。

炔烃发生氧化反应时，碳链在碳碳三键处断裂，生成二氧化碳和碳原子数较少的羧酸。例如：

$$CH_3C\equiv CH \xrightarrow{KMnO_4/H^+} \underset{\text{乙酸}}{CH_3COOH} + CO_2\uparrow$$

$$CH_3-C\equiv C-CH_2-CH_3 \xrightarrow{KMnO_4/H^+} \underset{\text{乙酸}}{CH_3-COOH} + \underset{\text{丙酸}}{CH_3-CH_2-COOH}$$

反应规律为：碳链在碳碳三键处断裂，连有 1 个 H 的三键碳原子反应生成二氧化碳，不连接 H 的三键碳原子反应生成羧基，分子的其他位置不发生变化。因此，还可利用此反应推测炔烃的分子结构。

（三）聚合反应

乙炔在不同的反应条件和催化剂作用下，可以发生聚合反应，生成链状或环状化合物。例如：

$$CH\equiv CH + HC\equiv CH \xrightarrow[NH_4Cl]{Cu_2Cl_2} \underset{\text{1-丁烯-3-炔}}{CH_2=CHC\equiv CH}$$

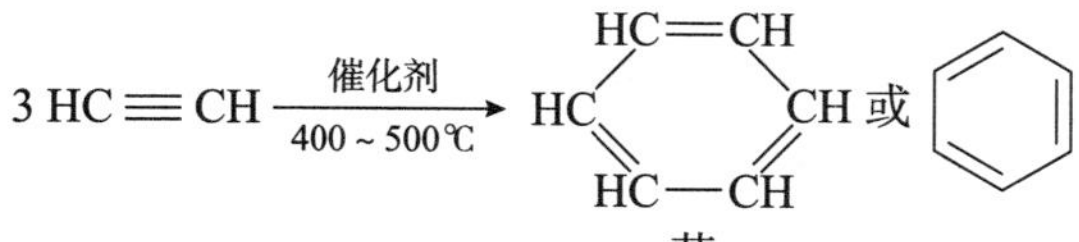
苯

（四）端基炔的特性

端基炔（R—C≡C—H）是指碳碳三键在碳链一端的炔烃。三键碳原子为 sp 杂化，杂化轨道中的 s 成分最多，电子云距离碳原子核最近。因此，三键碳原子的电负性较大，使 C—H 键的极性增加，氢的活性增强，容易解离，呈弱酸性，能被金属取代生成金属炔化物。例如，将乙炔通入硝酸银的氨溶液或氯化亚铜的氨溶液中，分别可以生成白色的乙炔银沉淀或棕红色的乙炔亚铜沉淀。其反应式为：

$$CH\equiv CH + Ag(NH_3)_2OH \longrightarrow \underset{\text{乙炔银（白色）}}{Ag-C\equiv C-Ag\downarrow} + NH_3\uparrow + NH_4NO_3$$

$$CH\equiv CH + Cu(NH_3)_2Cl \longrightarrow \underset{\text{乙炔亚铜（棕红色）}}{Cu-C\equiv C-Cu\downarrow} + NH_3\uparrow + NH_4Cl$$

该反应较灵敏，因此可以利用硝酸银的氨溶液或氯化亚铜的氨溶液鉴别乙炔和端基炔（R—C≡C—H），并可利用该反应从混合物中把端基炔分离出来。需要注意的是，乙炔银和乙炔亚铜在湿润时性质比较稳定，但在干燥状态下可因撞击或温度升高而发生爆炸。因此，实验完毕后，应立即加入硝酸使其分解，避免发生安全事故。

六、重要的炔烃

乙炔，俗称电石气。在常温、常压条件下，纯乙炔为无色、无臭的气体，微溶于水，易溶于有机溶剂。乙炔燃烧时能产生高温，氧炔焰的温度可以达到3200℃左右，可用于切割或焊接金属。若供给适量的空气，乙炔可以完全燃烧发出亮白色的光，可作为照明光源。乙炔是重要的基本有机原料，可用于制备氯乙烯、聚氯乙烯等。

第四节 脂环烃

脂环烃是指由碳原子连接成环状、性质与开链烃相似的烃。脂环烃及其衍生物广泛存在于自然界中，如某些地区所开采的石油中含有环烷烃；动、植物体内存在的胆固醇、维生素D等甾族化合物和萜类也是脂环烃的衍生物；许多药物中也含有脂环烃的结构，如菊酸、阿托品、莨菪碱和吗啡等。

一、脂环烃的通式与同分异构体

（一）通式

脂环烃与脂肪烃在结构上最显著的区别在于：脂肪烃是开链状，而脂环烃是闭链烃（即呈环状）。因此，只含有1个环的脂环烃与相应的脂肪烃在分子组成上少了2个H。例如，单环烷烃的通式为 C_nH_{2n}（$n \geq 3$）。

（二）同分异构体

1. 构造异构 脂环烃的构造异构包括碳环异构和官能团异构。

（1）碳环异构：这是由于碳原子与碳原子的连接方式不同而引起的异构现象。例如：

环丁烷　　1-甲基环丙烷

（2）官能团异构：环烷烃与碳原子数相同的烯烃互为同分异构体，环烯烃与碳原子数相同的炔烃互为同分异构体，环炔烃与碳原子数相同的二烯烃互为同分异构体。例如：

$CH_3CH_2CH_2CH{=}CHCH_3$　　

2-己烯　　环己烷

2. 构象异构 与烷烃相似，脂环烃也存在因C—C σ键旋转而引起的分子中原子或基团在空间产生不同排列方式的构象异构现象。例如，环己烷为了保持C—C—C键角为109° 28′，其分子中的 6 个碳原子不在同一平面上，而是自然扭曲成不同的构象。它的两种典型构象是椅式构象和船式构象。其中，椅式构象为优势构象。其结构式为：

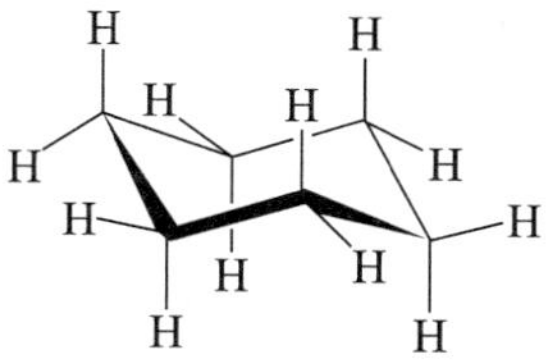

环己烷椅式构象

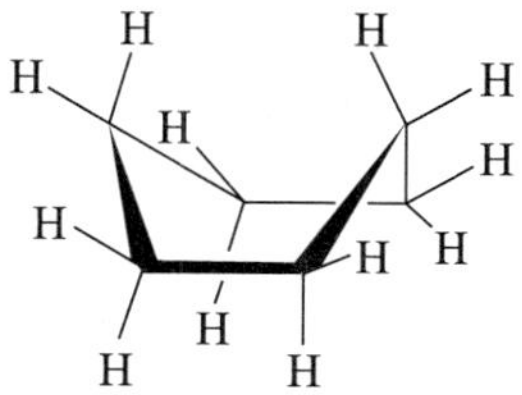

环己烷船式构象

二、脂环烃的分类

1. 根据脂环烃中是否含有不饱和键分类　可将脂环烃分为饱和脂环烃与不饱和脂环烃。饱和脂环烃又称环烷烃；不饱和脂环烃又可分为环烯烃和环炔烃。例如：

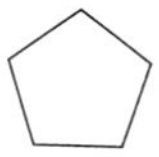

环戊烷

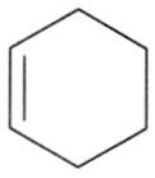

环己烯

2. 根据组成环的碳原子数分类　可将脂环烃分为小环（含有 3～4 个碳原子）、常见环（含有 5～6 个碳原子）、中环（含有 7～11 个碳原子）和大环（组成环的碳原子数≥12 个）脂环烃。

3. 根据分子中所含环的数目分类　可将脂环烃分为单环脂环烃和多环脂环烃。根据碳环的连接方式不同，又可将多环脂环烃分为螺环烃和桥环烃等。

三、脂环烃的命名

1. 环烷烃　根据组成环的碳原子数，将其命名为“环某烷”。例如：

环丙烷

环丁烷

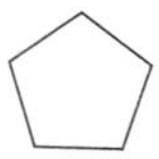

环戊烷

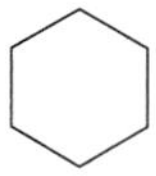

环己烷

环上有取代基时，其系统命名法的命名规则和步骤为：①选主环，以环为母体，根据主环上所含碳原子数，将其称为“环某烷”。②编号，从结构简单的取代基开始，绕环一周进行编号，尽量使取代基编号最小。③命名，将取代基的位号、数目、名称依次写在主环名称“环某烷”的前面，并分别用连字符隔开。其他命名规则与烷烃相似。例如：

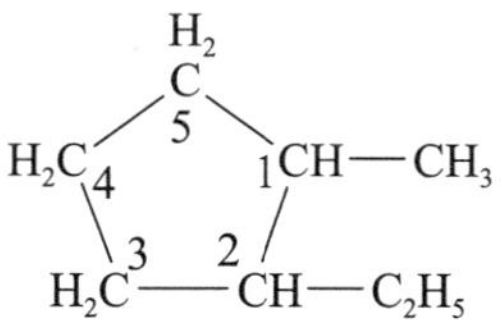

1-甲基-2-乙基环戊烷

当环上的取代基比较复杂时，也可将脂环烃作为取代基来命名。例如：

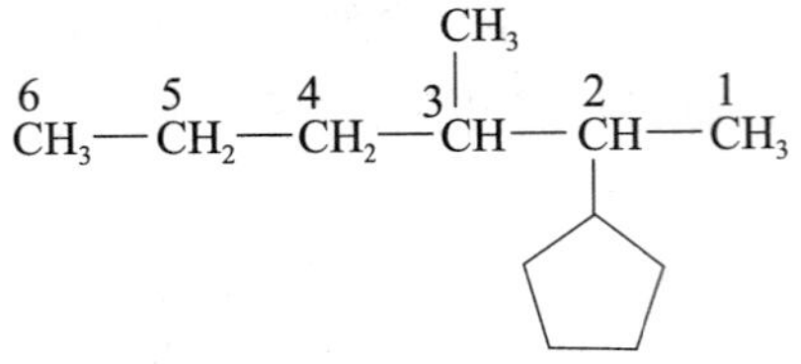

3-甲基-2-环戊基己烷

2. 不饱和脂环烃 即环烯烃、环炔烃，根据组成环的碳原子数，将其称为“环某烯”或“环某炔”。标明双键或三键的位置，以位次最小为原则，即从双键或三键开始，绕环一周进行编号，尽量使取代基编号最小。例如：

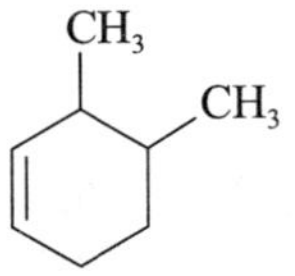

3,4-二甲基环己烯

3. 螺环烃 共用1个碳原子的多环脂环烃称为螺环烃，其中，共用的碳原子称为螺原子。命名时，根据成环碳原子的总数，将其称为“螺［ ］某烃”，方括号内用阿拉伯数字标明每个螺环上除螺原子之外所含碳原子的数目（数字从小到大排列），数字之间在下角用圆点隔开。螺环的编号是从螺原子邻位的碳原子开始，先编号较小的环，通过螺原子后再编号较大的环，并使环上取代基的位次最小。例如：

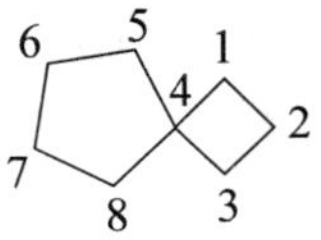

螺［3.4］辛烷

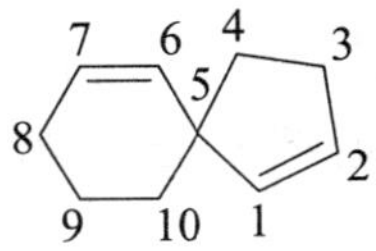

螺［4.5］-1,6-癸二烯

4. 桥环烃 共用2个或2个以上碳原子的多环脂环烃称为桥环烃，其中，共用的碳原子中排在两端的称为桥头原子。命名时，根据成环碳原子的总数，将其称为“二环［ ］某烷”，在方括号内用阿拉伯数字标出各桥路除桥头原子之外所含碳原子的数目（数字按从大到小排列），数字之间在下角用圆点隔开。桥环的编号是从一个桥头原子开始，沿最长的桥路编号到另一个桥头原子，再沿次长的桥路编号回到桥头原子，最后编号最短的桥路，并使取代基的位次较小。例如：

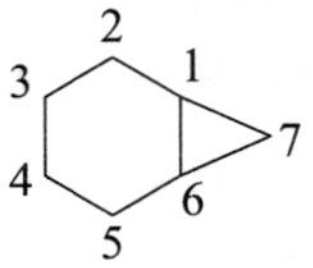

二环［4.1.0］庚烷

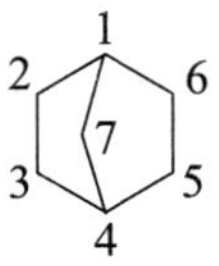

二环［2.2.1］庚烷

四、环烷烃的结构和稳定性

（一）环烷烃的结构

与烷烃相同，环烷烃分子中的碳原子也均为 sp^3 杂化，但它们不能像烷烃分子中那样重叠。

例如环丙烷（图 2-12），按照杂化理论，sp^3 杂化的碳原子与其他原子成键时键角应为 109.5°，但现代物理学研究发现，环丙烷结构中的键角为 105.5°，即环碳原子是将 sp^3 杂化轨道扭转一定角度，在 C—C 原子连线的外侧部分重叠，进而形成弯曲的 C—C σ 键。

由于弯曲的单键比一般的单键键能弱，存在很大的角张力，有断裂并恢复为原有键角的倾向，因此，环丙烷分子的性质不稳定，易发生开环反应。

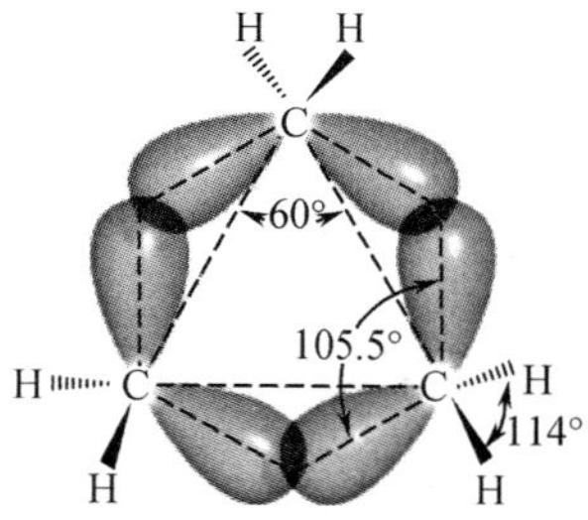

图 2-12　环丙烷分子成键示意图

（二）环烷烃的稳定性

单环烷烃的稳定性与环的大小有关。因为随着成环碳原子数的增加，sp^3 杂化轨道重叠程度增大，键角也逐渐增大，趋近于 109.5°，受环几何形状的影响逐渐减小，即分子内角张力减小，分子的稳定性也就随之提高。碳环的稳定性顺序依次为：六元环＞五元环＞四元环＞三元环。因此，环己烷及其衍生物的性质稳定，其结构不易被破坏，这也是六元环结构单元广泛存在于天然或合成药物分子中的原因。

五、环烷烃的物理性质

环烷烃的物理性质与烷烃相似。在常温、常压条件下，环丙烷、环丁烷是气体，从环戊烷开始是液体，碳原子数在 12 个以上的环烷烃是固体，难溶于水，易溶于苯、四氯化碳等有机溶剂。随着成环碳原子数的增加，环烷烃的熔点、沸点和相对密度也随之增大，但相对密度仍小于 1。由于环烷烃中单键的旋转受到一定的限制，所以与碳原子数相同的烷烃相比，环烷烃的熔点和沸点更高，相对密度更大。

六、环烷烃的化学性质

环烷烃的化学性质与烷烃相似，其性质较稳定，但也有一些特殊性质。

（一）氧化反应

与烷烃相似，在室温条件下，环烷烃不易被氧化，即使是性质最不稳定的环丙烷，也不会被酸性高锰酸钾溶液氧化。因此，利用此性质，可以区分环烷烃与烯烃。但在加热条件下用强氧化剂或在催化剂作用下经空气氧化，可使环烷烃生成含氧化合物。例如：

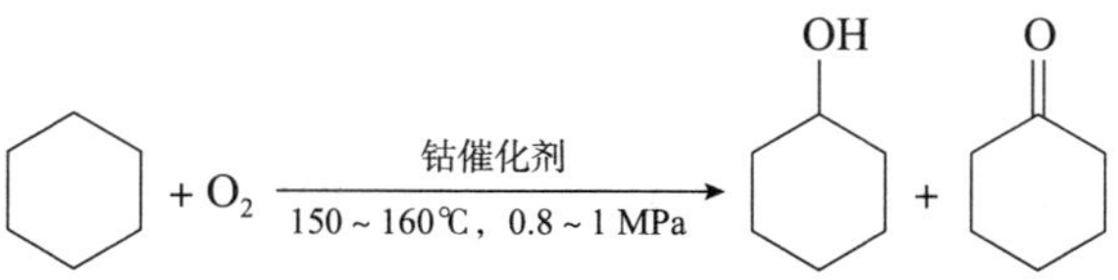

（二）取代反应

与烷烃相似，环烷烃也能在光照或高温条件下与卤素发生取代反应。其反应历程与烷烃的卤代反应相似，也是发生自由基取代反应。例如：

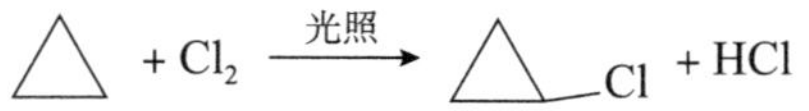

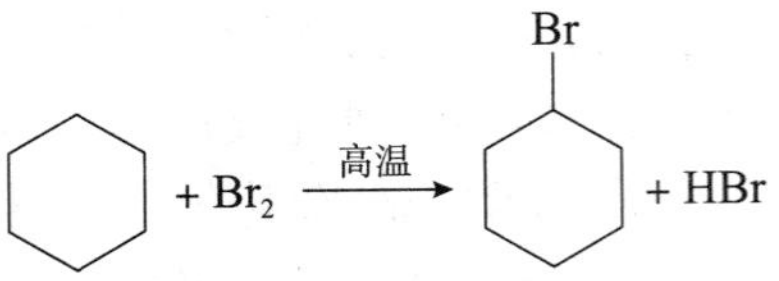

（三）加成反应

小环环烷烃的性质不稳定，环容易断裂，发生开环加成反应，与烯烃的加成反应类似，即环被打开，两端的碳原子上各加入 1 个原子或原子团，转变为链状化合物。

1. 加氢 在催化剂的作用下，环烷烃可与氢气发生加成反应。加氢时，环被打开，两端的碳原子上各加入 1 个 H，生成相应的烷烃。环烷烃的性质越不稳定，就越容易发生加氢反应，故其反应活性顺序依次为：环丙烷＞环丁烷＞环戊烷。其反应式为：

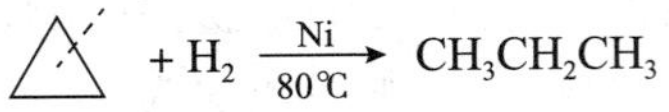

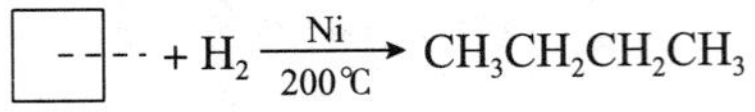

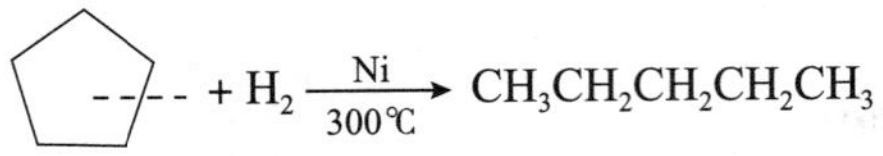

2. 加卤素 在常温条件下，环丙烷可与卤素分子发生加成反应；环丁烷需要在加热条件下才能与卤素发生反应；碳原子数大于环戊烷的环烷烃很难与卤素发生加成反应。因此，其反应活性顺序依次为：环丙烷＞环丁烷＞环戊烷。其反应式为：

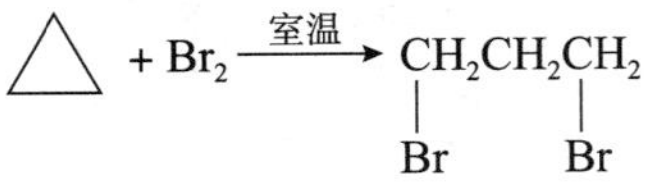

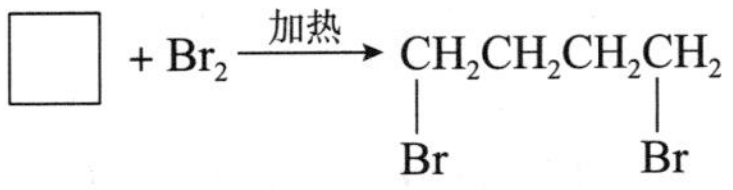

环烷烃与溴的加成反应现象是溴的四氯化碳溶液的红棕色褪去。利用该反应可鉴别环烷烃。

3. 加卤化氢 与加卤素一样，在常温条件下，环丙烷可与卤化氢发生加成反应；环丁烷需要在加热条件下才能与卤化氢发生反应；碳原子数大于环戊烷的环烷烃很难与卤化氢发生加成反应。例如：

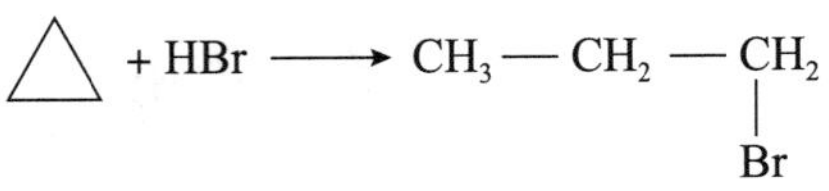

含有侧链的环丙烷与卤化氢发生加成反应时，开环多发生在连接氢原子最多和连接氢原子最少的两个碳原子之间，且遵循马氏规则，即卤化氢中的氢原子加在连接氢原子最多的碳原子上，卤原子则加在连接氢原子最少的碳原子上。例如：

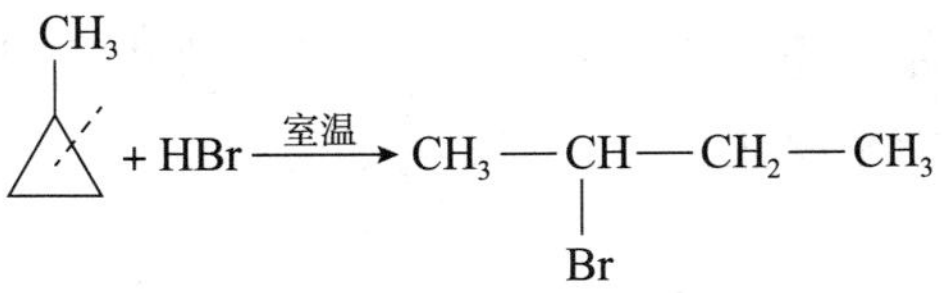

自测题

一、单项选择题

1. 含有 6 个碳原子的烷烃的分子式是
   A. C_6H_{10}　B. C_6H_{12}　C. C_6H_6
   D. C_6H_{14}　E. C_6H_6
2. 烷烃分子中的碳原子采用的杂化方式是
   A. sp^2　B. sp^3　C. sp
   D. dsp　E. spol
3. 下列烷烃中沸点最高的是
   A. 正戊烷　B. 正己烷　C. 异己烷
   D. 新己烷　E. 新戊烷
4. 下列各组化合物互为同分异构体的是
   A. 丁烷和 2- 甲基丁烷　B. 丁烷和 2,2- 二甲基丙烷
   C. 丁烷和 2- 甲基丙烷　D. 2,2- 二甲基丙烷和 2- 甲基丙烷
   E. 2- 甲基丁烷和 2- 甲基丙烷
5. 烷烃分子中碳原子的 4 个 sp^3 轨道的空间几何形状是
   A. 正方形　B. 直线形　C. 平面三角形
   D. 正四面体　E. 三角锥形
6. 采用系统命名法可将（CH_3）$_2$CHCH（CH_3）CH_2CH_3 命名为
   A. 异庚烷　B. 二甲基庚烷　C. 2,3- 二甲基戊烷
   D. 3,4- 二甲基戊烷　E. 正庚烷
7. 下列烷烃分子中只含有伯氢原子的是
   A. C_3H_8　B. $CH_3CH_2CH_2CH_3$　C.（CH_3）$_2CHCH_3$
   D.（CH_3）$_4$C　E.（CH_3）$_3CCH_2CH_3$
8. 下列化合物中无顺反异构体的是
   A. 4- 甲基 -3- 庚烯　B. 2- 甲基 -2- 丁烯　C. 1,3- 戊二烯
   D. 2,3- 二氯 -2- 丁烯　E. 2- 丁烯
9. C_6H_{10} 属于
   A. 烷烃　B. 烯烃　C. 环烷烃
   D. 炔烃　E. 环烯烃
10. 下列化合物中，与炔烃的通式相同的是
    A. 烷烃　B. 环烷烃　C. 烯烃
    D. 环烯烃　E. 环炔烃
11. 鉴定末端炔烃常用的试剂是
    A. 溴的四氯化碳溶液　B. 高锰酸钾溶液　C. 硝酸钠溶液
    D. 溴化氢　E. 硝酸银的氨溶液
12. 乙炔能使溴水褪色，发生的反应属于
    A. 氧化反应　B. 取代反应　C. 加成反应
    D. 聚合反应　E. 分子重排反应
13. 下列脂环烃中，最难发生加氢开环的化合物是

A. 环丙烷　　B. 环丁烷　　C. 环戊烷
D. 环己烷　　E. 1- 甲基环丁烷

14. 下列环己烷的构象中，优势构象是
A. 船式　　B. 椅式　　C. 扭船式
D. 半椅式　　E. 对位交叉式

15. 鉴别环丙烷、环己烷和 2- 丁烯应选择的试剂是
A. 高锰酸钾、溴　　B. 硝酸银的氨溶液、溴　　C. 高锰酸钾、催化加氢
D. 浓硫酸、浓硝酸　　E. 氢氧化钠和高锰酸钾

16. 脂环烃能发生的反应是
A. 氧化反应　　B. 取代反应　　C. 加氢
D. 加卤素　　E. 消去反应

二、判断题

1. 乙烷分子中的碳原子均属于仲碳原子。
2. 烃类化合物中只含有碳、氢两种元素。
3. 在烷烃分子中，所有共价键均为 σ 键。
4. 烷烃的化学性质不稳定，在常温条件下与强酸、强碱、强氧化剂和强还原剂等均可发生反应。
5. 甲烷和氯气的混合气体见光后，发生反应的类型为取代反应。

三、命名下列化合物

1. $(CH_3)_3CCH_2CH(CH_3)_2$

2. 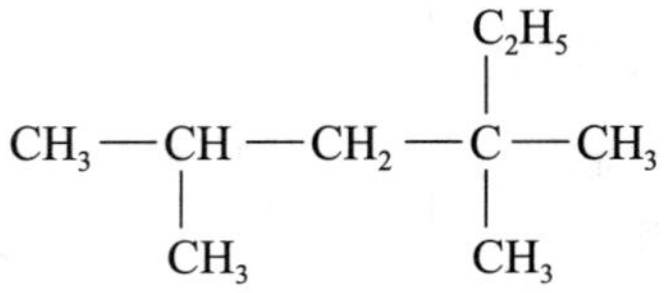

3. $CH_3CH_2CH{=}CH_2$

4. $(CH_3)_2CHCH{=}CHCH_2CH_3$

5. $CH_3CH_2CH{\equiv}CCH_3$

6. $CH_3CH(CH_3)C{\equiv}CH$

7. 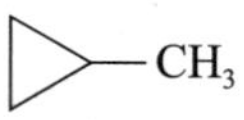

8. 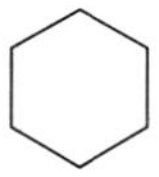

9. 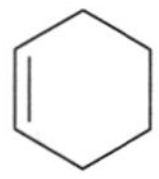

四、写出下列各化合物的结构简式

1. 2,3- 二甲基戊烷　　2. 1,3- 丁二烯
3. 乙炔　　4. 3- 甲基 -1- 戊炔
5. 环丙烷　　6. 1- 甲基 -3- 乙基环戊烷
7. 反 -2- 丁烯　　8.（Z）-3- 乙基 -2- 己烯

五、简答题

1. 经测定，某烷烃的相对分子量为 72。
（1）试写出该烷烃的分子式。
（2）试写出该烷烃的所有异构体，并用系统命名法命名。

2. 某烷烃 A 的分子式为 C_6H_{14}，其分子中只有 1 个甲基侧链。试写出 A 可能的结构式，

并用系统命名法命名。

3. 用简便的化学方法区别下列化合物。

（1）1- 戊炔和 2- 戊炔。

（2）丙烷、丙烯和环丙烷。

4. 具有相同分子式 C_6H_{10} 的两个化合物，加氢后都可以生成 2- 甲基戊烷。它们都可以与 2 分子溴发生加成反应，但其中一个可以使硝酸银的氨溶液产生白色沉淀，另一个则不能。试推测这两个异构体的结构式。

5. 分子式为 C_4H_6 的化合物 A 和 B，A 能使高锰酸钾溶液褪色，但不能与硝酸银的氨溶液发生反应；B 既能使高锰酸钾溶液褪色，又能与硝酸银的氨溶液发生反应。请写出化合物 A 和 B 的结构式。

（曾琦斐　王宜萍）

第三章

芳 香 烃

第三章
数字资源

学习目标

1. 掌握苯的结构、苯及其同系物的命名和理化性质。
2. 熟悉稠环芳香烃的结构和分类，以及芳香烃的鉴别方法。
3. 了解常见的芳香烃。

案例导入

19 世纪初，由于冶金工业的发展，需要大量焦炭，生产焦炭的主要方法是煤的干馏，即对煤在隔绝空气的条件下进行高温加热。在煤的干馏过程中可生成一种黑色、黏稠且有特殊臭味的油状液体，称为煤焦油。当时，煤焦油被当成废物丢弃，污染环境。因此，煤焦油的利用就成为生产中迫切需要解决的一个重要的环境和社会问题。

后来，以法拉第为代表的科学家们开始研究煤焦油，并从煤焦油中分离出了以芳香烃为主的多种重要芳香化合物，随后又以这些芳香化合物为原料合成了多种染料、药品、香料、炸药等。

到 1930 年，由煤生产苯已经发展成为世界性的大工业。之后，通过催化重整石油可生成苯、甲苯、二甲苯等；在烃类裂解制备乙烯的过程中，裂解汽油副产物中芳香烃的含量达 40%～48%。因此，石油也成为了芳香烃的重要来源。

思考题：

1. 苯具有哪些特殊的性质？
2. 芳香烃的应用有哪些？

芳香烃简称芳烃，是芳香化合物的母体。“芳香”二字的由来是最初从植物中提取到一些具有芳香气味的化合物，所以将这类化合物称为芳香化合物。后来发现芳香化合物大多数具有苯环结构，于是把含有苯环结构的化合物称为芳香化合物。实际上，许多芳香化合物并没有香气，有的甚至有难闻的气味，所以虽然“芳香”一词沿用至今，但已失去了原来的含义。现在所说的芳香烃是指具有特殊结构的不饱和环状烃，它们性质稳定，环不易被破坏，容易与亲电试剂发生取代反应，难以发生加成反应和氧化反应。也就是说，芳香烃是具有“芳香性”的环状碳氢化合物。芳香烃难加成、难氧化、易取代的性质在有机化学上即称为“芳香性”。芳香烃中含有苯环结构的化合物称为苯型芳香烃；不含苯环结构，但具有芳香性的化合物称为非苯芳香烃。如不特别指明，则芳香烃一般是指苯型芳香烃。

第一节 苯的结构

一、苯的凯库勒结构式

苯是性质很稳定的化合物，发生反应时，6 个碳原子可作为一个整体转移到新的化合物中。苯的一元取代物只有 1 种，二元取代物有 3 种，取代基相同的三元取代物也有 3 种。

苯只有 1 种一元取代物，这说明苯分子中的 6 个氢原子是等同的。最简单的情况是每个碳原子上各有 1 个氢原子。如果 6 个碳原子排成一条直链，就有链端与链中间的区别。要消除这种区别，最简单的方法就是把链的两端连成一个环，这样，既可以说明苯分子的 6 个碳原子能在反应中作为一个整体转移到新的化合物中，又可以说明二元取代物有 3 种，3 元取代物也有 3 种。

苯的环状结构是德国化学家凯库勒于 1865 年首先提出的。为了保持碳的四价，凯库勒在环内加上 3 个双键，这就是苯的凯库勒结构式：

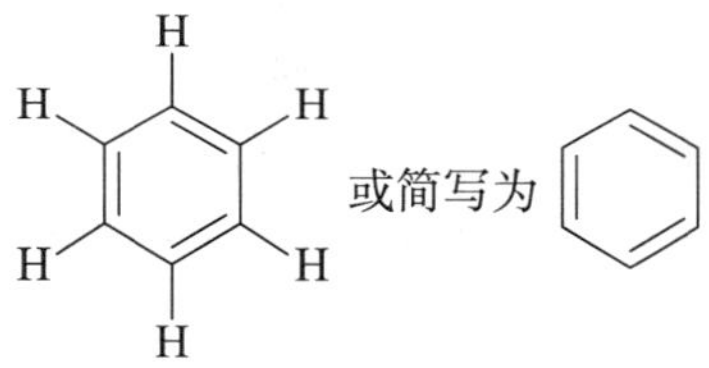

凯库勒结构式是有机化学理论研究中的一项重大成就，促进了 19 世纪后半叶芳香化合物化学的迅速发展。

但是，凯库勒结构式也有不足之处。根据凯库勒结构式，苯环上相邻 2 个碳原子上的氢被取代，应生成 2 种取代产物。其中，这 2 个碳原子分别以单键或双键相连，即：

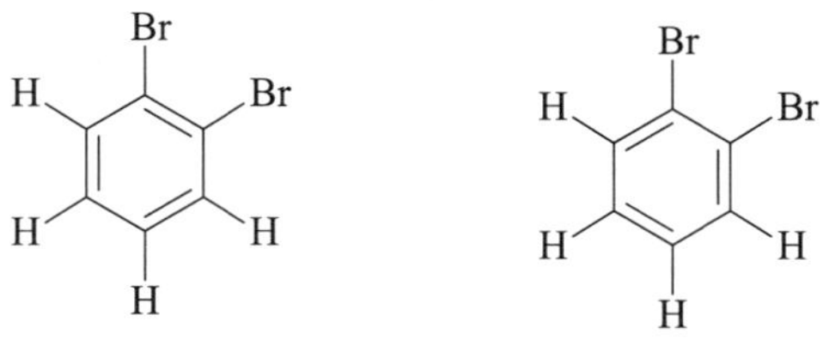

但实际上只生成一种取代物。为了解决这一问题，凯库勒假定苯分子中的双键在不停地来回移动，该过程可表示为：

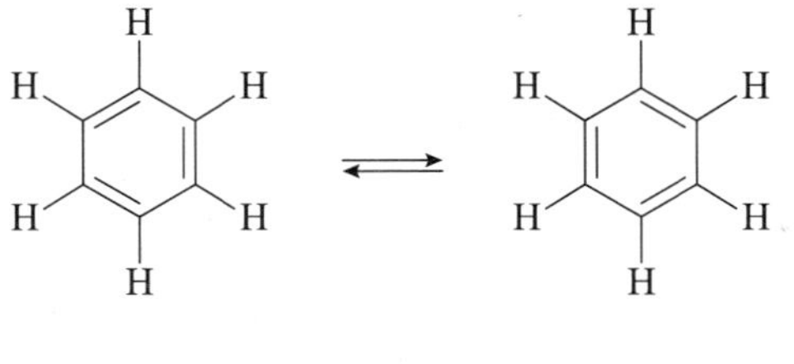

根据凯库勒结构式，苯就是环己三烯，但无论是环己三烯，还是一对迅速互变的环己三烯，都不能很好地解释苯的反应。这个问题直到 20 世纪才得到合理的阐明。

二、苯分子结构的特点

根据现代物理学方法（如 X- 射线照射法、光谱法、电子衍射法等）进行测定，苯的结构具有以下几方面特点：

1. 分子形态 苯分子是平面正六边形，6 个碳原子和 6 个氢原子处于同一平面上。

2. 键长 6 个 C—C 键等长，均为 0.140 nm，介于碳碳单键的 0.154 nm 和碳碳双键的 0.134 nm 之间；6 个 C—H 键的键长均为 0.108 nm。

3. 键角 键角均为 120°。

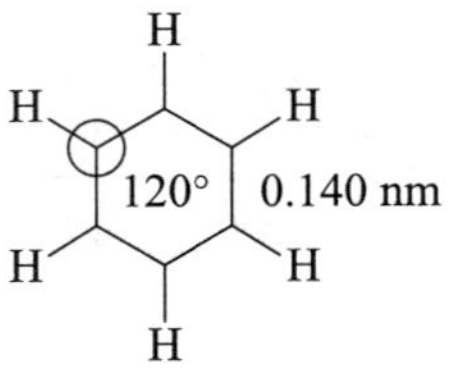

苯分子中的σ键

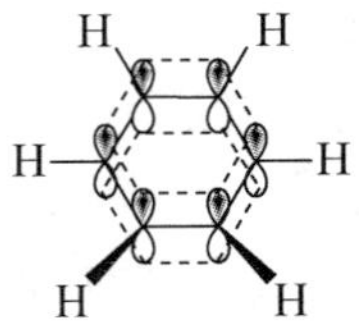

p轨道形成大π键

杂化轨道理论认为：苯分子的 6 个碳原子均为 sp^2 杂化，相邻碳原子之间以 sp^2 杂化轨道互相重叠，形成 6 个均等的 C—C σ 键，每个碳原子又各用一个 sp^2 杂化轨道与氢原子的 1s 轨道重叠，形成 C—H σ 键。由于碳原子的 3 个 sp^2 杂化轨道处在同一平面，夹角为 120°，所以苯分子的 6 个碳原子和 6 个氢原子共平面，6 个碳原子形成一个正六边形。每个碳原子除以 sp^2 杂化轨道形成 2 个 C—C σ 键和 1 个 C—H σ 键外，还有 1 个没有参与杂化的 p 轨道。6 个 p 轨道均垂直于苯分子平面而相互平行。这样，6 个 p 轨道侧面之间相互重叠，形成一个包含 6 个碳原子的环状闭合大 π 键，称为芳香六隅体或芳香大 π 键。

大 π 键的形成，使得苯环中的 6 个 π 电子被 6 个碳原子共享，电子云均匀地分布在环平面的上下方，电子云密度平均化。因此，苯环中没有单键与双键的区别，键长也趋于一致。π 电子在整个环状体系中呈高度离域化，使体系能量降低，确保了特殊的稳定性。

关于苯的结构及其表达方式目前尚未统一。苯结构的书写方法，除仍沿用凯库勒结构式外，还可采用正六边形内加一个圆圈表示，圆圈代表苯分子中的闭合大 π 键。其结构式为：

或

第二节　单环芳烃的通式、同分异构体与命名

一、单环芳烃的通式与同分异构体

最简单的单环芳烃是苯。苯分子中的氢原子被烷基取代形成的化合物称为苯的同系物，其通式为 C_nH_{2n-6}。苯的同系物可分为一烷基苯、二烷基苯和三烷基苯等。一烷基苯只有 1 种，没有异构体；二烷基苯有 3 种异构体；若所有取代烷基完全相同，则三烷基苯和四烷基苯各有 3 种异构体；五烷基苯和六烷基苯各有 1 种异构体。

二、单环芳烃的命名

采用系统命名法对单环芳烃进行命名时，其原则如下。

1. 一烃基苯的命名　苯环上的6个碳原子连接的氢原子是等同的，所以一烃基苯无异构现象。命名时常以苯环为母体，烃基作为取代基，将其称为“某基苯”，通常把“基”字省略而称为“某苯”。例如：

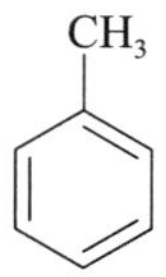

甲（基）苯

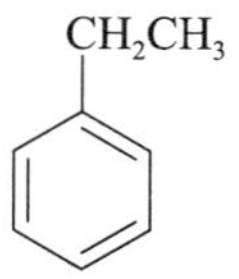

乙（基）苯

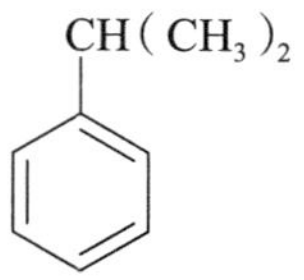

异丙（基）苯

2. 二烃基苯和三烃基苯的命名　二烃基苯和三烃基苯由于取代基的位置不同，可形成3种异构体，可以用阿拉伯数字进行编号（注意应使烃基位置编号之和最小）。若取代基相同，则二烃基苯可以用“邻二”“间二”“对二”来表示。三烃基苯可用“连三”“偏三”“均三”表示3个烃基的相对位置。例如：

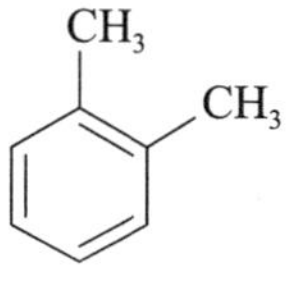

邻二甲苯
1,2- 二甲苯

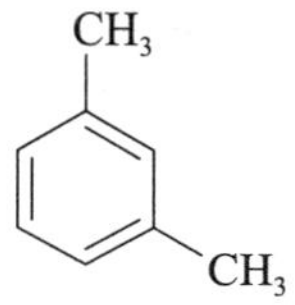

间二甲苯
1,3- 二甲苯

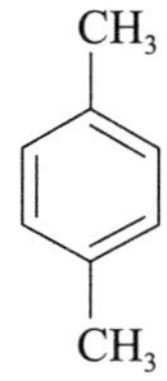

对二甲苯
1,4- 二甲苯

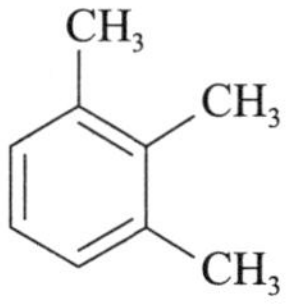

连三甲苯
1,2,3- 三甲苯

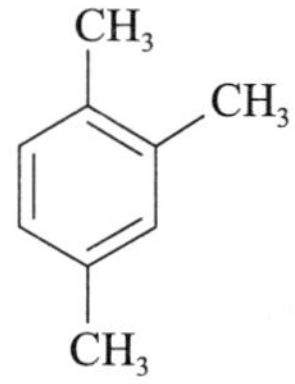

偏三甲苯
1,2,4- 三甲苯

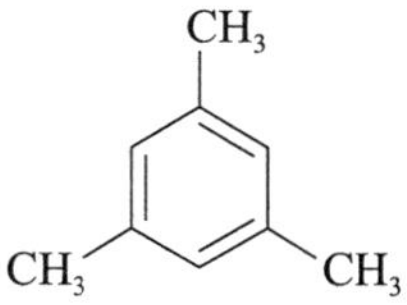

均三甲苯
1,3,5- 三甲苯

苯环上有不同的烷基取代时，若其中有一个是甲基，则选取甲苯为母体，以其他较复杂的烷基作为取代基进行命名。环上的编号从简单取代基开始。例如：

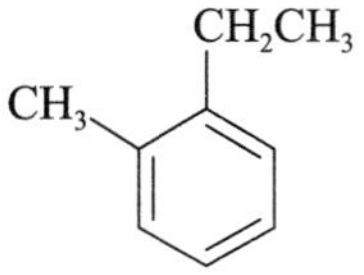

2- 乙基甲苯

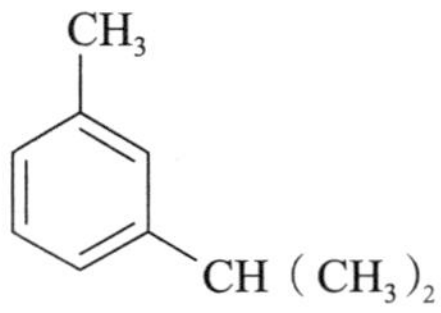

3- 异丙基甲苯

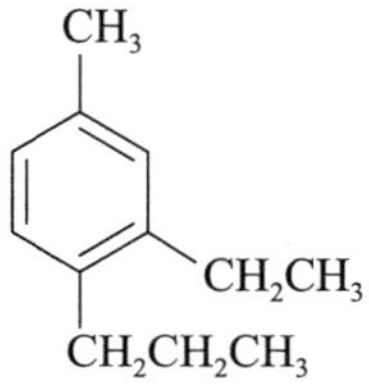

3- 乙基 -4- 丙基甲苯

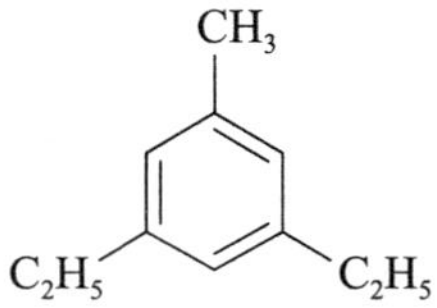

3,5- 二乙基甲苯

若苯环上的取代基为烯烃或炔烃等不饱和基团，或者是较为复杂的链状烃，则将苯环作为取代基进行命名。例如：

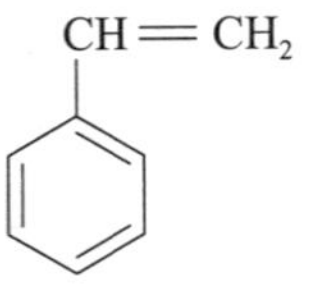
苯乙烯

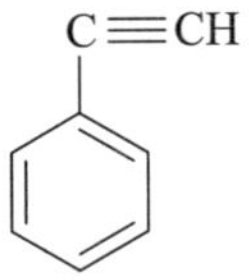
苯乙炔

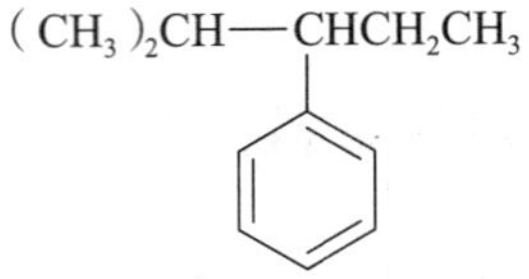
2- 甲基 -3- 苯基戊烷

3. 芳（香烃）基的命名 芳香烃分子中去掉 1 个氢原子后，剩下的基团称为芳香烃基，简称为芳基，常用 Ar—表示。最简单的芳基是苯基（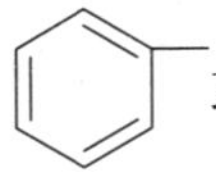或 C_6H_5—），苯基也可用 Ph—表示。常见的芳基有：

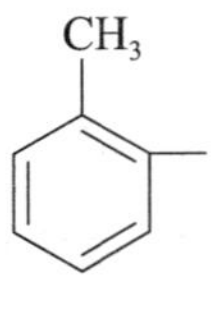
邻甲苯基

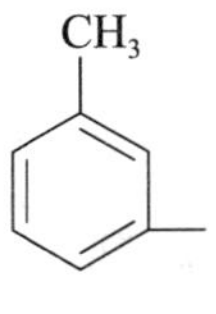
间甲苯基

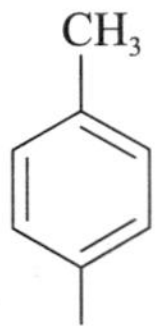
对甲苯基

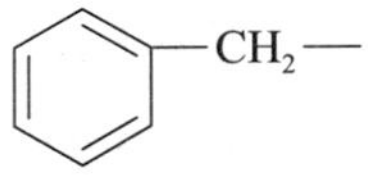
苯甲基（苄基）

第三节 单环芳烃的物理性质

苯的同系物多数为液体，和苯一样具有特殊的香气，但它们的蒸气有毒。苯蒸气可以通过呼吸道对人体造成损伤，高浓度的苯蒸气主要作用于中枢神经系统，可引起急性中毒，长期接触低浓度的苯蒸气可损伤造血器官。

苯由于其分子结构的高度对称性而具有较高的熔点。在苯的同系物中，每增加一个 CH_2 单位，沸点即平均升高 20 ~ 30℃。含相同数量碳原子的各种异构体，其沸点相差不大，而结构对称的异构体，都具有较高的熔点。例如，邻二甲苯、间二甲苯和对二甲苯的沸点分别为 144.4℃、139.1℃和 138.2℃，用高效率的分馏塔只能把邻二甲苯分离出来；由于结构对称的对二甲苯的熔点比间二甲苯高 61℃，因此，可以用冷冻方法，使对二甲苯形成结晶分离出来，再用过滤的方法使其与间二甲苯分离。

苯及其同系物的密度比链烃、环烷烃和环烯烃大。

苯及其同系物都不溶于水，但溶于有机溶剂，因此它们是许多有机化合物的良好溶剂。一些常见芳香烃的物理性质见表 3-1。

表3-1 常见芳香烃的名称及其物理性质

化合物	熔点/℃	沸点/℃	相对密度
苯	5.5	80.1	0.8786
甲苯	–95	110.6	0.8669
乙苯	–95	136.2	0.8670
丙苯	–99.5	159.2	0.8620
异丙苯	–96	152.4	0.8618
丁苯	–88	183	0.8601
仲丁苯	–75	173	0.8621
叔丁苯	–57.8	169	0.8665
邻二甲苯	–25.5	144.4	0.8802

续表

化合物	熔点/℃	沸点/℃	相对密度
间二甲苯	−47.9	139.1	0.8642
对二甲苯	13.3	138.2	0.8611
连三甲苯	−25.4	176.1	0.8944
偏三甲苯	−43.8	169.4	0.8758
均三甲苯	−44.7	164.7	0.8652

第四节 单环芳烃的化学性质

苯及其同系物的化学反应主要发生在苯环及其侧链，主要涉及C—H键断裂的取代反应，以及苯环侧链上α-H的活性引发的氧化反应和取代反应等。其分子结构与相应化学反应的特征为：

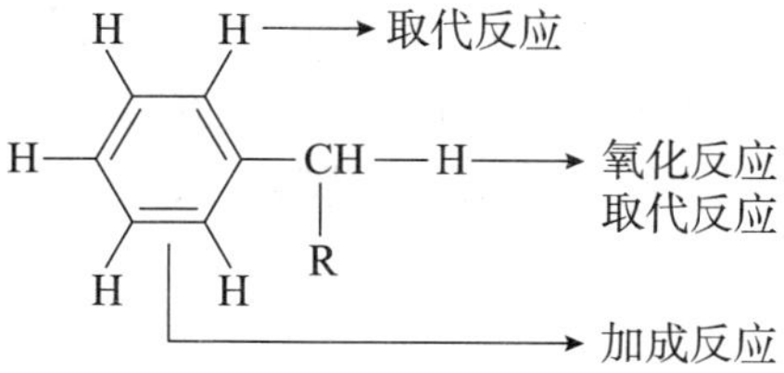

一、苯环的亲电取代反应

苯环上的氢原子易被—X、—NO_2和—SO_3等原子或原子团取代而发生取代反应，卤代反应、硝化反应和磺化反应是几种重要的取代反应。该反应是苯环的典型特征反应，由于苯环的平面上下方堆积着π电子云，且电子云密度较高，所以易接受亲电试剂的进攻，使得苯环上的氢原子被取代，进而发生亲电取代反应。

（一）卤代反应

在铁粉或三卤化铁的催化作用下，苯环上的氢原子可以被卤原子取代，生成卤苯。例如：

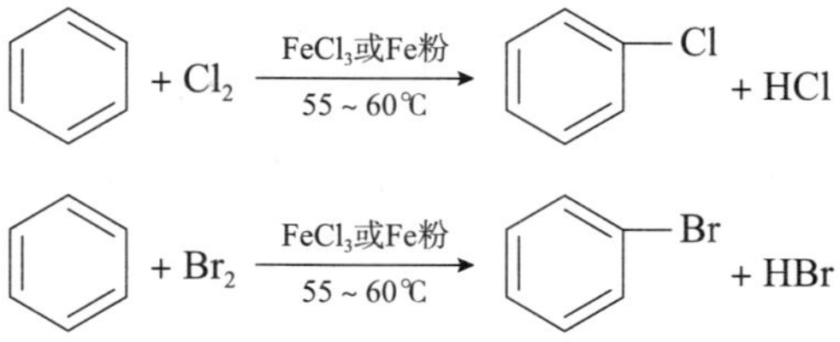

不同的卤素反应速率由快至慢依次为：氟>氯>溴>碘。通常，苯的卤代反应指的是氯代和溴代反应，因为氟非常活泼，反应不易控制，而碘的反应太慢，且不易完全发生反应。在催化剂存在的情况下，溴单质可形成Br^+，Br^+可以进攻苯环，使苯环失去一个质子而生成溴苯。

烷基苯在相同条件下比苯环更容易发生取代反应，生成邻位和对位的取代产物。但在光照条件下，烷基苯与氯气或溴单质发生反应时，取代发生在侧链上，而不是苯环上。由于受到苯环电子云结构的影响，其α-碳原子上的氢原子（α-H）比较活泼，易被卤原子取代。例如：

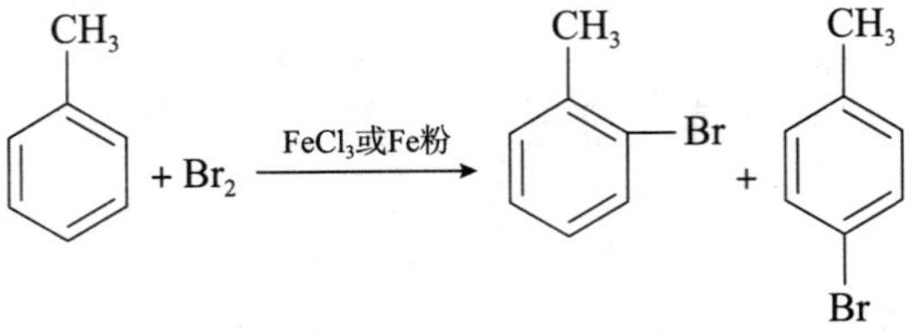

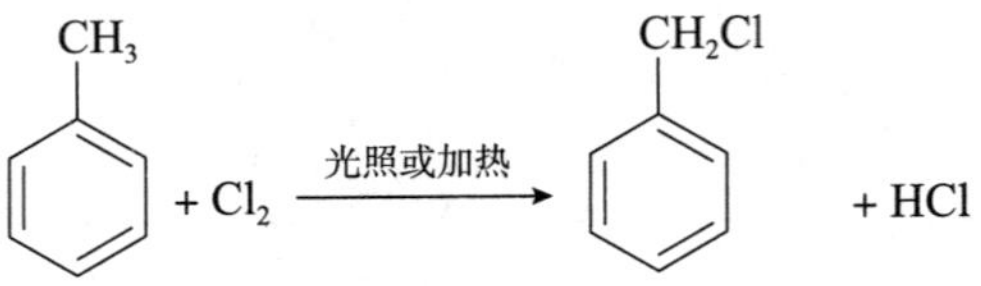

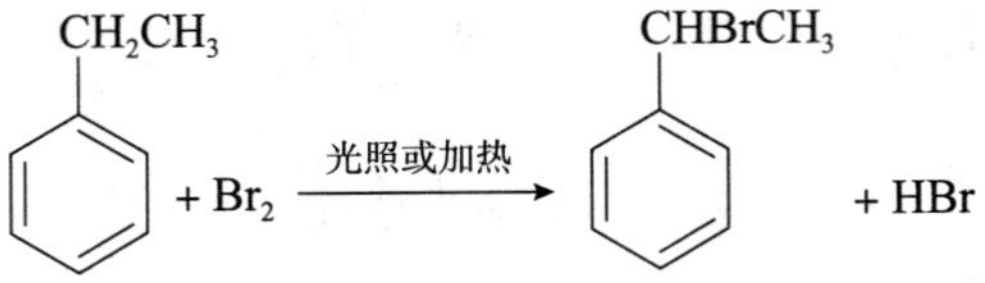

（二）硝化反应

浓硝酸和浓硫酸的混合物与苯发生反应，苯环上的氢原子可被硝基取代而生成硝基苯，称为硝化反应。反应过程中，浓硫酸与浓硝酸作用生成的硝基正离子 NO_2^+ 可作为亲电试剂进攻苯环，进而取代苯环上的氢原子，生成硝基苯。其反应式为：

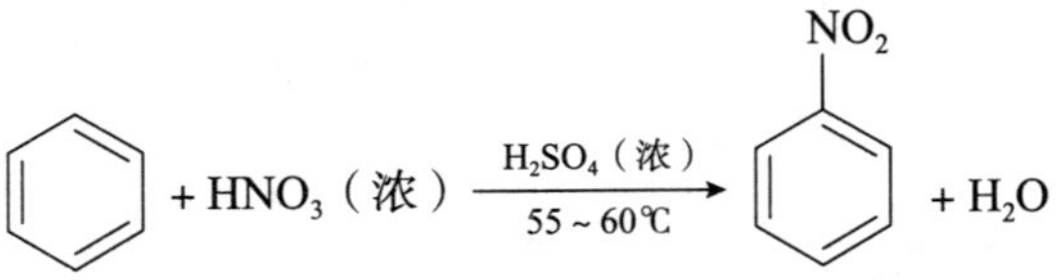

硝基苯为淡黄色的液体，密度比水重，有苦杏仁味，有毒。在提高硝酸浓度及升高反应温度的条件下，硝基苯可进一步发生硝化反应，主要生成间二硝基苯。其反应式为：

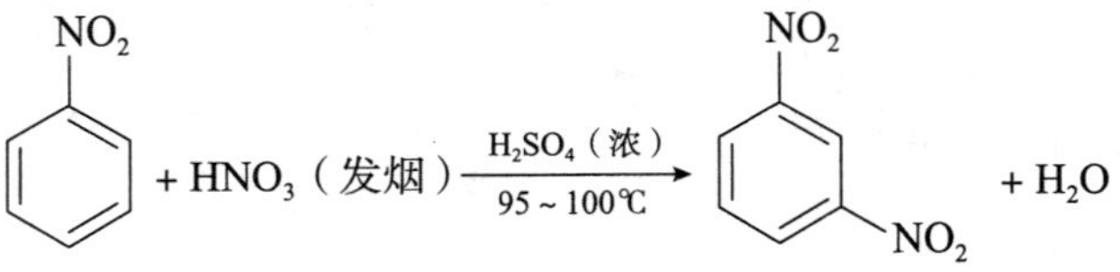

烷基苯的硝化反应比苯更容易进行，主要生成邻位和对位产物，例如：

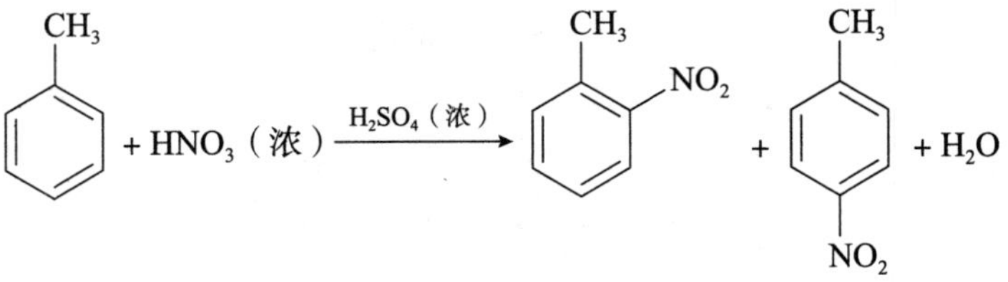

（三）磺化反应

苯与浓硫酸或发烟硫酸作用，苯环上的氢原子可被磺酸基取代，生成苯磺酸，此反应称为磺化反应。磺化试剂一般是 SO_3。发烟硫酸是 SO_3 和硫酸的混合物。例如：

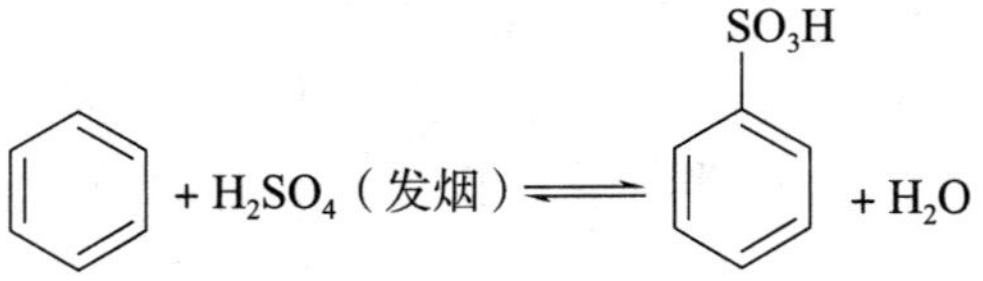

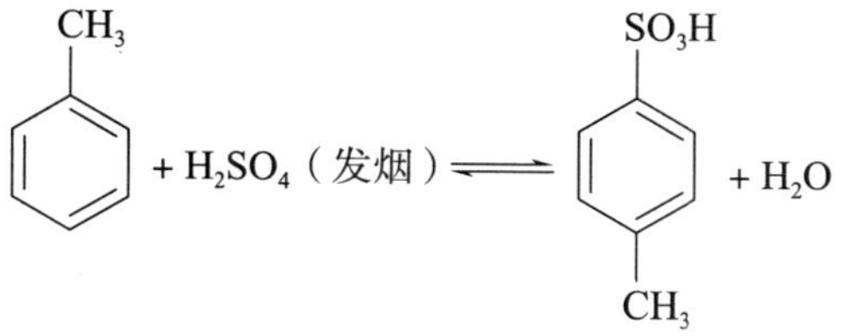

苯磺酸在较剧烈的条件下可进一步发生反应，主要生成间位产物。磺化反应是可逆反应。苯磺酸遇到过热的水蒸气可以发生水解，生成苯和稀硫酸。

在有机合成过程中，常利用磺化反应的可逆性，把磺酸基作为临时占位基团，以得到所需产物。

二、氧化反应

苯环不易被氧化，只有在高温、催化剂存在的条件下才被氧化，生成顺丁烯二酸酐。苯环上的侧链易被氧化，氧化反应总是发生在 α- 碳原子上。无论侧链长短如何，α- 碳原子都会被氧化成羧基。这是由于 α- 碳原子上的氢原子（α-H）受苯环的影响性质比较活泼，因此易被氧化。含 α-H 的侧链烃基可以被酸性 $KMnO_4$ 溶液和酸性 $K_2Cr_2O_7$ 溶液等强氧化剂氧化，生成苯甲酸。例如：

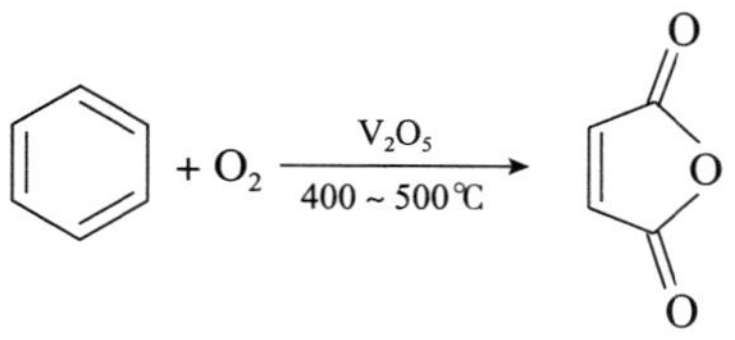

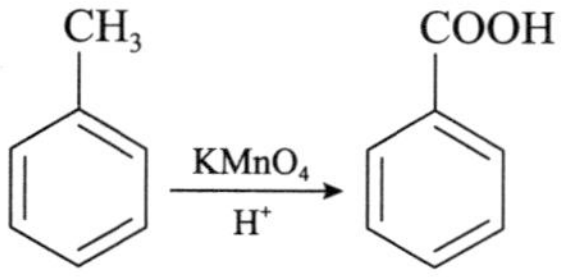

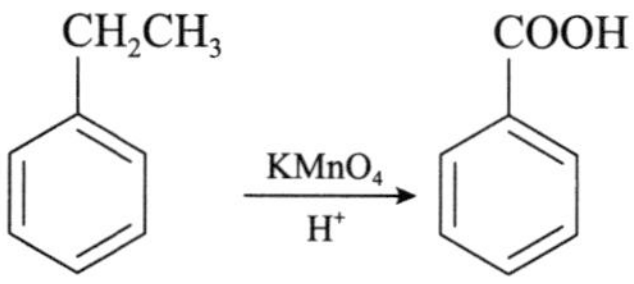

若苯环上有 2 个含 α-H 的烷基，则可被氧化生成二元羧酸。例如：

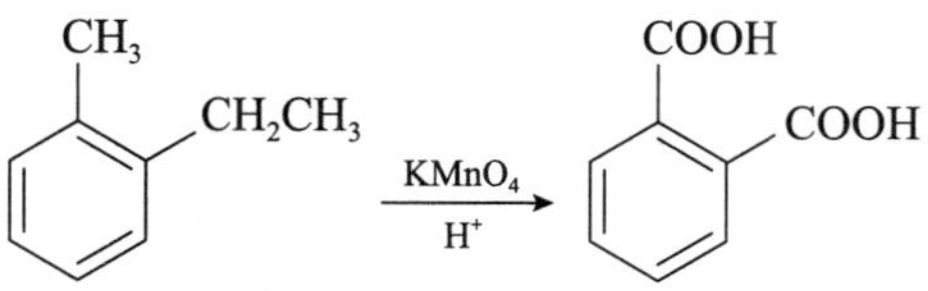

若侧链烷基上无 α-H，则通常不能被氧化。可利用此反应鉴别苯及含 α-H 的烷基苯。由于反应中是 1 个含 α-H 的侧链烷基氧化成 1 个羧基，因此，通过分析氧化产物中羧基的数目和相对位置，可以推测出原化合物中烷基的数目和相对位置。

三、加成反应

与烯烃相比，苯不易发生加成反应，但在一定条件下也能发生该反应。例如，在 Ni、Pt

或 Pd 等催化剂存在的情况下，在较高温度和压力条件下，苯能与 H_2 反应生成环己烷。在紫外光照射的条件下，苯能与氯和溴发生加成反应，生成六氯环己烷或六溴环己烷。例如：

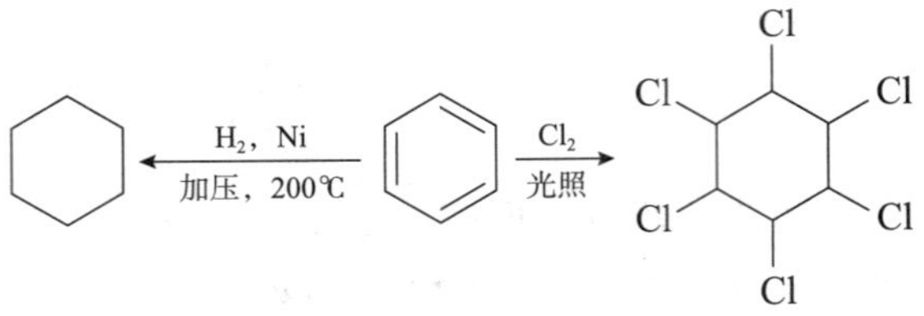

六氯苯己烷简称“六六六”，曾被大量用作杀虫剂，因其残存毒性较大且作用时间持久，易污染环境，在人体内蓄积可引起中毒，所以目前已被淘汰。

第五节　重要的单环芳烃

一、苯

苯的分子式为 C_6H_6，分子量为 78.11，化学结构式为 ，外观为无色透明的液体，具有特殊芳香气味，易燃，不溶于水，可溶于有机溶剂，密度比水轻。

苯的毒性较大，具有致癌作用，国际癌症研究机构将其致癌作用归类为 I 类。苯可以造成中枢神经系统及呼吸系统损伤，还可以通过皮肤吸收进入人体，且对眼部有刺激作用。慢性苯中毒可导致血液异常，并可引起白血病、血小板计数减少、再生障碍性贫血、骨髓瘤及免疫抑制等。

苯早期作为发动机的燃料，后来主要作为化工原料。苯的主要用途：①烷基化合成乙苯、苯乙烯、异丙苯、十二烷基苯等，从而合成苯酚、丙酮、丁苯橡胶、聚苯乙烯橡胶、有机玻璃等；②氢化成环己烷，进而合成锦纶；③氧化为顺丁烯二酸酐，进而合成杀虫剂、涂料、树脂等；磺化成苯磺酸，进而合成粘胶剂；④经硝化合成染料；经氯代或氯化合成农药。此外，苯还可作为溶剂使用。

二、甲苯

甲苯的分子式为 C_7H_8，分子量为 92.14，化学结构式为 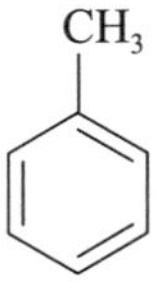

，外观为无色透明的液体，不溶于水，可溶于有机溶剂。

甲苯的毒性比苯低，但刺激性较强。接触甲苯后可引起红细胞计数减少，血红蛋白、平均红细胞体积、平均红细胞血红蛋白含量增高，可导致白细胞减少症、中性粒细胞减少症。甲苯对皮肤具有脱脂作用，可使皮肤干燥、皲裂。吸入低剂量甲苯可导致头晕，大剂量吸入可导致共济失调、意识不清甚至死亡。吸入高浓度甲苯可以引起心律失常及心肌受损，甚至可导致突然死亡。长期吸入甲苯可引起中毒性脑病，对眼部也有刺激，还可以引起代谢性酸中毒。另外，甲苯对肝、肾及神经系统也有影响。

甲苯少部分来自煤焦油，大部分是从石油中经芳构化而得到的。甲苯主要用于制造硝基甲苯、TNT（甲苯和混酸在较高温度下发生反应，可生成 2,4,6- 三硝基甲苯，俗称 TNT）、苯甲醛和苯甲酸等重要物质。另外，甲苯也可作为溶剂。甲苯在催化剂（主要是钼、铬、铂等）、反应温度为 350 ~ 530℃、压力为 1 ~ 1.5 MPa 的条件下可发生歧化反应，生成苯和二甲苯。

苯、甲苯和二甲苯由于其重要的用途而被称为“工业苯”。

三、苯乙烯

苯乙烯的分子式为 C_8H_8，分子量为 104.15，化学结构式为 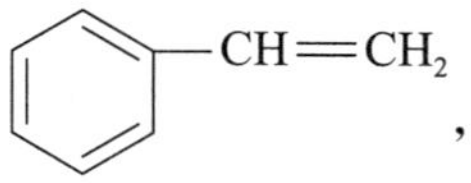

，外观为无色透明的油状液体，不溶于水，可溶于有机溶剂。

苯乙烯对眼部和上呼吸道有刺激和麻醉作用。接触高浓度苯乙烯时，可立即引起眼部及上呼吸道黏膜刺激，导致眼痛、流泪、流涕、打喷嚏、咽痛、咳嗽等，继之出现头痛、头晕、恶心、呕吐、全身乏力等；严重者可有眩晕、步态不稳。眼部被苯乙烯液体污染时，可导致灼伤。

苯乙烯由乙苯经催化脱氢生成。另一种制备方法是将乙苯和丙烯一起氧化。乙苯先氧化生成过氧化物，后者可使丙烯氧化成环氧丙烷，同时生成 1- 苯乙醇。1- 苯乙醇脱水后可生成苯乙烯。这样，可以同时得到苯乙烯和环氧丙烷。

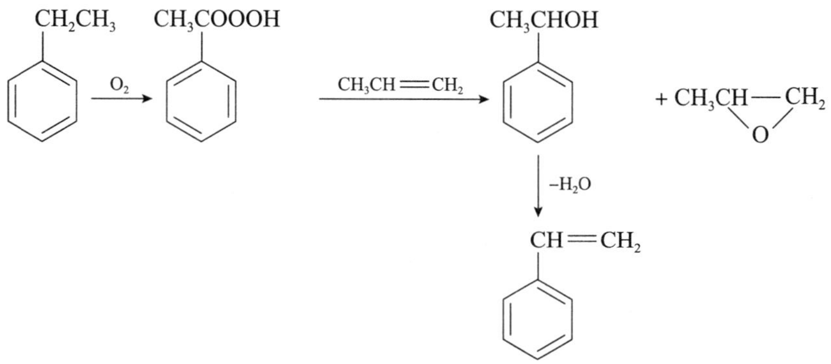

苯乙烯可用于聚苯乙烯、丁苯橡胶等重要化工原料的合成。

第六节 芳香烃的鉴别

苯环上的碳碳键是一种特殊的键，它介于单键和双键之间，因此，芳香烃的化学性质比烯烃、炔烃更稳定，不易发生加成反应和氧化反应，却易发生取代反应，使苯和其他芳香烃的反应具有以下特征。

苯和苯的同系物都不能与溴水发生反应，只能萃取溴。

苯不易被氧化，不能使 $KMnO_4$ 溶液褪色；含 α-H 的苯的同系物能使 $KMnO_4$ 溶液褪色。苯的卤代反应和磺化反应也可用于鉴别苯及其同系物。

（1）苯与纯溴发生反应，产物中的溴化氢遇空气可产生白雾。

（2）苯可以与浓硫酸发生磺化反应而溶于浓硫酸。

（3）苯的同系物由于受苯环的影响，其侧链易被氧化，可使 $KMnO_4$ 溶液褪色，据此可鉴别苯和烷基苯。如：

在上述鉴别过程中，需要注意醛、一级醇和某些酚类的干扰，因为它们也能使 $KMnO_4$ 溶液褪色。

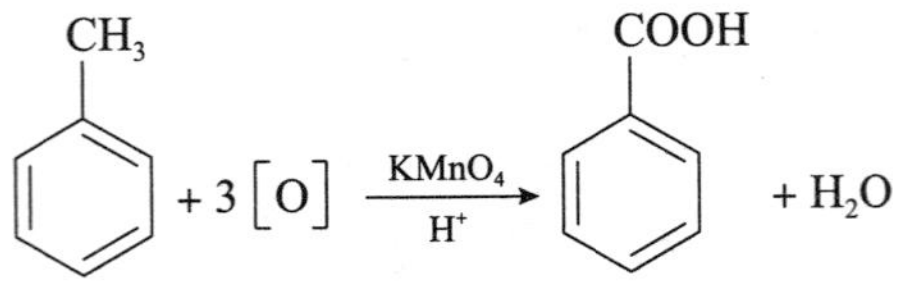

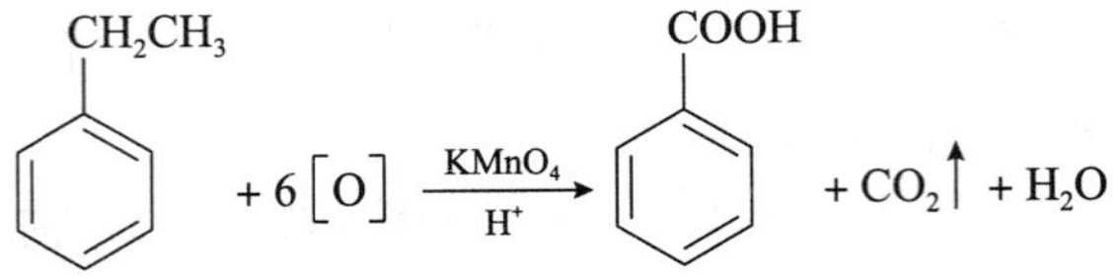

第七节　稠环芳烃

稠环芳烃是指含有 2 个及 2 个以上苯环结构，且相邻苯环共用 2 个邻位碳原子的芳烃。其中具有代表性的主要有萘、蒽、菲等，它们是合成燃料、药物的重要原料，主要是从煤焦油中提取得到的。

一、萘

萘是有光泽的白色片状晶体，熔点为 80.2℃，沸点为 218℃，有特殊气味，易升华，不溶于水，易溶于有机溶剂。萘具有驱虫、防蛀作用，可能有致癌作用。萘在工业上主要用于合成染料、农药等。萘的来源主要是煤焦油和石油。

萘的分子式为 $C_{10}H_8$，是由 2 个苯环并在一起共用 1 对相邻的碳原子稠合而成。其结构与苯环相似，碳原子以 sp^2 轨道杂化，与相邻的碳原子以及氢原子之间以 σ 键相连。碳原子与氢原子均在同一个平面上，碳原子剩余的 p 轨道相互平行且垂直于环平面，它们相互重叠形成大 π 键。但与苯环不同的是，萘分子中各个碳原子周围的电子云分布不均等，碳碳键长不尽相同，因此其稳定性不及苯。

萘的结构式和分子中碳原子的编号为：

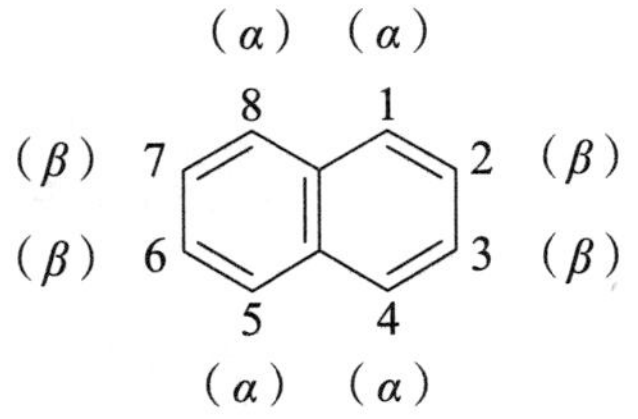

萘分子中的 1 位、4 位、5 位、8 位是等同的位置，称为 α- 位；2 位、3 位、6 位、7 位也是等同的，称为 β- 位。因此，萘的一元取代物有 α- 取代物和 β- 取代物 2 种异构体。例如：

1- 甲基萘
α- 甲基萘

2- 甲基萘
β- 甲基萘

萘具有芳香烃的一般特征，其化学性质与苯相似，但取代反应、加成反应及氧化反应都比苯更容易发生。

（一）取代反应

萘能发生卤化、硝化、磺化等反应，主要得到 α- 位产物。

1. 卤代反应 其反应式为：

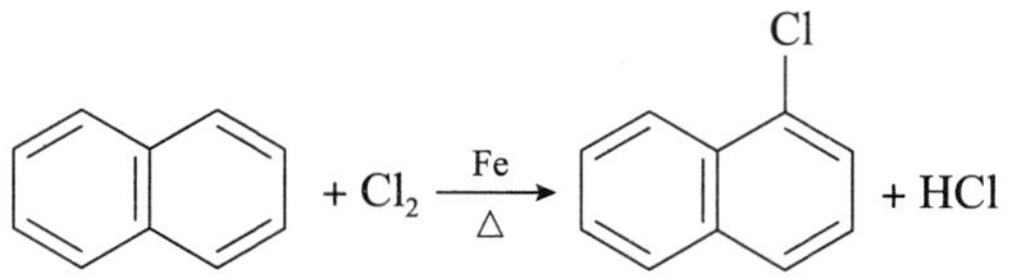

α- 氯萘为无色液体，沸点为 259℃，可作为高沸点溶剂和增塑剂。

2. 硝化反应 萘可与混酸发生硝化反应，主要生成 α- 硝基萘。为了控制一取代物的生成，所用混酸的浓度比苯发生硝化反应时低。例如：

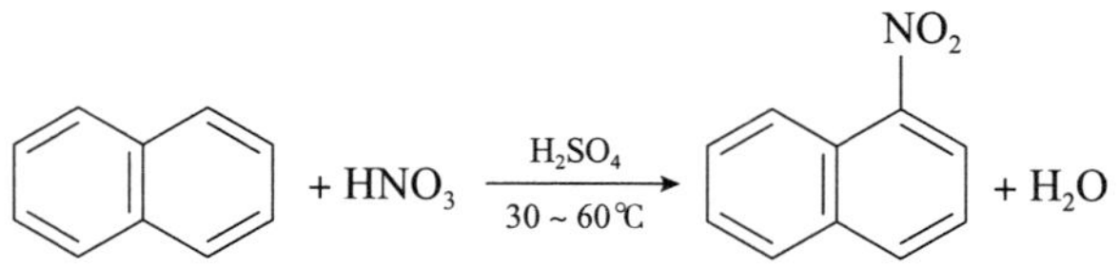

3. 磺化反应 萘在较低温度（60℃）条件下发生磺化反应时，主要生成 α- 萘磺酸；在较高温度（165℃）条件下发生磺化反应时，主要生成 β- 萘磺酸。α- 萘磺酸与硫酸共热到 165℃时，也可生成 β- 萘磺酸。其反应式为：

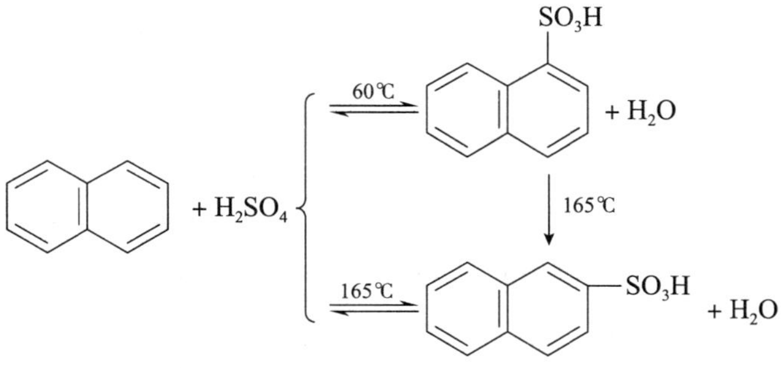

这是因为磺化反应是可逆反应。在低温条件下，取代反应易发生在电子云密度较高的 α- 位，但因磺基体积较大，它与相邻 α- 位（8 位）上的氢原子之间具有较大的排斥力，所以 α- 萘磺酸的稳定性较差。在较高温度条件下，则可生成性质稳定的 β- 萘磺酸。

（二）加成反应

萘比苯更容易发生加成反应，在一定的条件下能与 Cl_2、H_2 等发生反应。例如：

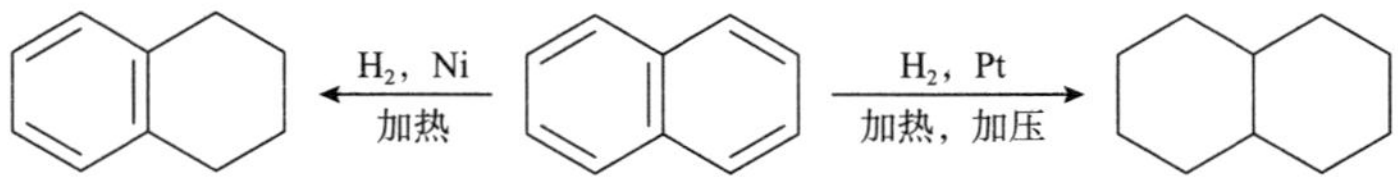

1,2,3,4- 四氢化萘　　　　十氢萘

（三）氧化反应

萘比苯更容易被氧化，在不同的氧化条件可得到不同的产物。在下列条件下，萘可被氧化成邻苯二甲酸酐。这是萘的主要用途，是工业生产邻苯二甲酸酐的主要方法之一。其反应过程为：

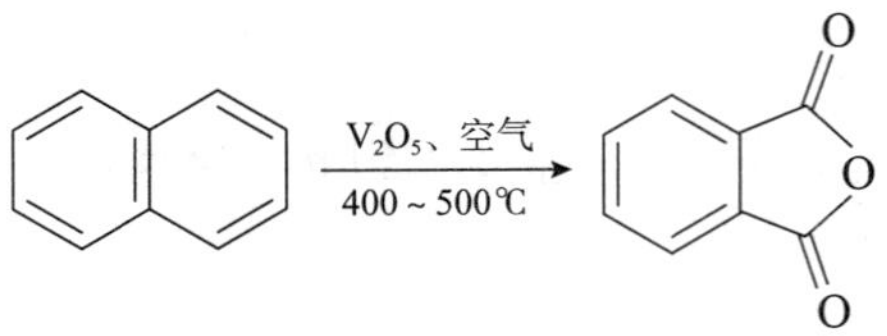

二、蒽、菲

蒽和菲的分子式都是 $C_{14}H_{10}$，二者互为同分异构体。它们都是由 3 个苯环稠合而成的，结构与萘相似，并且 3 个苯环都处在同一平面上，存在着共轭大 π 键，且碳碳键的键长和电子云密度同样不能完全平均化。不同的是，蒽的 3 个苯环的中心在一条直线上，而菲的 3 个苯环的中心不在一条直线上。其结构式为：

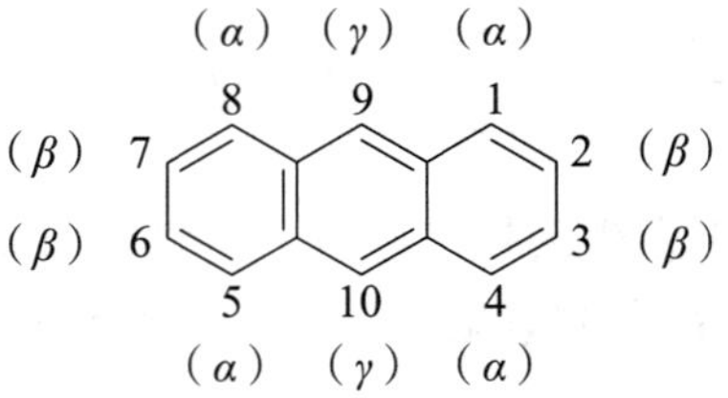

蒽

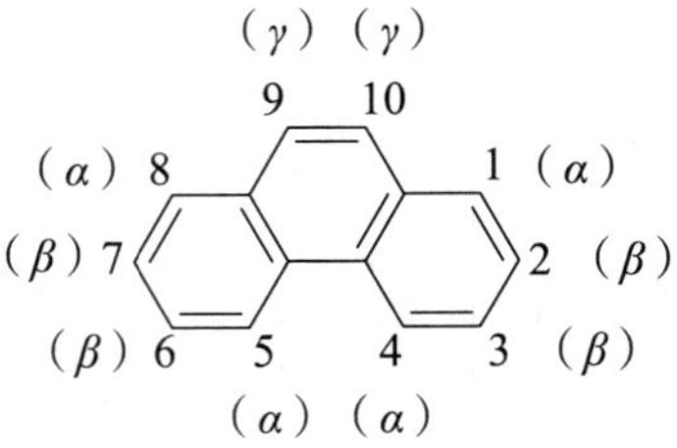

菲

蒽和菲均存在于煤焦油中。蒽为具有淡蓝色荧光的片状晶体，熔点为 216℃，沸点为 340℃，不溶于水，难溶于乙醇和乙醚，易溶于热的苯溶液。菲是略带荧光的无色片状晶体，熔点为 101℃，沸点为 340℃，不溶于水，易溶于乙醚和苯。

蒽分子中的 1 位、4 位、5 位、8 位是等同的，称为 α- 位；2 位、3 位、6 位、7 位是等同的，称为 β- 位；9 位、10 位是等同的，称为 γ- 位。菲分子中的 1 位、8 位等同；2 位、7 位等同；3 位、6 位等同；4 位、5 位等同；9 位、10 位等同。蒽和菲的芳香性比苯和萘差，但它们的氧化性和还原性比苯和萘强，反应易发生在最活跃的 9 位和 10 位，所得到的产物均保留 2 个完整的苯环。

（一）加成反应

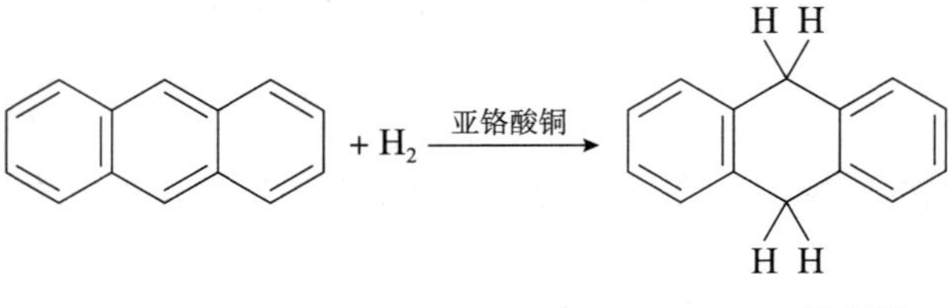

9,10- 二氢化蒽

（二）氧化反应

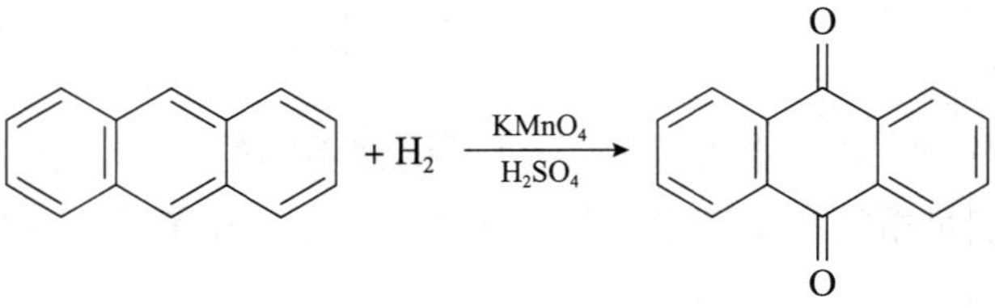

9,10- 蒽醌

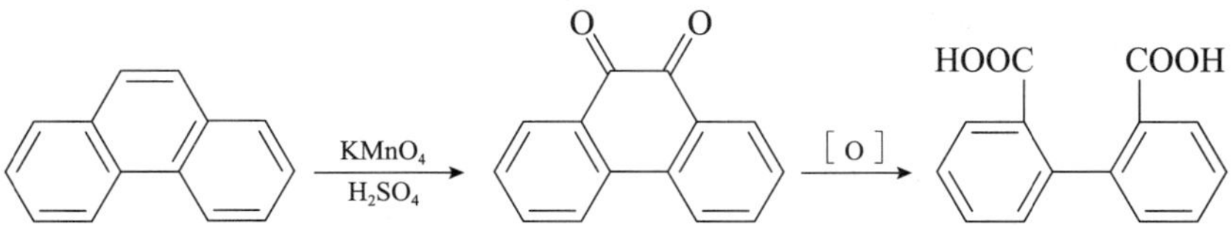

9,10- 菲醌　　2,2′- 联苯二甲酸

由一个完全氢化的菲与环戊烷稠合在一起形成的结构称为环戊烷多氢菲。其衍生物（胆甾醇、胆酸和性激素等）广泛分布于动、植物体内，并且具有重要的生理功能。

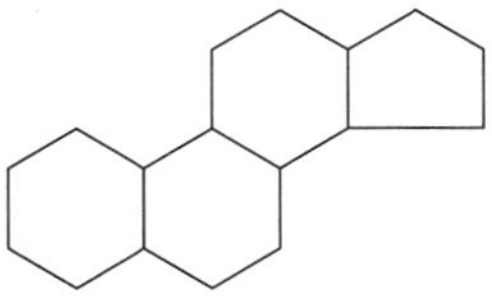

环戊烷多氢菲

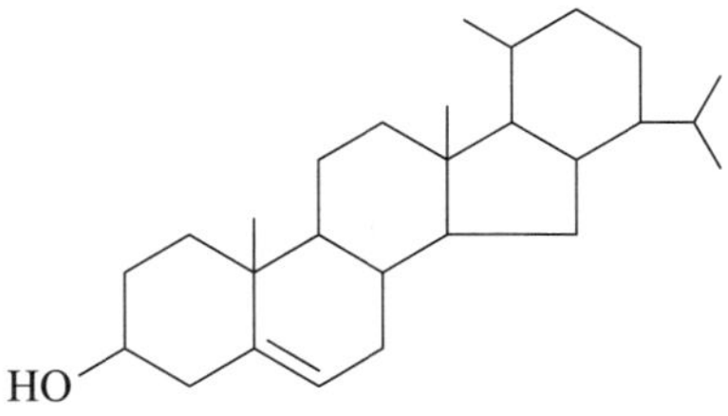

胆甾醇

自测题

一、单项选择题

1. 下列化合物进行硝化反应的活性顺序正确的是

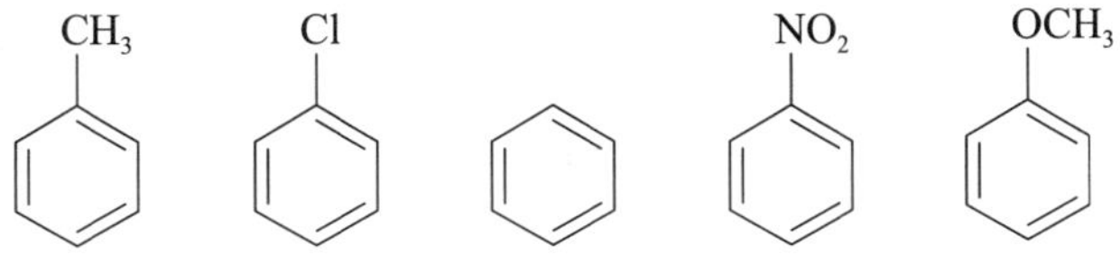

（a）　（b）　（c）　（d）　（e）

A.（a）>（c）>（b）>（e）>（d）
B.（a）>（b）>（c）>（d）>（e）
C.（e）>（a）>（c）>（b）>（d）
D.（e）>（a）>（b）>（c）>（d）
E.（c）>（a）>（b）>（d）>（e）

2. 下列物质中，既能使溴水褪色，又能使酸性 $KMnO_4$ 溶液褪色的是

A. 甲苯　B. 己烯　C. 苯
D. 己烷　E. 环己烷

3. 下述反应产物正确的是

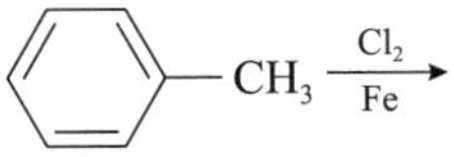

A. 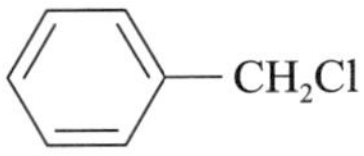　B. 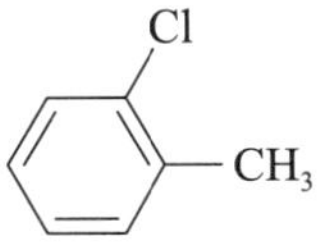　C. 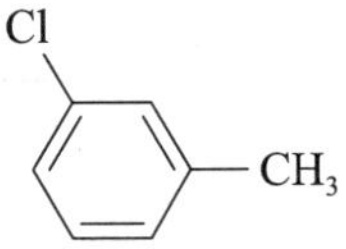

D. 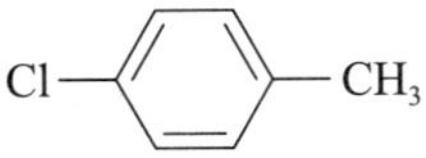　E. 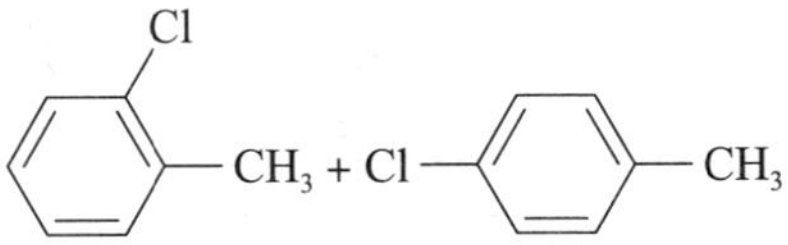

4. 下列硝化反应正确的是

A. 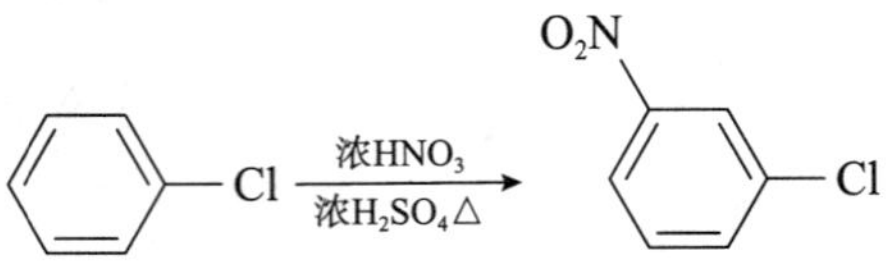

B. 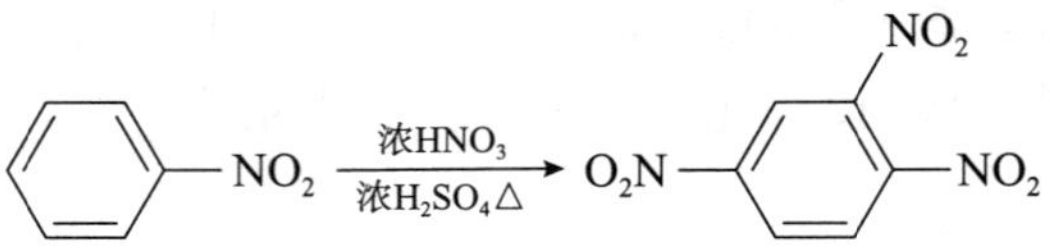

C. 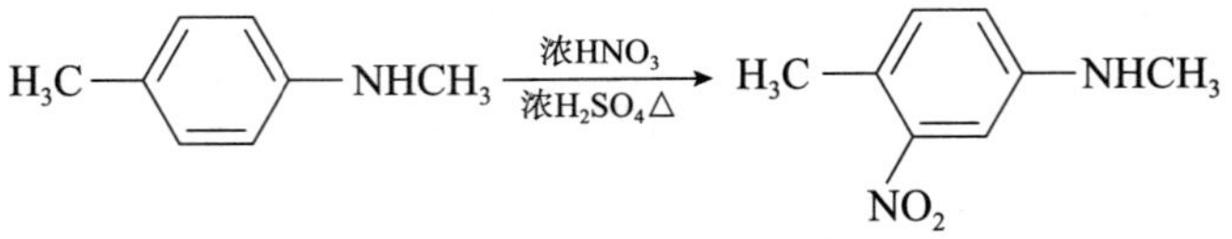

D. 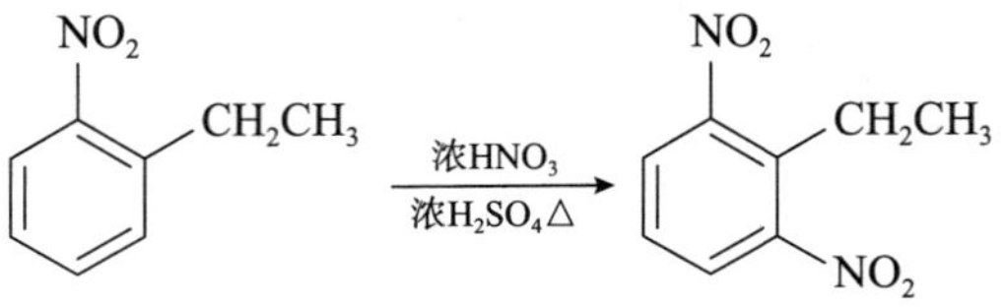

E. 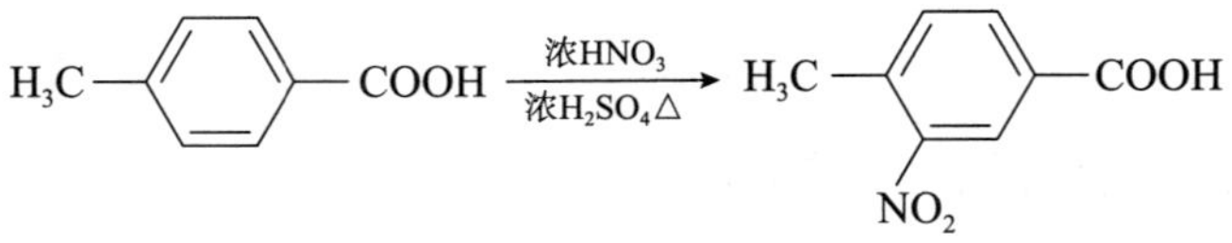

5. 下列化合物进行卤代反应的活性最强的是

A.  B. 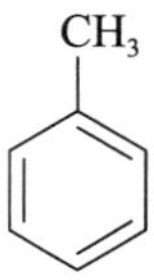 C. 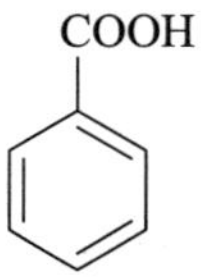 D.  E. 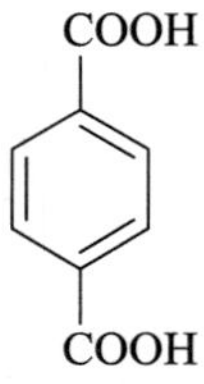

6. 甲苯一溴代物的异构体数量是

A. 2 种 B. 3 种 C. 4 种
D. 5 种 E. 6 种

7. 可以由苯合成间硝基苯甲酸的路线是

A. $\xrightarrow[\text{无水}AlCl_3]{CH_3I}\xrightarrow[H^+\ \triangle]{KMnO_4}\xrightarrow[\text{浓}H_2SO_4]{\text{浓}HNO_3}$

B. $\xrightarrow[\text{浓}H_2SO_4]{\text{浓}HNO_3}\xrightarrow[\text{无水}AlCl_3]{CH_3I}\xrightarrow[H^+\ \triangle]{KMnO_4}$

C. $\xrightarrow[H^+\ \triangle]{KMnO_4}\xrightarrow[\text{浓}H_2SO_4]{\text{浓}HNO_3}\xrightarrow[\text{无水}AlCl_3]{CH_3I}$

D. $\xrightarrow[\text{无水}AlCl_3]{CH_3I}\xrightarrow[\text{浓}H_2SO_4]{\text{浓}HNO_3}\xrightarrow[H^+\ \triangle]{KMnO_4}$

E. $\xrightarrow[\text{浓}H_2SO_4]{\text{浓}HNO_3}\xrightarrow[H^+\ \triangle]{KMnO_4}\xrightarrow[\text{无水}AlCl_3]{CH_3I}$

8. 用化学方法鉴别苯、乙苯、苯乙烯和苯乙炔，需要用到的试剂是

A. 银氨溶液、溴化氢、过氧化氢

B. 溴水、碘甲烷、酸性高锰酸钾溶液

C. 银氨溶液、酸性高锰酸钾溶液、溴水

D. 酸性高锰酸钾溶液、溴化氢、氢气 / 镍

E. 浓硫酸、浓硝酸、重铬酸钾

二、多项选择题

1. 下列物质比苯更容易发生亲电取代反应的是

A. 硝基苯　　B. 甲苯　　C. 氯苯

D. 苯酚　　E. 萘

2. 下列各组物质中，可以用溴水鉴别的是

A. 苯和溴苯　　B. 苯和甲苯　　C. 环丙烷和环戊烷

D. 乙苯和苯乙烯　　E. 环丙烷和丙烯

3. 下列化合物能被酸性高锰酸钾溶液氧化的是

A. 甲苯　　B. 苯　　C. 异丙苯

D. 邻二甲苯　　E. 环己烷

4. 下列关于苯的性质的叙述，错误的是

A. 苯在催化剂作用下可与溴水发生取代反应

B. 将溴水加入苯溶液中，振荡并静置后，下层液体呈橙色

C. 将高锰酸钾溶液加入苯溶液中，振荡并静置后，下层液体呈紫色

D. 在一定条件下，苯可与氢气发生取代反应，生成环己烷

E. 苯在常温条件下难溶于水，具有明显芳香气味，是无毒、无色的透明液体

三、命名下列化合物

1. 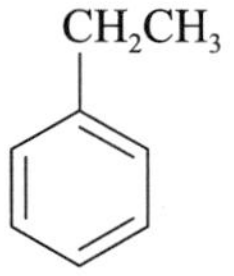

2. 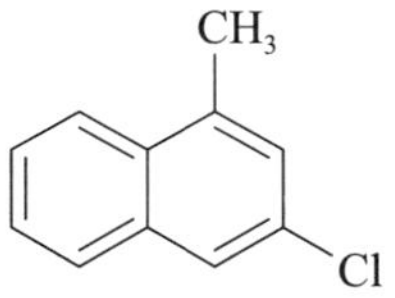

3. 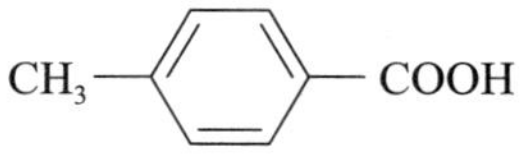

4. 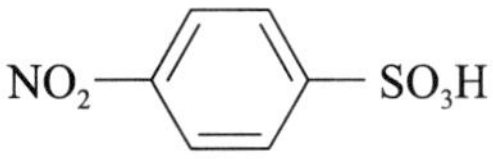

5. 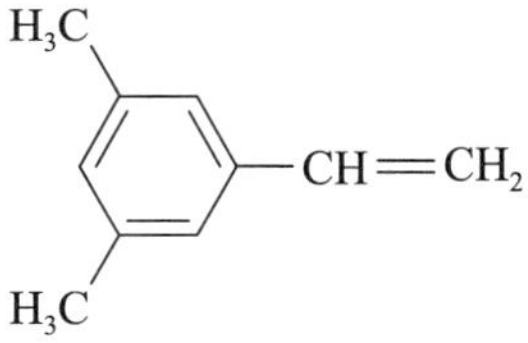

6. 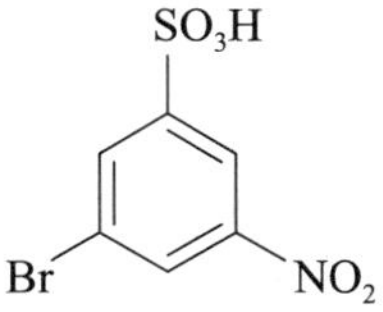

7. 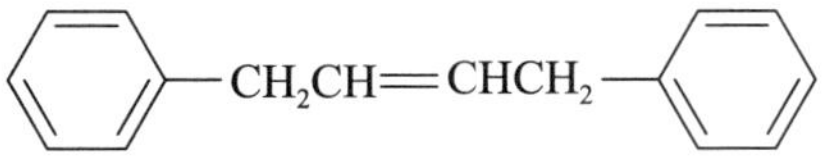

8. 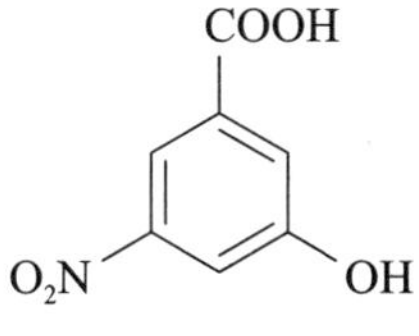

9. 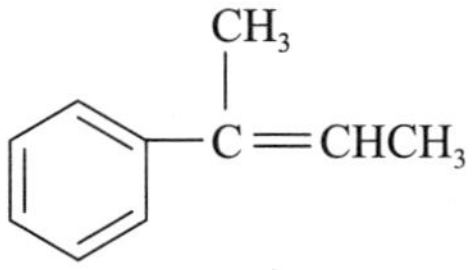

四、写出下列各化合物的结构简式

1. 4- 苯基 -1- 丁炔　　2. 异丙苯　　3. 2- 乙基 -4- 异丙基甲苯

4. 2- 苯基丙烯　　5. 1,5- 二苯基庚烷　　6. 2,4,6- 三硝基甲苯

7. 对二氯苯　　8. 对氨基苯甲酸　　9. 1- 氯 -2,4- 二硝基苯

五、简答题

1. 以苯或甲苯为原料合成下列化合物（无机试剂及含有 4 个 C 以下的其他有机试剂可任选）。

（1）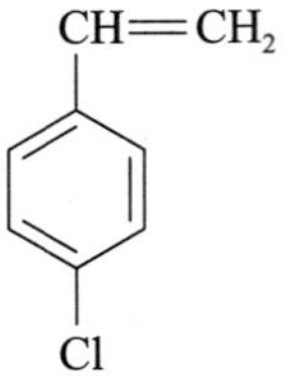

（2）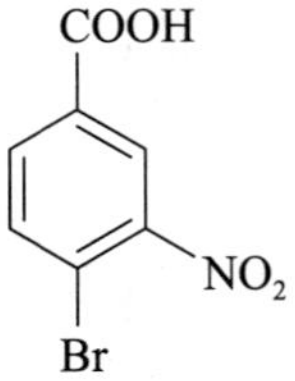

2. 将下列化合物按亲电反应活性大小的顺序进行排序。

（1）a.  b. 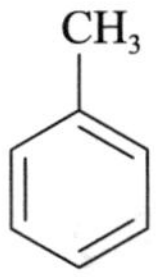

c. 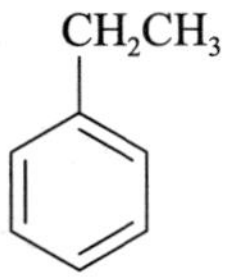

d. 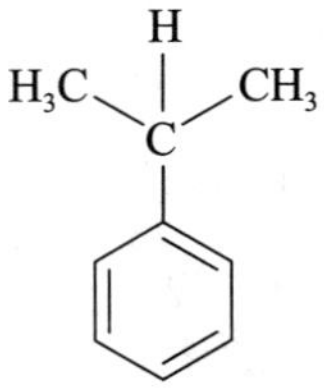

e. 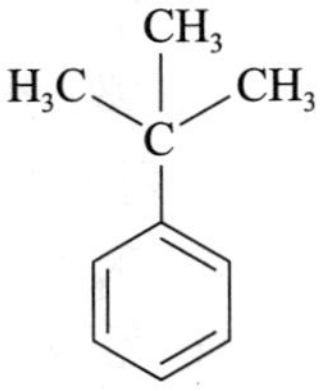

（2）a. 

b. 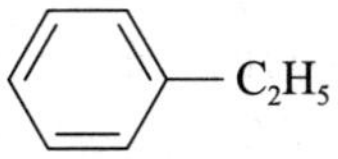

c. 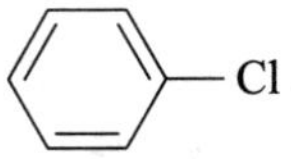

d. 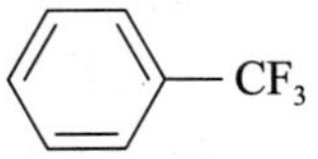

3. 用简便的化学方法鉴别下列化合物。

（1）硝基苯、甲苯、1- 苯基环己烯。

（2）苯、苯乙烯、苯乙炔。

六、完成下列反应式

1. 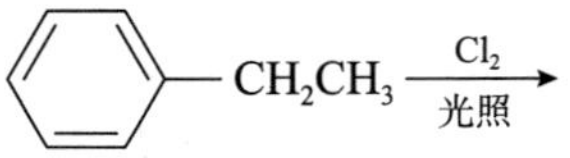

2. 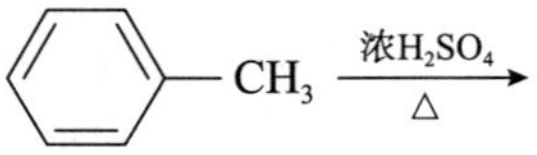

3. 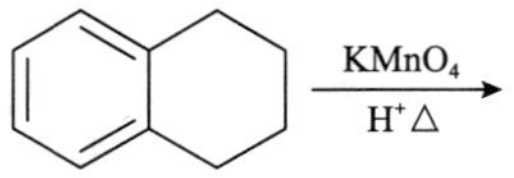

4. 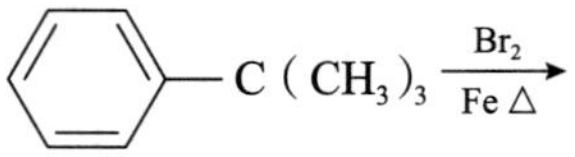

5. 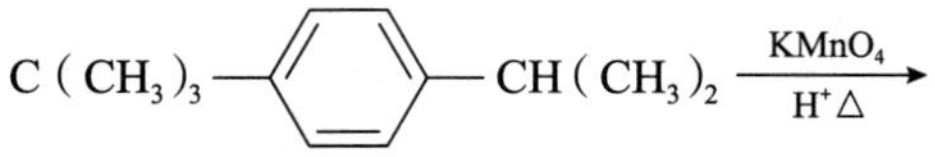

6. 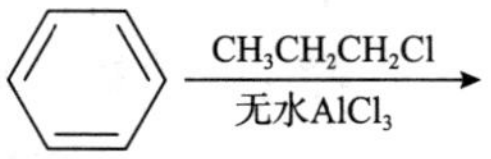

7. 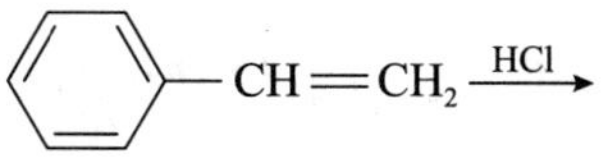

8. 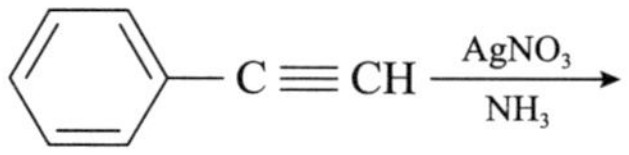

七、推断题

1. 芳香烃 A（分子式为 C_9H_{10}）可使 Br_2/CCl_4 及冷的碱性高锰酸钾溶液褪色。A 可与物质的量相等的 H_2 发生加成反应。热的高锰酸钾溶液可将 A 氧化为二元羧酸 B（$C_8H_6O_4$）。B 可生成 2 种一溴代物。请推导 A、B 可能的结构式。

2. 芳香烃 A（分子式为 $C_{10}H_{14}$）在不同的溴化反应中，可得到 5 种一溴代物（$C_{10}H_{13}Br$）；而 A 经酸性高锰酸钾氧化后得到化合物 B（$C_8H_6O_4$），再发生硝化反应，就只有 1 种一硝基取代物 C（$C_8H_5O_4NO_2$）。试推测 A、B 和 C 的结构。

（尹莲梅）

第四章

卤代烃

第四章
数字资源

学习目标

1. 掌握卤代烃的分类、命名及性质。
2. 理解双键的位置对卤原子活性的影响。
3. 了解卤代烃的亲核取代反应机制。

案例导入

三氯甲烷（$HCCl_3$）俗称氯仿，是一种无色、有甜味的液体，早在 1847 年就用于外科手术麻醉，目前临床已不使用。三氯甲烷可发生以下反应：

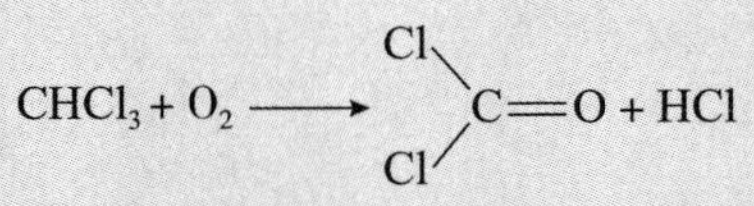

思考题：

1. 三氯甲烷的储存条件有哪些？
2. 外界环境因素使药品发生的主要变异现象是什么？

烃分子中的一个或多个氢原子被卤原子取代后生成的化合物称为卤代烃，简称卤烃，可用通式 RX（R 表示烃基，X 表示卤素）表示。

在卤（氟、氯、溴、碘）代烃中，氟代烃的制备和性质与其他卤代烃有所不同。本章内容所介绍的卤代烃的性质和制备方法，仅仅是指氯代烃、溴代烃和碘代烃，氟代烃则放在个别化合物中进行介绍。由于碘的价格较高，碘代烃在工业生产中没有特殊的重要意义。在工业方面较为重要、生产规模较大的是氯代烃。凡是使用氯代烃即可以满足需要的，就不用溴代烃和碘代烃。但在实验室中，溴代烃具有一定的重要性。由于 C—Br 键的活性比 C—Cl 键强，因此，为了使反应容易进行，实验室常用溴代烃来合成有机化合物。

第一节　卤代烃的分类与同分异构体

一、卤代烃的分类

卤代烃的分类方法很多，主要有以下 4 种。

1. 根据卤原子所连接的烃基种类及分子中是否含有不饱和键分类　根据卤原子所连接的烃基的种类不同，可将卤代烃分为脂肪族卤代烃和芳香族卤代烃；根据卤代烃分子中是否含有不饱和键，还可将其分为饱和卤代烃与不饱和卤代烃。例如：

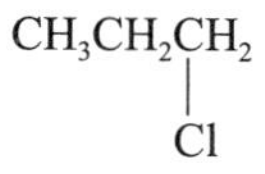

脂肪族饱和卤代烃

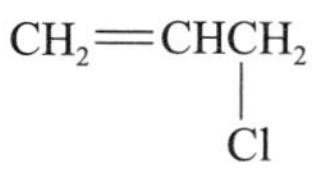

脂肪族不饱和卤代烃

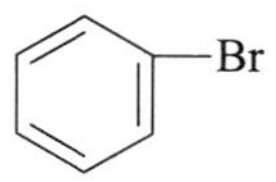

芳香族卤代烃

2. 根据卤原子所连接的饱和碳原子的种类分类　可将卤代烃分为伯卤代烃（1° 卤代烃）、仲卤代烃（2° 卤代烃）和叔卤代烃（3° 卤代烃）。例如：

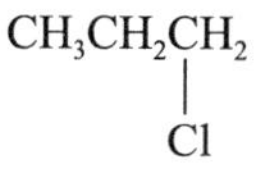

伯卤代烃

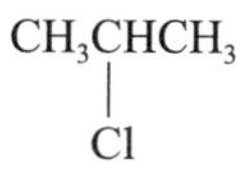

仲卤代烃

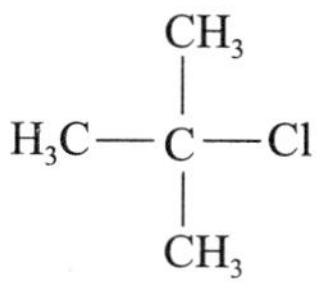

叔卤代烃

3. 根据卤代烃分子中所含的卤原子数目分类　可将卤代烃分为一卤代烃、二卤代烃和多卤代烃。例如：

CH_3Cl	CH_2Cl_2	$CHCl_3$
一卤代烃	二卤代烃	多卤代烃

4. 根据卤代烃分子中卤原子的种类分类　可将卤代烃分为氟代烃、氯代烃、溴代烃和碘代烃。

二、卤代烃的同分异构体

卤代烃异构体的数目比相应的烷烃多，包括碳链异构和官能团（卤原子）位置异构。例如：

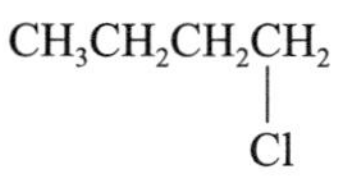

1-氯丁烷

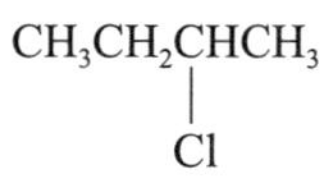

2-氯丁烷

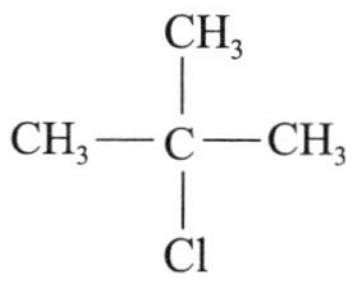

2-甲基-2-氯丙烷

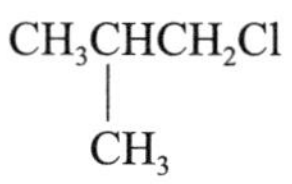

2-甲基-1-氯丙烷

第二节　卤代烃的结构

卤代烃根据分子中卤原子的种类不同可分为氟代烃、氯代烃、溴代烃和碘代烃；根据分子中卤原子数目不同可分为一卤代烃、二卤代烃和多卤代烃；但通常是根据烃基的不同将卤代烃分为卤代烷、卤代烯和卤代芳烃。

一、卤代烷

卤代烷中以一卤代烷较为重要，其中，卤原子所连的碳原子可以是伯碳原子、仲碳原子和叔碳原子，所以又可将一卤代烷分为伯卤代烷、仲卤代烷和叔卤代烷（也可用 1° 卤代烷、2° 卤代烷和 3° 卤代烷表示）。例如：

伯卤代烷　　$R—CH_2—X$　　$CH_3CH_2CH_2Cl$

1-氯丙烷

仲卤代烷

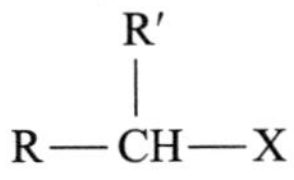

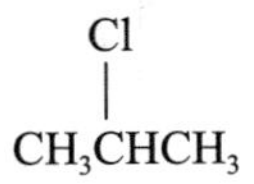

2-氯丙烷

叔卤代烷

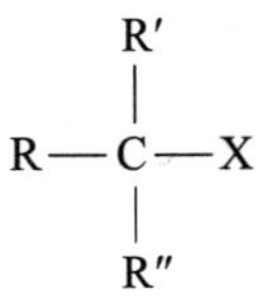

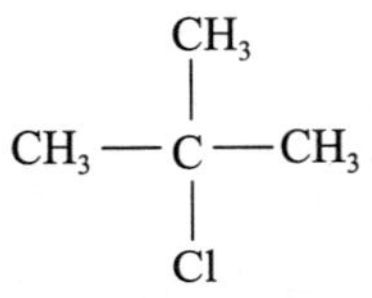

2-甲基-2-氯丙烷

二、卤代烯

根据碳碳双键与卤原子的相对位置不同，可将卤代烯分为以下 3 类。

1. 乙烯型卤代烯　即卤原子与双键碳原子直接相连，如 1- 氯 -1- 丁烯。

2. 烯丙型卤代烯　即卤原子连在双键的 α - 碳原子上，如 3- 氯 -1- 丁烯。

3. 孤立型卤代烯　即卤原子与双键相隔 2 个以上的碳原子，如 4- 氯 -1- 丁烯。

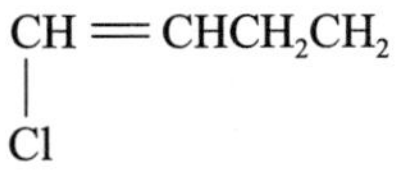

1-氯-1-丁烯

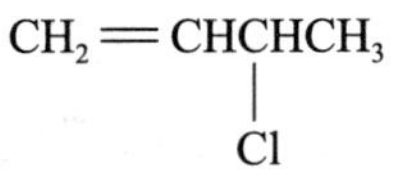

3-氯-1-丁烯

$CH_2=CHCHCH_2Cl$

4-氯-1-丁烯

三、卤代芳烃

与卤代烯相似，卤代芳烃也可以分为以下 3 类。

1. 苯型卤代芳烃　即卤原子和苯环上的碳原子直接相连，如氯苯。

2. 苄型卤代芳烃　即卤原子连在苯环侧链的 α - 碳原子上，如苄基氯。

3. 孤立型卤代芳烃　即卤原子所连的碳原子与苯环不直接相连，如 1- 苯基 -2- 溴丙烷。

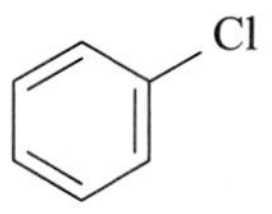

氯苯

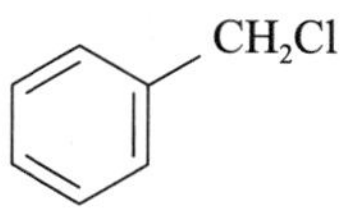

氯化苄（苄基氯）

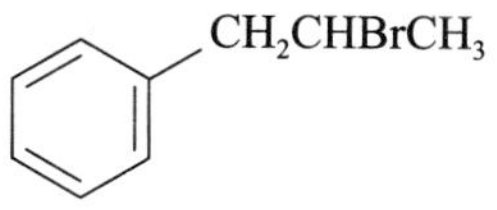

1-苯基-2-溴丙烷

在卤代烯和卤代芳烃中，由于卤原子与不饱和体系的相对位置不同，所以卤原子的化学活性有很大的差异。烯丙型卤代烯及苄型卤代芳烃中卤原子的活性最强，孤立型卤代烯及孤立型卤代芳烃中卤原子的活性次之，基本与卤代烷相似；乙烯型卤代烯及苯型卤代芳烃中卤原子的活性最弱。

第三节　卤代烃的命名

分子结构简单的卤代烃，可根据卤原子所连接的烃基名称来命名，称为“卤某烃”。有时也可以在烃基之后加上卤原子的名称来命名，称为“某烃基卤”。

一、习惯命名法

简单的一元卤代烃可以用普通命名法命名，称为“某烃基卤”。例如：

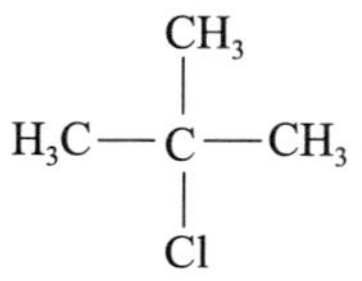

叔丁基氯

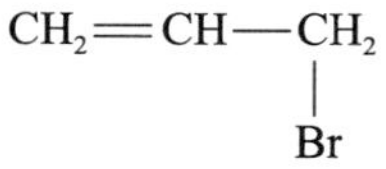

烯丙基溴

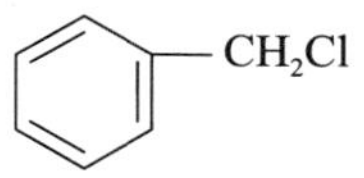

苄基氯（氯化苄）

另外，也可以在烃名称前面直接加“卤代”二字，称为“卤代某烃”，“代”字常省略。例如：

CH_3CH_2Cl

氯乙烷

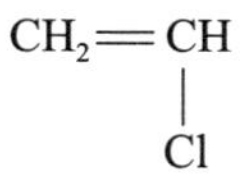

氯乙烯

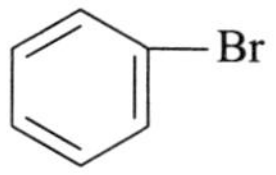

溴苯

二、系统命名法

对于烃基比较复杂的卤代烃，需采用系统命名法来命名。以相应的烃为母体，卤原子为取代基，按各类烃的系统命名原则进行命名。

（一）卤代烷

首先选择连有卤原子的最长碳链作为主链，将卤原子作为取代基，然后按烷烃的命名原则进行命名。当卤原子与支链（烷基）的位次相同时，应予以烷基较小的编号；当不同卤原子的位次相同时，予以原子序数较小的卤原子较小的编号。例如：

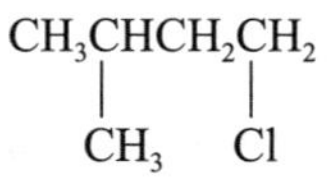

3-甲基-1-氯丁烷

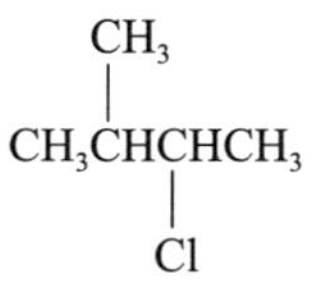

2-甲基-3-氯丁烷

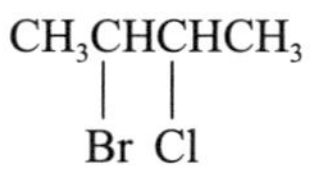

2-氯-3-溴丁烷

（二）卤代烯烃和卤代炔烃

选择含有不饱和键且连有卤原子的最长碳链作为主链，编号应使不饱和键的位次尽可能小。例如：

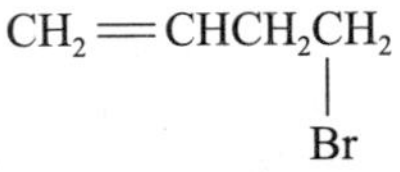

4-溴-1-丁烯

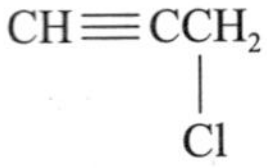

3-氯-1-丙炔

（三）芳香族卤代烃

芳香族卤代烃的命名既可以将芳烃作为母体，也可以将脂肪烃作为母体。以芳烃作为母体时，芳环的编号一般用阿拉伯数字，或用希腊字母从芳环的侧链开始编号。例如：

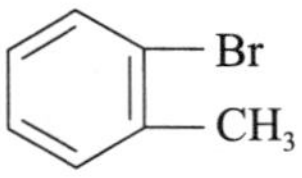

2-溴甲苯

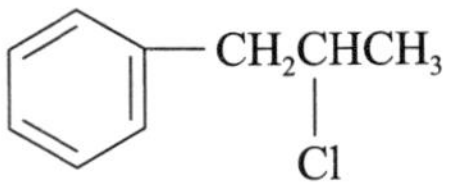

β-氯丙苯或1-苯基-2-氯丙烷

第四节　卤代烃的物理性质

一、物理状态

在室温条件下，只有少数低级卤代烃（如氯甲烷、溴甲烷、氯乙烷、氯乙烯等）为气体。其他常见的卤代烃大多为液体，高级卤代烃则为固体。纯净的卤代烷大多数是无色的。溴代烷和碘代烷对光较敏感，在光照条件下能缓慢地分解出游离卤素，分别呈棕黄色和紫色。

二、沸点

卤代烃的沸点随碳原子数目的增多和卤原子序数的增加而升高。在所含烃基相同而卤原子不同的卤代烃中，碘代烃的沸点最高，溴代烃、氯代烃和氟代烃的沸点依次降低。直链卤代烃的沸点高于含相同碳原子数的支链卤代烃，这与烷烃类似。此外，氯代烷、溴代烷和碘代烷与相对分子质量相近的烷烃沸点相近。

三、相对密度

一氟代烷和一氯代烷的相对密度小于 1 g/cm³，一溴代烷、一碘代烷以及多卤代烷和卤代芳烃的相对密度都大于 1 g/cm³。根据此物理性质，可进行卤代烃的分离和提纯。

四、溶解性

卤代烃不溶于水，但它们彼此可以混溶，也能溶于醇、醚、烃类等有机溶剂。某些卤代烃本身就是有机溶剂。多氯代烷和多氯代烯可作为干洗剂。卤代烃的一些物理常数见表 4-1。

表4-1　卤代烃的一些物理常数

卤代烃	沸点℃	密度（g/cm^3）	卤代烃	沸点℃	密度（g/cm^3）
CH_3Cl	–24.2	0.920	$CH_2{=}CHBr$	15.6	1.517
CH_3Br	3.6	1.732	$CH_2{=}CHCH_2Cl$	45.7	0.938
CH_3I	42.4	2.279	$CH_2{=}CHCH_2Br$	70	1.398
CH_3CH_2Cl	12.3	0.910	$CH_2{=}CHCH_2I$	102	1.848
CH_3CH_2Br	33.4	1.440	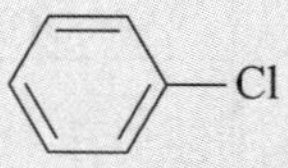	132	1.106
CH_3CH_2I	72.3	1.938	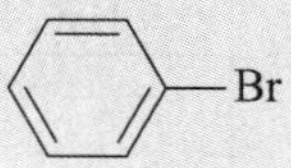	155.5	1.495
$CH_3CH_2CH_2Cl$	46.8	0.890	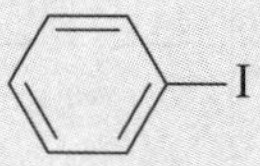	188.5	1.832
$CH_3CH_2CH_2Br$	71.0	1.335	CH_2Cl_2	40	1.336

在有机化合物分子中引入氯原子或溴原子可减弱其可燃性，增强其不燃性，这是一般规律。某些含氯原子或溴原子的有机化合物是很好的灭火剂和阻燃剂。例如，二氟二溴甲烷、三氟溴甲烷可用作灭火剂，而且它们比四氯化碳更安全。氯化石蜡（C_{10} ~ C_{30} 直链烷烃氯代衍生物的统称，一般产品含氯量为 40% ~ 70%）是树脂和橡胶的阻燃剂。六溴苯、十溴二苯醚等是高分子材料阻燃剂。卤代烷有毒性，可能有致癌作用，使用时需注意。

由于卤原子的电负性比碳原子大，所以 C—X 键为极性共价键，容易断裂，这使得卤代烃的化学性质比较活泼，易发生取代反应和消除反应，且易与金属发生反应等。

在外界电场的影响下，C—X 键被极化，其极化性强弱顺序依次为：C—I>C—Br>C—Cl。极化性强的分子在外界条件的影响下更容易发生化学反应。因此，当烃基相同时，卤代烃发生化学反应的活性顺序依次为 R—I>R—Br>R—Cl。

第五节　卤代烃的化学性质

卤原子是卤代烃的官能团。由于卤原子的电负性较大，C—X 键为极性共价键，电子云分布为 $\overset{\delta^+}{C}—\overset{\delta^-}{X}$，且 $\overset{\delta^-}{X}$ 比 $\overset{\delta^+}{C}$ 更为稳定，所以卤代烃与其他物质发生反应时，往往是 $\overset{\delta^+}{C}$ 被亲核试剂进攻而发生反应。

发生反应时，卤代烷的活性顺序依次是：碘代烷>溴代烷>氯代烷。

一、取代反应

C—X 键的共用电子对偏向卤原子，使卤原子带有部分负电荷、碳原子带有部分正电荷。因此，α - 碳原子易受到带负电荷的试剂或含有未共用电子对的试剂进攻，使 C—X 键发生异裂　卤原子以负离子的形式分离。NH_3、OH^- 等具有较大的电子云密度，易进攻带部分正电荷的碳原子的试剂称为亲核试剂，通常用 Nu^- 或 Nu：表示。由亲核试剂进攻带部分正电荷的碳原子而引起的取代反应称为亲核取代反应。其反应过程可以用通式表示为：

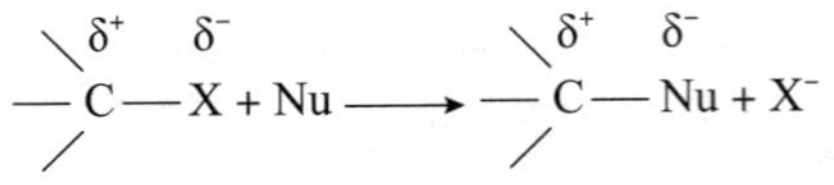

卤代烃可以分别与 OH^-、OR^-、CN^-、NH_3、$AgNO_3$ 等亲核试剂作用，生成醇、醚、腈、胺、硝酸酯等，对应的亲核取代反应通式为：

$$R—X \xrightarrow{NaOH/H_2O} R—OH + NaX \quad (醇)$$

$$R—X \xrightarrow{NaOR'} R—OR' + NaX \quad (醚)$$

$$R—X \xrightarrow{NaCN/醇} R—CN + NaX \quad (腈)$$

$$R—X \xrightarrow{NH_3} R—NH_2 + HX \quad (胺)$$

$$R—X \xrightarrow{AgNO_3/醇} R—ONO_2 + AgX \quad (硝酸酯)$$

1. 水解反应（生成醇） 卤代烷不溶或微溶于水，并且水解速度很慢。为了加快水解反应，通常采用强碱溶液。例如，伯卤代烷与稀氢氧化钠溶液发生反应时，主要是发生取代反应，生成醇。其反应式为：

$$CH_3CH_2—Br + H_2O \rightleftharpoons CH_3CH_2OH + HBr$$

2. 醇解反应（生成醚） 卤代烷与醇钠化合物在相应的醇溶液中发生反应，卤原子可被烷氧基（OR^-）取代而生成醚，此反应称为卤代烷的醇解反应。例如：

$$CH_3CH_2Br + NaOCH_2CH_3 \xrightarrow[\triangle]{} CH_3CH_2OCH_2CH_3 + NaBr$$

上述反应是制备醚（特别是制备 R—O—R′ 类型的醚）时最常用的一种方法。

3. 氰解反应（生成腈） 伯卤代烷与氰化钠发生取代反应可生成腈，称为卤代烷的氰解反应。例如：

$$CH_3—CH_2—CH_2—I + NaCN \xrightarrow{乙醇} CH_3CH_2CH_2—CN + NaI$$

卤代烷转变为腈时，其分子中增加了 1 个碳原子。在有机合成方面，这是增长碳链常用的一种方法，也是制备腈的一种方法。由于—CN 水解可生成—COOH、还原可生成—CH_2NH_2，因此，这也是用伯卤代烷制备羧酸（RCOOH）和胺（RCH_2NH_2）的一种方法。但氰化钠含剧毒，故应用时须按规定严格操作。

4. 氨解反应（生成胺） 伯卤代烷与氨发生取代反应可生成胺，称为卤代烷的氨解反应。伯卤代烷与过量的氨发生反应可生成伯胺。例如：

$$CH_3CH_2CH_2CH_2I + 2NH_3 \longrightarrow CH_3CH_2CH_2CH_2NH_2 + NH_4I$$

工业上利用这个反应可制备伯胺。如果是仲卤代烷，则一般生成较多的消除产物烯烃。

5. 与硝酸银 - 乙醇溶液反应（检验卤代烷） 卤代烷与硝酸银 - 乙醇溶液发生反应可生成卤化银沉淀。其反应式为：

$$R—X + AgNO_3 \xrightarrow{\text{乙醇}} R—O—NO_2 + AgX\downarrow$$

上述反应中卤代烷的活性顺序依次是：叔卤代烷＞仲卤代烷＞伯卤代烷。

叔卤代烷生成卤化银沉淀的速度最快，一般是即刻发生反应，而伯卤代烷反应生成卤化银沉淀的速度最慢，常需要加热。这个反应在有机分析过程中常用于检验卤代烷。

二、消除反应

由于卤原子的电负性较大，所以卤代烃分子中 C—X 键的极性可以通过诱导效应影响 β - 碳原子，使 β - 碳原子上的氢原子表现出一定的活泼性。当卤代烃与强碱（如 NaOH、KOH 等）的醇溶液共热时，分子内可消去 1 分子卤化氢而形成烯烃。这种从分子内消去一个简单分子而形成不饱和烃的反应称为消除反应。由于此类反应消除的是卤原子和 β - 氢原子，因此又称为 β - 消除反应。例如：

$$CH_3CH_2Br \xrightarrow[\triangle]{\text{KOH/醇}} H_2C{=}CH_2 + KBr + H_2O$$

仲卤代烷和叔卤代烷分子内消去卤化氢时，如果分子结构中存在着不同的 β -H，则反应可以有不同的取向，得到不同的烯烃。例如，2- 溴丁烷消去溴化氢时，可生成 1- 丁烯和 2- 丁烯，其中，2- 丁烯是主要产物。其反应式为：

$$CH_3CH(Br)CH_2CH_3 \xrightarrow[\triangle]{\text{NaOH/醇}} \begin{cases} CH_3CH{=}CHCH_3 & (81\%) \\ CH_3CH_2CH{=}CH_2 & (19\%) \end{cases}$$

大量实验结果表明，仲卤代烃和叔卤代烃消去卤化氢时，主要消去的是含氢较少的 β - 碳原子上的氢原子，生成双键碳原子上有较多烃基的烯烃。这一经验规律称为札依采夫（Saytzeff）规则。

知识链接

取代反应和消除反应的竞争

卤代烃的水解反应和消除卤化氢的反应都是在碱性条件下进行的。在取代反应过程中，试剂进攻的是 α - 碳原子；在消除反应中，试剂进攻的是 β - 碳原子上的氢原子。当卤代烃水解时，不可避免地会有消除卤化氢的副反应发生；同样，消除卤化氢时，也会有水解产物生成。其反应式为：

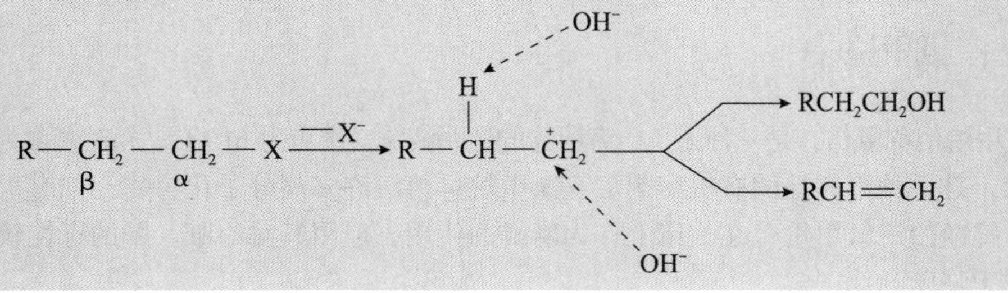

卤代烃的取代反应和消除反应几乎同时发生，且二者相互竞争。竞争的结果受许多因素的影响，主要有以下 4 个因素。

（1）卤代烃的结构：一般情况下，伯卤代烷与强亲核试剂之间主要发生取代反应，叔卤代烷与强碱性试剂之间主要发生消除反应。

（2）亲核试剂的种类：亲核试剂的碱性越强，浓度越高，则越有利于消除反应的进行；反之，则有利于取代反应的进行。

（3）反应溶剂：弱极性溶剂有利于消除反应的进行，而强极性溶剂有利于取代反应的进行。

（4）反应温度：反应温度越高，越有利于消除反应的进行。

三、与金属镁反应——制备格氏试剂

卤代烷可以与某些金属（如锂、镁）等发生反应，生成金属原子与碳原子直接相连的一类化合物，称为金属有机化合物。卤代烷与镁反应可生成烷基卤化镁，这种含卤化镁的金属有机化合物称为格氏试剂（Grignard reagent）。其反应式为：

$$R—X + Mg \xrightarrow{\text{无水乙醚}} RMgX$$

制备格氏试剂时，卤代烷的活性顺序依次是：碘代烷>溴代烷>氯代烷。碘代烷的价格比较昂贵，氯代烷的活性较低。因此，实验室中一般是用溴代烷来制备格氏试剂，反应产率很高。例如：

$$CH_3Br + Mg \xrightarrow{\text{无水乙醚}} \underset{\text{甲基溴化镁}}{CH_3MgBr}$$

$$CH_3CH_2I + Mg \xrightarrow{\text{无水乙醚}} \underset{\text{乙基碘化镁}}{CH_3CH_2MgI}$$

除乙醚以外，四氢呋喃及其他干醚也可作为上述反应的溶剂，得到的格氏试剂不用分离即可用于进行各种合成反应。

格氏试剂作为亲核试剂，在有机合成方面具有其突出的重要性。格氏试剂中的 C—Mg 键是强极性共价键，很容易与含活泼氢原子的化合物作用生成相应的烷烃。格氏试剂易被空气中的氧气氧化，因此，制备格氏试剂时要使用干醚，最好在氮气保护下进行。

第六节 重要的卤代烃

一、三氯甲烷

三氯甲烷俗称氯仿，是一种无色、有甜味的透明液体，沸点为 61.7℃，相对密度为 1.433 g/cm^3，不溶于水，是一种不燃性的有机溶剂。三氯甲烷可溶解许多高分子化合物，如有机玻璃、橡胶油脂等。纯净的三氯甲烷曾在临床上作为麻醉剂使用，但因其对心脏、肝的毒性较大，目前已很少应用于临床。

在光照条件下，氯仿可逐渐被氧化为有剧毒的光气，所以氯仿应用棕色瓶避光保存。也可加入 1% 的乙醇，以破坏可能生成的光气。

二、四氯化碳

四氯化碳是一种无色液体，沸点为 76.8℃，相对密度为 1.595 g/cm^3。四氯化碳本身不可燃烧，其蒸气比空气重，可将燃烧物与空气隔离而灭火。因此，四氯化碳是常用的灭火剂，可用于油类灭火和电气设备灭火。另外，四氯化碳也是良好的有机溶剂。但其毒性较强，对肝有损害作用，故被列为危险品。

三、氟利昂

氟利昂又名二氟二氯甲烷（CF_2Cl_2），是烷烃的含氟和含氯衍生物。由于其具有无臭、无腐蚀性、不燃性和较好的稳定性，故常用作制冷剂和分散剂。使用得较多的制冷剂是氟利昂 -12。研究发现，氟氯烷可造成环境污染，破坏大气臭氧层，进而危害人类健康，已引起广泛关注。

四、四氟乙烯

四氟乙烯为无色气体，沸点为 –76.3℃，不溶于水，可溶于有机溶剂。四氟乙烯在过硫酸铵的作用下，经加压可用于制备聚四氟乙烯。

聚四氟乙烯是一种性能很好的塑料，化学稳定性强，不与强酸、强碱作用，可耐其他化学药品，可耐高温达 250℃，耐低温至 –269℃，耐腐蚀，且具有较高的机械强度，适用于制造雷达、高频通信器材、医用材料和化工设备，也可用作炊具的“不粘”内衬。由于性能优良，所以聚四氟乙烯塑料有“塑料王”之称，商品名为“特氟龙”。

自测题

一、单项选择题

1. 下列物质中属于叔卤代烷的是
   A. 3- 甲基 -1- 氯丁烷　B. 2- 甲基 -3- 氯丁烷　C. 2- 甲基 -2- 氯丁烷
   D. 2- 甲基 -1- 氯丁烷　E. 3- 甲基 -2- 氯丁烷
2. 卤代烃与氨反应生成的产物是
   A. 腈　B. 胺　C. 醇
   D. 醚　E. 炔
3. 仲卤代烷、叔卤代烷消除 HX 生成烯烃遵循的规则是
   A. 马氏规则　B. 反马氏规则　C. 次序规则
   D. 札依采夫规则　E. 霍夫曼规则
4. 所连接的烃基相同时，与 NaOH（H_2O）反应速率最快的 RX 是
   A. RF　B. RCl　C. RBr
   D. RI　E. RCH_2F
5. 鉴别 $CH_3CH{=}CHCH_2Br$ 和（CH_3）$_3CBr$ 最常用的试剂是

A. Br_2/CCl_4　　B. Br_2/H_2O　　C. $AgNO_3/H_2O$
D. $AgNO_3/C_2H_5OH$　　E. I_2/H_2O

6. 下列化合物中属于烯丙型卤代烯的是

A. $CH_3CH=CHCH_2Cl$　　B. 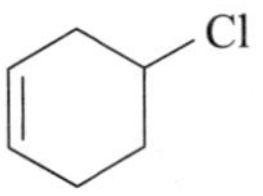　　C. $CH_3CH_2CH=CHCl$
D. $CH_3CH_2CHClCH_3$　　E. 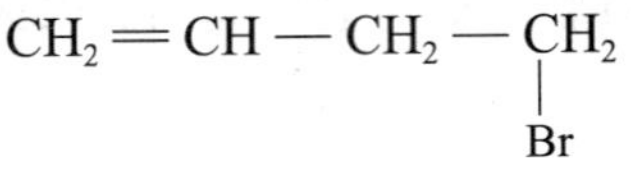

7. 制备格氏试剂时，可以起保护作用的气体是
A. O_2　　B. HCl　　C. N_2
D. CO_2　　E. H_2

8. 叔丁基溴与 KOH 醇溶液共热，主要发生的反应是
A. 亲核取代反应　　B. 亲电取代反应　　C. 加成反应
D. 消除反应　　E. 还原反应

9. 常用于表示格氏试剂的通式是
A. RMgR′　　B. RMgX　　C. RX
D. MgX_2　　E. $(RMgX)_n$

10. 下列化合物中属于一元卤代烷烃的是
A. 1,2- 二氯苯　　B. 三氯甲烷　　C. 2- 氯甲苯
D. 2,4- 二氯甲苯　　E. 烯丙基溴

11. 与 $AgNO_3$ 的乙醇溶液发生反应，可立即生成白色沉淀的是
A. 氯苯　　B. 4- 氯环己烯　　C. 1- 氯环己烯
D. 3- 氯环己烯　　E. 苄基溴

12. 有利于卤代烃发生消除反应的条件是
A. 强碱性试剂　　B. 弱碱性试剂　　C. 强极性溶剂
D. 低温　　E. 低浓度试剂

二、命名或写出下列化合物的结构

1. 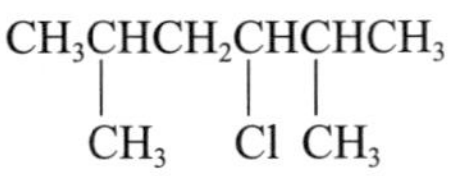　　2. 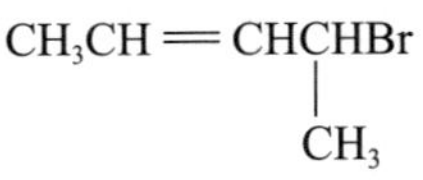　　3. 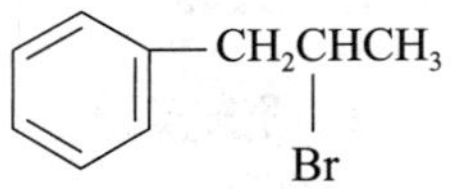

4. 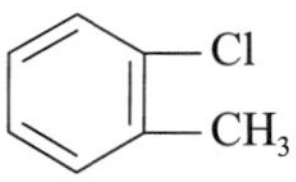　　5. 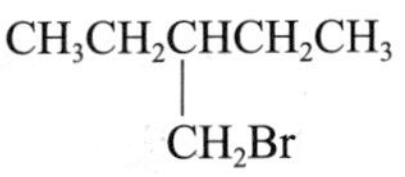　　6. 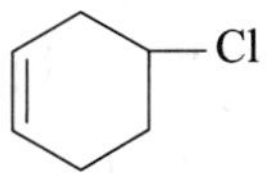

7. β - 溴苯　　8. 环己基氯　　9. α - 氯丙苯
10. 3- 甲基 -2- 氯 -2- 戊烯　　11. 苄基溴　　12. 2,4- 二氟联苯

三、写出下列各反应的主要产物

1. 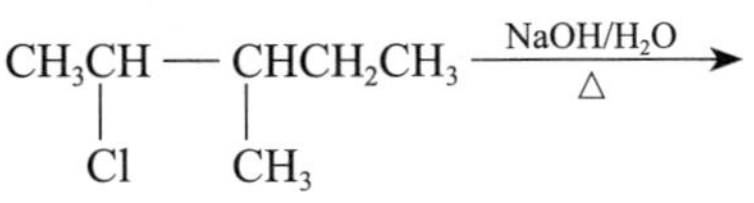

2. 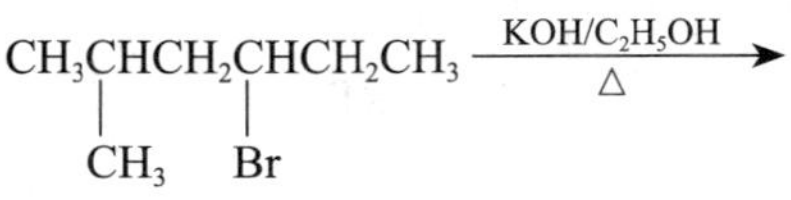

3. $CH_3I + NaOC_2H_5 \longrightarrow$

4. 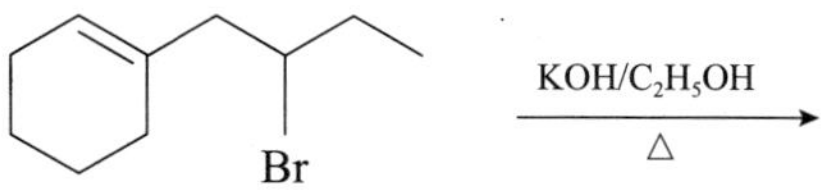

四、区分下列各组化合物

1. 氯苯和氯苄
2. 溴苯和 1- 苯基 -2- 溴乙烯
3. 2- 氯丙烷和 2- 碘丙烷

五、推测化合物的结构

1. 某卤代烃 A 的分子式为 C_3H_7Cl，与 KOH 醇溶液共热可生成化合物 B，其分子式为 C_3H_6。B 被氧化后可得到乙酸、二氧化碳和水，B 与 HCl 作用可得到 A 的同分异构体 C。试写出化合物 A、B 和 C 的结构简式。

2. 分子式为 C_5H_{10} 的化合物 A，在室温条件下不能使溴水褪色；在光照条件下可与溴水发生取代反应，得到产物 B，其分子式为 C_5H_9Br；B 与 KOH 醇溶液共热可得到化合物 C，其分子式为 C_5H_8；C 可被酸性 $KMnO_4$ 溶液氧化为戊二酸。试写出化合物 A、B 和 C 的结构式。

六、简答题

1. 三氯乙烯是一种无色液体，在医学上曾用作麻醉剂，在工业上作为清洗剂、溶剂和萃取剂广泛使用。分别写出三氯乙烯与 HBr、Br_2 的反应式。

2. 选择合适的方法将 3- 苯基丙烯转化为 1- 苯基丙烯，无机试剂可任选。

（苗　方）

第五章

醇、酚、醚

第五章
数字资源

学习目标

1. 掌握醇、酚、醚的结构特点、命名和理化性质。
2. 掌握鉴别醇、酚、醚的化学方法。
3. 熟悉醇、酚、醚的结构和性质的异同。
4. 了解重要的醇、酚、醚及其在医学上的用途。

案例导入

“头孢就酒，越喝越有”是经常可以在酒桌上听到的一句调侃的话，但如果付诸行动，那么“头孢就酒，说走就走”就会变成真实的悲剧。

头孢与乙醇的这种配伍禁忌称为双硫仑样反应。双硫仑是一种古老的药物，服用双硫仑后，只要极少量饮酒就会导致醉酒症状，严重时甚至可引起呼吸抑制和心血管病变而导致死亡。医学中的双硫仑样反应是指特定药物与乙醇作用引起的不良反应。除头孢类药物外，还有硝基咪唑类（如甲硝唑）、第一代磺酰脲类药物（如甲苯磺丁脲）、灰黄霉素（一种抗真菌药）、鬼伞菌素等，服用上述药物后饮酒均可引起双硫仑样反应。

除直接饮酒外，某些含乙醇的食品或药品也是引发双硫仑样反应的常见原因。有时，乙醇也可引发过敏反应。

思考题：

1. 哪些食品或药品中含有乙醇？
2. 如果乙醇引起过敏反应，应该如何处理？

醇、酚、醚都是碳原子仅以1个单键与氧原子相连的含氧衍生物。醇和酚含有相同的官能团——羟基（—OH），二者的区别在于醇分子中与羟基相连的碳原子为饱和碳原子，称为醇羟基；而酚分子中与羟基相连的碳原子为 sp^2 杂化的芳香环上的碳原子，称为酚羟基。醚可以看成是醇羟基或酚羟基中的氢原子被烃基取代而得到的产物。醇、酚、醚也可以看成是水分子中的氢原子被对应的烃基取代而得到的产物。例如：

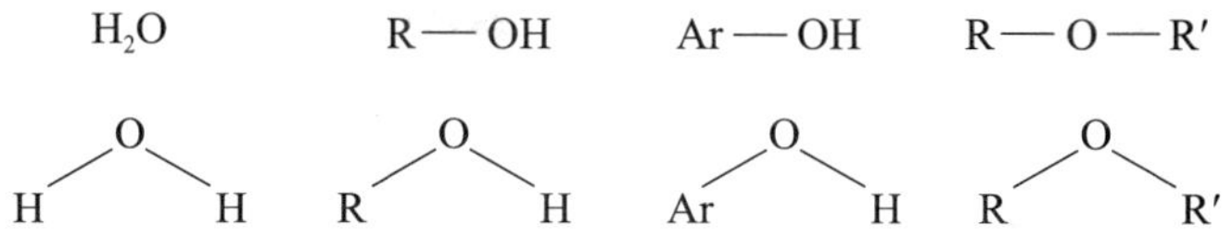

第一节　醇

醇是由羟基和脂肪烃、脂环烃或芳香烃侧链上的碳原子相连形成的化合物，或者是脂肪烃、脂环烃或芳香烃侧链上的氢原子被羟基取代所得到的化合物。羟基（—OH）是醇的官能团，称为醇羟基。一元醇的通式为（Ar）R—OH，饱和一元脂肪醇的分子通式为 $C_nH_{2n+2}O$。

一、醇的分类

醇的结构包括烃基和羟基两部分，所以可以分别根据烃基和羟基的不同进行分类。

根据羟基数目的不同，可以将醇分为一元醇和多元醇。例如：

$CH_3CH_2CH_2OH$　　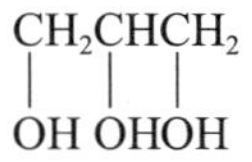

1- 丙醇　　1,2,3- 丙三醇

一元醇　　多元醇

根据烃基种类的不同，可以将醇分为脂肪醇和芳香醇。例如：

$CH_3CH_2CH_2OH$　　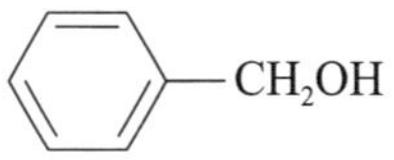

1-丙醇　　苯甲醇

脂肪醇　　芳香醇

根据烃基上的碳原子是否饱和，可以将醇分为饱和醇和不饱和醇。例如：

$CH_3CH_2CH_2OH$　　$H_2C=CHCH_2OH$

1- 丙醇　　烯丙醇

饱和醇　　不饱和醇

根据直接与羟基相连的碳原子的种类不同，可以将醇分为伯醇、仲醇、叔醇、烯丙醇和苄醇。这种分类方法与醇的性质有非常密切的联系。例如：

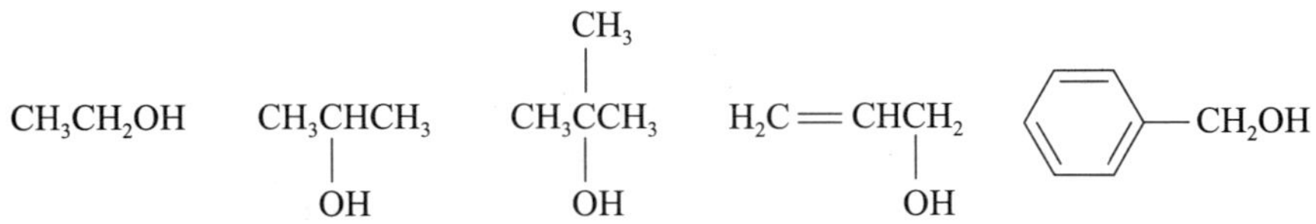

乙醇　　异丙醇　　叔丁醇　　烯丙醇　　苯甲醇

伯醇　　仲醇　　叔醇　　烯丙醇　　苄醇

二、醇的命名

（一）普通命名法

对结构简单的醇可以采用“烃基名＋醇”的方式来命名，如乙醇、异丙醇、叔丁醇等。

此外，某些醇还有俗称，如乙醇俗称酒精，丙三醇俗称甘油等。

（二）系统命名法

对结构比较复杂的醇，应采用系统命名法来命名。

1. 脂肪醇的命名

（1）选主链：选择连有羟基的最长碳链作为主链。如果连有多个羟基，则尽量将所有羟基包含在内。如果含有碳碳双键等不饱和键，则也需要包含在主链内，根据主链所含碳原子数将其称为“某醇”。

（2）编号：从靠近羟基的一端开始对主链碳原子进行编号。如果可以选择，则应依次确保不饱和键和取代基的位次尽可能小，并标记羟基的位置，写在“某醇”的前面。如果有多个羟基，则需要依次标记。如果主链含有碳碳双键等不饱和键，则写为“双键编号 - 某烯 - 羟基编号 - 醇”。

（3）命名：把取代基的位次、数目、名称写在醇的前面，并用连字符隔开。例如：

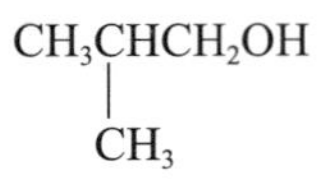
2- 甲基 -1- 丙醇

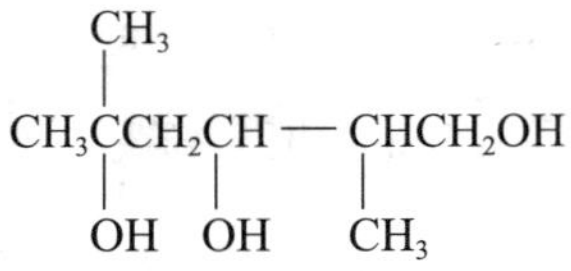
2,5- 二甲基 -1,3,5- 己三醇

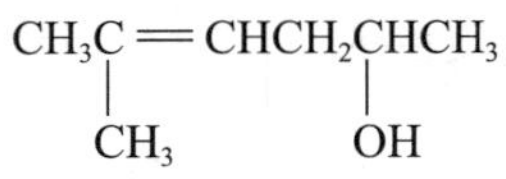
5- 甲基 -4- 己烯 -2- 醇

2. 脂环醇的命名 如果羟基连在脂环上，则为脂环醇。命名时，根据成环碳原子数称为“环某醇”。碳环的编号从羟基所连接的碳原子开始。对多元脂环醇或有取代基的脂环醇，要注意可能有顺反异构。如果羟基不连在环上，则把环作为取代基。例如：

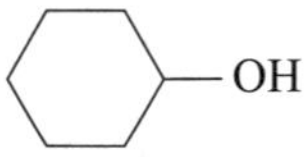
环己醇

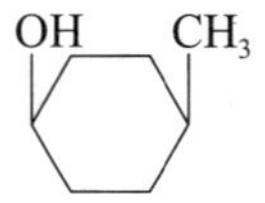
顺-4-甲基环己醇

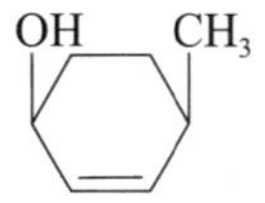
顺-4-甲基-2-环己烯醇

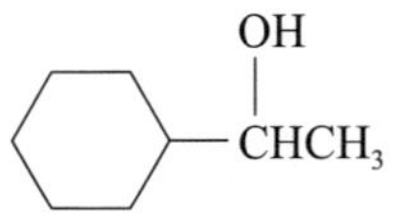
1-环己基乙醇

3. 芳香醇的命名 将芳环作为取代基，将含羟基侧链作为母体来命名。例如：

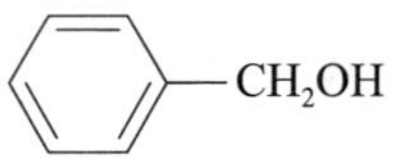
苯甲醇

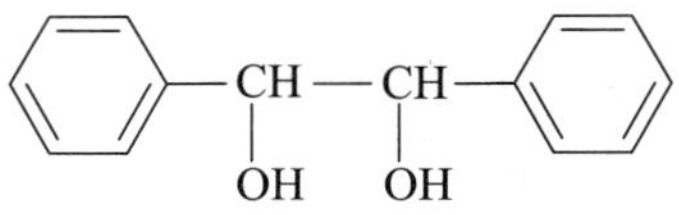
1,2-二苯基乙二醇

三、醇的结构

醇羟基中的氧原子为 sp^3 杂化，类似于水分子中的氧原子，除了有 2 个杂化轨道分别与碳原子和氢原子成键外，另外 2 个杂化轨道中还有 2 对未成键的孤对电子对。由于氧原子的电负性远大于氢原子和碳原子，所以 O—H 键和 C—O 键均有较强的极性。羟基氧原子上带有较多的负电荷，而与之相连的氢原子和碳原子带有较多的正电荷，这种结构与醇的化学性质密切相关。醇羟基广泛地形成氢键，这与醇的物理性质密切相关。

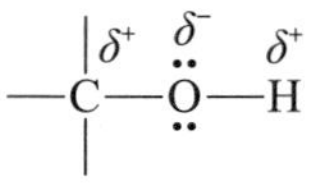
醇的结构

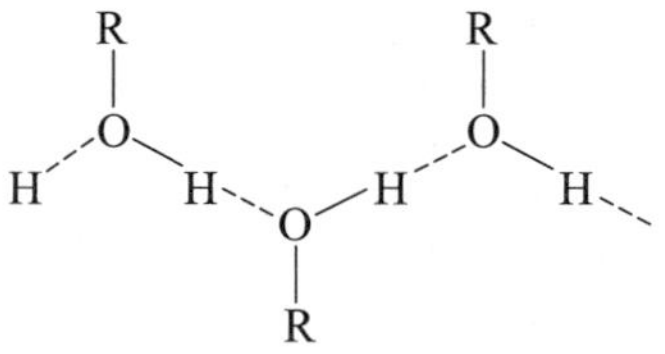
醇的分子间氢键

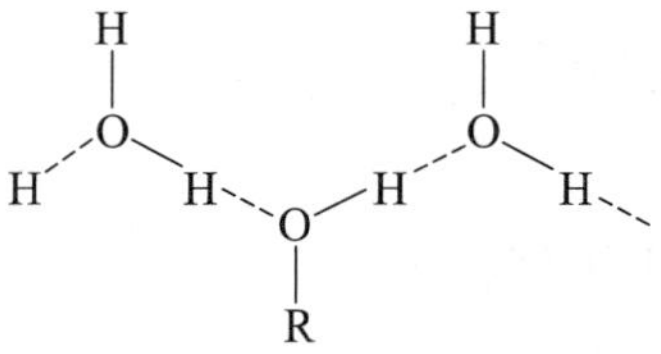
醇与水分子形成的氢键

四、醇的物理性质

低级醇为无色、有特殊香味的液体，$C_5 \sim C_{11}$ 的醇是有特殊气味的黏稠液体，高级醇多为蜡状固体，多数无臭、无味。相对于分子量接近的烃，醇的熔点和沸点均明显升高，这与醇分子间可以形成氢键有关。高级醇由于烃基在分子中所占的比重增大，所以其与烃类的性质差异较小。同样，由于醇分子间形成氢键的原因，醇的黏稠度较高，尤其是多元醇。

由于羟基可以与水形成氢键，所以醇在水中的溶解度较大，尤其是低级醇和多元醇，可以与水以任意比例混溶，高级醇的水溶性则较差。醇本身也是优良的溶剂，特别是可以溶解一些极性较强的物质，加之醇的水溶性较好，常用于某些试剂的配制。甲醇和乙醇等低级醇还可以与氯化钙、氯化镁等形成类似水合物的结晶配合物（如 $CaCl_2 \cdot 4C_2H_5OH$），因此不能将氯化钙等用作醇的干燥剂。常见醇的物理性质见表 5-1。

表5-1　常见醇的物理性质

化合物	分子式或结构式	熔点（℃）	沸点（℃）	密度（g/cm^3）	水溶解度（g/100 ml）（20～25℃）
甲醇	CH_3OH	−97.9	65.0	0.792	混溶
乙醇	CH_3CH_2OH	−114.7	78.5	0.789	混溶
丙醇	$CH_3(CH_2)_2OH$	−126.5	97.4	0.804	混溶
异丙醇	$(CH_3)_2CHOH$	−88.5	82.4	0.786	混溶
正丁醇	$CH_3(CH_2)_3OH$	−89.5	117.3	0.801	7.9
异丁醇	$(CH_3)_2CHCH_2OH$	−1.8	108	0.802	10.0
叔丁醇	$(CH_3)_3COH$	25.5	82.2	0.789	混溶
环己醇	$C_6H_{11}OH$	25.2	161.1	0.962	3.8
苯甲醇	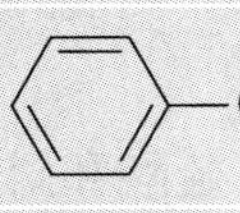—CH_2OH	−15	205	1.046	3.3
丙三醇	CH_2CHCH_2（OH OHOH）	−17.9	290	1.260	混溶

五、醇的化学性质

羟基是醇的官能团，醇的化学性质几乎都与羟基密切相关（图 5-1）。

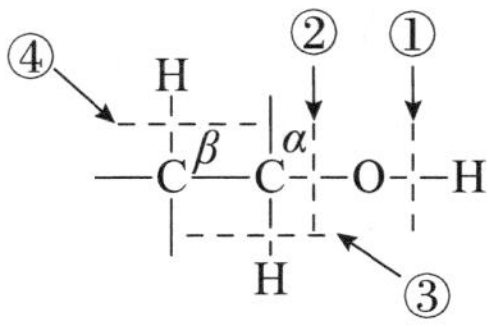

图 5-1　醇的结构与性质的关系

注：① O—H 键断裂，脱去羟基中的 H 或解离出 H^+ 的反应；② C—O 键断裂，α-C 受到亲核试剂进攻而使羟基被取代的反应；③ α-H 的反应，与①反应羟基中的 H 一起断裂，发生脱去氢的氧化反应；④ β-H 的反应，与②反应中的羟基一起断裂，发生脱水反应。

（一）与活泼金属的反应

羟基中的氢原子可以被活泼金属 Na、Mg、Al 等取代，生成醇钠、醇镁、醇铝和 H_2，这说明醇有一定的酸性。不同醇的反应活性强弱顺序依次为 H_2O＞甲醇＞伯醇＞仲醇＞叔醇，这与它们的酸性强弱顺序是一致的。按照酸碱质子理论，反应产物的碱性强弱顺序恰好相反。醇与钠的反应式为：

$$R-OH + Na \longrightarrow R-ONa + 1/2H_2$$

$$H-O-H + Na \longrightarrow NaOH + 1/2H_2$$

$$R-ONa + H_2O \longrightarrow R-OH + NaOH$$

醇与钠的反应可以用于清除反应中剩余的钠，醇钠则是化学合成中常用的强碱。

（二）与无机酸的反应

1. 与无机无氧酸的反应 醇可以与氢卤酸发生亲核取代反应，醇分子中的羟基被卤原子取代，生成卤代烃。此反应与卤代烃的水解反应互为逆反应，控制反应条件可以使反应朝着预期的方向进行。反应式为：

$$R-OH + HX \longleftrightarrow R-X + H_2O$$

该反应活性与卤化氢和醇的结构均有关。不同醇的反应活性强弱顺序依次为：烯丙醇和苄醇>叔醇>仲醇>伯醇。氢卤酸的活性强弱顺序依次为 HI>HBr>HCl。由于 HCl 反应比较困难，故常将无水 $ZnCl_2$ 溶于浓盐酸中充当催化剂，称为卢卡斯（Lucas）试剂。由于低级醇大多水溶性较好，但生成的卤代烃难溶于水而出现浑浊或分层的现象，因此可以根据浑浊出现的快慢，用卢卡斯试剂鉴别含 6 个碳原子以下的低级醇。例如：

$$\left.\begin{array}{l}\text{伯醇}\\ \text{仲醇}\\ \text{叔醇}\end{array}\right\}\xrightarrow{\text{卢卡斯试剂}}\left\{\begin{array}{l}\text{常温下很难出现浑浊，加热后才出现浑浊}\\ \text{常温下数分钟后出现浑浊，加热后立即出现浑浊}\\ \text{常温下即出现浑浊}\end{array}\right.$$

2. 与无机含氧酸的反应 醇可以与无机含氧酸发生反应，生成醇的无机酸酯。以硝酸为例，其反应通式为：

$$R-\boxed{OH + H}ONO_2 \xleftrightarrow{H_2SO_4} R-O-NO_2 + H_2O$$

如果醇是与硫酸或者磷酸发生反应，则生成硫酸酯键或磷酸酯键。硫酸和磷酸为多元酸，既可以生成中性酯，也可以生成酸性酯，酸性酯还可以生成盐。例如：

$$\underset{\text{酸性酯}}{R-O-SO_2OH} \qquad \underset{\text{中性酯}}{R-O-SO_2-O-R}$$

醇的硝酸酯有扩张血管、改善心肌供血的作用，常用于缓解心绞痛，临床上常用硝酸甘油（片）舌下含服，能快速改善症状，但此类药不能降低死亡率；加之多硝基化合物可以制成炸药，因此又将其称为“小炸弹”。例如：

$$\begin{array}{l}H_2C-OH\\ \;|\\ HC-OH\\ \;|\\ H_2C-OH\end{array} + 3HONO_2 \xrightarrow{H_2SO_4} \begin{array}{l}H_2C-ONO_2\\ \;|\\ HC-ONO_2\\ \;|\\ H_2C-ONO_2\end{array} + 3H_2O$$

软骨中的硫酸软骨素中含有硫酸酯键，而核酸和 ATP 等生物活性物质中含有磷酸酯键。高级醇与硫酸反应生成的酸性酯形成的盐可用作表面活性剂，医学实验中也常用于破坏细胞的膜结构。

（三）脱水反应

醇的脱水反应有 2 种方式，一种是 2 个醇分子的羟基之间脱去 1 分子 H_2O，生成醚，称为分子间脱水；另一种是在醇分子内部，α-OH 与 β-H 脱去 1 分子 H_2O，在 α-C 和 β-C 之间形成一个双键，称为分子内脱水。其反应式为：

$$CH_3CH_2—OH + HO—CH_2CH_3 \xrightarrow[140℃]{浓\ H_2SO_4} CH_3CH_2—O—CH_2CH_3 + H_2O$$

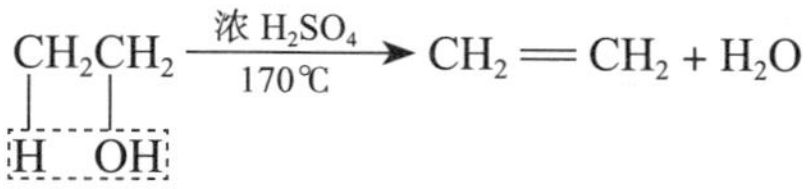

可以看出，低温条件有利于分子间脱水，高温条件有利于分子内脱水。浓硫酸在反应中主要起到脱水剂的作用。如果考虑安全、环保或者减少副产物等因素，则可以把浓硫酸换成 P_2O_5、分子筛或活性 Al_2O_3 等脱水剂，但价格较高。

发生分子内脱水反应的难易程度与醇的结构有关，叔醇最容易发生反应，仲醇次之，伯醇最难。在脱去 β-H 时有 2 种选择，与卤代烃的消除反应类似，遵循札依采夫规则。若能生成共轭体系，则优先生成共轭体系。例如：

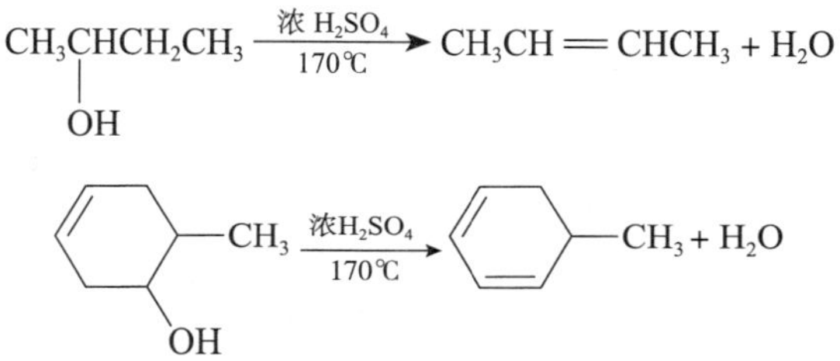

醇的分子内脱水反应也能在人体内进行，但通常是在酶的催化下进行的。

（四）氧化反应

在有机化学中，向有机物分子中引入氧原子或脱去氢原子的反应称为氧化反应，反之则称为还原反应。醇的氧化一般都是脱氢氧化，脱去的是羟基上的氢原子和 α-C 上的 α-H。叔醇由于没有 α-H，故难以发生氧化反应。

1. 被酸性 $KMnO_4$ 或酸性 $K_2Cr_2O_7$ 等强氧化剂氧化 在醇的氧化反应中，常用的氧化剂为酸性重铬酸钾或高锰酸钾溶液。伯醇、仲醇分子中的 α-H 由于受羟基的影响易被氧化，不同结构的醇氧化产物不同。伯醇易被氧化生成相应的醛，醛进一步氧化可生成羧酸；仲醇易被氧化生成相应的酮；叔醇由于分子中没有 α-H，故难以被氧化。因此，伯醇、仲醇可使紫色的高锰酸钾溶液褪色，也可以使重铬酸钾溶液由橙红色（$Cr_2O_7^{2-}$）变为绿色（Cr^{3+}）。利用该反应可将叔醇与伯醇、仲醇区分开。例如：

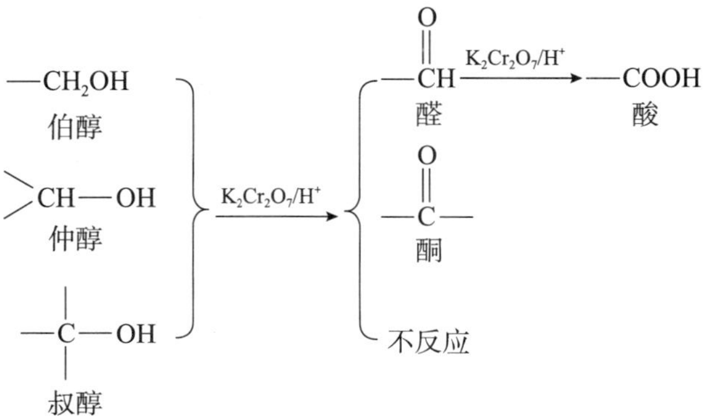

如果醇分子中含有不饱和键或其他易被氧化的基团，则它们也可以共同被氧化。

根据氧化产物，可以推断醇的结构。例如，醇 A 和 B 的分子式均为 $C_4H_{10}O$，经酸性高锰酸钾溶液氧化后，A 生成丁酮，B 生成丁酸，则 A 为 2- 丁醇，B 为 1- 丁醇。

在体内酶的催化下，某些含羟基的化合物也能通过醇羟基脱氢氧化形成羰基化合物，这一过程称为生物氧化。在人体内，乙醇主要在肝内脱氢酶作用下氧化生成乙醛，乙醛进一步氧化生成乙酸，可供机体利用。但是肝处理乙醇的能力有限，过量饮酒可引起酒精中毒。基于此反应原理，利用橙色的铬酸盐试剂（$Cr_2O_7^{2-}$）能与乙醇发生反应并呈绿色（Cr^{3+}）的性质，可制作呼吸分析仪，以快速检测酒驾。

2. 被选择性氧化剂氧化 高锰酸钾等强氧化剂不能使反应停留在仅生成醛的阶段，而是会把分子中的双键等不饱和基团一并氧化。选择性氧化剂则可选择性地把醇氧化为醛、酮，而不会把醛进一步氧化为羧酸，且对碳碳双键没有影响。常用的选择性氧化剂有：沙瑞特试剂（CrO_3 的吡啶溶液）、琼斯试剂（CrO_3 的稀硫酸溶液）和新制备的 MnO_2 溶液等。例如：

$$H_2C=CHCH_2OH \xrightarrow{\text{新制备的 } MnO_2 \text{ 溶液}} H_2C=CHCHO$$

尤其是新制备的 MnO_2 溶液，对烯丙醇这种结构的选择性很好。

醇的氧化反应也能在人体内进行，但通常是在脱氢酶的催化下进行的。脱下的氢原子除用于生物合成外，最终可与氧原子结合生成水，并产生 ATP。

知识链接

乙醇在人体内的代谢

乙醇在人体内除被直接排出（随尿液、汗液和通过呼吸过程排出）外，大多都被氧化代谢。乙醇先被氧化生成乙醛，再进一步氧化为乙酸。少量饮酒时，氧化反应发生在细胞质，并且乙醇在肝外转化为乙酸（乙酰辅酶 A），对机体影响较小，但仍可干扰糖代谢，造成血液中乳酸、尿酸等代谢物浓度增高，进而诱发痛风。一旦饮酒过快、过量，乙醇即可在内质网中经过氧化物酶氧化，产生氧自由基，造成肝损伤，且乙醛转化为乙酸的速率也会减慢。

乙醇氧化后生成的乙醛化学性质活泼，能与多种蛋白质反应形成乙醛复合体，诱导氧化应激，同时还能产生自由基，破坏 DNA，被认为是导致肝癌的直接原因。另外，乙醛还有扩张血管的作用，面部毛细血管扩张可形成“面红耳赤”的现象。乙醛脱氢酶活性较低的个体饮酒后更易“脸红”，受乙醇的不良影响更为严重。

（五）邻二醇的特性

相邻的 2 个碳原子上连有 2 个羟基的结构称为邻二醇结构。含有这种结构的化合物可以使新制备的 $Cu(OH)_2$ 溶解，使溶液呈深蓝色。该反应可用于鉴别邻二醇结构。例如：

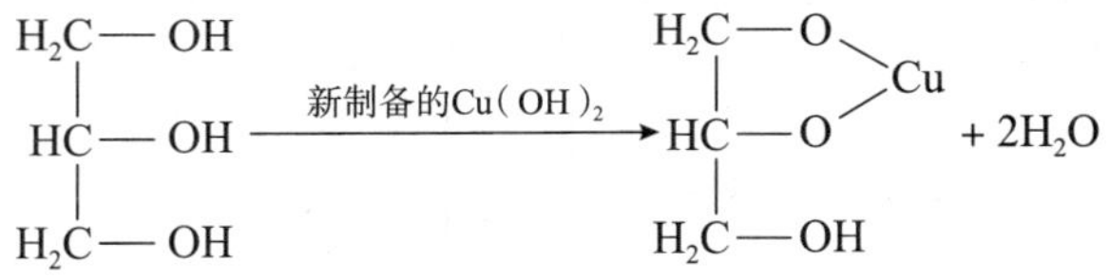

六、重要的醇

（一）甲醇

甲醇（分子式为 CH_3OH）又称木醇，俗称木精，其气味与乙醇类似。甲醇的毒性很强，其在生物体内的氧化代谢产物甲醛和甲酸无法参与正常的生物代谢，在体内蓄积可产生毒性。一般认为少量吸入或皮肤接触甲醇不会造成中毒，但饮用甲醇可造成失明，过量饮用甚至可致死。甲醇中毒的抢救首选 4- 甲基吡唑静脉给药，也可以联合应用血液透析。没有 4- 甲基吡唑时，也可用乙醇减轻中毒反应。

（二）乙醇

乙醇（分子式为 CH_3CH_2OH）又称酒精，其气味和口感可随着浓度升高从甘甜、芬芳逐渐变为辛辣刺激。75% 的乙醇俗称消毒酒精，95% 的乙醇可用于酊剂、醑剂的制备和中草药有效成分的提取。某些难溶于水的药物溶液可以通过先溶于乙醇，然后加水稀释来制备。乙醇是一级致癌物，饮酒是仅次于病毒性肝炎和黄曲霉毒素的第三大肝癌诱因，且所占比重仍在迅速增高。

（三）丙三醇

丙三醇即甘油，有甜味，是脂肪水解的副产物。甘油是具有很强吸湿性的黏稠液体，其稀溶液可用作保湿剂或皮肤润滑剂，具有非常广泛的用途。

（四）甘露醇

甘露醇是己六醇的同分异构体，吸水性极强，在临床上常将其高渗溶液用于静脉注射，使血液渗透压增高，以利于组织液渗透进入血液，从而缓解组织液过多引起的症状，如脑水肿、关节积液、肌肉酸痛等；直接饮用甘露醇可以改善便秘。另外，在分析检测中，甘露醇还可用于抑制某些物质的水解。

第二节　酚

一、酚的结构与分类

虽然醇和酚含有相同的羟基官能团，但由于酚羟基直接与芳香环相连，羟基氧原子上的孤对电子可以与芳香环形成 π 键（图 5-2）。苯酚中的羟基氧原子可与苯环形成一个 7 中心 8 电子的大 π 键，使苯环上的电子云密度增大，进而使苯环的性质更加活泼；C—O 键由于具有部分双键的性质，所以很难断裂；氧原子上的电子云密度降低，O—H 键极性增强，羟基上的氢原子更容易以 H^+ 的形式解离。

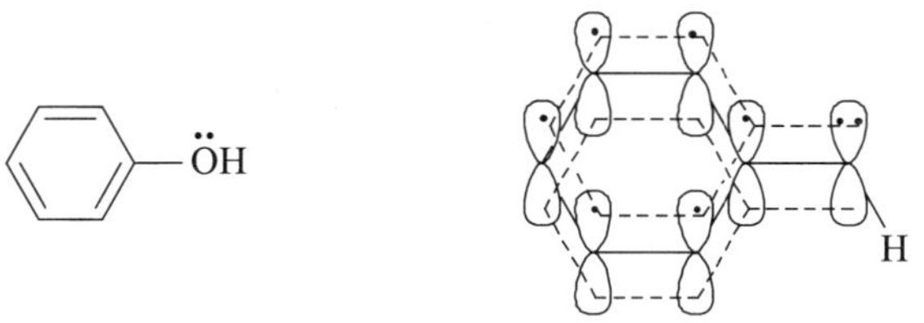

图 5-2　酚的结构

酚可以根据羟基所连接芳香环的不同分为苯酚和萘酚等，也可以根据羟基的数目分为一元酚和多元酚等。

二、酚的命名

如果分子中酚羟基的优先级最高，则可将其作为酚来命名。此时应使酚羟基的位次尽可能小，如果可以选择，也应使其他基团和取代基的位次尽可能小。如果分子中有比酚羟基优先级更高的基团，或者分子侧链结构非常复杂，则可将酚羟基作为取代基来命名。例如：

一元酚

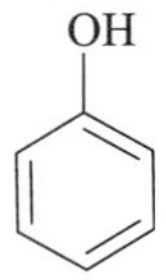

苯酚

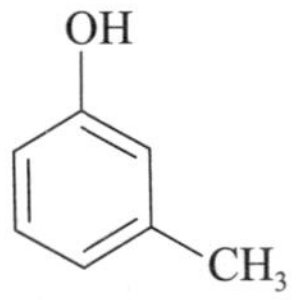

3-甲基苯酚

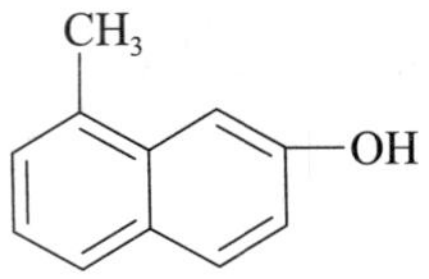

8-甲基-2-萘酚

多元酚

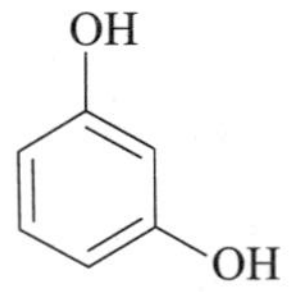

1,3-苯二酚

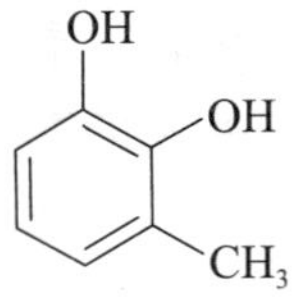

3-甲基-1,2-苯二酚

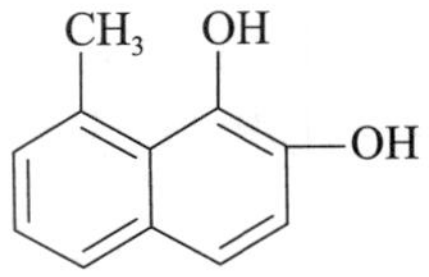

8-甲基-1,2-萘二酚

将羟基作为取代基

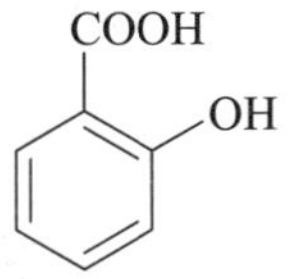

邻羟基苯甲酸（水杨酸）

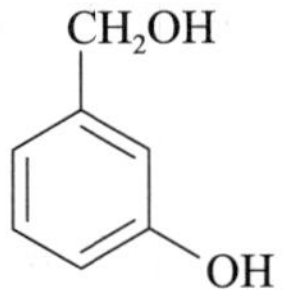

间羟基苯甲醇

三、酚的物理性质

除少数烷基酚熔点较低外，大多数酚为低熔点结晶状固体。酚的熔点和沸点均远高于分子量相近的烃。酚有特殊的气味，在水中大多微溶，但在热水中溶解度明显增大，多元酚的水溶性较强。苯酚和甲酚都曾用作消毒剂，但均因毒性较大而被淘汰，仅酚甘油（苯酚的甘油溶液）仍被用于治疗中耳炎。苯酚是已知的致癌物之一，主要作用于骨髓。多元酚的毒性较小。

四、酚的化学性质

酚从结构上看包括羟基与芳香环两部分，所以其性质应包括酚羟基的性质和芳香环的性质，但这两部分是相互影响的。通过分析酚的结构可知，羟基上的氧原子与芳香环产生共轭效应，使酚羟基中的氢原子容易以 H^+ 的形式解离，从而使酚具有一定的弱酸性；C—O 键变得很难断裂；芳香环的性质也会因电子云密度增大而变得非常活泼，尤其是邻对位。

（一）酸性

苯酚具有弱酸性，可以与氢氧化钠反应生成酚钠，但其酸性不及碳酸，所以向酚钠溶液中通入 CO_2 可生成微溶的苯酚。此过程可以用于分离、提纯苯酚。其反应式为：

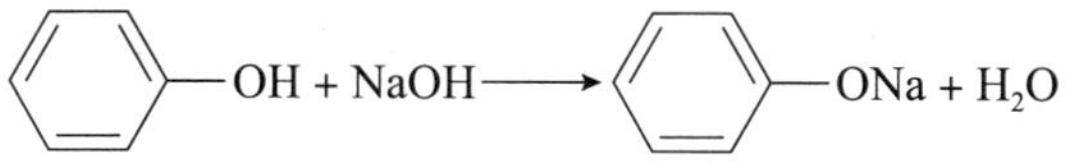

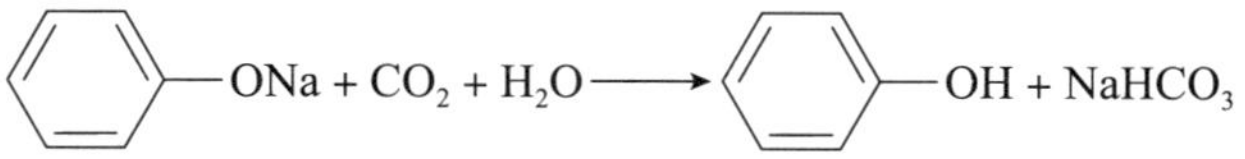

酚的酸性是由于羟基上的氧原子与芳香环产生共轭效应，氧原子在共轭效应中向芳香环转移了电子，使 O—H 键中的共用电子对更加偏向 O 而远离 H，进而增大了 O—H 键的极性，使 H 容易以 H^+ 的形式解离。形成酚氧负离子后，共轭效应使氧原子上的负电荷分散到整个共轭体系中而使之趋于稳定。

取代酚的酸性变化过程比较复杂。如果芳香环上连有第二类取代基或卤素，则由于其吸电子效应而使酸性增强；如果邻对位连有第一类定位基，则可由于其斥电子效应而使酸性减弱；如果第一类定位基连于间位，则除烃基可使酸性减弱外，大多第一类定位基均可引起酸性稍增强。

（二）显色反应

大多数具有烯醇式结构（羟基连在双键碳原子上）的化合物或能通过分子内的互变异构作用产生烯醇式结构的化合物，遇到三氯化铁溶液后可发生显色反应。酚类化合物也具有烯醇式结构。大多数酚类化合物能与三氯化铁发生显色反应。一般认为，不同的酚遇到三氯化铁溶液后，由于生成了不同的配合物而呈现颜色差异。例如：苯酚、间苯二酚、1,3,5- 苯三酚与三氯化铁溶液作用显紫色，邻苯二酚和对苯二酚与三氯化铁溶液作用显绿色，1,2,3- 苯三酚与三氯化铁溶液作用显红色，甲酚与三氯化铁溶液作用显蓝色等。例如：

$$6C_6H_5OH + FeCl_3 \longrightarrow \underset{\text{紫色}}{H_3[Fe(OC_6H_5)_6]} + 3HCl$$

醇羟基不发生上述反应，利用该性质可鉴别酚类与具有烯醇式结构的化合物。

（三）芳香环上的亲电取代反应

对于苯环来说，羟基是强的第一类定位基，可使苯环的反应活性显著提高，且之后进入的基团总是进入羟基的邻对位。

1. 卤代反应　酚极易发生卤代反应，如果是发生溴代反应，那么无论是苯酚还是取代酚，只需要常温条件下用溴水，就可以将酚羟基邻位和对位上的氢原子都取代下来，产物一般是不溶于水的白色沉淀。此反应非常灵敏，可以用于鉴别物质和测定含量。其反应式为：

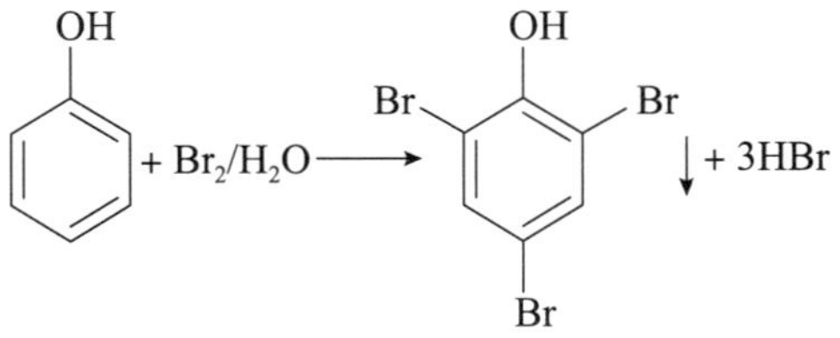

如果想得到一溴代产物，则可以使用惰性溶剂或在低温条件下进行反应。

2. 硝化反应　苯酚在常温条件下即可与稀硝酸发生反应，生成邻硝基苯酚和对硝基苯酚的混合物。二者在氢键形成方式上的差异使得邻硝基苯酚的熔点和沸点均较低，使其容易挥发，继而可以用水蒸气蒸馏法蒸出；而对硝基苯酚的分子间氢键使得其挥发性低，难以被水蒸气蒸出，因此可利用水蒸气蒸馏法分离这两种物质。硝化反应的反应式为：

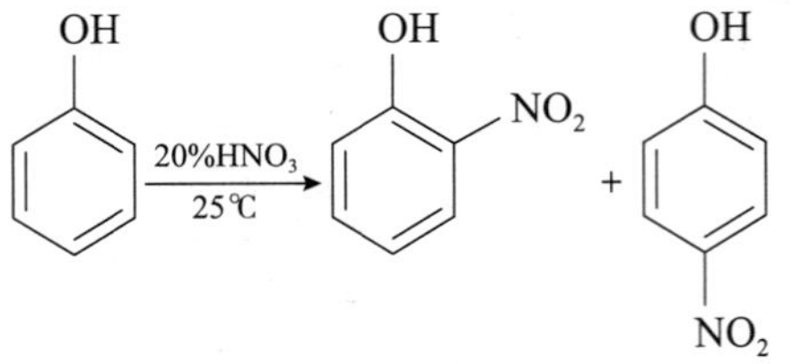

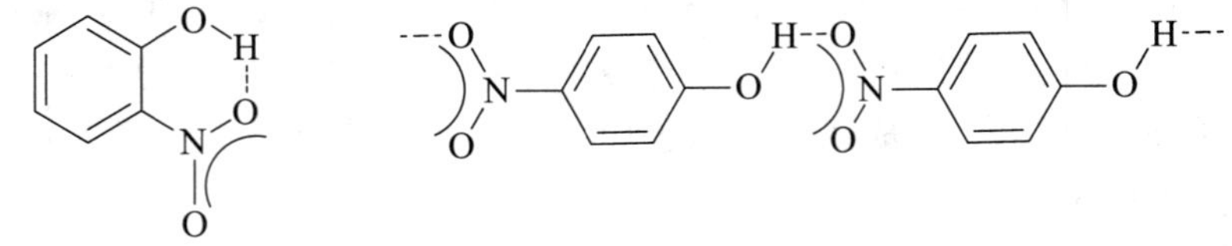

邻硝基苯酚的氢键　　　　对硝基苯酚的氢键

3. 磺化反应　苯酚在室温条件下即可与浓硫酸发生磺化反应，反应产物主要是邻羟基苯磺酸；若进行加热，则反应产物主要是对羟基苯磺酸。其反应式为：

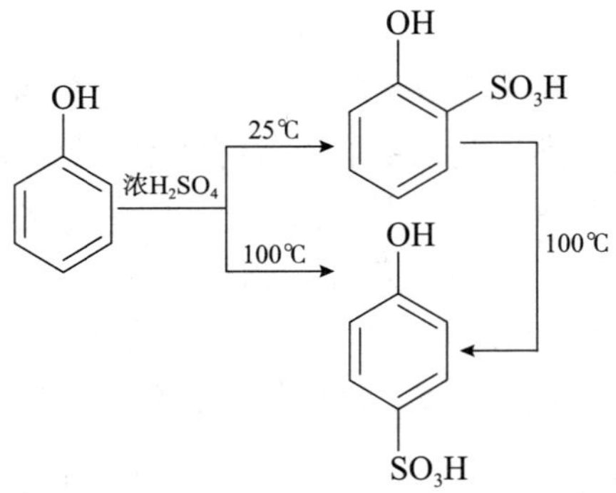

另外，邻羟基苯磺酸在受热条件下也可以转化为对羟基苯磺酸。

（四）氧化反应

酚类化合物很容易被氧化，不仅可以被各种氧化剂氧化，而且较长时间暴露在空气中，就可以被空气中的氧气氧化，产物主要是有颜色的醌类化合物。其反应式为：

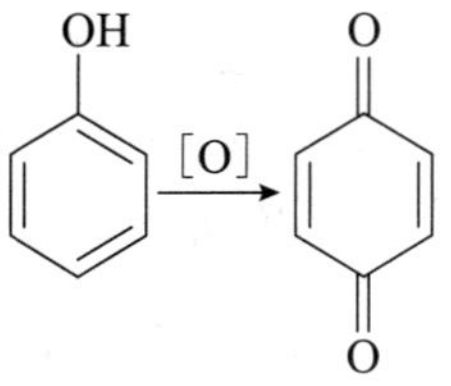

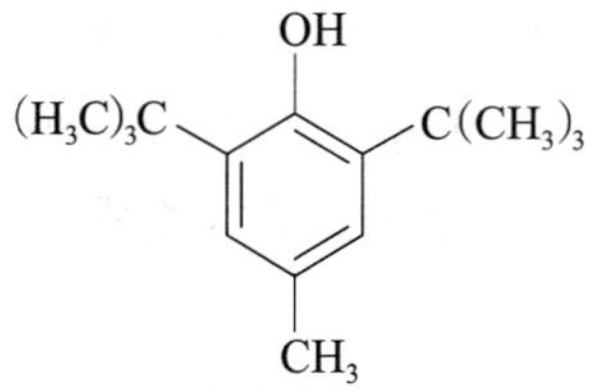

抗氧剂246

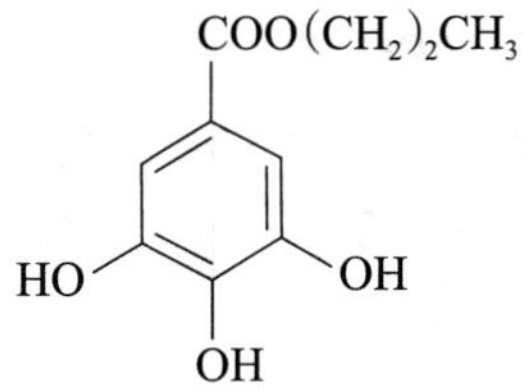

抗氧剂PG

因此，酚需要密封后避光保存。长期保存的酚类药品在使用前最好重新精制，尤其是发生变色时。

多元酚更容易被氧化，可被银离子等弱氧化剂氧化。其反应式为：

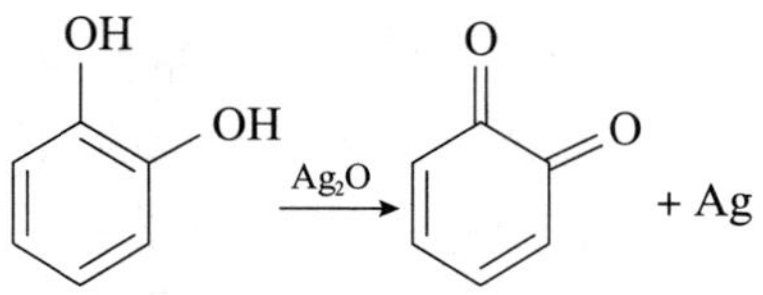

由于酚类化合物可以与氧自由基迅速结合，因此是常用的抗氧化剂，在食品和药品中都有酚类化合物成分。

五、重要的酚

（一）苯酚

苯酚俗称石炭酸，常温条件下为无色结晶状颗粒，有刺激性气味。因苯酚能使蛋白质凝固，具有杀菌作用，所以曾被用作手术器械的消毒剂，但因其毒性太强，很快即被甲酚所替代，目前仅个别含苯酚的制剂在耳鼻喉科和皮肤科应用。

（二）甲酚

甲酚有邻甲酚、间甲酚和对甲酚 3 种同分异构体，一般使用其混合物。因其来源于煤焦油，故又称为煤酚。甲酚的毒性比苯酚强，曾广泛用作消毒剂，50% 的甲酚肥皂溶液即消毒剂“来苏尔”，但因其具有毒性，目前仅用于小范围的环境消毒。

（三）苯二酚及其衍生物

苯二酚也有邻苯二酚、间苯二酚和对苯二酚 3 种同分异构体，它们在自然界中都有游离态的形式。但更重要的是，某些重要的生物活性物质（如神经递质多巴胺和肾上腺素等）中也含有苯二酚结构。例如：

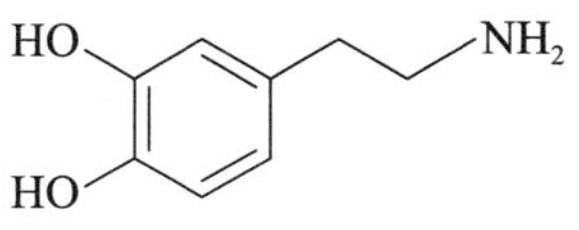

多巴胺

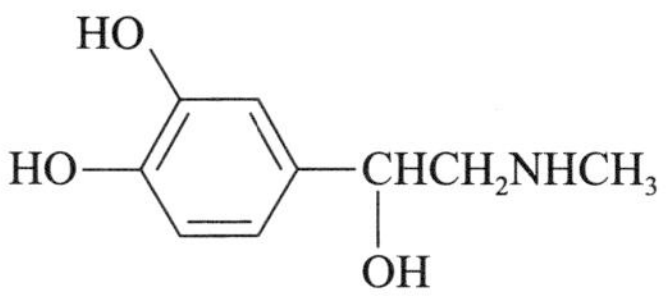

肾上腺素

（四）维生素 E

维生素 E 为黄色油状液体，因其与哺乳动物的生殖过程有关，因此又称生育酚。生育酚在自然界有多种异构体，其中以 α - 生育酚的活性最强，其结构为：

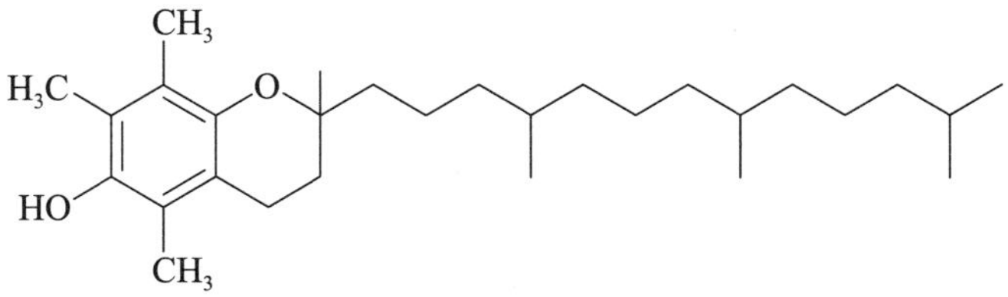

α-生育酚

维生素 E 可用于习惯性流产等生殖问题的辅助治疗，也用于治疗溃疡，并且对某些慢性病毒感染性疾病（如 HIV 感染和 HBV 感染等）有辅助治疗作用。另外，维生素 E 在体外实验中可以阻断脂质的氧化，这被认为是延缓衰老的机制之一，但相关研究仍处于起步阶段。

第三节 醚

一、醚的结构与分类

醚键是由 2 个烃基通过 1 个氧原子连接而形成的结构。醚是含有醚键结构的有机物。如果 2 个烃基相同，则称为简单醚；如果 2 个烃基不同，则称为混合醚。2 个烃基中有 1 个烃基是芳香烃基的醚，均为芳香醚；只有 2 个烃基都是脂肪烃基的醚，才是脂肪醚。如果氧原子两侧的烃基形成一个环状结构，则称为环醚。

二、醚的命名

简单醚通常命名为“二某基醚”，其中，脂肪族简单醚可以简称为“某醚”。混合醚通常命名为“某某醚”，命名原则为“小烃基在前、大烃基在后；芳香烃基在前、脂肪烃基在后”。例如：

简单醚：

$H_3C—O—CH_3$

二甲醚（甲醚）

$CH_3CH_2—O—CH_2CH_3$

二乙醚（乙醚）

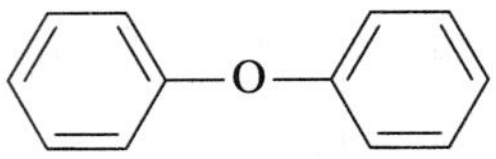

二苯醚

混合醚：

$H_3C—O—CH_2CH_3$

甲乙醚

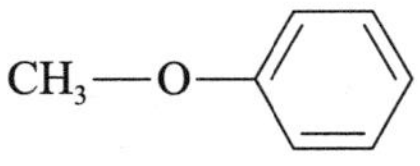

苯甲醚

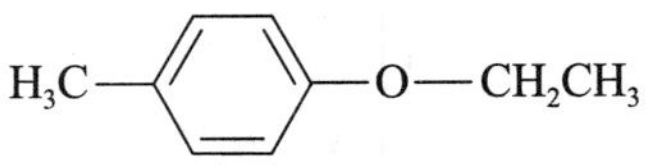

对甲苯乙醚

在系统命名法中，醚的优先级次于烃，因此常将 RO—作为一个整体，称为“某氧基”，即将其作为一个取代基来命名。例如：

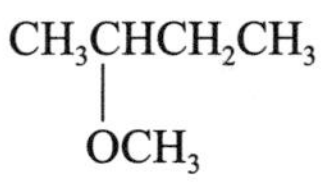

2-甲氧基丁烷

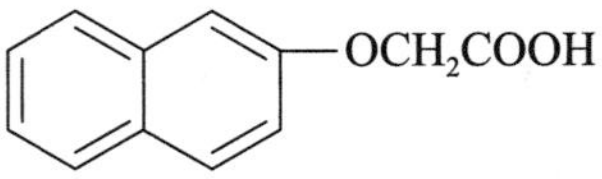

β-萘氧乙酸

环醚一般可视为对应杂环的加氢产物。如果没有对应的杂环，则需要标出氧桥连接的位置或者标出环上氧原子的位置。例如：

环氧乙烷

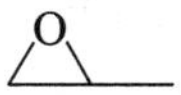

1,2-环氧丙烷

四氢呋喃

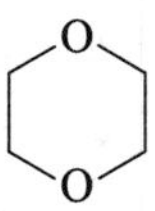

1,4-二氧六环

三、醚的物理性质

醚具有特殊的气味，其熔点和沸点仅比分子量相近的烃类略高，但远低于醇类，这是由于醚键中的氧原子没有连接氢原子，因此醚分子间无法形成氢键。由于醚键中的氧原子仍然可以与水分子形成氢键，所以低级醚在水中也有一定的溶解度。醚本身也是优良的溶剂。醚的极性很弱，但其在水中有一定的溶解度，因此，醚透过生物膜的能力很强。一般认为，这与某些醚的麻醉作用有关。

四、醚的化学性质

醚分子中没有羟基氢，其性质与醇和酚有很大的区别。醚的化学性质比较稳定，醚键在常温条件下与强碱、强氧化剂、强还原剂和活泼金属均不发生反应。

（一）与强酸的反应

醚键中的氧原子有孤对电子，如果遇到浓盐酸或浓硫酸等强酸，可以与其分子中的 H^+ 结合，形成带正电荷的锌盐并溶解于强酸溶液。锌盐性质不稳定，只要加水稀释，就会分解而重新析出。上述过程的反应式为：

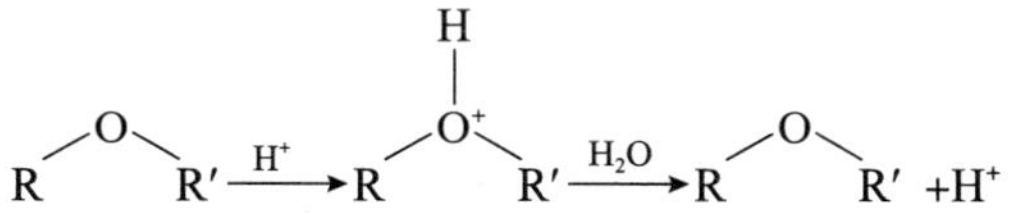

如果锌盐对应的醚的水溶性不强，就会出现浑浊或者分层现象。这种现象可以用于鉴别醚，但由于该现象不明显，所以仅用于鉴别醚与烷烃或者性质不活泼的卤代烃。

（二）醚键断裂的反应

醚键中的氧原子与碳原子之间是极性共价键，尤其是当氧原子上结合了氢离子之后，带正电荷的碳原子即可以被亲核试剂进攻而引发醚键的断裂。因此，酸性较强、负离子的亲核能力也较强的 HI 成为破坏醚键能力最强的试剂，可使醚分解为 1 分子碘代烃和 1 分子醇（酚）。如果 HI 过量，则可将醇也转化为碘代烃。例如：

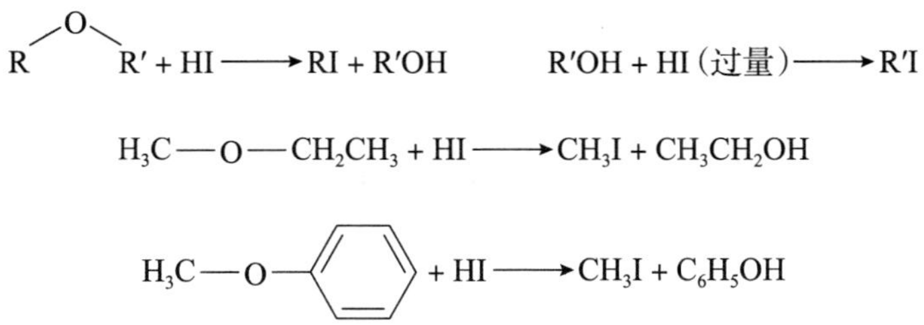

如果是脂肪族混合醚，那么一般生成低级碘代烃和高级醇；如果是单侧为芳香烃基的混合醚，则生成脂肪族碘代烃和酚；如果醚键两侧均为芳香烃基，则醚键很难断裂。

（三）氧化反应

醚的性质比较稳定，一般不与强氧化剂发生反应，但如果醚长期与空气中的氧接触，则可以生成过氧化物。例如：

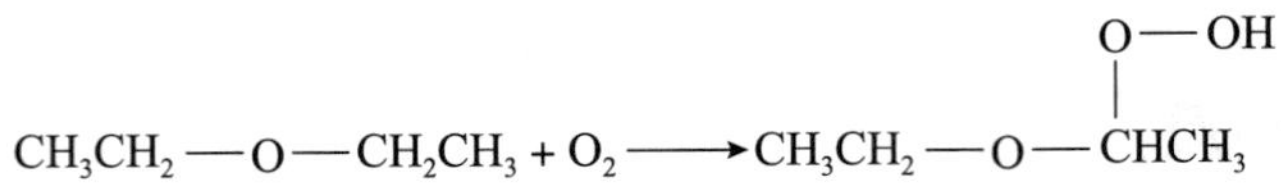

乙醚过氧化物

醚过氧化物的沸点很高，但可以在一定温度条件下迅速分解，并释放出大量气体，甚至引起爆炸。因此，蒸馏醚时绝对不能蒸干，以免发生危险。保存醚时，需要加入铁等还原剂，以避免生成过氧化物。使用醚之前，应用淀粉碘化钾试纸或 $FeSO_4$/KSCN 试纸检测是否存在过氧化物。

五、重要的醚

（一）乙醚

乙醚（$CH_3CH_2OCH_2CH_3$）是具有特殊气味的低沸点（34.5℃）液体，易燃、易挥发，有麻醉作用。乙醚蒸气与空气的混合物遇火可发生爆炸。乙醚与空气中的氧接触后可被氧化而生成过氧化物。因此，大量乙醚须保存在阴凉、干燥、避光而又通风的环境中，最好是能有安全电器开关的仓库中。如果需要蒸馏乙醚，则须注意不能用明火，最好用水浴加热，并保持良好的通风条件。

（二）环氧乙烷

环氧乙烷（C_2H_4O）是一种性质活泼的环状醚，其活泼性与其三元环状结构有关。环氧乙烷被广泛用于医疗用品（如一次性注射器、绷带、缝线及手术器具等）的灭菌消毒，但其具有一定的毒性，因此使用环氧乙烷灭菌的医疗器械在出厂前必须经过挥发，以去除环氧乙烷。同时，使用环氧乙烷进行器具消毒的环境也需要保持良好的通风条件。

自测题

一、单项选择题

1. 下列化合物中互为同系物的是
   A. 甲醇和甲醚　B. 乙醇和乙醚　C. 苯甲醇和对甲基苯酚
   D. 苯酚和对甲基苯酚　E. 甘油和丙醇
2. 碳原子数相同的醇和酚的关系是
   A. 同一种化合物　B. 同分异构体　C. 互为同系物
   D. 性质相同　E. 熔点和沸点接近
3. 下列醇中与其他醇不同的是
   A. 乙醇　B. 异丙醇　C. 2- 丁醇
   D. 1- 苯基 -3- 戊醇　E. 2,2- 二甲基 -4- 乙基 -3- 己醇
4. 下列化合物中水溶性最低的是
   A. 甲醇　B. 乙醇　C. 甘油
   D. 正丁醇　E. 叔丁醇
5. 与金属钠反应速度最慢的是
   A. 水　B. 甲醇　C. 乙醇

D. 丙醇 E. 异丙醇

6. 卢卡斯试剂是下列某种物质的浓盐酸溶液，该物质是

A. 无水 $CaCl_2$ B. $AlCl_3$ C. 无水 $ZnCl_2$

D. BF_3 E. 无水 $MgCl_2$

7. 下列化合物中不含酯键的是

A. 硝化甘油 B. 硝基苯 C. ATP

D. DNA E. RNA

8. 常温条件下能与 $KMnO_4/H^+$ 发生反应的物质不包括

A. 乙醇 B. 异丙醇 C. 叔丁醇

D. 烯丙醇 E. 甘油

9. 下列醇中最容易发生脱水反应生成烯烃的是

A. 乙醇 B. 丙醇 C. 正丁醇

D. 2- 丁醇 E. 叔丁醇

10. 下列关于醇的氧化反应描述正确的是

A. 乙醇被酸性高锰酸钾氧化可使高锰酸钾溶液褪色

B. 异丙醇被酸性高锰酸钾氧化可使高锰酸钾溶液变成绿色

C. 烯丙醇被酸性重铬酸钾溶液氧化可生成丙烯酸

D. 甲基环己醇可被沙瑞特试剂氧化为环己酮

E. 苯甲醇可以被新制备的 MnO_2 氧化为苯甲酸

11. 与新制备的 $Cu(OH)_2$ 混合后不产生任何现象的是

A. 丙烯与碱性高锰酸钾的氧化产物 B. 乙二醇

C. 甘油 D. 顺 -1,2- 环己二醇

E. 反 -1,2- 环己二醇

12. 下列化合物中酸性最强的是

A. 丙醇 B. 苯甲醇 C. 苯酚

D. 对甲基苯酚 E. 对硝基苯酚

13. 因酚类容易被氧化，所以常在食品或药品中用作

A. 抗氧化剂 B. 防腐剂 C. 保鲜剂

D. 干燥剂 E. 色素

14. 下列试剂中，能与乙醚发生反应的是

A. HI B. 醇钠 C. 酸性的高锰酸钾

D. Na_2S E. 金属钠

15. 下列关于乙醚的说法，描述不正确的是

A. 乙醚需要放在阴凉、干燥、避免阳光直射的地方

B. 乙醚易挥发，因此需要存放在密封的仓库中

C. 蒸馏乙醚最好用水浴蒸馏，且不能蒸干

D. 长期存放的乙醚，在使用前一定要检测是否存在过氧化物

E. 短时间保存乙醚，可向容器中加入铁粉等还原剂

二、多项选择题

1. 能与金属钠反应并释放出氢气的物质有

A. 乙炔 B. 甲苯 C. 甲醇

D. 苯酚 E. 苯甲醚

2. 与酸性高锰酸钾反应后会使溶液变色的有

A. 苯甲醇　　B. 苯酚　　C. 叔丁醇

D. 苯甲醚　　E. 苯甲酸

3. 下列反应中，可以很方便地实现的有

A. $H_2C{=}CHCH_2OH \xrightarrow{KMnO_4/H^+} H_2C{=}CHCHO$

B. 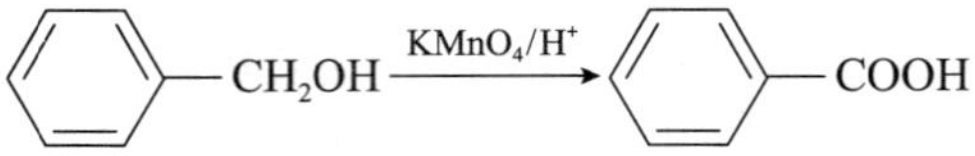

C. 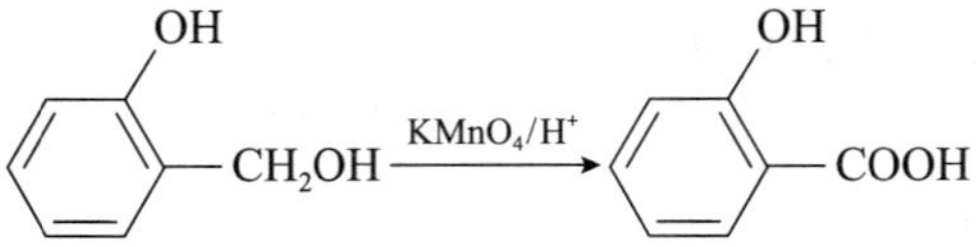

D. $HC_3{-}O{-}CH_2CH_3 + HI \longrightarrow CH_3I + CH_3CH_2OH$

E. 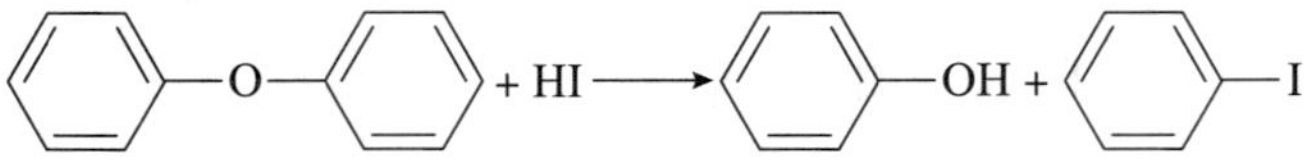

4. 下列物质中属于选择性氧化剂的有

A. $K_2Cr_2O_7/H^+$　　B. 沙瑞特试剂　　C. 琼斯试剂

D. 新制备的 MnO_2　　E. 新制备的 $Cu(OH)_2$

5. 下列说法中正确的有

A. 甲醇俗称木醇，其气味与乙醇类似，但误饮可引起中毒

B. 乙醇俗称乙醇，75% 的乙醇溶液称为消毒酒精

C. 丙三醇俗称甘油，其稀溶液可用作皮肤保湿剂或润滑剂

D. 苯酚俗称石炭酸，曾用于手术器械等的消毒，但因毒性太强而被弃用

E. 维生素 E 又称生育酚，可用于习惯性流产等的辅助治疗

三、命名下列化合物

1. 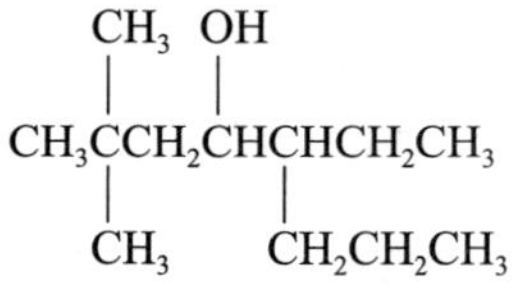

2. 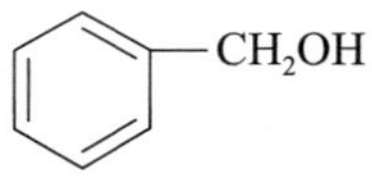

3. 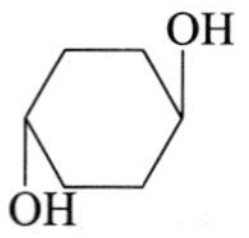

4. $HOCH_2CH{=}CHCH_2OH$

5. $CH_3CH{=}CHCH_2OH$

6. 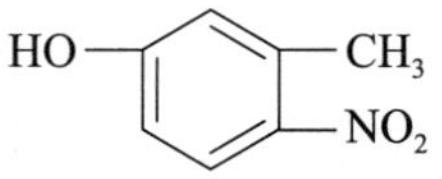

7. 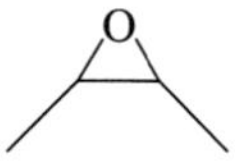

8. 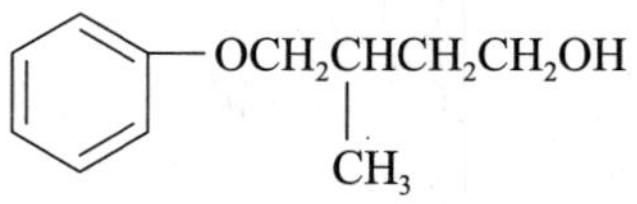

四、写出下列各化合物的化学结构

1. 烯丙醇　　2. 2- 环己烯醇　　3. 硫酸二甲酯

4. 8- 甲基 -2- 萘酚　　5. 邻羟基苯甲醇　　6. 甲基异丙基醚

五、简答题

1. 现有苯甲醇、苯酚和苯甲醚的混合物，请设计一个简单的方案分离这 3 种化合物。

2. 应如何鉴别正丁醇、2- 丁醇和叔丁醇?

3. 简述选择性氧化剂与强氧化剂对醇进行氧化时的异同点。

六、完成下列反应式

1. 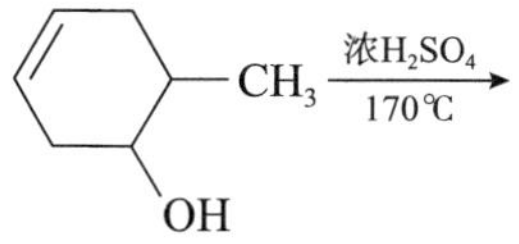

2. 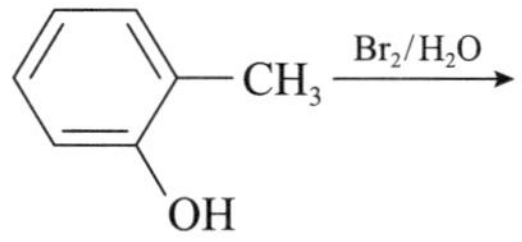

3. 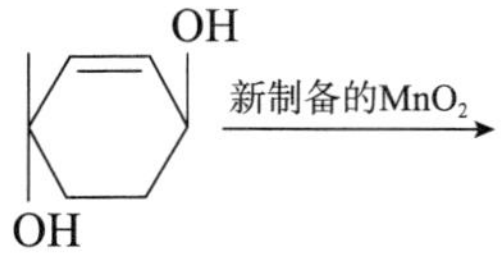

4. 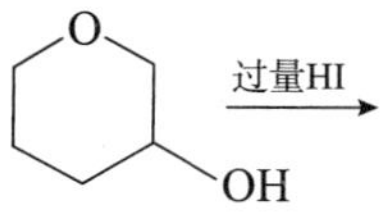

5. 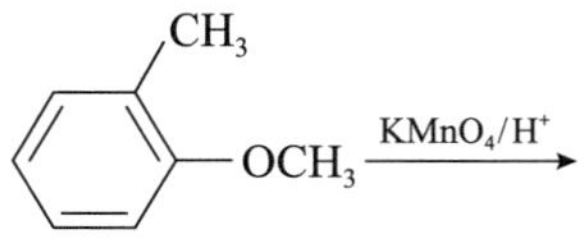

6. 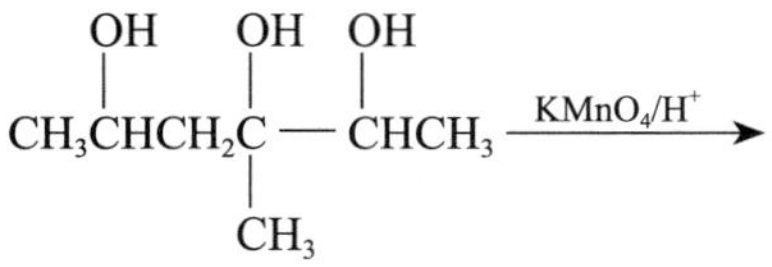

七、推断题

分子式为 C_7H_8O 的化合物 A 和 B，A 遇到溴水可以生成白色沉淀，沉淀物的分子式为 $C_7H_5OBr_3$，但 B 不能。化合物 A 可以与 $FeCl_3$ 发生反应并显色，但 B 不能。化合物 B 与 HI 反应后的混合物遇到 $FeCl_3$ 也可以显色。试推测化合物 A 和 B 的结构。

（李　刚）

第六章

醛、酮、醌

第六章
数字资源

学习目标

1. 掌握醛、酮、醌的结构特点、命名和理化性质。
2. 掌握鉴别醛和酮的化学方法。
3. 了解重要的醛、酮及其在医学上的用途。

案例导入

酮与阿尔茨海默病

2017 年，阿尔茨海默病协会国际会议（Alzheimer’s Association International Conference，AAIC）上介绍了关于生酮作用可以缓解阿尔茨海默病的临床结论。初步研究表明，人体大脑可以利用酮体替代葡萄糖来获得能量。其他相关研究也表明，生酮氨基酸饮食可以改变阿尔茨海默病患者的认知和功能，为人类征服阿尔茨海默病开辟了一条新的路径。

思考题：

1. 酮与人类糖尿病有何联系？
2. 酮的化学性质及其在药物合成方面的应用有哪些？

碳原子和氧原子以双键连接而成的基团称为羰基（$\rangle C=O$）。醛、酮分子中都含有羰基，二者在性质上有很多相似的地方，故统称为羰基化合物。它们是有机化学中非常重要的一类化合物，在有机合成中有着广泛的用途。某些醛和酮是重要的医药和工业原料，在临床医学中具有很重要的用途，是人体新陈代谢的中间产物。

第一节　醛和酮的结构、分类与命名

一、醛和酮的结构

醛、酮分子中含有官能团羰基，故称为羰基化合物。羰基与 2 个烃基相连形成的化合物称为酮；羰基与 1 个氢原子和 1 个烃基相连形成的化合物称为醛。

醛的通式为：$(Ar)R-\overset{\overset{\displaystyle O}{\|}}{C}-H$。其中，$-\overset{\overset{\displaystyle O}{\|}}{C}-H$ 称为醛基，是醛的官能团，可简写为—CHO，醛基位于碳链的首端。

酮的通式为：$(Ar)R-\overset{\overset{\displaystyle O}{\|}}{C}-R(Ar)$。酮的官能团 $\rangle C=O$ 称为酮基，可简写为—CO—，酮基位于碳链中间。

羰基化合物广泛存在于自然界中，它们既是参与生物代谢过程的重要物质，如甘油醛（$HOCH_2CHOHCHO$）和丙酮酸（$HOOCCOCH_3$）是细胞代谢的基本成分，又是有机合成的重要原料和中间体。

二、醛和酮的分类

1. 根据羰基所连烃基的结构分类　可把醛、酮分为脂肪族、脂环族和芳香族醛、酮等。其化学结构和命名如下：

CH_3CHO

脂肪醛

$CH_3\underset{\underset{\displaystyle O}{\|}}{C}CH_3$

脂肪酮

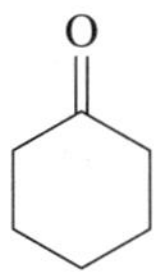

脂环酮

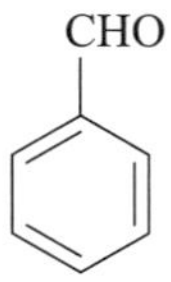

芳香醛

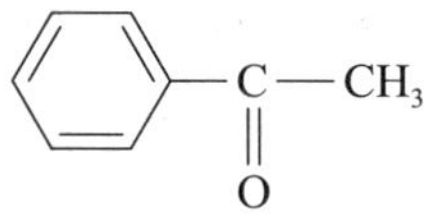

芳香酮

2. 根据羰基所连烃基的饱和程度分类　可把醛、酮分为饱和醛、酮与不饱和醛、酮。其化学结构如下：

CH_3CH_2CHO

饱和醛

$CH_2=CHCHO$

不饱和醛

$CH_2=CH\underset{\underset{\displaystyle O}{\|}}{C}CH_3$

不饱和酮

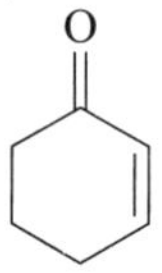

不饱和酮

3. 根据分子中羰基的数目分类　可把醛、酮分为一元、二元和多元醛、酮等。例如：

$OHCCH_2CH_2CHO$

丁二醛

$CH_3COCH_2COCH_3$

2,4- 戊二酮

4. 一元酮的分类　根据与羰基所连的 2 个烃基是否相同，可将其分为单酮和混酮。

（1）单酮：是指与羰基所连的 2 个烃基相同。其化学结构和命名如下：

$CH_3CH_2COCH_2CH_3$

3- 戊酮

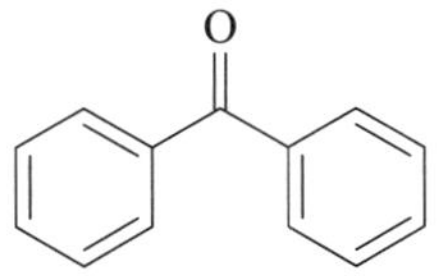

二苯酮

（2）混酮：是指与羰基所连的 2 个烃基不同。其化学结构和命名如下：

$CH_3COCH_2CH_3$

丁酮

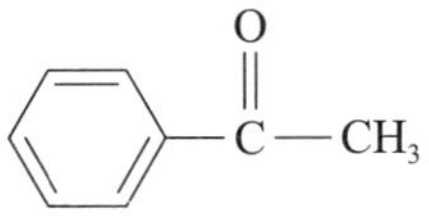

苯乙酮

饱和一元脂肪醛、酮的分子通式为 $C_nH_{2n}O$（醛分子中 $n≥1$，酮分子中 $n≥3$），碳原子数目相同时，两者互为同分异构体。例如，丙醛和丙酮的分子式均为 C_3H_6O，但二者的结构不同，它们互为同分异构体。其化学结构和命名为：

CH_3CH_2CHO 丙醛　　CH_3COCH_3 丙酮

三、醛和酮的命名

（一）普通命名法

在有机化合物中，对于结构相对简单的醛、酮，一般采用普通命名法命名。

1. 简单的脂肪醛　简单的脂肪醛的命名与醇相似，根据分子中所含碳原子的数目，可将其称为“某醛”。例如：

CH_3CH_2CHO
丙醛

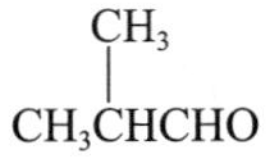

异丁醛

2. 简单的酮　对于简单的酮，根据与羰基所连接的 2 个烃基的名称命名。命名简单酮时，称为“二某酮”；命名混合酮时，简单烃基在前，复杂烃基在后；芳香烃基在前，脂肪烃基在后，称为“某某酮”。例如：

$CH_3CH_2COCH_2CH_3$
二乙酮

$CH_3COCH_2CH_3$
甲乙酮

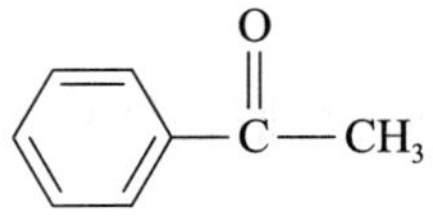

苯甲酮

（二）系统命名法

有机化合物种类繁多，数量庞大，即使是同一个分子式，也可能对应不同的同分异构体。如果没有一个系统、完整的命名方法来区分各个化合物，那么在实际应用过程中会带来极大的不便。因此，通常使用普通命名法和国际纯粹与应用化学联合会（International Union of Pure and Applied Chemistry，IUPAC）命名法，后者简称 IUPAC 命名法，适用于命名结构比较复杂的醛、酮。

1. 饱和脂肪醛、酮的命名　系统命名原则和步骤如下所述。

（1）选主链：选择含有羰基的最长碳链作为主链，根据主链所含碳原子数将其称为“某醛”或“某酮”。

（2）编号：从靠近羰基的一端开始对主链的碳原子进行编号。由于醛基一定在碳链的首端，所以不必标明其位置，但酮基的位置必须标明，写在“某酮”的前面，中间用连字符隔开。另外，主链碳原子的编号也可以用希腊字母表示，即用 α 表示与羰基碳原子直接相连的碳原子，其他碳原子依次为 β、γ、δ 等。

（3）命名：把取代基的位次、数目、名称写在醛、酮名称的前面，中间用连字符隔开。例如：

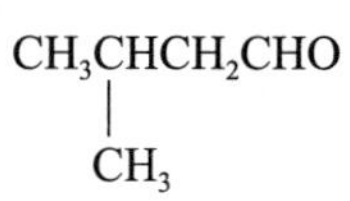

3- 甲基丁醛（β- 甲基丁醛）

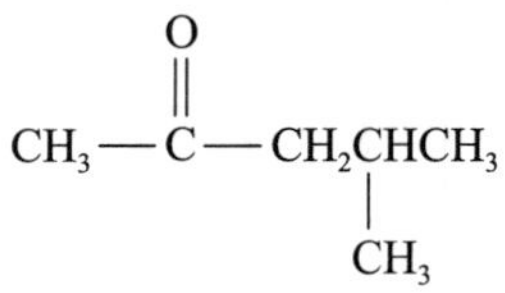

4- 甲基 -2- 戊酮

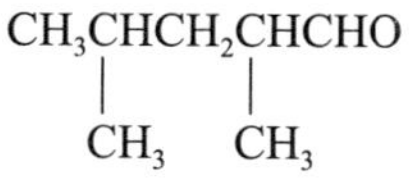
2,4- 二甲基戊醛

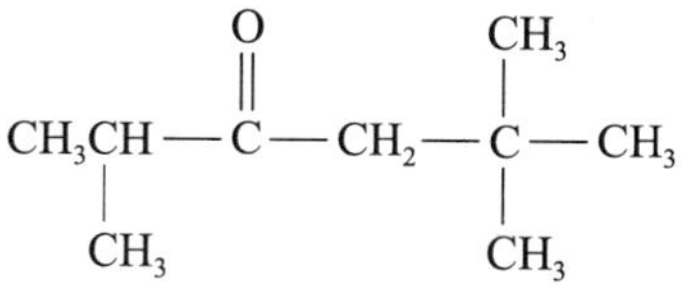
2,5,5- 三甲基 -3- 己酮

2. 不饱和醛、酮的命名 选择含有羰基和不饱和键的最长碳链作为主链。对主链进行编号时，应使羰基所在的位次最小。命名时，需要标出不饱和键和酮基的位置。例如：

$CH_3CH{=}CHCHO$

2- 丁烯醛

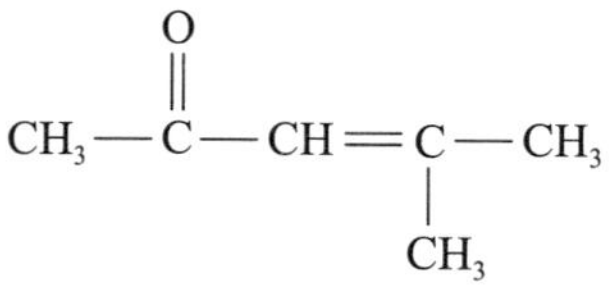
4- 甲基 -3- 戊烯 -2- 酮

3. 脂环醛、酮的命名 如果羰基在环上，则为脂环酮，命名原则与脂肪酮相似。命名时，根据成环的碳原子数，将其称为“环某酮”，碳环编号从与羰基连接的碳原子开始。如果羰基不在环上，则命名时可将环作为取代基。例如：

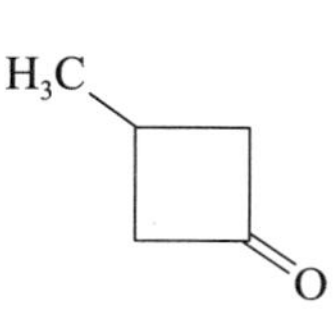
3- 甲基环丁酮

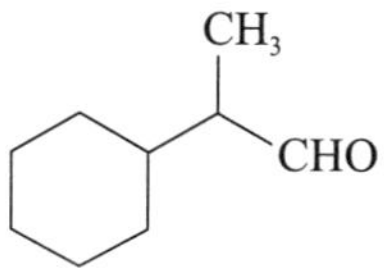
2- 环己基丙醛

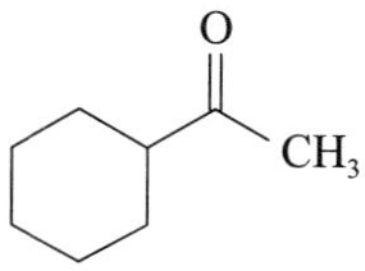
环己乙酮

4. 芳香醛、酮的命名 命名时，以脂肪醛、酮为母体，把芳香烃基作为取代基。例如：

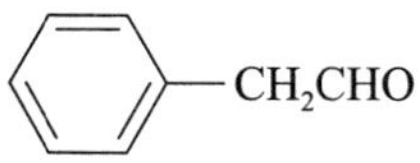
苯乙醛

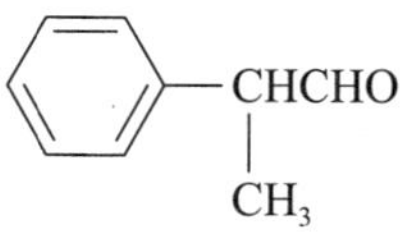
2- 苯丙醛

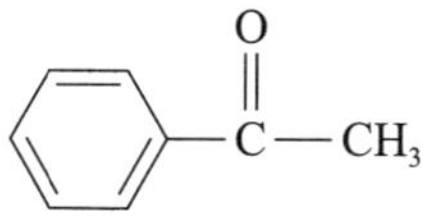
苯乙酮

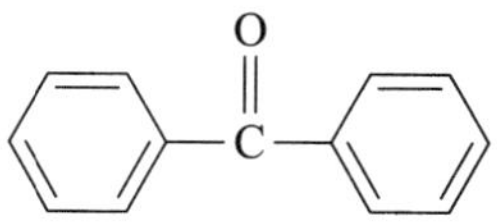
二苯甲酮

5. 多元醛、酮的命名 多元醛、酮的命名与多元醇相似，称为“某几醛”或“某几酮”。例如：

$OHCCH_2CH_2CHO$

丁二醛

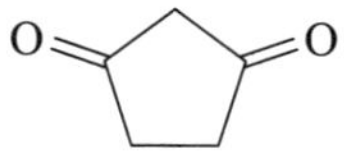
1,3- 环戊二酮

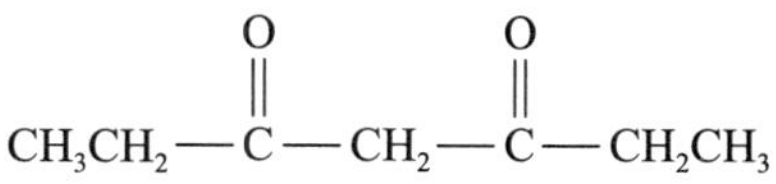
3,5- 庚二酮

第二节 醛和酮的性质

一、醛和酮的物理性质

在常温、常压条件下，除甲醛是气体外，所含碳原子数为 12 个以下的脂肪醛、酮为液体，所含碳原子数为 12 个以上的高级脂肪醛、酮和芳香酮多为固体。酮和芳香醛具有芳香气味，低级醛具有强烈的刺激性气味，中级醛具有果香味，所以含有 9～10 个碳原子的醛可用于配制香料。醛、酮是极性化合物，但醛、酮分子间不能形成氢键，所以醛、酮的沸点较分子量相近的烷烃和醚高，但比分子量相近的醇低。醛、酮羰基上的氧原子可以与水分子中的氢原子形成分子间氢键，因而低级醛、酮易溶于水，如甲醛、乙醛、丙酮能与水混溶；随着分子中碳原子数的增加，醛、酮的水溶性则迅速降低，含 6 个及 6 个以上碳原子的醛、酮几乎不溶于水，而易溶于苯、乙醚、四氯化碳等有机溶剂。醛、酮的相对密度均小于 1。

二、醛和酮的化学性质

醛和酮分子中的羰基由于 π 键的极化，使得氧原子带部分负电荷，碳原子带部分正电荷。氧原子可以形成比较稳定的氧负离子，后者较带正电荷的碳原子要稳定得多，因此，反应中心是羰基中带正电荷的碳原子，羰基易与亲核试剂发生加成反应。

此外，受羰基的影响，与羰基直接相连的 α- 碳原子上的氢原子（α-H）较活泼，能发生一系列反应。发生亲核加成反应和 α-H 的反应是醛和酮的两种主要化学性质。醛、酮发生的反应与其结构的关系一般可表示为：

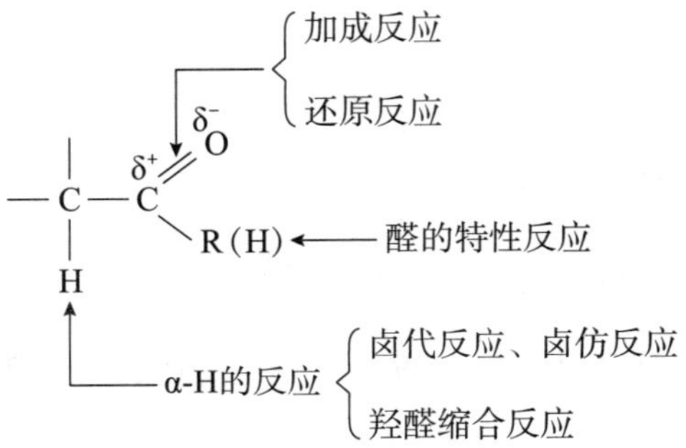

（一）加成反应

1. 与亚硫酸氢钠（$NaHSO_3$）反应 醛、脂肪族甲基酮和含碳原子数在 8 个以下的环酮都能与过量的饱和亚硫酸氢钠溶液发生加成反应，生成 α- 羟基磺酸钠。醛、酮与饱和亚硫酸氢钠溶液作用时，亚硫酸氢钠分子中带有未共用电子对的硫原子作为亲核中心进攻羰基上的碳原子，生成 α- 羟基磺酸钠。该反应是可逆的，必须加入过量的饱和亚硫酸氢钠溶液，以促使平衡向右移动。其反应式为：

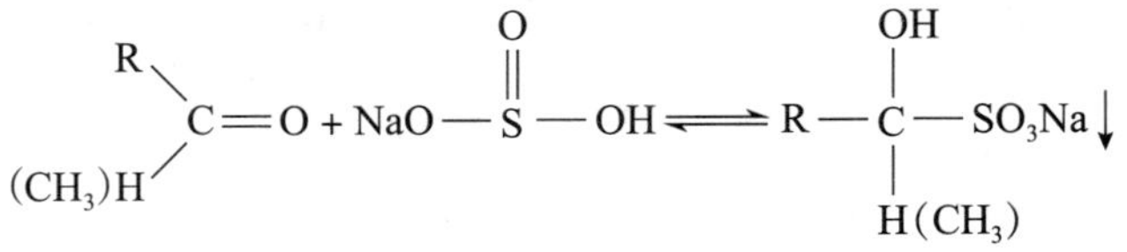

由于 α- 羟基磺酸钠不溶于饱和亚硫酸氢钠溶液，而是以白色沉淀析出，所以此反应可用于鉴别醛和某些酮。另外，α- 羟基磺酸钠溶于水而不溶于有机溶剂，与稀酸或稀碱溶液共热可分解析出原来的羰基化合物，所以此反应也可用于分离、提纯醛和某些酮。

此反应可逆，α- 羟基磺酸钠能被稀酸或稀碱分解成原来的醛或甲基酮，故常用于分离、精制醛或甲基酮。其反应式为：

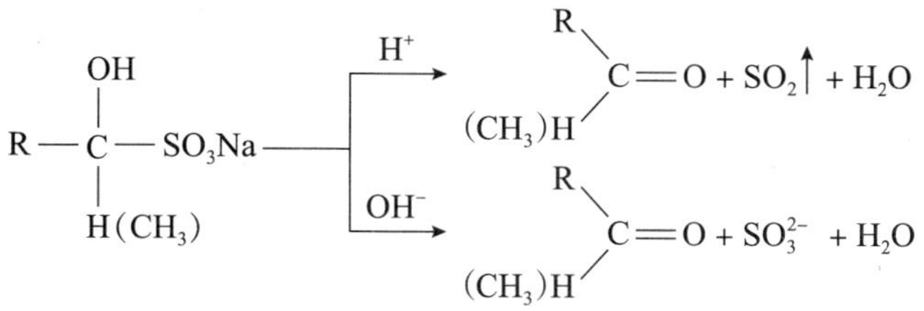

2. 与氢氰酸（HCN）反应　醛、脂肪族甲基酮和含碳原子数在 8 个以下的环酮均可与氢氰酸发生加成反应，生成 α- 氰醇，又称 α- 羟基腈。该反应是可逆的，少量碱的存在可加速反应的进行。其反应式为：

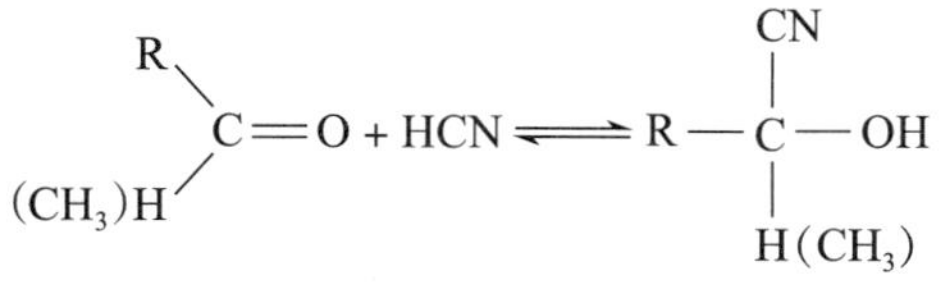

α- 氰醇（α- 羟基腈）

α- 羟基腈在酸性条件下可水解生成 α- 羟基酸。其反应式为：

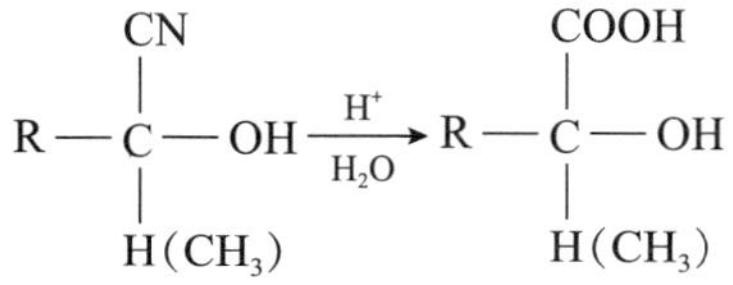

α- 羟基酸

由于产物比反应物增加了一个碳原子，所以醛或甲基酮与氢氰酸的反应也是有机合成中增长碳链的一种方法。

氢氰酸是一种弱酸，是极易挥发且有剧毒的液体。为了安全起见，一般采用氰化钠或氰化钾的水溶液和无机强酸作为反应物，从而使生成的氢氰酸随即与醛或甲基酮发生反应。实验操作必须在通风橱中进行。

3. 与醇反应　醛与醇在干燥氯化氢的催化下，可以发生加成反应，生成半缩醛。半缩醛分子中新生成的羟基称为半缩醛羟基。由于半缩醛羟基的性质很活泼，所以半缩醛的性质不稳定，能与另外 1 分子醇进一步反应。半缩醛分子中的半缩醛羟基与另外 1 分子醇的羟基之间脱去 1 分子水，可生成稳定的缩醛。上述反应是可逆的，必须加入过量的醇，以促使平衡向右移动。其反应式为：

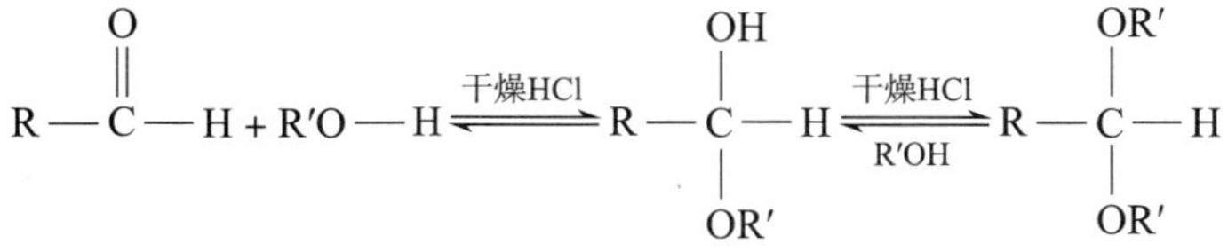

半缩醛　　　　缩醛

例如，乙醛和甲醇在干燥 HCl 的作用下，可生成二甲醇缩乙醛。其反应式为：

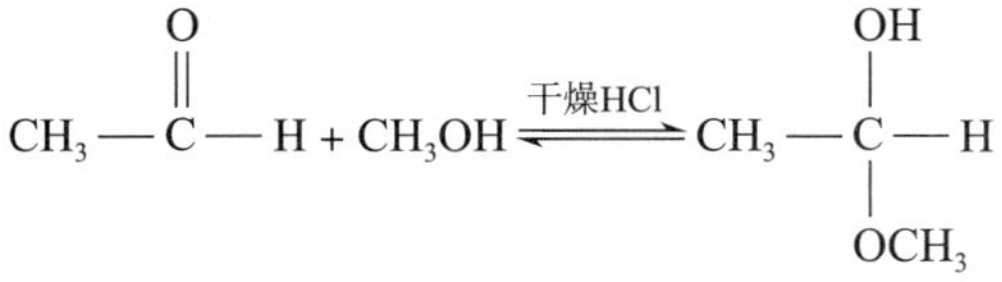

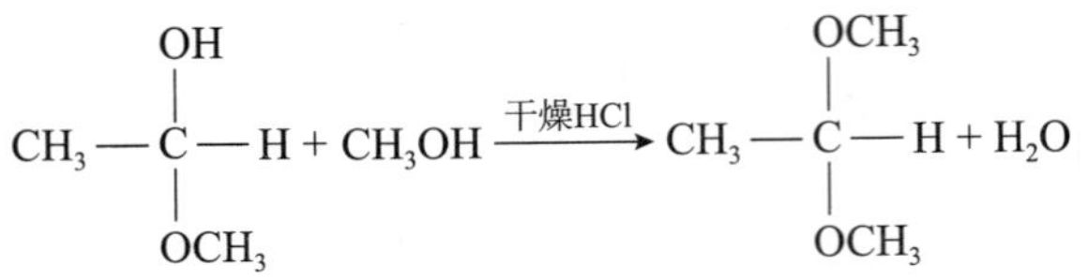

上述反应在有机合成中可用来保护醛基。例如，要将丙烯醛转化为丙醛或 2,3- 二羟基丙醛，如果直接用催化氢化的方法或氧化的方法，醛基都会被破坏。但是，如果先把醛转化为缩醛，然后再进行催化氢化或氧化，待反应完成后再用酸水解，就能达到保护醛基的目的。其反应式为：

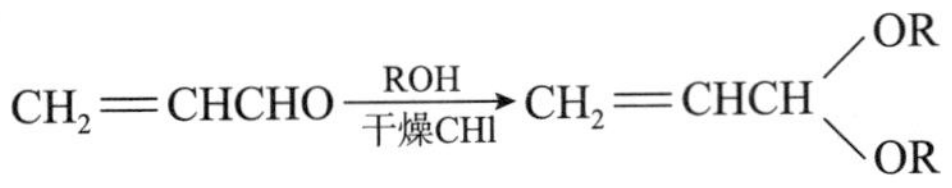

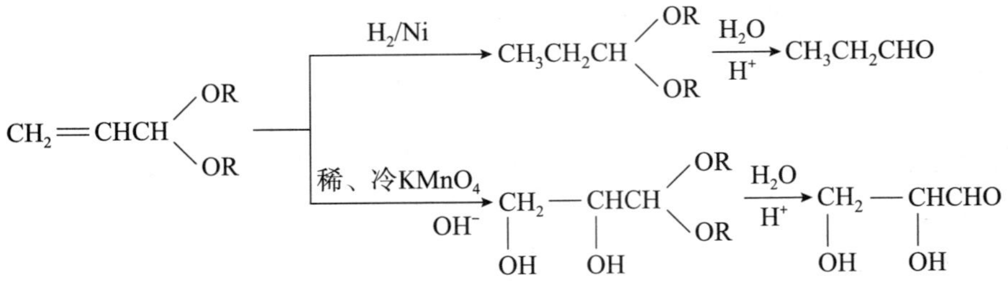

缩醛是一种具有花果香味的液体，其性质与醚相似。缩醛对碱、氧化剂和还原剂都很稳定，但在酸性溶液中可以水解生成原来的醛和醇。在有机合成中，常利用生成缩醛的反应来保护性质活泼的醛基。酮可以与醇作用生成缩酮，但反应速度要慢得多。

葡萄糖等糖类化合物分子中的 γ- 羟基或 δ- 羟基容易与羰基发生加成反应，形成五元环、六元环等环状结构的半缩醛。糖类分子大都具有这种稳定的环状半缩醛结构。

4. 与氨的衍生物反应 氨的衍生物是指氨分子（NH_3）中的氢原子被其他基团取代后的产物，如羟胺、肼、苯肼、2,4- 二硝基苯肼等。氨的衍生物一般用通式 $H_2N—G$ 表示。例如：

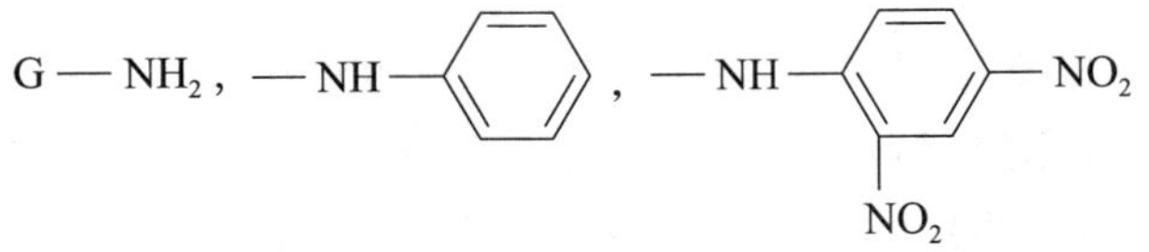

醛、酮均能与氨的衍生物发生反应，先发生加成反应，然后分子内发生脱水反应，得到含有碳氮双键（C＝N）的化合物。其反应过程用通式表示为：

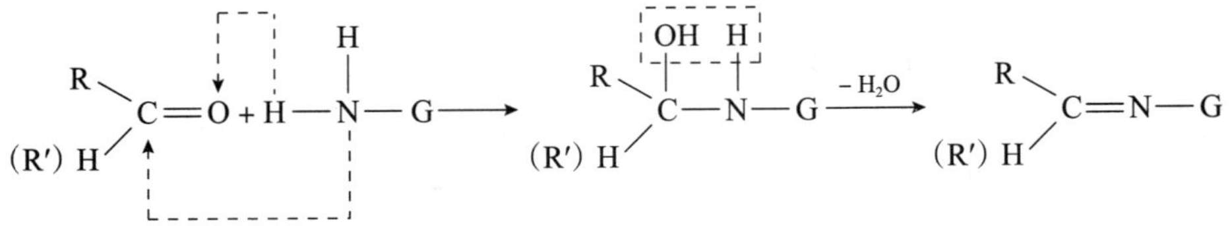

上述反应也可以简化为：

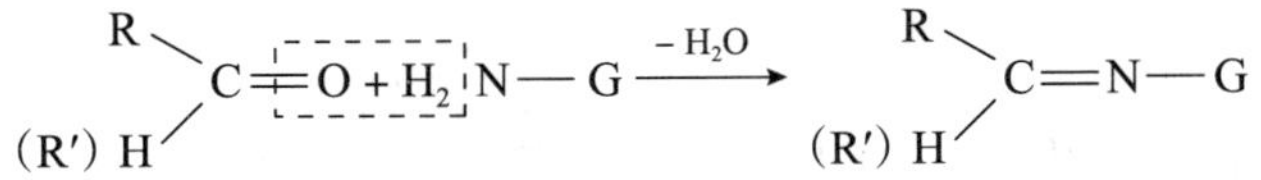

醛、酮与某些氨的衍生物发生的反应如下：

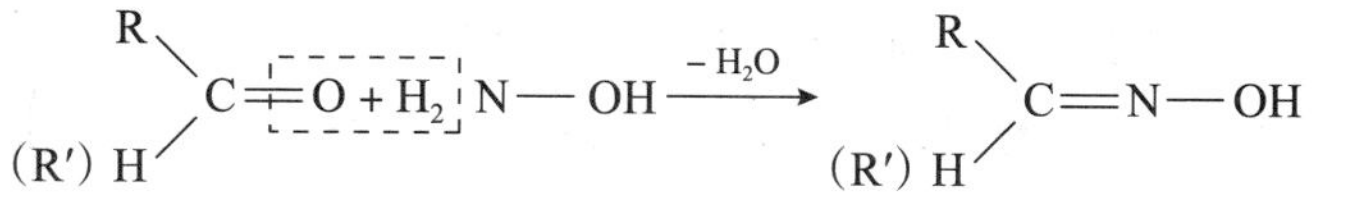

羟氨　　肟

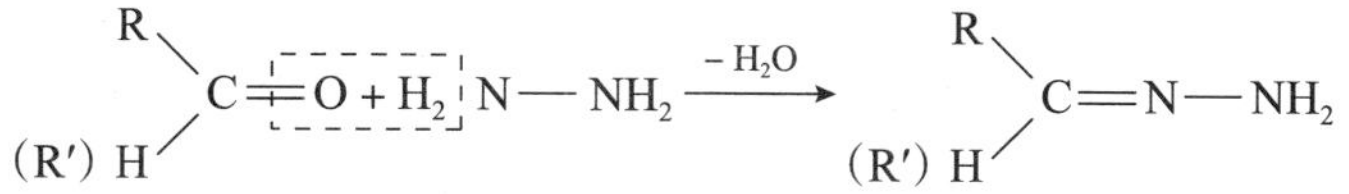

肼　　腙

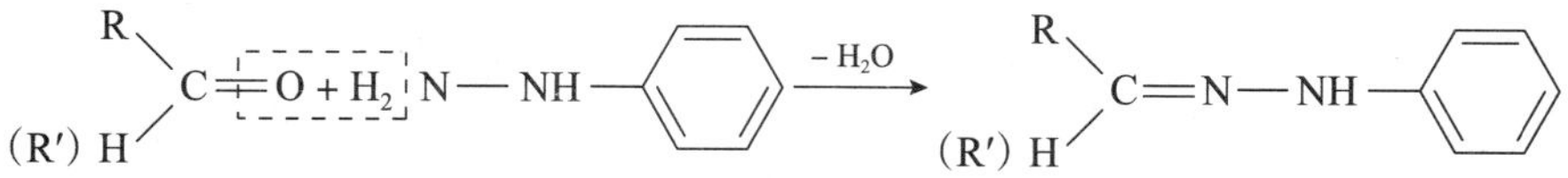

苯肼　　苯腙

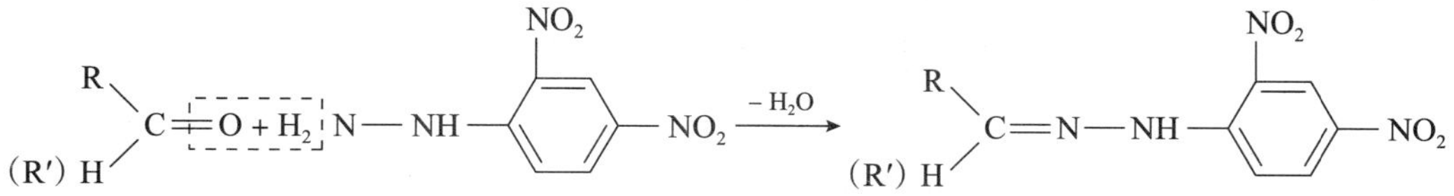

2,4- 二硝基苯肼　　2,4- 二硝基苯腙

羰基化合物与羟胺、苯肼、2,4- 二硝基苯肼及氨基脲的加成 - 消除反应产物大多是白色晶体，有固定的晶形和熔点，产率高，易于提纯，在稀酸的作用下能水解为原来的醛、酮。这些性质可用来分离、提纯和鉴别羰基化合物。其中，2,4- 二硝基苯肼与醛、酮发生的反应现象非常明显，所得到的黄色晶体具有不同的熔点，常把它作为鉴定醛、酮的灵敏试剂，并将其称为羰基试剂。

该反应一般在酸的催化下进行，羰基上的氧原子与质子结合，可以提高羰基的活性。其反应式为：

$$>C=O + H^+ \rightleftharpoons >C={}^+OH$$

但上述反应的酸性不能太强，因为在强酸作用下，氨的衍生物能与质子结合形成盐，这将使它们丧失亲核性。其反应式为：

$$H_2\ddot{N}-Y + H^+ \rightleftharpoons H_3^+N-Y$$

因此，反应一般控制在弱酸性溶液（乙酸）中进行。

（二）α- 氢原子的反应

醛、酮分子中直接与羰基相连的碳原子称为 α- 碳原子（α-C），α-C 上的氢原子称为 α- 氢原子（α-H）。由于羰基的影响，使醛、酮分子中 α-C 上 C—H 键的极性增强，α-H 有成为质子解离的倾向，α-H 变得活泼，很容易发生反应，所以又称 α- 活泼氢。含有 α-H 的醛、酮能发生卤代反应、卤仿反应和醇醛缩合反应。

1. 取代反应

（1）卤代反应：在酸或碱的催化作用下，醛或酮分子中的 α-H 易被卤素取代，生成 α- 卤代醛或酮。其反应式为：

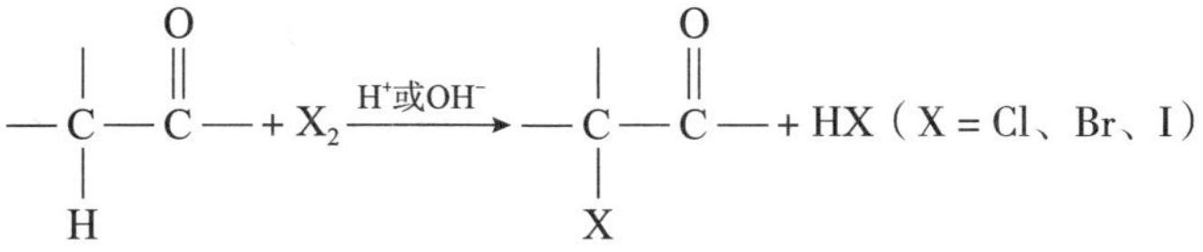

α- 卤代醛、酮

在酸的催化作用下，同时控制卤素的用量，可使卤代反应停止在一卤代、二卤代或三卤代阶段，利用此反应可以制备各种卤代醛或酮。例如：丙酮与溴在酸性条件下发生反应，可生成一溴代丙酮。其反应式为：

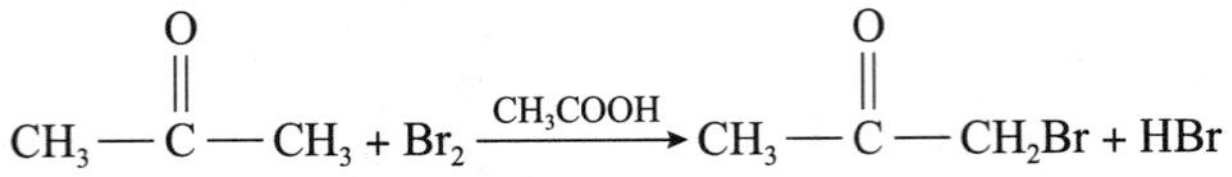

一溴代丙酮

卤代醛、酮都具有特殊的刺激性气味。三氯乙醛的水合物 $CCl_3CH(OH)_2$，又称水合氯醛，具有镇静和催眠作用。溴丙酮具有催泪作用，对眼、上呼吸道有刺激作用。

（2）卤仿反应： 在碱的催化作用下，含有 α- 甲基的醛、酮能与卤素的碱性溶液作用，生成 α- 三卤代物。α- 三卤代物在碱性溶液中不稳定，可立即分解成三卤甲烷（即卤仿）和羧酸盐，因此，该反应称为卤仿反应。其反应式为：

$$X_2 + 2NaOH = NaX + NaXO + H_2O$$

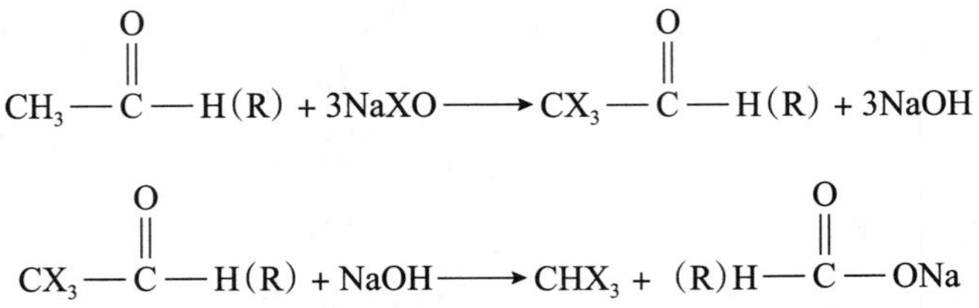

如果上述反应中使用的是碘的碱性溶液，则可生成碘仿，称为碘仿反应。碘仿为淡黄色晶体，难溶于水，并具有特殊的气味，容易识别，所以利用碘仿反应可鉴别乙醛或甲基酮。

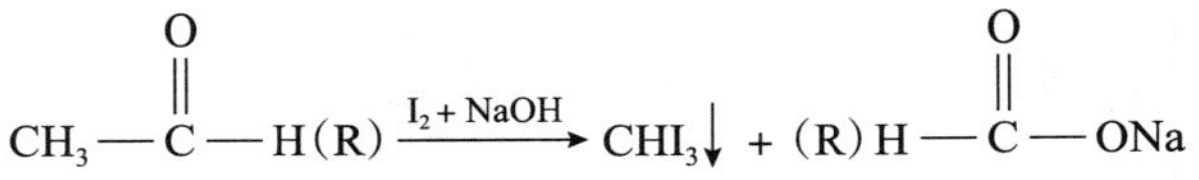

碘仿　　甲（羧）酸钠

碘与 NaOH 溶液反应生成的次碘酸钠（NaIO）是一种氧化剂，能将乙醇和具有 $CH_3CH(OH)$—结构的醇氧化成乙醛和甲基酮，故也可以发生碘仿反应。由此可见，碘仿反应也可用于鉴别具有上述结构的醇，如乙醇、异丙醇等。其反应式为：

$$CH_3CH_2OH \xrightarrow{NaIO} CH_3-CHO \xrightarrow{NaIO} HCOONa + CHI_3\downarrow$$

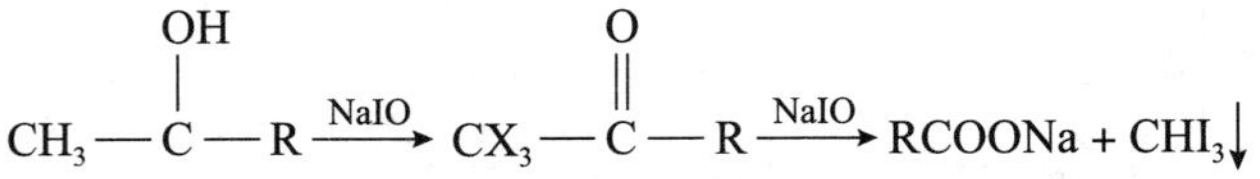

2. 羟醛缩合反应　在稀酸或稀碱的作用下，含有 α-H 的醛分子间可发生自身加成反应，生成 β- 羟基醛。当生成的 β- 羟基醛分子上仍有 α-H 时，受热易发生分子内脱水反应，生成 α,β- 不饱和醛。此反应称为羟醛缩合反应，又称醇醛缩合反应，是有机合成中增长碳链的一种重要方法。

例如，在稀碱作用下，2 分子乙醛发生自身加成反应，生成 β- 羟基丁醛。β- 羟基丁醛受热后可发生脱水反应，生成 2- 丁烯醛。其反应式为：

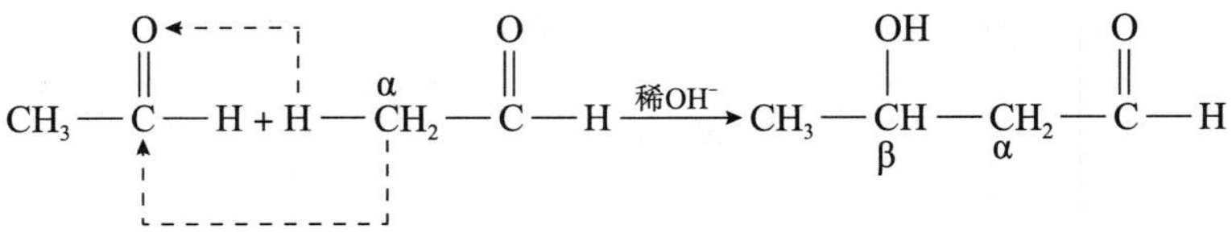

β- 羟基丁醛

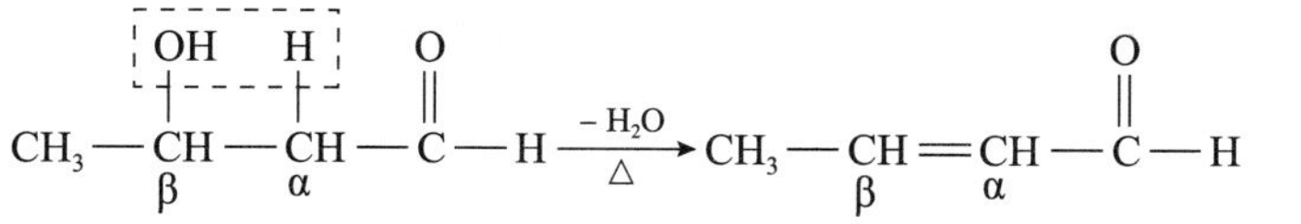

2- 丁烯醛

含有 α-H 的酮也能发生此类反应，生成 β- 羟基酮，但反应速率较慢。不含 α-H 的醛，如甲醛、苯甲醛、2,2- 二甲基丙醛等，则不发生羟醛缩合反应。如果使用 2 种不同的含有 α-H 的醛，则可得到 4 种羟醛缩合产物的混合物，由于它们彼此不易分离，所以无制备意义。如果选用 1 种含 α-H 的醛和另外 1 种不含 α-H 的醛进行交错羟醛缩合反应，则可得到收率较高的单一产物，具有合成价值。

知识链接

醛、酮与格氏试剂的加成反应

格氏试剂是作用较强的亲核试剂，非常容易与醛、酮发生加成反应，加成产物不必分离便可直接水解生成相应的醇，是制备醇最重要的方法之一。格氏试剂与甲醛作用后，可得到比格氏试剂多 1 个碳原子的伯醇；与其他醛作用后，可得到仲醇；与酮作用后，可得到叔醇。其反应式为：

$$RMgX + HCHO \xrightarrow{\text{干燥乙醚}} RCH_2OMgX \xrightarrow[H^+]{H_2O} RCH_2OH$$

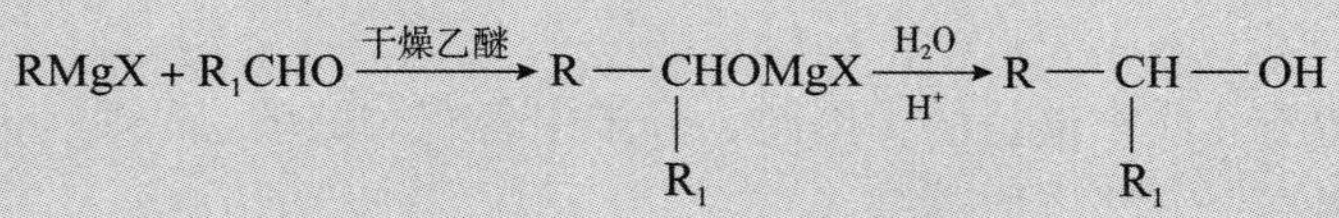

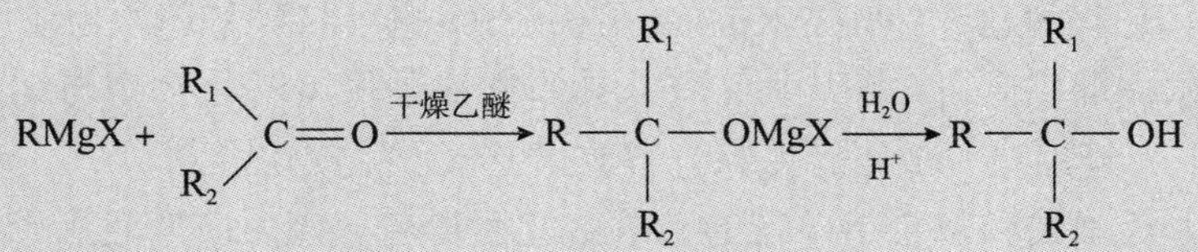

由于产物比反应物增加了碳原子，所以上述反应在有机合成中也是增长碳链的一种方法。

（三）还原反应

醛和酮能被多种还原剂还原，生成相应的醇。

1. 催化氢化　在催化剂（如 Ni、Pt 或 Pd）的作用下，醛和酮分子中的羰基可与氢气发生加成反应，醛被还原为伯醇，酮被还原为仲醇。

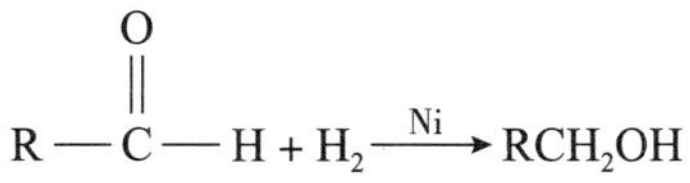

醛　　　　伯醇

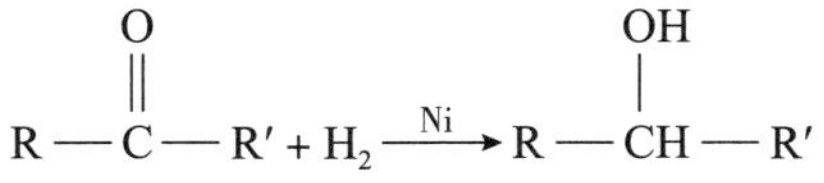

酮　　　　仲醇

如果醛或酮分子中含有其他不饱和基团，如 C═C、C≡C、NO_2、—CN 等，那么这些基团也会同时被还原。例如：

$$CH_3CH=CHCH_2CHO \xrightarrow[Ni]{H_2} CH_3CH_2CH_2CH_2CH_2OH$$

3- 戊烯醛　　　　　　1- 戊醇

2. 被金属氢化物还原　氢化铝锂（$LiAlH_4$）、硼氢化钠（$NaBH_4$）或异丙醇铝 $\{Al[OCH(CH_3)_2]_3\}$ 等还原剂具有较高的选择性，只能还原羰基，而不能还原双键（$>C=C<$）或三键（$-C\equiv C-$）等。醛或酮与这些选择性还原剂作用，可生成相应的醇。例如：

$$CH_3CH=CHCH_2CHO \xrightarrow[\text{或 } NaBH_4]{LiAlH_4} CH_3CH=CHCH_2CH_2OH$$

3- 戊烯醛　　　　　　3- 戊烯 -1- 醇

在这些金属氢化物中，$LiAlH_4$ 还原性强，但选择性较差，因其极易水解，所以反应必须在无水条件下进行。$NaBH_4$ 选择性强，且性质比较稳定，不与水及质子性溶剂作用，但其还原性较弱。

3. 羰基被还原为亚甲基　用锌汞合金（又称锌汞齐）与浓盐酸可将羰基直接还原为亚甲基，这个方法称为克莱门森（Clemmenson）还原法。

$$>C=O \xrightarrow[\text{浓}HCl]{Zn\text{-}Hg} >CH_2$$

该方法是在浓盐酸介质中进行的。因此，分子中若有对酸敏感的其他基团，如醇羟基、碳碳双键等，则不能用这个方法还原羰基。

利用沃尔夫 - 基希纳反应（Wolff-Kishner reaction）也可将羰基还原为亚甲基。沃尔夫 - 基希纳反应又称沃尔夫 - 基希纳 - 黄鸣龙反应，具体方法是将羰基化合物与无水肼反应生成腙，然后在强碱作用下，经加热、加压，使腙分解放出氮气而生成烷烃。

上述反应是由沃尔夫和基希纳发现的，故由此而得名。该反应广泛用于天然产物的研究，但对反应条件要求较高，操作不便。1946 年，我国化学家黄鸣龙改进了该方法，通过采用水合肼、氢氧化钠和一种高沸点溶剂与羰基化合物回流生成腙，再将水和过量肼蒸馏出，然后升温至 200℃回流 3 ~ 4 小时，使腙分解而得到烷烃。改进后的方法使产率提高，应用更加广泛。

该反应是在碱性条件下进行的，不适用于对碱敏感的分子。沃尔夫 - 基希纳 - 黄鸣龙反应可与克莱门森还原法互补。通过芳烃酰基化反应得到芳香酮，经克莱门森还原法或沃尔夫 - 基希纳 - 黄鸣龙反应将羰基还原为亚甲基，是在芳环上引入直链烷基的一种间接方法。例如：

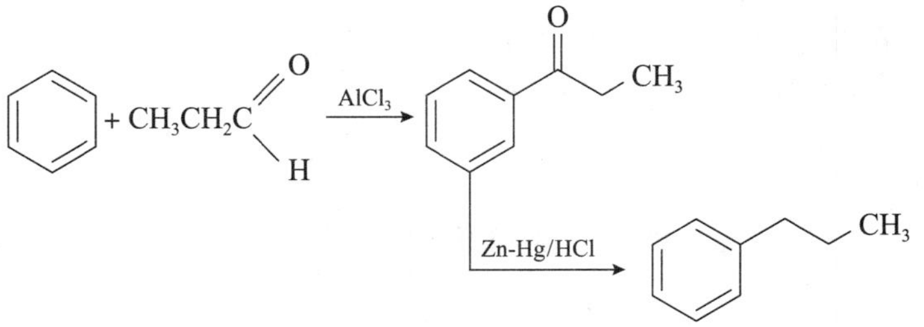

（四）醛的特性

1. 被弱氧化剂氧化　醛的官能团醛基上的氢原子性质比较活泼，很容易被氧化，所以醛具有较强的还原性，不仅能被强氧化剂（如高锰酸钾等）氧化，还能被弱氧化剂（托伦试剂、费林试剂等）氧化，生成碳原子数相同的羧酸。而酮的官能团酮基上没有氢原子，所以在同等条件下，酮不易被弱氧化剂氧化。

（1）银镜反应：向硝酸银溶液中逐滴加入稀氨水，直至产生的沉淀恰好溶解为止，制得的无色溶液称为银氨溶液，也称托伦试剂，其主要成分是 $[Ag(NH_3)_2]^+$。托伦试剂与醛共热后，醛可被氧化生成相应的羧酸，而 $[Ag(NH_3)_2]^+$ 中的 +1 价 Ag 可被还原成单质银析出。由于析出的银附着在容器内壁上形成银镜，所以将这个反应称为银镜反应。其反应式为：

$$(Ar)RCHO + 2[Ag(NH_3)_2]OH \xrightarrow{\triangle} (Ar)RCOONH_4 + 2Ag\downarrow + 3NH_3 + H_2O$$

所有的醛都能发生银镜反应，而酮不能发生该反应，所以利用银镜反应可以鉴别醛和酮。

（2）费林反应：费林反应使用的试剂称为费林试剂，费林试剂包括甲、乙两种溶液，甲是硫酸铜溶液，乙是酒石酸钾钠的氢氧化钠溶液。使用时，将两者等体积混合，摇匀后即可得到一种深蓝色的透明溶液，其主要成分是含 Cu^{2+} 的配离子。

费林试剂与脂肪醛共热时，醛被氧化成羧酸，而二价铜离子则被还原为砖红色的氧化亚铜沉淀。其反应式为：

$$HCHO + Cu^{2+}(\text{配离子}) \xrightarrow[\triangle]{OH^-} RCOO^- + Cu_2O\downarrow + H_2O$$

甲醛的结构特殊，相当于含有 2 个醛基，还原能力较强，上述反应生成的氧化亚铜可继续被甲醛还原为铜，在洁净的试管内壁上可形成铜镜，利用此性质可鉴别甲醛。其反应式为：

$$HCHO + Cu^{2+}(\text{配离子}) \xrightarrow[\triangle]{OH^-} HCOO^- + Cu\downarrow(\text{铜镜}) + H_2O$$

费林试剂能氧化脂肪醛，但不能氧化芳香醛，可用于鉴别脂肪醛与芳香醛。

酮不能被托伦试剂和费林试剂氧化，因此，可用这两种试剂鉴别醛和酮。但是，酮能被某些强氧化剂（如高锰酸钾、硝酸等）氧化，使碳链断裂而生成小分子的羧酸混合物。

2. 与希夫试剂的反应 品红是一种红色染料，在红色的品红溶液中通入 SO_2 气体，可使品红溶液褪色，所得到的无色溶液称为品红亚硫酸试剂，又称希夫试剂。醛与希夫试剂反应可生成紫红色物质，这一显色反应非常灵敏，而酮不能发生该反应。因此，利用该反应可鉴别醛和酮。

甲醛与希夫试剂反应生成紫红色物质，加入硫酸后紫红色不消失；而其他醛与希夫试剂反应生成的紫红色物质，加入硫酸后紫红色可消失。利用这一性质可鉴别甲醛与其他醛。

第三节 重要的醛和酮

一、甲醛

甲醛（HCHO）俗称蚁醛，又称福尔马林。在常温条件下，甲醛是无色、具有强烈刺激性气味的气体，易溶于水。甲醛能使蛋白质变性、凝固，具有较强的杀菌和防腐作用，对真菌、乙型肝炎病毒和细菌等都有较好的杀灭能力，同时对组织具有硬化作用。因此，甲醛是常用的消毒剂和防腐剂。例如，福尔马林就是 35% ~ 40% 的甲醛水溶液，常作为保存尸体标本的防腐剂以及临床上外科器械、手套和污染物等的消毒剂。

甲醛的结构特殊，其分子中的羰基连接了 2 个氢原子，因此，甲醛的化学性质比其他醛更活泼，容易被氧化，极易发生聚合反应，在常温条件下就能自动聚合，生成具有环状结构的三聚甲醛。福尔马林长时间放置会产生浑浊或沉淀，这是由于甲醛自动聚合形成多聚甲醛固体的缘故。三聚甲醛和多聚甲醛经加热后，可重新分解为甲醛。因此，多聚甲醛是气态甲醛的方便来源，可作为仓库的熏蒸剂，用于消毒、杀菌。

甲醛溶液与氨水一起蒸发时，可生成环六亚甲基四胺（$C_6H_{12}N_4$），通用名为乌洛托品。乌洛托品为白色结晶粉末，熔点为 263℃，易溶于水，有吸湿性，临床上可用作利尿剂及尿道消毒剂。

二、乙醛

乙醛（CH_3CHO）是一种无色、易挥发、有刺激性气味的液体，沸点为 21℃，可溶于水、乙醇、氯仿和乙醚等溶剂。

乙醛是一种重要的化工原料。乙醛与氯气反应，可生成三氯乙醛（CCl_3—CHO）。三氯乙醛是一种无色、有刺激性气味的液体，是乙醛的一个重要衍生物，易与水结合生成水合三氯乙醛（CCl_3—CHO·H_2O），通用名为水合氯醛。水合氯醛是无色、透明的棱柱形晶体，具有刺鼻的辛辣气味，味略苦，易溶于水、乙醇和乙醚，是临床上常用的催眠药和抗惊厥药，可用于治疗失眠、烦躁不安及惊厥。水合氯醛使用安全，不易引起蓄积中毒，但对胃有一定的刺激性。

三、苯甲醛

苯甲醛（C_6H_5CHO）是最简单的芳香醛，常以结合态存在于杏、桃、梅等水果的核仁中。纯的苯甲醛是一种无色、有苦杏仁味的液体，也称苦杏仁油或苦杏仁精。苯甲醛的沸点为 179℃，微溶于水，能与乙醇、乙醚、苯和氯仿等混溶。

苯甲醛的性质不稳定，易被氧化，暴露在空气中即可被氧化成白色的苯甲酸晶体。因此，保存苯甲醛时常要加入少量的对苯二酚作为抗氧化剂。苯甲醛属于危险品，应储存在阴凉、通风处，且应避免震动。

苯甲醛是一种重要的化工原料，常用于制备药物、染料和香料等。

四、丙酮

丙酮（CH_3COCH_3）是最简单的酮，是一种无色、易挥发、易燃的液体，沸点为 56.5℃，具有特殊气味，有毒，能与水以及乙醇、乙醚、氯仿等有机溶剂混溶，还能溶解树脂、油脂等许多有机化合物。因此，丙酮是一种重要的有机溶剂。另外，丙酮也是一种重要的有机合成原料，可用于合成有机玻璃、环氧树脂、聚异戊二烯橡胶、氯仿、碘仿等产品。

在生物体内，丙酮是脂肪代谢的中间产物。正常人血液中丙酮的含量很低，而糖尿病患者由于机体代谢紊乱，体内常有过量的丙酮产生，并随尿液排出或经呼吸排出。临床上检查患者尿液中是否含有丙酮，常使用亚硝酰铁氰化钠 [$Na_2Fe(CN)_5NO$] 的氢氧化钠溶液，若有丙酮存在，则尿液呈鲜红色。此外，还可利用碘仿反应检查尿液中是否含有丙酮，如果有丙酮存在，则有黄色沉淀析出。

五、樟脑

樟脑的学名为 1,7,7- 三甲基二环 [2,2,1] 庚烷 -2- 酮，又称 2- 莰酮。其结构式为：

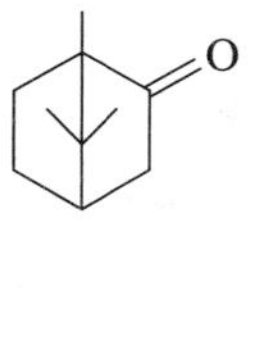

樟脑是无色、半透明的晶体，具有特殊芳香气味，味略苦，有清凉感，易升华，不溶于水，能溶于有机溶剂。樟脑是我国的特产，台湾地区的樟脑产量约占世界总产量的 70%，居第一位。樟脑在医学上的用途非常广泛，它具有兴奋血管中枢、呼吸中枢和心肌的作用。例如，用作呼吸兴奋药的樟脑油注射剂（10% 樟脑的植物油溶液）和樟脑磺酸钠注射液（10% 樟脑磺酸钠的水溶液），用作治疗冻疮、局部炎症的樟脑酯（10% 樟脑乙醇溶液），以及中成药清凉油、十滴水和消炎镇痛膏等均含有樟脑。另外，樟脑也可用于驱虫防蛀。

六、麝香酮

麝香酮是具有麝香香味的油状液体，是麝香的主要香气成分，微溶于水，能与乙醇互溶。麝香酮的结构式为：

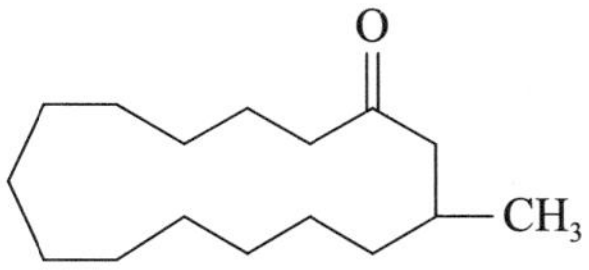

香料中加入极少量的麝香酮可增加香味，因此，许多贵重香料常用它作为定香剂。人工合成的麝香广泛应用于制药工业。

第四节　醌

一、醌的结构与命名

醌是含有共轭环己二烯二酮基本结构的一类化合物，有对位和邻位两种结构。醌类化合物可由相应的芳香化合物制得，作为相应芳烃的衍生物。根据其骨架结构可分为苯醌、萘醌、蒽醌等。醌类化合物的名称也是以苯醌、萘醌、蒽醌为母体来命名的，由苯衍生而来的醌称为苯醌，由萘衍生而来的醌称为萘醌，由蒽衍生而来的称为蒽醌。另外，还有由菲衍生而来的菲醌等。醌类化合物中 2 个羰基的位置可以用阿拉伯数字标明，或用邻、对、远或 α、β 等标明，写在醌名称前。如果母体上有取代基，则可将取代基的位置、数目、名称写在醌前面。例如：

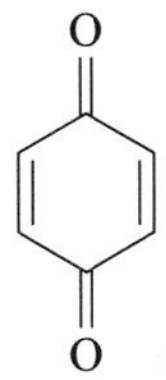

1,4- 苯醌（对苯醌）

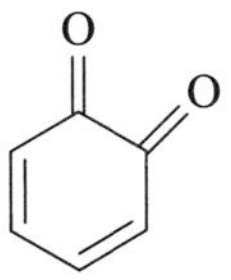

1,2- 苯醌（邻苯醌）

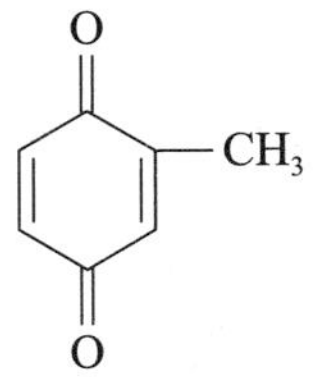

2- 甲基 -1,4- 苯醌

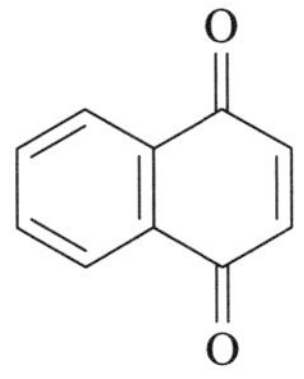

1,4- 萘醌（α- 萘醌）

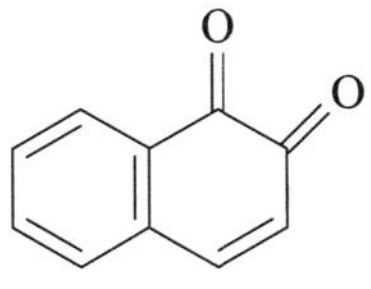

1,2- 萘醌（β- 萘醌）

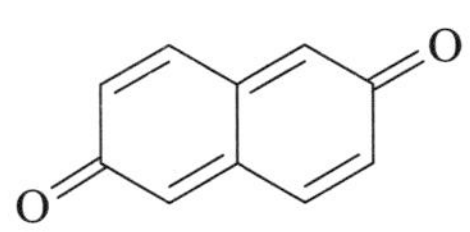

2,6- 萘醌（远萘醌）

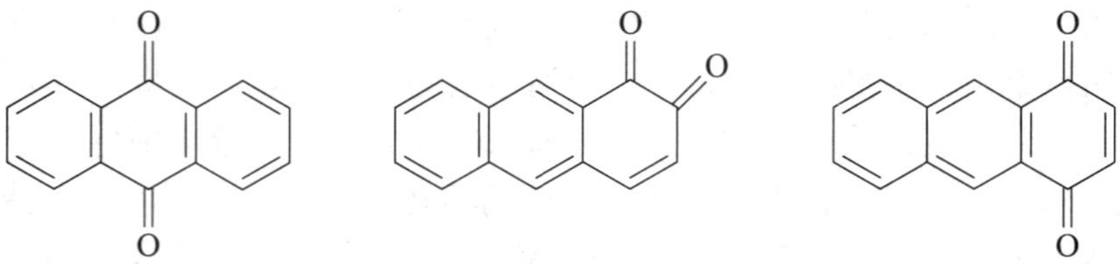

9,10- 蒽醌　　　1,2- 蒽醌　　　1,4- 蒽醌

二、醌的理化性质

醌类化合物通常都是有颜色的固体，对位醌大多呈黄色，邻位醌大多呈红色或橙色。因此，醌类化合物是许多染料和指示剂的母体。

从醌的结构来看，其分子中既有羰基，又有碳碳双键和共轭双键，因此可以发生羰基加成、碳碳双键加成以及共轭双键的1,4- 加成、1,6- 加成反应。

（一）羰基的加成反应

醌也属于羰基化合物，所以可与羰基试剂发生加成反应。例如，对苯醌与1分子羟胺反应可生成对苯醌单肟（一肟）；若其继续与第2分子羟胺反应，则可生成对苯醌双肟。其反应过程为：

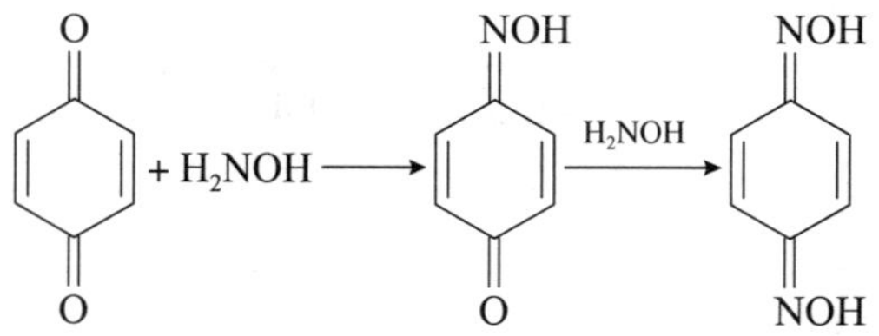

（二）烯键的加成反应

醌分子中的碳碳双键可与1分子或2分子卤素（如 Cl_2、Br_2）发生加成反应。例如：

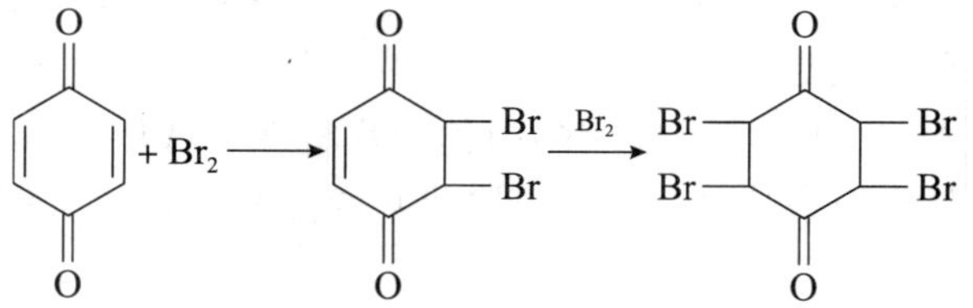

（三）共轭双键的1,4- 加成、1,6- 加成反应

醌分子中含有共轭双键，可以与氢卤酸、氢氰酸等发生1,4- 加成反应。醌分子中含有碳碳双键和碳氧双键的共轭体系，因此，醌具有烯烃和羰基化合物的化学性质，能发生多种形式的加成反应。

1. 加成反应

（1）羰基的加成：醌分子中的羰基能与羰基试剂等发生加成反应。例如，对苯醌和羟胺作用可生成单肟和二肟。其反应式为：

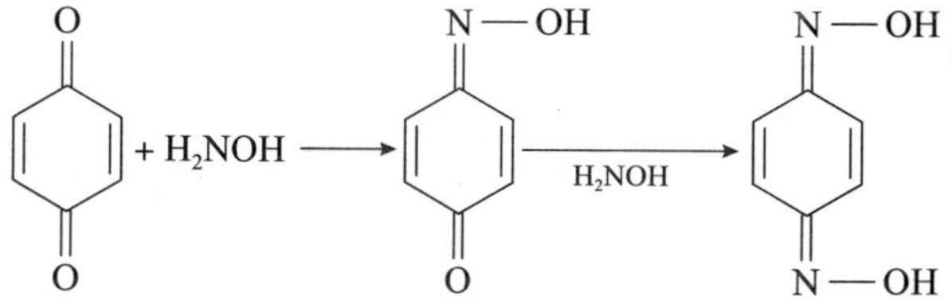

（2）双键的加成：醌分子中的碳碳双键能与卤素、卤化氢等亲电试剂发生加成反应。例如，对苯醌与氯气发生加成反应可得到二氯化物或四氯化物。其反应式为：

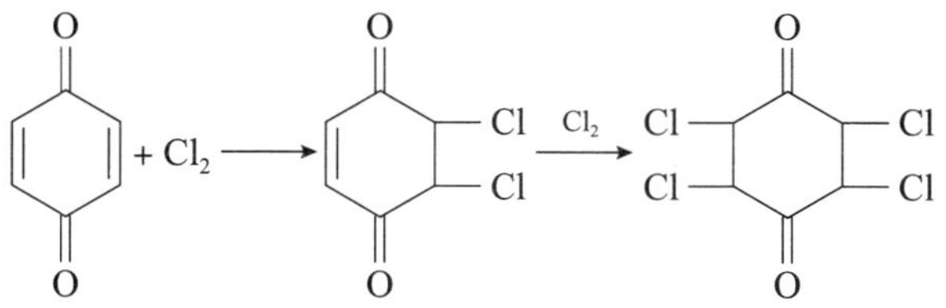

（3）1,4- 加成：由于碳碳双键与碳氧双键共轭，所以醌可以发生 1,4- 加成反应。例如，对苯醌可以与氯化氢发生加成反应，生成对苯二酚的衍生物。其反应式为：

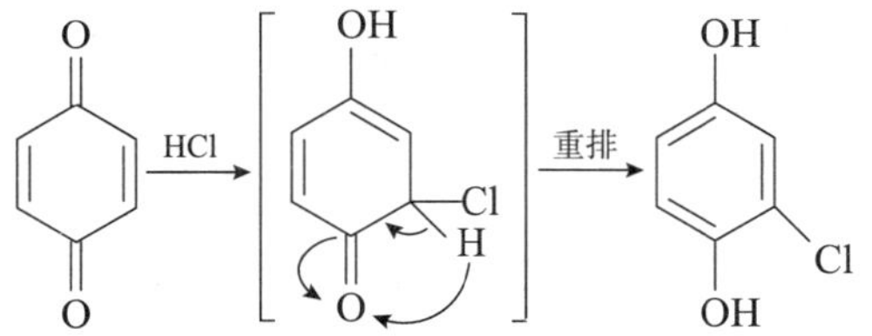

2. 还原反应　对苯醌容易被还原为对苯二酚（或称氢醌），这是对苯二酚氧化的逆反应。其反应式为：

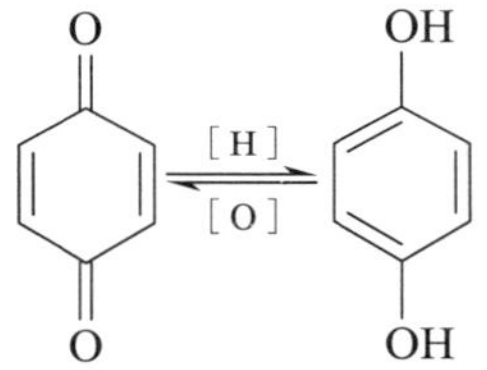

对苯醌　　对苯二酚（氢醌）

在电化学上，利用二者之间的氧化 - 还原性质可以制成氢醌电极，用于测定氢离子的浓度。

上述反应在生物化学过程中具有重要的意义。生物体内进行的氧化还原反应常是以脱氢或加氢的方式进行的，在这一过程中，某些物质在酶的作用下所进行的氢离子的传递可通过酚醌氧化还原体系来实现。例如：

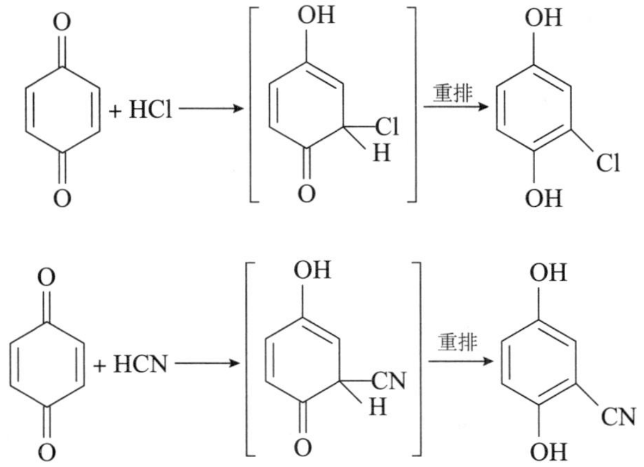

对苯醌在亚硫酸的水溶液中很容易被还原为对苯二酚，此反应即为 1,6- 加成反应。其反应式为：

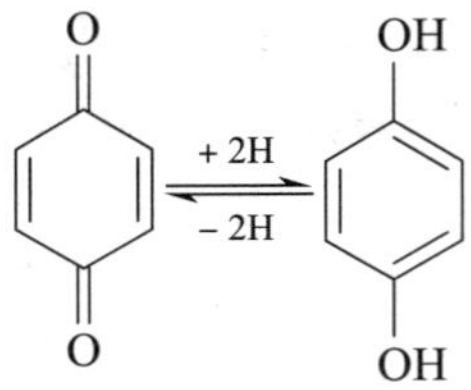

三、重要的醌类化合物

（一）苯醌

苯醌有对苯醌和邻苯醌 2 种同分异构体，对苯醌为黄色，邻苯醌为红色。

天然存在的醌类化合物大多数为苯醌的衍生物，且多为黄色或橙色的结晶。例如，2,6-二甲氧基对苯醌存在于中药凤眼草的果实中，具有较强的抗菌作用；密花醌是从中药朱砂根中分离得到的化合物，具有抗毛滴虫作用。另外，在自然界中还存在着一类具有对苯醌结构的化合物，称为泛醌，是生物氧化反应中的一种辅酶，又称辅酶 Q。人体内的辅酶 Q 中含有 10 个异戊二烯单位组成的侧链，所以又称辅酶 Q_{10}。辅酶 Q_{10} 可以从猪心中分离得到，目前已用于治疗心脏病、高血压及癌症。

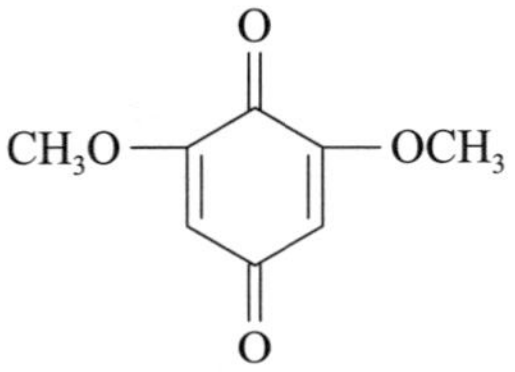

2,6- 二甲氧基对苯醌

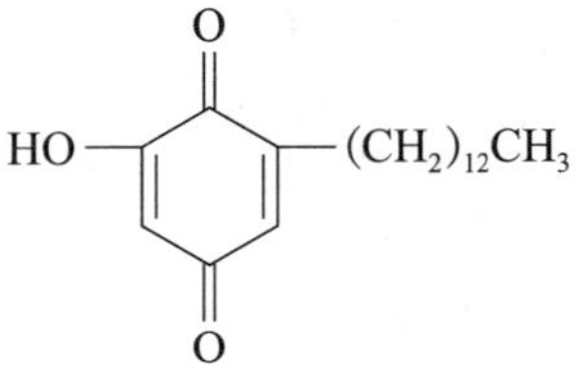

密花醌

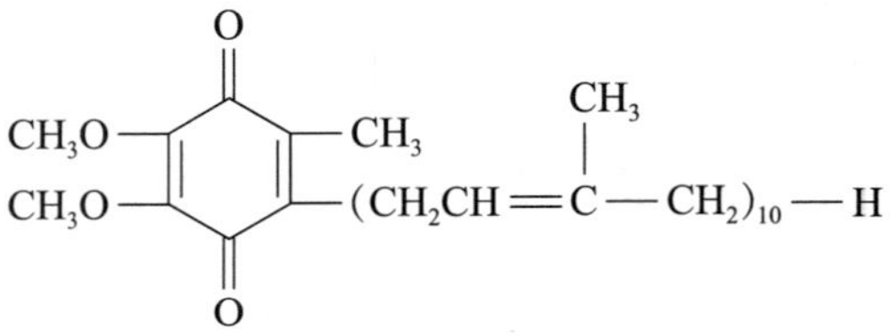

辅酶 Q_{10}

（二）萘醌

萘醌有 3 种同分异构体：α- 萘醌、β- 萘醌和远萘醌，其中最常见的是 α- 萘醌。α- 萘醌即 1,4- 萘醌，为黄色晶体，熔点为 125℃，可升华，微溶于水，能溶于乙醇和醚，具有刺鼻的气味。

在动、植物体内，许多具有生理活性的化合物都含有 α- 萘醌结构，其中最重要的是维生素 K。维生素 K_1 和 K_2 广泛存在于自然界中，以猪肝和苜蓿中含量最多。维生素 K_1 为黄色油状液体，维生素 K_2 为黄色晶体。维生素 K_1 和 K_2 的主要作用是促进血液凝固，可作为止血剂。以天然形式存在的维生素 K_1 和 K_2 是 2- 甲基 -1,4- 苯醌的衍生物，其结构的差异只在于侧链有所不同。维生素 K_1 和 K_2 的结构式为：

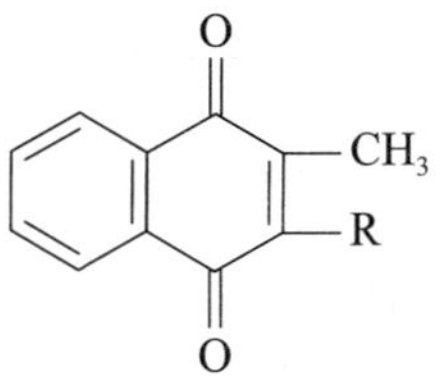

维生素K_1：R—$CH_2CH{=}C(CH_3)$—C—$(CH_2CH_2CH_2CH(CH_3))_3$—CH_3

维生素K_2：R—$(CH_2CH{=}C(CH_3)$—$CH_2)_5$—$CH_2CH{=}C(CH_3)$—CH_3

研究发现，通过化学合成得到的 2- 甲基 -1,4- 萘醌具有更强的促凝血作用，称为维生素 K_3。维生素 K_3 为黄色晶体，熔点为 105 ~ 107℃，难溶于水，可溶于植物油或其他有机溶剂。

由于维生素 K_3 是脂溶性维生素，故临床上使用的是维生素 K_3 可溶于水的亚硫酸氢钠加成物，其结构为：

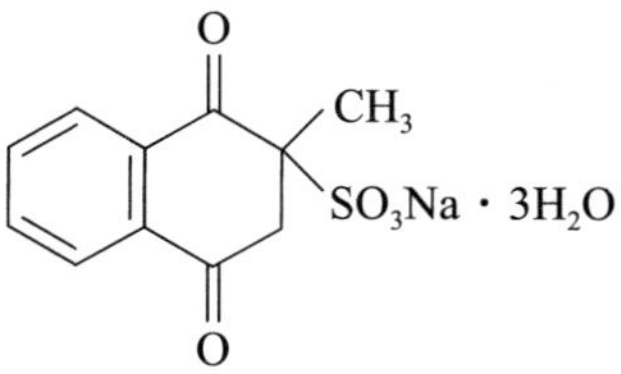

（三）蒽醌

萘醌有 3 种同分异构体，分别为 1,2- 蒽醌、1,4- 蒽醌和 9,10- 蒽醌。其中，9,10- 蒽醌及其衍生物较为常见。蒽醌的衍生物在自然界中广泛存在，大多数是植物的组成成分。例如，红色的植物染料茜素最早是从茜草根中分离得到的；中药大黄中的有效成分大黄素、大黄酸等都是蒽醌的衍生物。

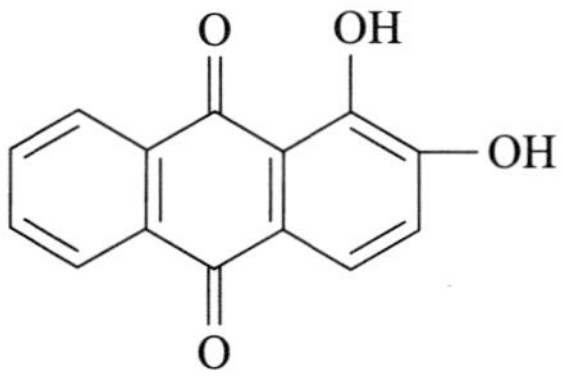

茜素

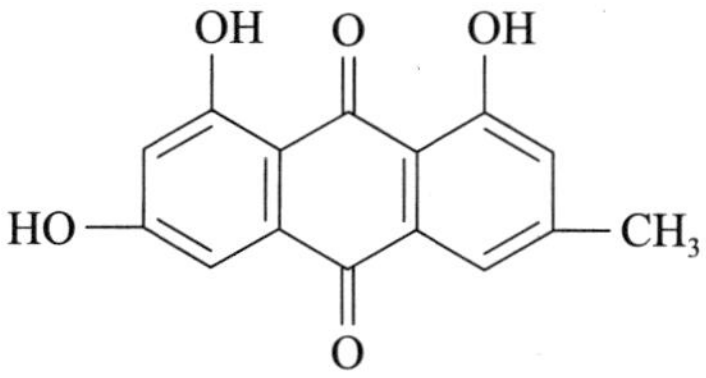

大黄素

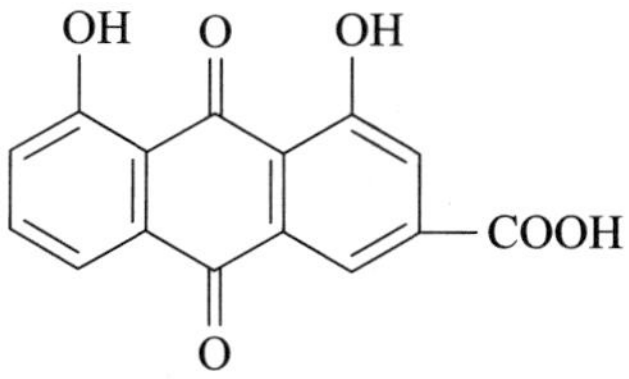

大黄酸

自测题

一、单项选择题

1. 与丙酮互为同系物的是
   A. 环戊酮　　B. 2- 甲基丙醛　　C. 3- 甲基丁酮
   D. 丙酸　　E. 丙醛
2. 下列化合物中可以发生费林反应的是
   A. 苯乙醛　　B. 苯甲醇　　C. 乙醛
   D. 乙醇　　E. 丁酮
3. 以下互为同分异构体的化合物是
   A. 乙醇和乙醚　　B. 丙三醇和丙醚　　C. 丙醛和丙酮
   D. 戊烷和环戊烷　　E. 甲醇和乙醛
4. 饱和一元醛的通式是
   A. $C_nH_{2n}O$　　B. $C_nH_{2n+2}O$　　C. $C_nH_{2n+1}O$
   D. $C_nH_{2n}O_2$　　E. $C_nH_{2n}CHO$
5. 下列化合物的分子结构中不含双键的化合物是
   A. 乙烯　　B. 丙三醇　　C. 乙醛
   D. 丁酮　　E. 甲醛
6. 下列化合物中与正丁醇互为同分异构体的化合物不包括
   A. 异丁醇　　B. 丁醇　　C. 乙醚
   D. 丁酮　　E. 叔丁醇

7. 乙醛与氢气发生的反应是

A. 缩合反应　　B. 还原反应　　C. 氧化反应

D. 取代反应　　E. 加聚反应

8. $(CH_3)_2CHCH_2CH_2CHO$ 的命名是

A. 1,1- 二甲基 -4- 丁醛　　B. 4- 甲基戊醛　　C. 4,4- 二甲基丁醛

D. 2- 甲基 -5- 戊醛　　E. 3- 异丙基丙醛

9. 既能与品红的亚硫酸试剂发生反应，又能与氢气发生加成反应的是

A. 乙醇　　B. 丙醛　　C. 丙酮

D. 苯酚　　E. 乙烯

10. 能与氢气发生加成反应且反应产物能与乙酸发生酯化反应的是

A. 乙醇　　B. 丙醇　　C. 乙醛

D. 乙醚　　E. 乙炔

11. 区别醛和酮可利用托伦试剂或费林试剂是因为

A. 醛有较强的氧化性　　B. 醛有较强的还原性　　C. 酮有较强的氧化性

D. 酮有较强的还原性　　E. 醛既有氧化性，又有还原性

12. 下列化合物中能发生碘仿反应的是

A. 丙酮　　B. 苯甲醇　　C. 苯甲醛

D. 2- 甲基丙醛　　E. 甲醇

13. 分子通式为 $C_nH_{2n}O$ 且能与银氨溶液发生反应的是

A. 丙醇　　B. 丙醚　　C. 丙醛

D. 丁二醛　　E. 丙酮

14. 某有机物的氧化产物是甲，还原产物是乙。甲、乙均能与金属钠发生反应，释放出氢气。甲与乙发生反应可生成丙，甲和丙均能发生银镜反应。该有机物是

A. 甲醛　　B. 甲醇　　C. 甲酸

D. 甲酸甲酯　　E. 乙醛

15. 下列物质能发生银镜反应的是

A. CH_3CHO　　B. $CH_3COCH_2CH_3$　　C. CH_3OH

D. CH_3OCH_3　　E. CH_3CH_2OH

二、多项选择题

1. 能与氢氰酸发生加成反应的有

A. 乙醛　　B. 环己酮　　C. 丁酮

D. 3- 戊酮　　E. 苯甲醛

2. 属于羰基化合物的是

A. 丙醛　　B. 环己酮　　C. 丙酮

D. 2- 戊酮　　E. 苯乙醛

3. 属于羰基试剂的是

A. 乙醛　　B. 丙酮　　C. 羟胺

D. 乙醇　　E. 苯肼

4. 能发生碘仿反应的化合物是

A. 乙醇　　B. 3- 戊酮　　C. 丁酮

D. 乙醛　　E. 异丙醇

5. 能发生银镜反应的化合物是

A. 甲醇　　B. 丁酮　　C. 乙醛

D. 甲醛　　　　E. 苯甲醛

三、命名下列化合物

1. 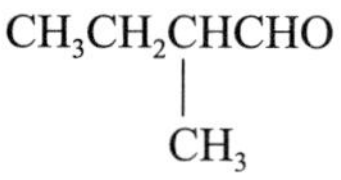　2. 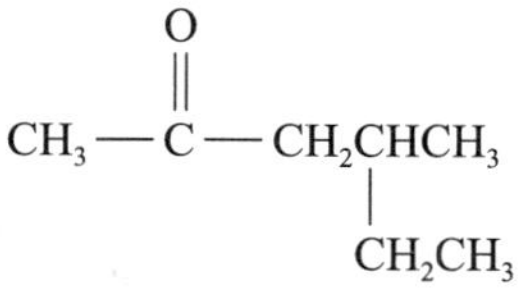　3. 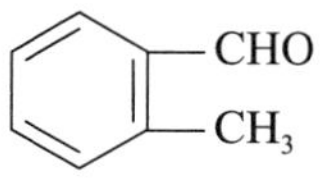

4. 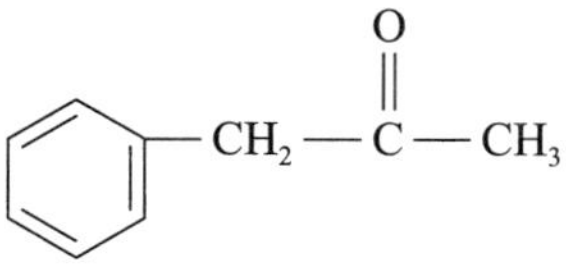　5. $CH_3CH{=}CHCHO$

6. 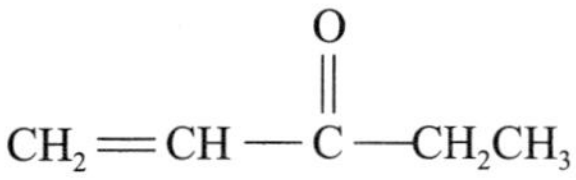　7. 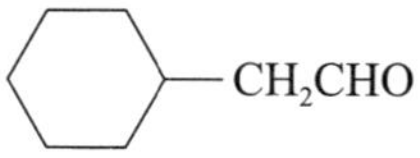　8. 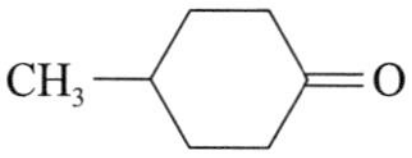

四、写出下列各化合物的结构简式

1. 丙烯醛　2. 环己基甲醛　3. 4- 甲基 -2- 戊酮

4. 二苯甲酮　5. 邻羟基苯甲醛　6. 间羟基苯乙酮

五、简答题

1. 下列化合物中，哪些可以与亚硫酸氢钠发生反应?

（1）1- 苯基 -1- 丁酮　（2）二苯酮

（3）丙醛　（4）环戊酮

2. 下列化合物中，哪些可以发生碘仿反应?

（1）$CH_3COCH_2CH_2CH_3$　（2）$C_6H_5CH_2CH(OH)CH_3$　（3）$C_6H_5CH_2CH_2OH$

（4）$CH_3CH_2CH_2OH$　（5）CH_3CH_2CHO　（6）$C_6H_5COCH_2CH_3$

（7）$CH_3CH_2CH_2OH$　（8）HCHO　（9）CH_3CHO

（10）$C_6H_5COCH_2CH_3$　（11）CH_3COOH　（12）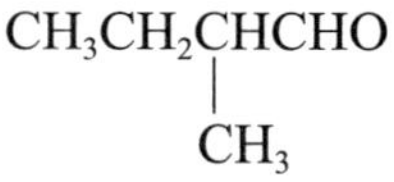

3. 下列化合物中，哪些可以与饱和 $NaHSO_3$ 溶液发生加成反应? 哪些能发生碘仿反应? 哪些化合物两种反应均能发生?

（1）CH_3CH_2OH　（2）CH_3CH_2CHO　（3）$CH_3COCH_2CH_3$

（4）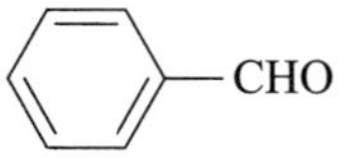　（5）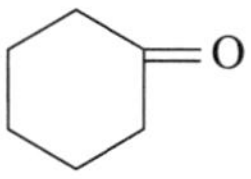　（6）$CH_3CH_2COCH_2CH_3$

（7）$CH_3CHOHCH_2CH_3$　（8）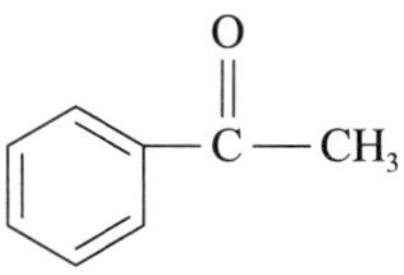

六、完成下列反应式

1. 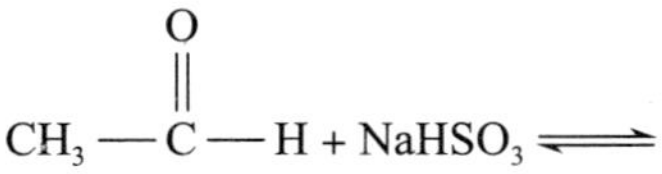

2. 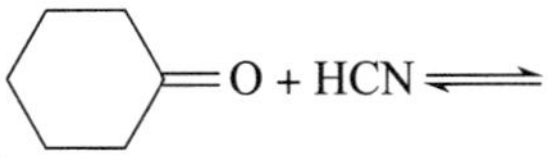

3\. $CH_3-\overset{\overset{\large O}{\|}}{C}-H + H-OCH_2CH_3 \xrightleftharpoons{\text{干燥}HCl} \quad\quad \xrightleftharpoons[HOCH_2CH_3]{\text{干燥}HCl}$

4\. 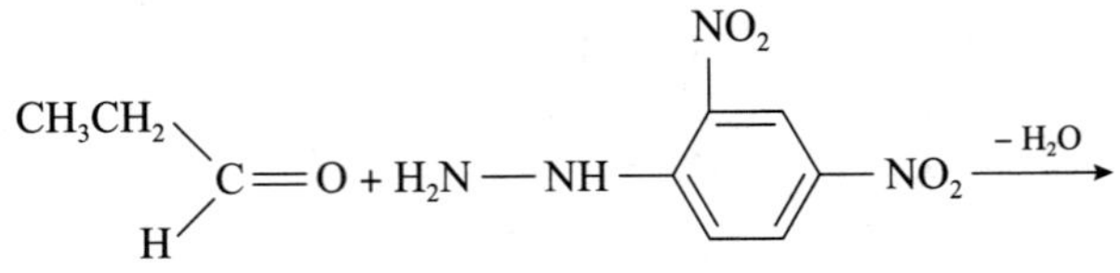

5\. $CH_3-\overset{\overset{\large O}{\|}}{C}-H + H_2 \xrightarrow{Ni}$

6\. $CH_3-\overset{\overset{\large O}{\|}}{C}-CH_3 + H_2 \xrightarrow{Ni}$

七、推断题

2种直链化合物甲、乙，分子式均为C_4H_8O；2种化合物均能与苯肼反应；甲能与费林试剂发生反应，而乙不能；甲和乙的加氢还原产物中，只有丙能与碘的碱性溶液作用生成碘仿。试写出化合物甲、乙和丙的结构简式。

（方应权）

第七章

羧酸及其衍生物

第七章
数字资源

学习目标

1. 掌握羧酸的结构、命名及化学性质。
2. 熟悉羧酸衍生物的结构、分类、命名及其化学性质。
3. 了解羧酸的分类、物理性质以及重要的羧酸在医学中的意义。

案例导入

甲酸最初是从蚂蚁体内发现的，故又称为蚁酸。它存在于昆虫的毒液中。被蚂蚁或蜂类蜇伤可引起皮肤红肿、疼痛，可用稀氨水溶液进行止痛。

思考题：

1. 为什么被蚂蚁或蜂类蜇伤会引起皮肤红肿、疼痛？
2. 被蚂蚁或蜂类蜇伤之后，为什么可用稀氨水溶液进行止痛？

第一节　羧　酸

羧酸是指分子中含有羧基（—COOH）的化合物。羧酸也可以看成是烃分子中的氢原子被羧基（—COOH）取代后生成的化合物。羧酸的官能团是羧基，一元羧酸的结构通式为 Ar—COOH 或 R—COOH（甲酸分子中的 R 为 H）。

一、羧酸的分类与结构

（一）羧酸的分类

羧酸（除 HCOOH 外）是由烃基和羧基两部分组成的。根据羧酸分子中烃基的结构不同，可将羧酸分为脂肪酸和芳香酸；脂肪酸又可分为饱和脂肪酸和不饱和脂肪酸。根据羧酸分子中羧基的数目，可将羧酸分为一元羧酸和二元羧酸（表 7-1）。

表7-1 羧酸的分类

类别	饱和脂肪酸	不饱和脂肪酸	芳香酸
一元羧酸	CH_3CH_2COOH	$H_2C{=}CHCOOH$	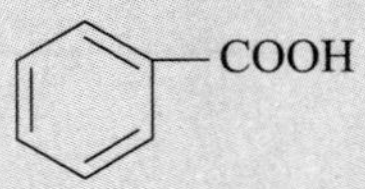
二元羧酸	HOOC—COOH	HOOCCH═CHCOOH	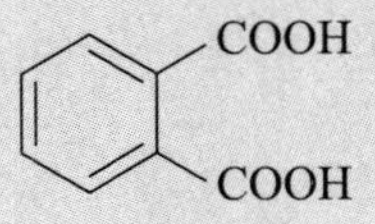

（二）羧酸的结构

羧基在结构上是由羰基和羟基组成的，但它并不是两者简单的组合。在羧酸分子中，羧基上的C原子是sp^2杂化，3个sp^2杂化轨道分别与α-C原子（甲酸则是H原子）、羰基上的O原子和羟基上的O原子形成3个σ键，剩余的1个p轨道与羰基上O原子的1个p轨道形成π键。另外，羟基上O原子的p轨道有1对未共用电子，与羰基的π键形成了p-π共轭体系（图7-1）。由于p-π共轭效应，羟基上的O原子电子云向羰基偏移，O原子电子云密度降低，导致羟基上O—H键的极性增大，故羧酸的酸性比醇的酸性要强得多。

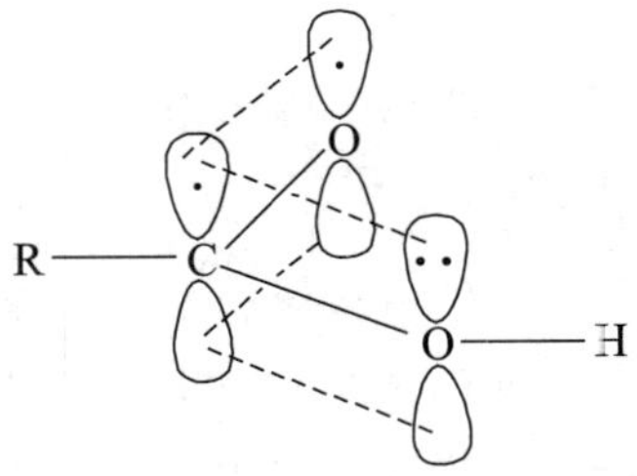

图7-1 羧酸分子结构示意图

二、羧酸的命名

羧酸通常采用俗称和系统命名法命名。很多羧酸最初是从天然产物中分离得到的，因此常根据来源而采用俗称。例如，甲酸最初是从蚂蚁体内分离得到的，故又称蚁酸；乙酸是食醋的主要成分，故又称醋酸。其结构式为：

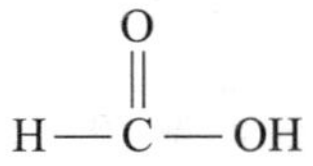

甲酸（蚁酸）

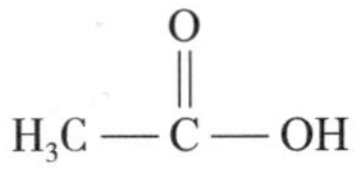

乙酸（醋酸）

羧酸的系统命名法与醛的命名相似，命名时将“醛”字改成“酸”字即可。

1. 饱和脂肪酸的命名 选择含羧基在内的最长碳链作为主链，根据主链碳原子数目，将羧酸称为“某酸”，然后从羧基所连接的碳原子开始进行编号。主链碳原子的编号也可用希腊字母α、β、γ、δ等表示。与羧基直接相连的碳原子称为α碳原子，其他碳原子依次为β、γ、δ碳原子等。例如：

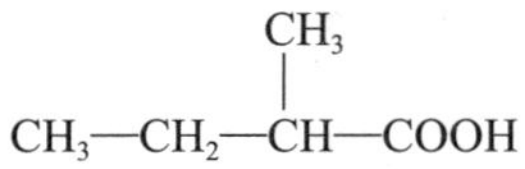

2-甲基丁酸（α-甲基丁酸）

$CH_3—(CH_2)_{14}—COOH$

十六碳酸（软脂酸）

2. 不饱和脂肪酸的命名 选择含羧基和不饱和键在内的最长碳链作为主链，将羧酸称为“某烯（炔）酸”，并注明双（三）键的位置。需要特别注意的是，当主链碳原子数大于10时，应在汉字数字之后加上“碳”字。例如：

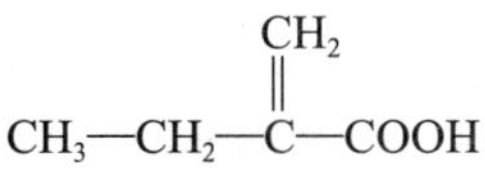

2-乙基丙烯酸

$CH_3(CH_2)_4CH{=}CHCH_2CH{=}CH(CH_2)_7COOH$

9,12-十八碳二烯酸（亚油酸）

3. 二元脂肪酸的命名　选择含 2 个羧基的最长碳链作为主链，按主链的碳原子数将羧酸称为“某二酸”。例如：

$HOOC—COOH$　　$HOOCCH_2—CH_2COOH$

乙二酸（草酸）　　丁二酸（琥珀酸）

4. 芳香酸和脂环酸的命名　将芳香烃基和脂环烃基作为取代基，以脂肪酸为母体来进行命名。例如：

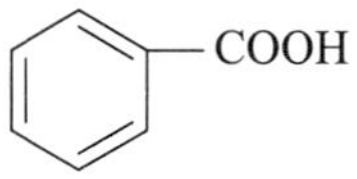
苯甲酸

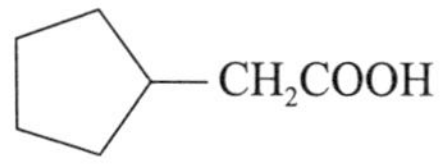
环戊基乙酸

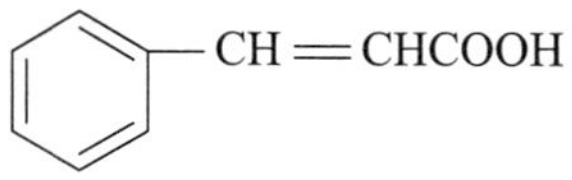
3- 苯基丙烯酸

三、羧酸的物理性质

在常温条件下，饱和一元羧酸中，C_1 ~ C_3 的羧酸通常是有刺激性气味的无色液体，C_4 ~ C_9 的羧酸通常是有恶臭的液体，C_{10} 以上的高级羧酸则是无味的固体。脂肪族二元羧酸和芳香酸都是固体。

低级脂肪酸（如甲酸、乙酸和丙酸）易溶于水，但在水中的溶解度随着相对分子质量的增大而降低。高级一元羧酸不溶于水，但能溶于乙醇、氯仿等有机溶剂；芳香酸的水溶性很低。

饱和一元羧酸的沸点随相对分子质量的增大而升高，若与相对分子质量相近的其他化合物比较，则羧酸的沸点明显偏高。例如，乙酸的沸点为 118℃，丙醇的沸点为 98℃，异丙醇的沸点为 82.3℃。羧酸的沸点之所以偏高，是由于 2 个羧酸分子间通过氢键形成二聚体。其结构式为：

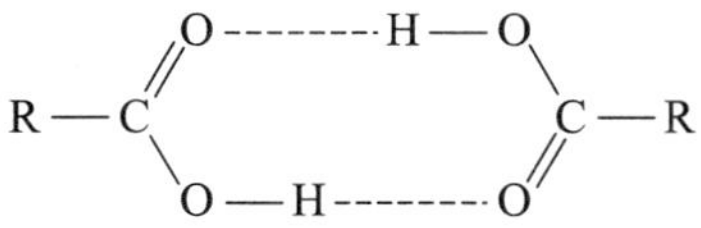

这种二聚体的性质通常很稳定，处于液态和固态时，羧酸主要以二聚体的形式存在，低级脂肪酸甚至在气态时也以二聚体存在。

常见羧酸的物理常数见表 7-2。

表7-2　常见羧酸的物理常数

名称	沸点（℃）	熔点（℃）	相对密度（g/cm^3）	pK_a
甲酸	100.6	8.4	1.220	3.76
乙酸	118	16.6	1.040	4.75
丙酸	141	–21	0.992	4.87
正丁酸	164.5	–6.9	0.959	4.81
正戊酸	187	–50	0.930	4.81
正己酸	205	–9.5	0.920	4.85
正庚酸	223	–7.5	0.918	4.89
正辛酸	237	16.5	0.910	4.85

四、羧酸的化学性质

羧酸的化学性质主要取决于官能团羧基（—COOH）。由于 p-π 共轭效应，使得羧基不是羰基和羟基的简单加合，所以羧基的化学性质并不是羰基和羟基性质的加合。羧酸的主要化学性质具体表现为酸性、羟基被取代以及脱羧反应。

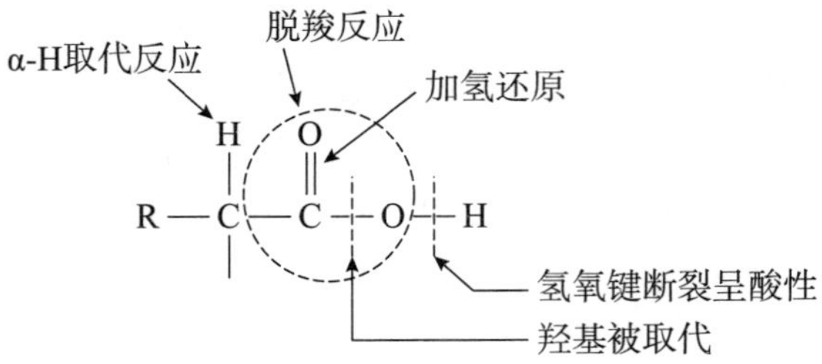

1. 羧酸的酸性 羧酸分子中的羧基可以看成是由 C＝O（羰基）和—OH（羟基）两部分组成的，其性质是这两部分相互作用和影响的结果。在羧基中，由于羰基的影响，羟基中的 O—H 键极性增强，有利于解离出 H^+。羧酸在水中可解离出 H^+，故羧酸表现出明显的酸性。其反应式为：

$$RCOOH \rightleftharpoons RCOO^- + H^+$$

$$RCOOH + NaOH \longrightarrow RCOONa + H_2O$$

大多数羧酸为弱酸，pK_a 值一般为 3～5。羧酸的酸性强于 H_2CO_3（pK_a=6.35），并且能与 Na_2CO_3、$NaHCO_3$ 反应，放出 CO_2，而酚不能发生该反应，利用这一性质可以鉴别羧酸与酚。其反应式为：

$$RCOOH + NaHCO_3 \longrightarrow RCOONa + CO_2\uparrow + H_2O$$

羧酸、H_2CO_3、酚、醇的酸性强弱顺序依次为：

$$\begin{array}{lcccccccccc} & RCOOH & > & H_2CO_3 & > & C_6H_5OH & > & H_2O & > & C_2H_5OH \\ pK_a & 3\sim5 & & 6.35 & & 10 & & 15.7 & & 17 \end{array}$$

羧酸的钠盐、钾盐和铵盐均易溶于水，故临床上常将某些水溶性较差的含羧基药物制成羧酸盐，以增加其在水中的溶解度。例如，常用的抗生素青霉素钾或青霉素钠就是含羧基的难溶性药物青霉素的钾盐或钠盐。

2. 羧酸中羟基被取代的反应 羧酸分子中的羟基（—OH）被其他原子或原子团取代所生成的化合物称为羧酸衍生物，如酰卤、酸酐、酯、酰胺等。

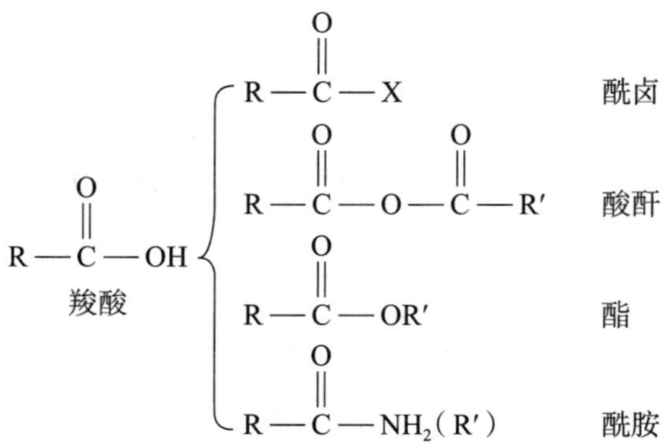

羧酸衍生物

（1）生成酰卤：羧酸分子中的羟基（—OH）被卤素原子取代所生成的化合物称为酰卤。常见的酰卤是酰氯。羧酸（除甲酸外）能与 PCl_3、PCl_5 或 $SOCl_2$（氯化亚砜）反应，生成相应的酰氯。用 $SOCl_2$ 制备酰氯时，副产物都是气体，有利于处理及纯化。其反应式为：

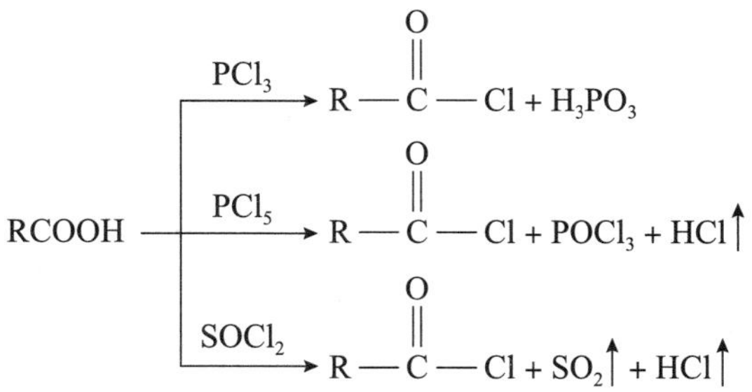

（2）生成酸酐：一元羧酸（除甲酸外）与脱水剂（如 P_2O_5）共热时，2 分子羧酸可脱去 1 分子 H_2O，生成酸酐。其反应式为：

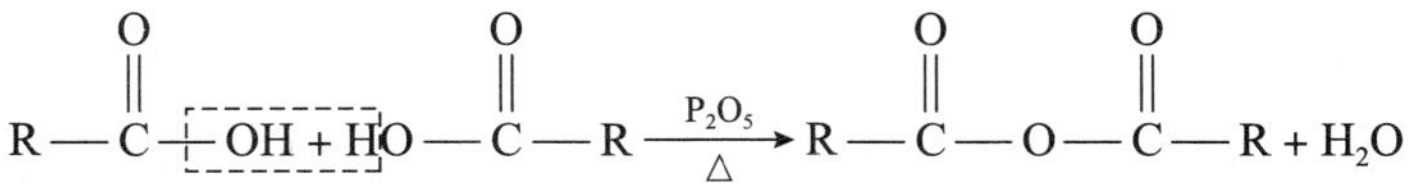

（3）酯化反应：在酸（如浓 H_2SO_4）的催化下，羧酸与醇作用生成酯和 H_2O 的反应称为酯化反应。其反应式为：

$$RCOOH + R'OH \underset{\triangle}{\overset{H_2SO_4}{\rightleftharpoons}} RCOOR' + H_2O$$

羧酸与醇发生的酯化反应是可逆的，为了使平衡向正方向移动，提高酯的产率，可以增加反应物的浓度或者及时蒸馏出生成的酯。例如：

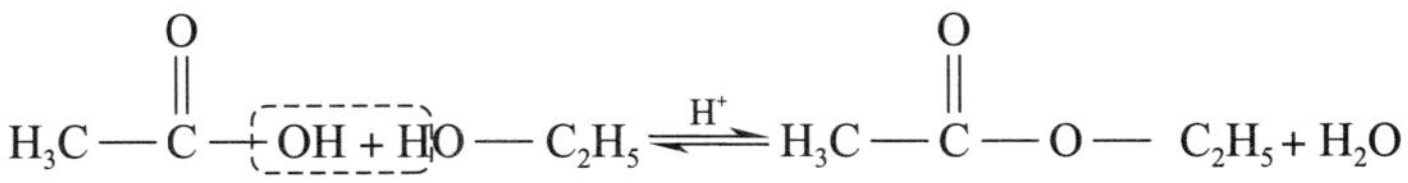

乙酸　　　　乙醇　　　　乙酸乙酯

（4）生成酰胺：羧酸分子中的羟基（—OH）被氨基（$—NH_2$）取代所生成的化合物称为酰胺。在羧酸中通入 NH_3 或加入碳酸铵，可生成羧酸的铵盐，铵盐加热后可脱水生成酰胺。其反应式为：

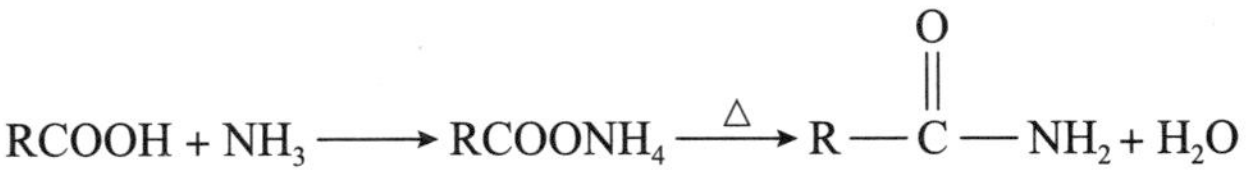

羧酸　　　　羧酸铵　　　　酰胺

例如：

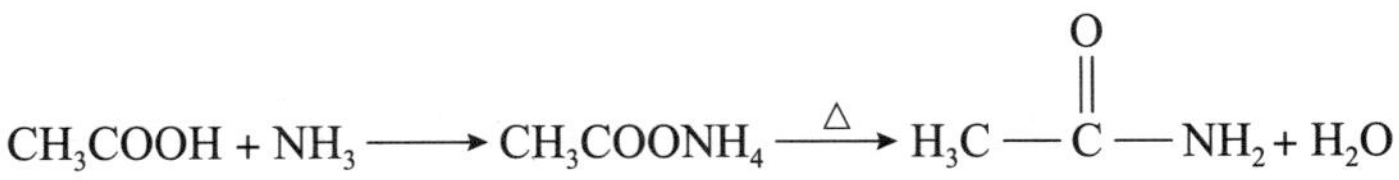

3. 脱羧反应　羧酸分子失去羧基并放出 CO_2 的反应称为脱羧反应。

饱和一元羧酸对热比较稳定，直接加热时难以脱羧，但在特殊条件下，如羧酸的钠盐与碱石灰（NaOH/CaO）共热时，则可脱羧生成少 1 个碳原子的烃。例如：

$$CH_3COONa + NaOH \xrightarrow[\triangle]{CaO} CH_4\uparrow + Na_2CO_3$$

乙二酸或丙二酸受热时可发生脱羧反应，生成一元羧酸。例如：

$$HOOC—COOH \xrightarrow{\triangle} HCOOH + CO_2\uparrow$$

$$HOOCCH_2COOH \xrightarrow{\triangle} CH_3COOH + CO_2\uparrow$$

生物体内发生的很多脱羧反应是在脱羧酶的作用下，在人体正常体温下进行的。

4. α-H 的卤代反应 由于羧基的影响，羧酸分子中的 α-H 具有一定的活性（与醛、酮的 α-H 相比，活性较弱），在红磷或 PX_3 的作用下，可与卤素发生反应，生成 α- 卤代酸。其反应式为：

$$CH_3CH_2COOH + X_2 \xrightarrow[\text{或}PX_3]{\text{红P}} CH_3\underset{\underset{X}{|}}{C}HCOOH$$

5. 还原反应 由于羧基中的碳氧双键受羟基的影响，所以一般还原剂难以还原羧酸。但是，强还原剂 [如氢化铝锂（$LiAlH_4$）] 能将羧酸还原成伯醇。反应常以无水乙醚或者四氢呋喃作为溶剂，再用酸进行水解。例如：

$$CH_3CH_2COOH \xrightarrow[\text{② }H_2O/H^+]{\text{① }LiAlH_4/\text{无水乙醚}} CH_3CH_2CH_2OH$$

$$CH_3CH{=}CHCH_2COOH \xrightarrow[\text{② }H_2O/H^+]{\text{① }LiAlH_4/\text{无水乙醚}} CH_3CH{=}CHCH_2CH_2OH$$

$LiAlH_4$ 能还原许多含有羰基结构的化合物，但对碳碳双键（$>C=C<$）、碳碳三键（$—C\equiv C—$）没有影响，所以 $LiAlH_4$ 是一种选择性还原剂。

五、重要的羧酸

（一）甲酸（HCOOH）

甲酸最初是从蚂蚁体内发现的，故又称为蚁酸。它存在于昆虫的毒液中，是具有刺激性气味的无色液体，沸点为 100.6℃，易溶于水。甲酸有很强的腐蚀性，被蚂蚁或蜂类蜇伤引起皮肤红、肿、疼痛，就是由于甲酸刺激导致的。甲酸溶液在临床上可用于治疗风湿病。

HCOOH 的结构非常特殊，其分子中的羧基与 H 原子相连，既有羧基的结构，又有醛基的结构，如下所示：

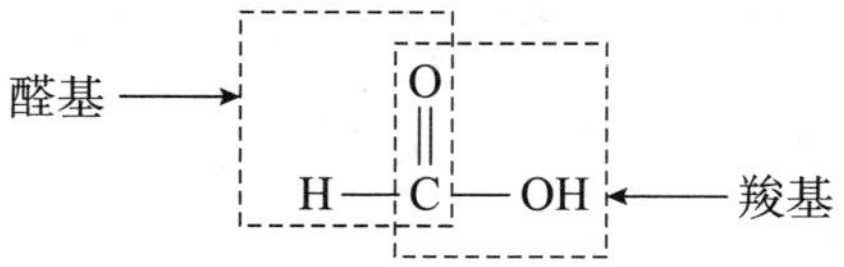

HCOOH 既有羧酸的性质，又有醛的性质。例如，甲酸具有较强的酸性，且其酸性强于其他羧酸。另外，甲酸还具有还原性，能与托伦试剂和费林试剂发生反应，或使 $KMnO_4$ 溶液褪色。这些反应可用于鉴别甲酸。

另外，HCOOH 与浓 H_2SO_4 共热后可分解生成 CO 和 H_2O，实验室中常利用这个反应来制备 CO。其反应式为：

$$HCOOH \xrightarrow[\triangle]{浓H_2SO_4} CO + H_2O$$

（二）乙酸（CH_3COOH）

乙酸是食醋的主要成分，俗称醋酸，是具有刺激性气味的无色液体，易溶于水，熔点为16.6℃，沸点为118℃。低于16.6℃的纯乙酸能凝结成冰状固体，所以常将纯乙酸称为冰醋酸。乙酸是重要的化工原料，可以合成许多有机化学产品，如醋酸纤维、乙酸乙酯和乙酐等。

（三）乙二酸（HOOC—COOH）

乙二酸常以盐的形式存在于草本植物中，故俗称草酸。乙二酸为无色晶体，熔点为189℃。乙二酸受热后可发生脱羧反应，生成HCOOH和CO_2。

乙二酸具有还原性，能使$KMnO_4$溶液褪色，据此可鉴别乙二酸。乙二酸在分析化学中可用于标定$KMnO_4$溶液的浓度，其反应式为：

$$5H_2C_2O_4 + 2KMnO_4 + 3H_2SO_4 \longrightarrow 2MnSO_4 + K_2SO_4 + 10CO_2\uparrow + 8H_2O$$

（四）丁二酸（$HOOC—CH_2—CH_2—COOH$）

丁二酸俗称琥珀酸，因其最初是经琥珀蒸馏得到而得名。琥珀酸是人体内糖代谢过程的中间产物。丁二酸为无色晶体，熔点为185℃，可溶于水，微溶于乙醚、乙醇和丙酮。医药工业中可用丁二酸来合成解毒药、利尿药、镇静药及维生素B等。

（五）苯甲酸（$C_6H_5—COOH$）

苯甲酸俗称安息香酸，是最简单的芳香酸。苯甲酸为无色晶体，熔点为121.7℃，难溶于冷水，易溶于热水、乙醇和乙醚等。苯甲酸是非常重要的有机合成原料，可用于合成药物、香料等。苯甲酸具有抑菌、防腐作用，苯甲酸及其钠盐常用作药液、消毒剂和食品防腐剂。

知识链接

花生四烯酸

花生四烯酸的结构简式为$CH_3(CH_2)_4(CH{=}CHCH_2)_4(CH_2)_2COOH$，学名为5,8,11,14-二十碳四烯酸。

花生四烯酸是一种不饱和脂肪酸，是人体内含量丰富的必需脂肪酸。它是细胞膜的组成成分，是大脑和神经系统的重要组成物质。

花生四烯酸是合成前列腺素和血栓素的前体物质。由花生四烯酸合成的前列腺素具有扩张血管、促进平滑肌收缩、调节炎症反应、促进凝血、免疫应答和调节细胞功能作用。

第二节　羧酸衍生物

羧酸衍生物通常是指羧基中的—OH被—X、—OCOR、—OR和—NH_2取代后生成的化合物，分别为酰卤、酸酐、酯和酰胺。它们都含有酰基（$R—\overset{\overset{\displaystyle O}{\|}}{C}—$），因此又称为酰基化合物。

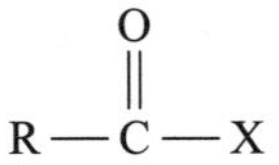
酰卤

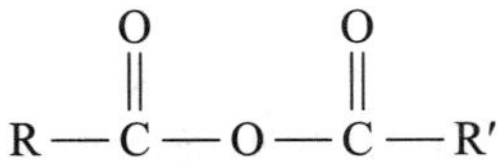
酸酐

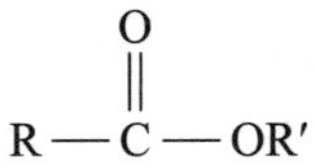
酯

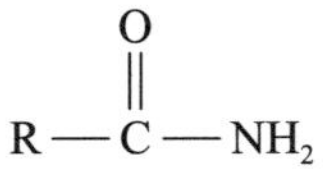
酰胺

酰基是由羧酸分子中的羧基脱去—OH 后余下的基团。对酰基进行命名时，只需要将相应羧酸的“某酸”改为“某酰基”。例如：

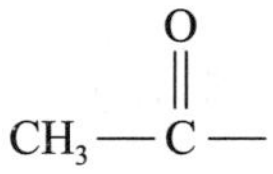
乙酰基

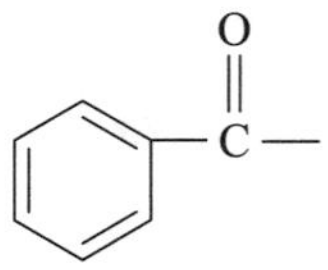
苯甲酰基

一、羧酸衍生物的命名

（一）酰卤

酰卤是由酰基与卤原子相连而形成的羧酸衍生物。酰卤根据酰基和卤原子的名称来命名，称为某酰卤。例如：

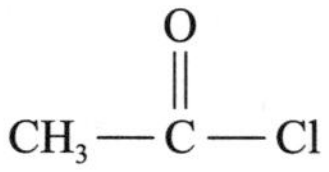
乙酰氯

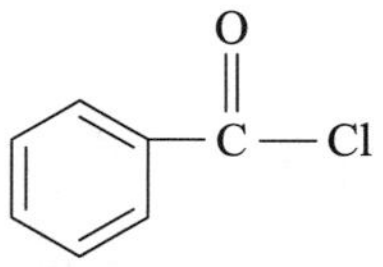
苯甲酰氯

（二）酸酐

酸酐是由 2 分子羧酸脱去 1 分子 H_2O 后形成的化合物。由相同的羧酸脱水形成的酸酐称为单（酸）酐。单（酸）酐的名称是在羧酸名称后加“酐”字，即称为某酸酐。由不同的羧酸脱水形成的酸酐称为混（酸）酐。对混（酸）酐进行命名时，应将简单的羧酸写在前面，复杂的羧酸写在后面，最后加“酐”字。例如：

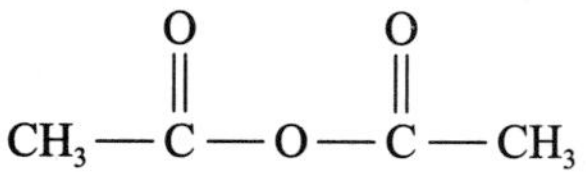
乙酸酐
（单酐）

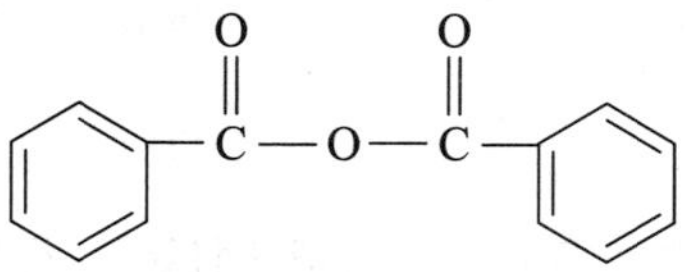
苯甲酸酐
（单酐）

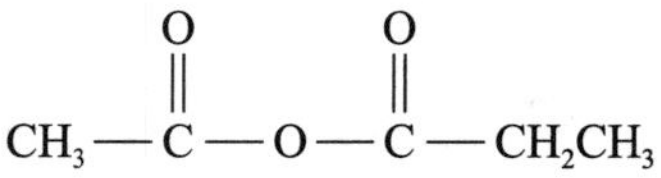
乙丙酸酐
（混酐）

（三）酯

酯是由酰基和烃氧基相连而形成的化合物。通常以形成酯的羧酸和醇来对其进行命名。由一元醇和羧酸所形成的酯，羧酸的名称在前，醇的名称在后，称为某酸某酯。例如：

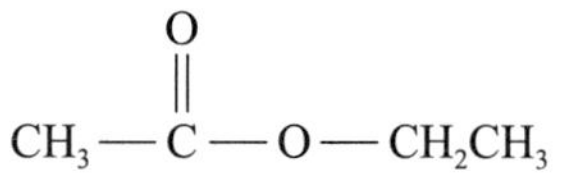

乙酸乙酯

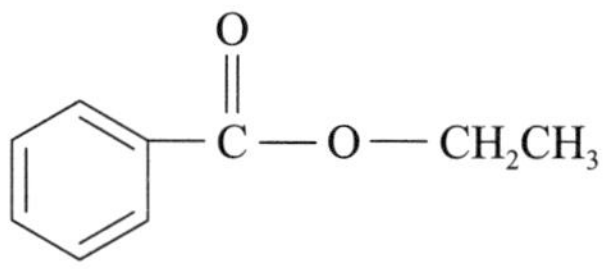

苯甲酸乙酯

由多元醇和羧酸所形成的酯，则称为某醇某酸酯。例如：

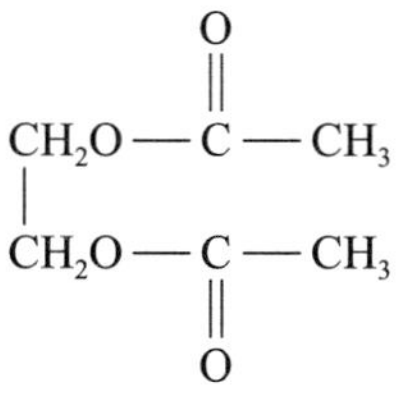

乙二醇二乙酸酯

（四）酰胺

酰胺是由酰基与氨基（$—NH_2$）或取代氨基相连而形成的化合物，根据所含酰基的名称而将其称为某酰胺。若 N 原子上的 H 原子被烃基取代，则用“*N*-”表示取代酰胺中烃基的位置。例如：

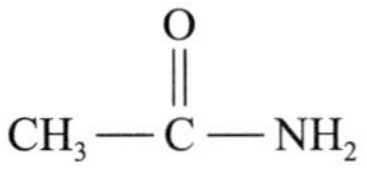

乙酰胺

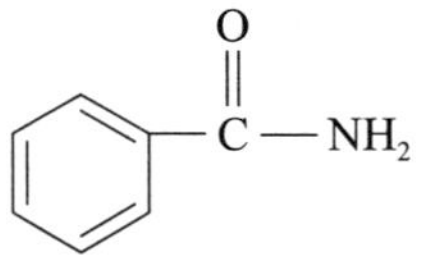

苯甲酰胺

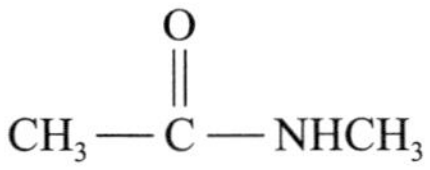

N- 甲基乙酰胺

二、羧酸衍生物的物理性质

在常温条件下，低级酰卤和酸酐是具有强烈刺激性气味的液体。低级酯是挥发性的液体，具有芳香气味，很多花草或水果的香味即来源于酯；高级酯是蜡状固体。酰胺除甲酰胺是液体外，其他多数是固体。

酰卤、酸酐和酯分子间没有氢键缔合，它们的沸点比相应的羧酸或醇低。酰胺（除 *N,N*- 二取代酰胺外）由于分子间形成氢键缔合的作用比羧酸强，故酰胺的沸点比相应的羧酸高。酰卤、酸酐、酯和酰胺均易溶于有机溶剂，如苯、三氯甲烷（$CHCl_3$）、乙醚等。酰卤和酸酐难溶于水，但是低级酰卤和酸酐遇水后可分解；酯在水中的溶解度较低，但低级酰胺易溶于水。

三、羧酸衍生物的化学性质

羧酸衍生物都含有酰基，因而具有相似的化学性质，可发生水解、醇解和氨解反应。此外，羧酸衍生物的碳氧双键还能发生还原反应。

（一）水解反应

酰卤、酸酐、酯和酰胺发生水解反应后，得到的主要产物为羧酸。其反应式为：

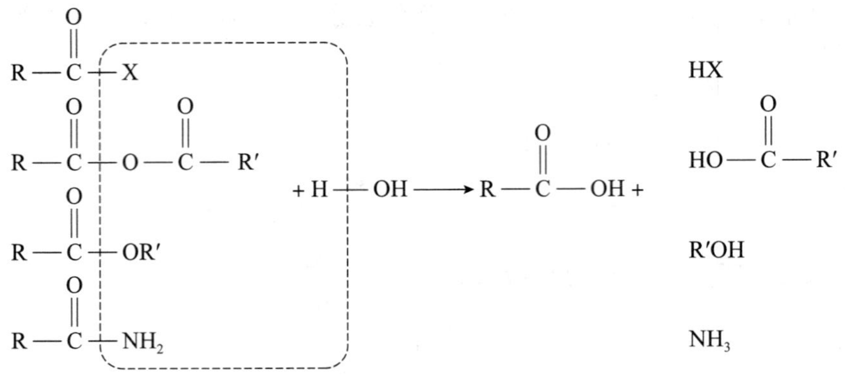

例如：

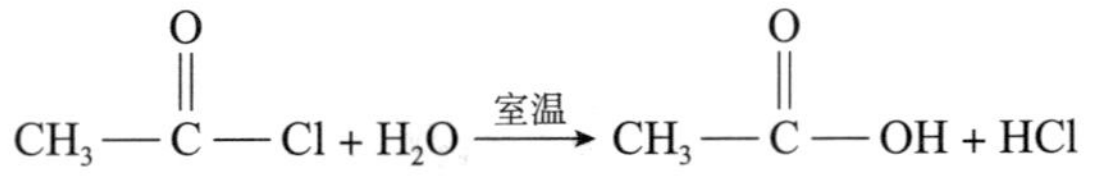

低级酰卤在室温条件下即可迅速水解；酸酐在加热条件下才会发生水解；酯需要在加热催化（H^+ 或 OH^-）条件下进行水解；酰胺的水解则较为困难。羧酸衍生物发生水解反应的活性强弱顺序依次为：酰卤＞酸酐＞酯＞酰胺。

（二）醇解反应

酰卤、酸酐和酯发生醇解反应后，得到的主要产物是酯。其反应式为：

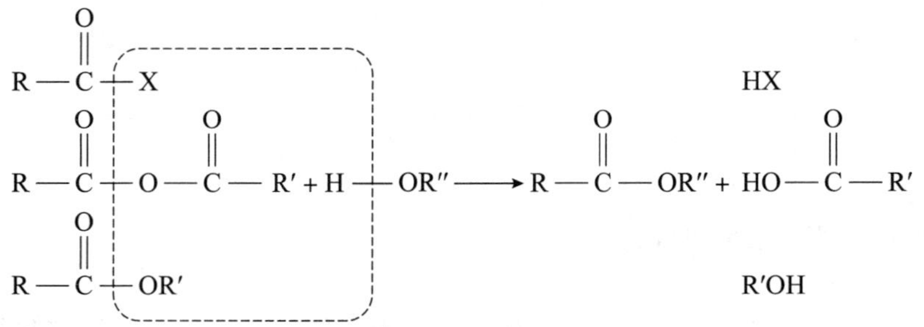

例如：

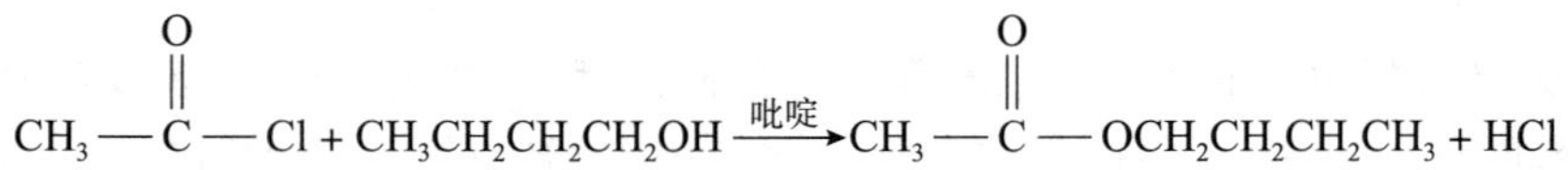

乙酸丁酯

酰卤与醇发生的反应是一个剧烈的放热反应，必须注意控制反应温度，以防止温度过高而引发醇的脱水反应。

酯的醇解反应又称酯交换反应。酯交换反应常用于制备难以直接用酯化反应合成的酯。

（三）氨解反应

酰卤、酸酐和酯发生氨解反应后，得到的主要产物是酰胺。氨解反应也可以看成是 NH_3 分子中的 H 原子被酰基取代，故又称为酰化反应。其反应式为：

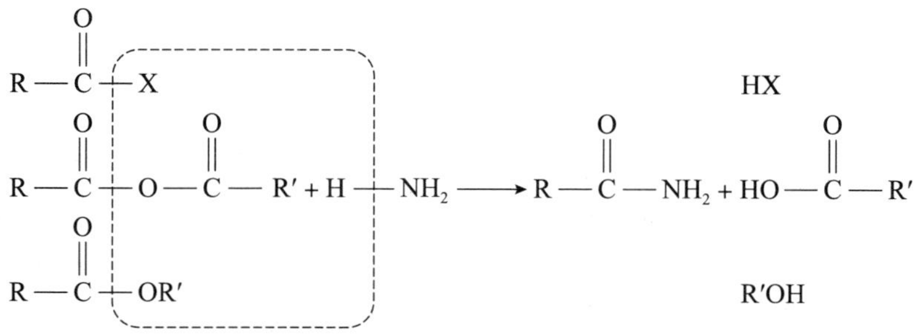

酰卤、酸酐和酯的氨解反应是制备酰胺的常用方法。

（四）还原反应

羧酸衍生物可发生还原反应。在强还原剂 [氢化铝锂（$LiAlH_4$）] 的作用下，酰卤、酸酐和酯可还原为伯醇，酰胺可还原为相应的胺。其反应式为：

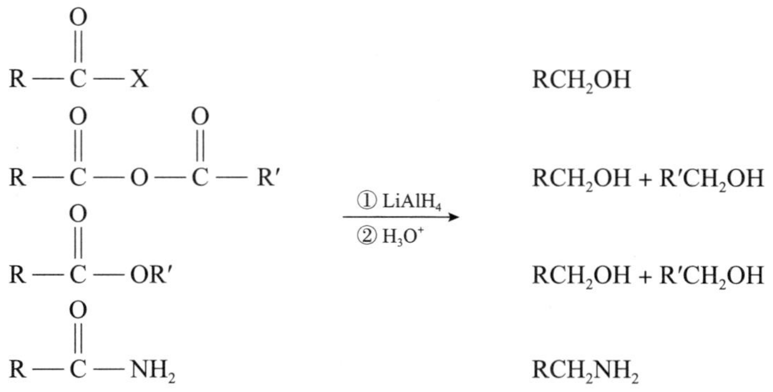

四、羧酸与羧酸衍生物的鉴别

酰伯胺、酸酐和酯都能与 NH_2OH（羟胺）发生酰化反应而得到异羟肟酸，异羟肟酸可再与 $FeCl_3$ 发生显色反应，生成异羟肟酸铁，呈红紫色。其反应式为：

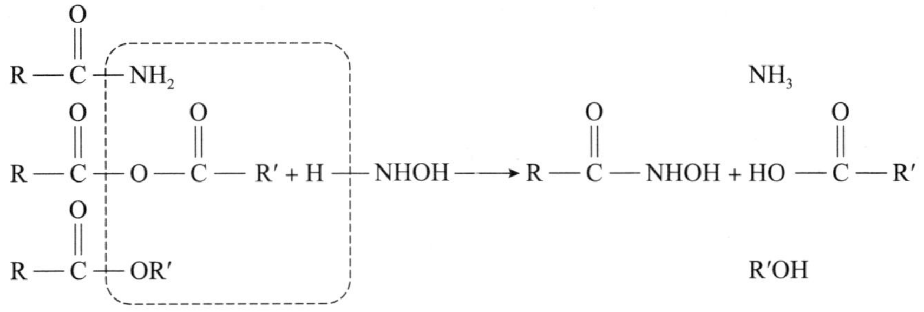

酰卤、*N*- 取代酰胺或 *N*,*N*- 取代酰胺不发生此显色反应，酰卤必须转变为酯才能发生反应。因此，利用这一性质可以鉴别羧酸衍生物。

第三节　乙酰乙酸乙酯

乙酰乙酸乙酯（$CH_3\overset{O}{\overset{\|}{C}}CH_2\overset{O}{\overset{\|}{C}}OC_2H_5$），又称 β- 丁酮酸乙酯（3- 丁酮酸乙酯），简称三乙酯。乙酰乙酸乙酯是具有水果香味的液体，可溶于乙醇等有机溶剂，微溶于水。

一、克莱森酯缩合反应

羧酸衍生物的α-H原子受碳氧双键的影响，性质非常活泼。在醇钠等碱性试剂存在的情况下，酯分子中的α-H能与另一酯分子中的烃氧基发生反应，脱去1分子醇，生成β-酮酸酯，这类反应称为克莱森（Claisen）酯缩合反应。例如，2分子乙酸乙酯在乙醇钠的作用下，可脱去1分子C_2H_5OH，生成乙酰乙酸乙酯。其反应式为：

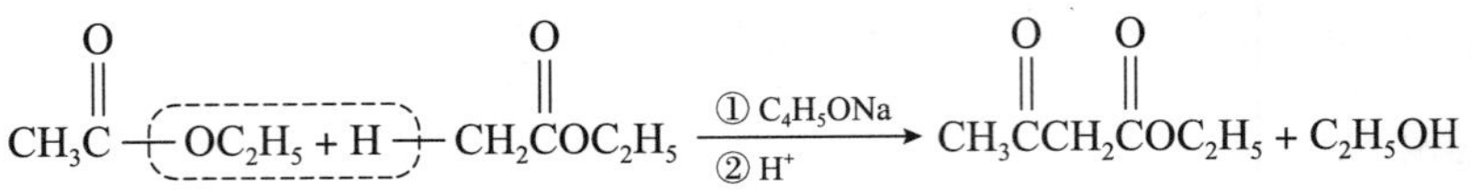

二、乙酰乙酸乙酯的互变异构现象

乙酰乙酸乙酯具有特殊的结构，其分子中含有羰基和酯基两种官能团。通常情况下，乙酰乙酸乙酯具有发生双重反应的性质，它能与2,4-二硝基苯肼反应生成橙色的苯腙沉淀，表现出羰基的性质；同时又能发生水解反应等，表现出酯的性质。另外，乙酰乙酸乙酯还能使溴水或溴的CCl_4溶液褪色，与$FeCl_3$溶液反应显紫色，表现出烯醇的性质。因此，乙酰乙酸乙酯分子中既具有酮式结构，又具有烯醇式结构。其互变异构过程可表示为：

酮式（92.5%）　　　　烯醇式（7.5%）

像这样两种或两种以上异构体相互转变，并以动态平衡而共存的现象，称为互变异构现象。

乙酰乙酸乙酯的酮式结构中，在吸电子的羰基和酯基的双重影响下，亚甲基的α-H原子性质变得更为活泼，在一定程度上有质子化的倾向。α-H原子与羰基的O原子相结合，即形成烯醇式结构，且酮式和烯醇式两种异构体可以相互转变，并以一定的比例处于动态平衡而共存。

三、乙酰乙酸乙酯在有机合成中的应用

乙酰乙酸乙酯经烷基或酰基取代后，可以再进行酮式分解或者酸式分解，在有机合成中的应用非常广泛。

1. 亚甲基上的活泼α-H原子发生的反应　乙酰乙酸乙酯分子中的亚甲基具有性质活泼的α-H原子，能被强碱夺取，发生取代反应。在强碱（如乙醇钠）的作用下，乙酰乙酸乙酯可反应生成钠盐。其中，碳负离子作为亲核试剂，可与卤代烃、酰卤等发生亲核取代反应，在α-碳原子上引入烷基或酰基，得到α-取代乙酰乙酸乙酯。其反应式为：

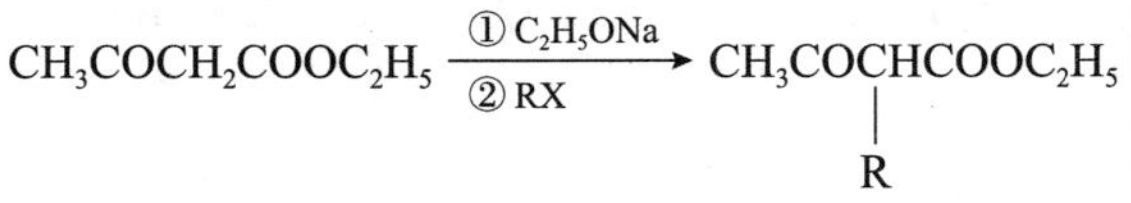

上述反应所得到的烷基乙酰乙酸乙酯中还有一个活泼的H原子，还可以继续进行反应，生成二烷基取代的乙酰乙酸乙酯。其反应式为：

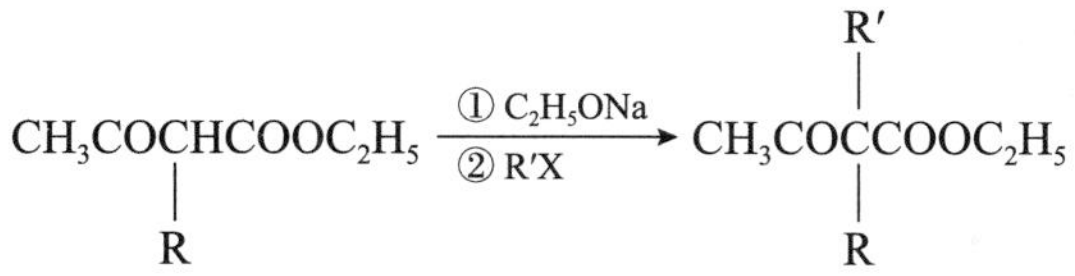

2. 酮式分解　乙酰乙酸乙酯在稀碱（如 5%NaOH）溶液中可发生水解，经酸化后，在加热条件下可发生脱羧反应，得到的产物是甲基酮。其反应式为：

$$CH_3COCH_2COOC_2H_5 \xrightarrow{\text{稀NaOH}} CH_3COCH_2COONa \xrightarrow[\text{② }-CO_2/\triangle]{\text{① }H^+} CH_3COCH_3$$

烷基取代的乙酰乙酸乙酯也可进行酮式分解，得到甲基酮。其反应式为：

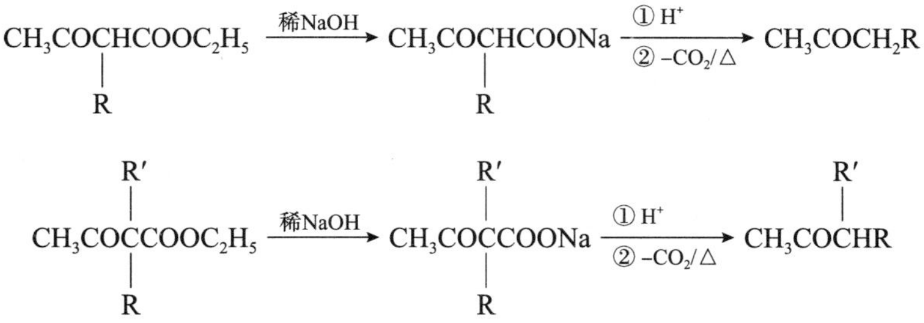

3. 酸式分解　α- 取代的乙酰乙酸乙酯中，第 2 个 α-H 原子也可以发生上述类似反应，生成复杂结构的甲基酮。此外，α- 取代的乙酰乙酸乙酯与浓碱（如 40%NaOH）溶液共热时，α- 碳原子和 β- 碳原子之间发生断裂，可生成乙酸钠，经酸化后加热得到的产物为羧酸。其反应式为：

$$CH_3COCH_2COOC_2H_5 \xrightarrow{\text{浓NaOH}} 2CH_3COONa + C_2H_5OH$$

烷基取代的乙酰乙酸乙酯也可进行酸式分解，得到取代乙酸。

根据上述性质可知，烷基取代的乙酰乙酸乙酯可以用于制备甲基酮和一元酸。

酰基取代的乙酰乙酸乙酯进行酮式分解，可用于制备二元酮。其反应式为：

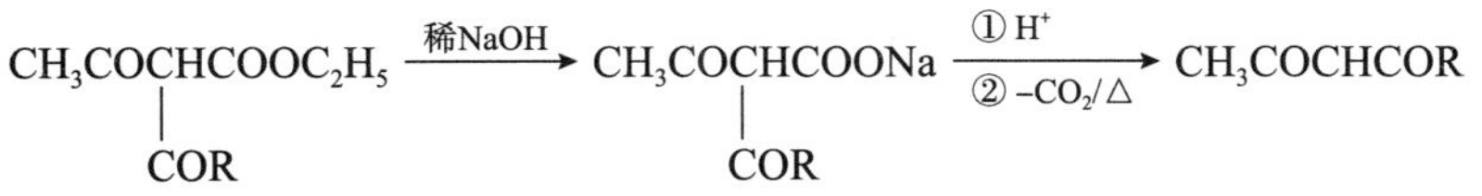

（酮式分解）

酰基取代的乙酰乙酸乙酯进行酸式分解，则可用于制备酮酸。其反应式为：

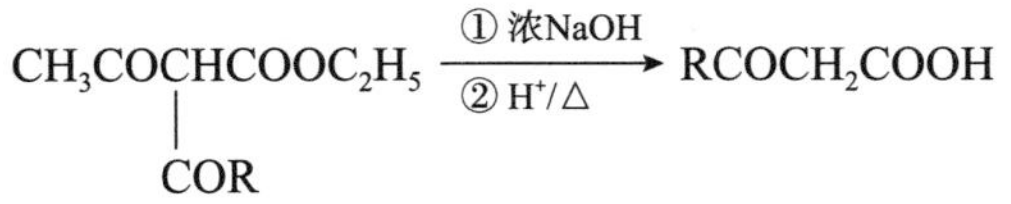

（酸式分解）

因此，乙酰乙酸乙酯在有机合成或药物合成中的应用非常广泛，通过上述反应，可以得到碳链增长的重要化合物。

第四节　丙二酸二乙酯

丙二酸二乙酯（$H_5C_2OOCCH_2COOC_2H_5$）是具有香味的无色液体，易溶于乙醇、苯等有机溶剂，微溶于水。

一、丙二酸二乙酯的合成

通常以乙酸（CH_3COOH）为原料来合成丙二酸二乙酯。其反应式为：

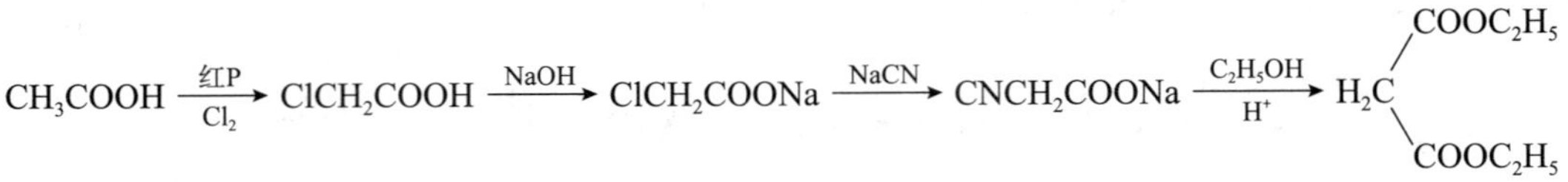

二、丙二酸二乙酯在有机合成中的应用

丙二酸二乙酯在结构上与乙酰乙酸乙酯相似，其亚甲基上的 H 原子受邻近 2 个羰基的影响，性质比较活泼，与醇钠作用可生成丙二酸二乙酯钠。丙二酸二乙酯钠还能与卤代烷发生反应，生成烷基丙二酸二乙酯。其反应式为：

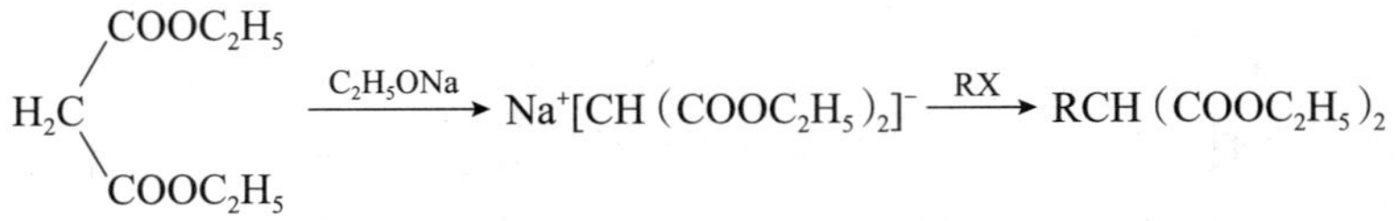

烷基丙二酸二乙酯可发生水解反应，得到的产物是烷基丙二酸。烷基丙二酸受热后可脱羧生成烷基取代乙酸。其反应式为：

$$RCH(COOC_2H_5)_2 \xrightarrow[②\ H^+]{①\ NaOH} RCH(COOH)_2 \xrightarrow[-CO_2]{\triangle} RCH_2COOH$$

如果烷基丙二酸二乙酯不发生水解反应，则在亚甲基上可以引入第 2 个烷基，最终得到二烷基取代乙酸。其反应式为：

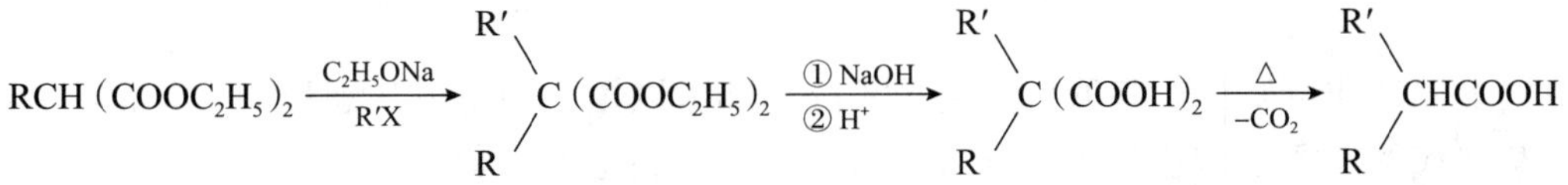

根据丙二酸二乙酯、一元卤代烷、醇钠的原料配比不同，可用于合成一元羧酸。如果采用二卤代烷与丙二酸二乙酯作用，则可合成二元羧酸。

自测题

一、单项选择题

1. 下列化合物中既能溶于 NaOH 溶液，又能溶于 $NaHCO_3$ 溶液的是

A. 苯甲醇　　B. 苯酚　　C. 苯乙醚

D. 苯甲酸　　E. 乙醚

2. 下列化合物中，不属于饱和羧酸的是

A. 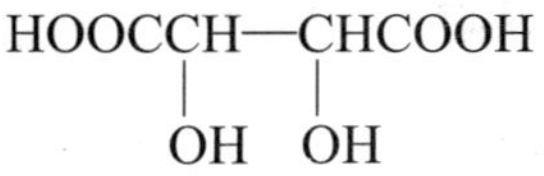　　B. CH_3COOH　　C. $HOOCCH_2—CH_2COOH$

D. $CH_3\overset{\overset{OH}{|}}{C}HCH_2COOH$　　　　E. HOOC—CH ═ CH—COOH

3. 既能与 NaOH 反应，又能与 $FeCl_3$ 溶液发生紫色显色反应的是

A. 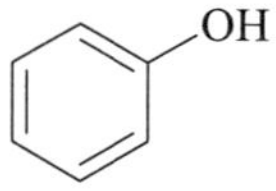　　B. 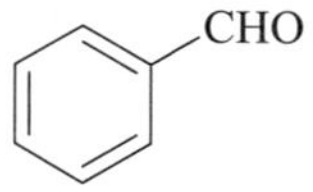　　C. 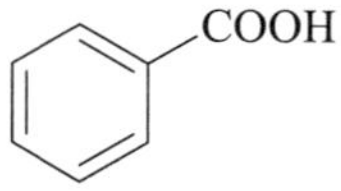

D. 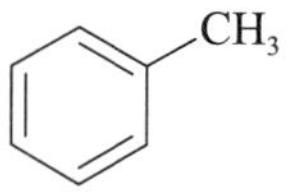　　E. 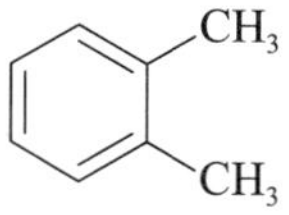

4. 被蜂类等昆虫蜇伤后，皮肤出现红肿、疼痛，主要是由于甲酸具有

A. 吸水性　　B. 氧化性　　C. 腐蚀性

D. 脱水性　　E. 麻醉作用

5. 下列化合物中酸性最强的是

A. 苯甲酸　　B. 苯酚　　C. 水

D. 苯甲醇　　E. 碳酸

6. 既能使石蕊试纸变红，又能发生银镜反应的是

A. 甲醛　　B. 甲酸　　C. 乙醇

D. 乙酸　　E. 丙酮

7. 乙酰卤发生水解反应的主要产物是

A. 乙酰胺　　B. 乙酸　　C. 乙醇

D. 乙酸酐　　E. 乙酸乙酯

8. 乙酰乙酸乙酯在稀碱作用下发生水解反应，经酸化后加热得到的产物是

A. 乙酸　　B. 乙酰乙酸　　C. 乙酸乙酯

D. 丙酮　　E. 乙醇

9. 下列羧酸衍生物① CH_3COCl、②（CH_3CO）$_2O$、③ $CH_3COOC_2H_5$ 和④ CH_3CONH_2 进行水解反应的活性强弱顺序依次是

A. ①>②>③>④　　B. ②>①>③>④　　C. ①>③>④>②

D. ③>①>④>②　　E. ③>②>④>①

二、多项选择题

1. 下列化合物中能与金属钠发生反应的是

A. 乙醇　　B. 苯酚　　C. 乙醚

D. 水　　E. 乙酸

2. 能与费林试剂发生反应的化合物是

A. 苯甲酸　　B. 丙酮　　C. 甘油

D. 甲酸　　E. 乙醛

3. 下列物质中属于羧酸衍生物的是

A. 乙酰卤　　B. 乙酰胺　　C. 乙酸酐

D. 乙酸乙酯　　E. 乙酸

三、填空题

1. 从甲酸的分子结构上看，它既含有羧基，又含有________，所以甲酸除具有羧酸的性质外，还具有________，可用作________剂。

2. 乙酸俗称________，在室温条件下为液体，低于 16.6 ℃时可结成冰状固体，又称________。

3. 乙二酸俗称________，具有还原性，能使高锰酸钾溶液褪色，据此可鉴别乙二酸。

四、命名或写出下列化合物的结构式

1. 草酸　　2. 环己乙酸　　3. 3-甲基戊酸

4. 乙酰胺　　5. 乙酰乙酸乙酯

6. $CH_3-\overset{O}{\overset{\|}{C}}-O-\overset{O}{\overset{\|}{C}}-CH_2CH_3$　　7. $CH_3-\overset{O}{\overset{\|}{C}}-NHCH_3$

五、完成下列化学反应式

1. $CH_3COOH + Na_2CO_3 \longrightarrow$

2. $CH_3COOH + CH_3CH_2OH \xrightarrow{H^+}$

3. $HOOC-COOH \xrightarrow{\triangle}$

4. $CH_3CH_2COOH + SOCl_2 \longrightarrow$

5. 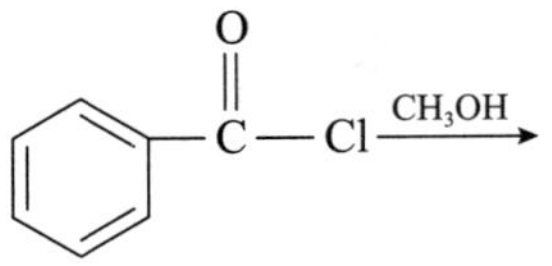

6. $CH_3CH=CHCH_2COOH \xrightarrow[\text{② } H_2O/H^+]{\text{① } LiAlH_4/\text{无水乙醚}}$

（王英玲）

第八章

含氮有机化合物

第八章
数字资源

学习目标

1. 掌握胺类化合物、硝基化合物的结构特点、命名和理化性质。
2. 理解胺类化合物、硝基化合物的结构与性质的异同。
3. 了解重要的胺类化合物、硝基化合物、重氮化合物和偶氮化合物及其在医学上的用途。
4. 了解鉴别胺类与硝基化合物的化学方法。

案例导入

胺与体重控制

大量有生理活性的化合物，分子内都存在氨基，如肾上腺素、六氢脱氧麻黄碱、安非他酮和苯异丙胺等。这些化合物中大多含有2-苯乙胺，也就是氨基通过碳链连接到苯环上。这种结构特征可能对神经递质与大脑受体部位的结合至关重要。这种胺能影响多种行为，如控制食欲和肌肉活动，并具有潜在成瘾性的兴奋作用。

思考题：

1. 胺与体重控制有何关系？
2. 胺与食品添加剂和癌症有何关系？

含氮有机化合物是指分子中的氮原子和碳原子直接相连的有机化合物，也可以看成是烃分子中的一个或几个氢原子被含氮原子的官能团所取代的衍生物。这类化合物范围广，种类多，与生命活动和人类日常生活的关系非常密切。

第一节　胺

一、胺的结构与分类

（一）胺的结构

1. 氨和脂肪胺的分子结构　胺类化合物可看成是氨的烃基衍生物，因此，胺分子与氨分子的结构相似，氮原子以不等性的 sp^3 杂化轨道成键。其中，3 个 sp^3 杂化轨道与氢原子的 s 轨道或烃基上碳原子的 sp^3 杂化轨道相互重叠形成 3 个 σ 键，而另一个 sp^3 杂化轨道占有 1 对电子。分子中 3 个 σ 键之间的键角约为 109°（图 8-1）。

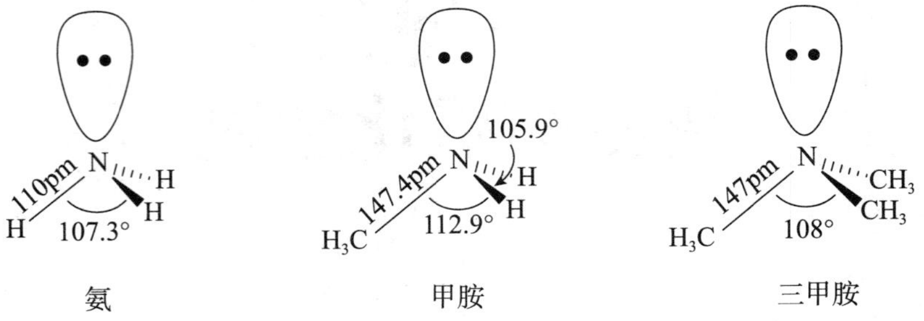

图 8-1　氨和脂肪胺的分子结构示意图

2. 芳香胺的结构　苯胺分子中的氮原子仍以不等性的 sp^3 杂化轨道成键，未共用电子对所占据的轨道具有较多的 p 轨道成分（以便与苯环的大 π 轨道尽可能形成共轭体系），但仍保留一定的 s 轨道特征（未共用电子对占据 s 成分的轨道较稳定）。

因此，苯胺分子中的氮原子仍为棱锥形构型，但 H—N—H 键的键角较大，约为 113.9°。H—N—H 所处的平面与苯环平面的交叉角为 39.4°（图 8-2）。

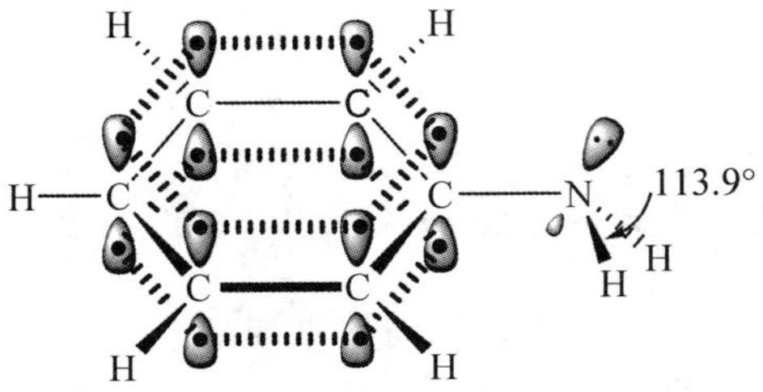

图 8-2　苯胺的分子结构示意图

3. 手性氮原子

（1）胺分子的氮原子：当氮原子上连接的 3 个基团不同时，氮原子为手性氮原子，所以胺分子理论上应存在 2 个对映体。例如：

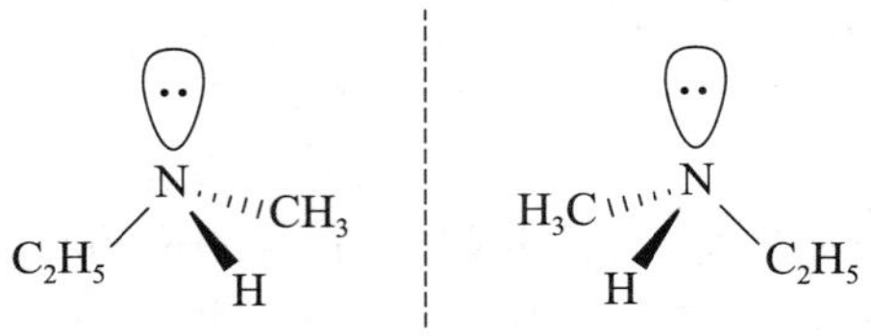

但由于两者相互转化所需的能量很低（25.1 kJ/mol），在室温条件下通过分子的热运动就足以克服该能量差而使 2 种构型相互转化，所以通常情况下无法将 2 种对映体分离开来。

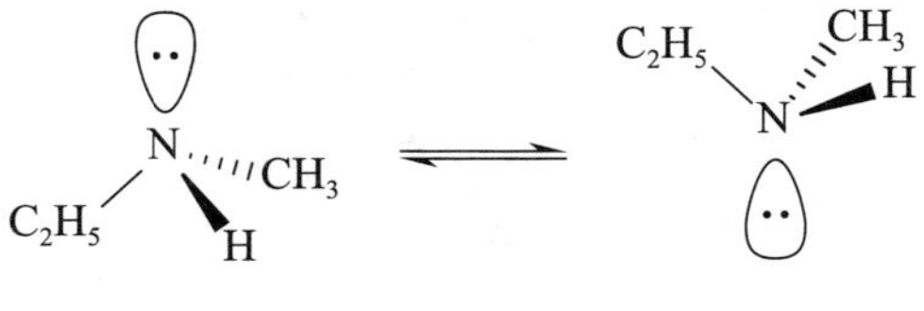

胺分子的对映体之间的相互转化，就像一把雨伞在大风中由内向外翻转一样，称为“伞效应”。

（2）季铵盐的氮原子：季铵化合物为四面体结构，其中的氮原子为 sp^3 杂化。当氮原子上连有 4 个不同的基团时，即存在对映体。例如，甲基乙基烯丙基苯基铵离子存在以下 2 种对映体：

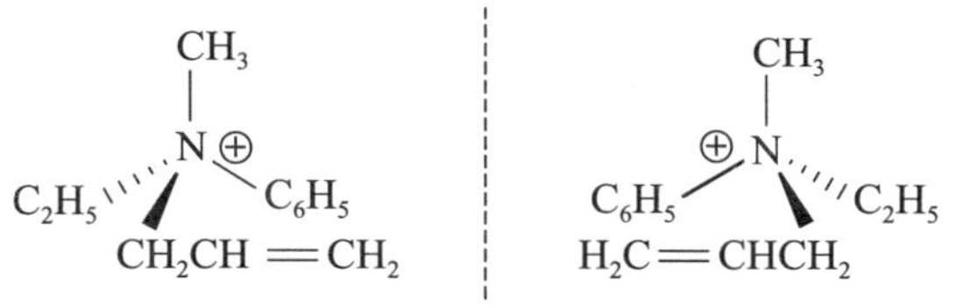

（二）胺的分类

1. 根据氮原子所连接的烃基数目分类　可以将胺分为伯胺（1° 胺）、仲胺（2° 胺）、叔胺（3° 胺）和季铵（包括季铵盐与季铵碱）。它们的通式分别为：

RNH_2	R_2NH	R_3N	$R_4N^+X^-$	$R_4N^+OH^-$
伯胺（1° 胺）	仲胺（2° 胺）	叔胺（3° 胺）	季铵盐	季铵碱

2. 根据氮原子所连接的烃基类型分类　可将胺分为脂肪胺和芳香胺。例如：

$CH_3CH_2NH_2$ 脂肪胺

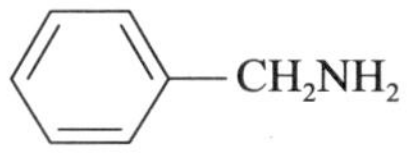

脂肪胺

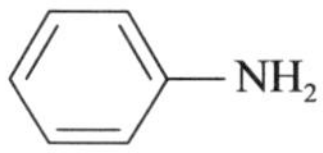

芳香胺

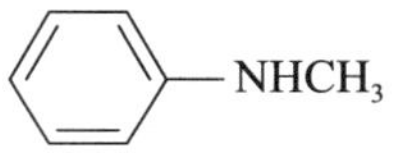

芳香胺

3. 根据胺分子中所含的氨基数目分类　可将胺分为一元胺、二元胺和多元胺。例如：

$CH_3CH_2CH_2NH_2$ 一元胺　　$H_2NCH_2CH_2NH_2$ 二元胺　　$NH_2CH_2CH(NH_2)CH_2NH_2$ 多元胺

二、胺的命名

（一）简单胺的命名

胺的官能团是氨基或者亚氨基，二者在官能团优先规则中的排序很低，所以既可作为官能团，又可作为取代基。对结构较简单的脂肪胺，以胺为母体，烃基为取代基，称为“某胺”。例如：

CH_3NH_2 甲胺　　$(CH_3)_2NH$ 二甲胺　　$(CH_3)_3N$ 三甲胺

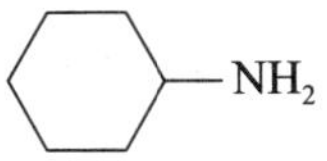

环己胺

$(C_6H_5)_2NH$ 二苯胺

（二）芳香胺的命名

芳香胺的命名则以苯胺为母体，将取代基的位次及名称放在母体名称前面。例如：

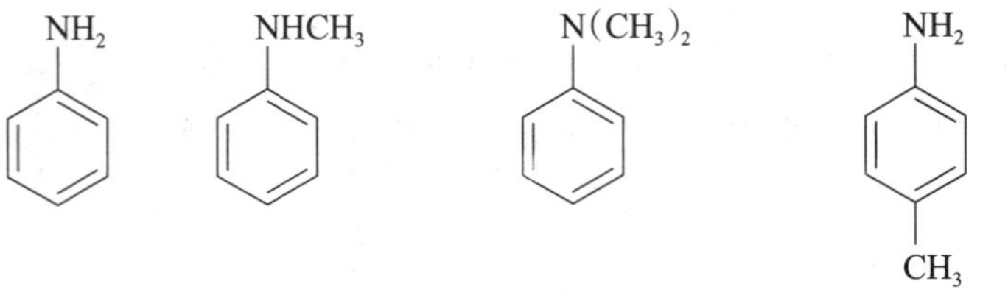

苯胺　　*N*- 甲基苯胺　　*N*,*N*- 二甲基苯胺　　对甲基苯胺

（三）复杂胺的命名

结构较为复杂的胺可采用系统命名法，把胺分子看成是烃的氨基衍生物，以烃基为母体，氨基为取代基。例如：

$$\underset{\displaystyle CH_3}{\overset{\displaystyle NHCH_3}{CH_3CH_2CHCHCH_3}}$$

3- 甲基 -2- 甲氨基戊烷

$$CH_3CH_2CH(NH_2)CH_2CH(CH_3)C_2H_5$$

3- 甲基 -5- 氨基庚烷

当仲胺或叔胺分子中含有不同的烃基时，可以选取链最长的烃基所对应的伯胺为母体，将其他烃基看成是伯胺氮原子上的取代基进行命名。例如：

$$CH_3CH_2CH_2CH_2-\overset{\displaystyle CH_3}{\overset{|}{N}}-CH_2CH_3$$

N- 乙基 -*N*- 甲基丁胺

对于多元胺，可根据所含烃基名称及氨基数目进行命名。例如：

$NH_2CH_2CH_2NH_2$　　$NH_2(CH_2)_6NH_2$

乙二胺　　己二胺

三、胺的物理性质

（一）脂肪胺

甲胺、二甲胺、三甲胺和乙胺等是气体，其余低级胺是易挥发的液体，十二胺以上的胺为固体。低级胺的气味与氨相似，三甲胺有鱼腥味。

丁 -1,4- 二胺即腐胺，戊 -1,5- 二胺即尸胺，二者均有恶臭味，且有毒。

具有 N—H 键的伯胺、仲胺分子间能形成氢键缔合，故其沸点比分子量相近的烷烃高，但因其形成的氢键强度比醇低，所以沸点比相应的醇低。叔胺不含 N—H 键而不能形成分子间氢键，其沸点与分子量相近的烷烃相近。碳原子数相同的胺，沸点随伯胺、仲胺、叔胺的顺序依次降低（这是由于空间位阻对分子间作用力的影响）。

低级胺均能溶于水（与 H_2O 形成氢键），但随分子量的增大，其水溶性逐渐降低；高级胺不溶于水。胺的水溶性比醇强（胺与水分子之间形成氢键缔合的能力强于醇与水分子之间的缔合）。

（二）芳香胺

芳香胺为无色、高沸点的液体或低熔点的固体，固体的取代苯胺中，熔点最高的是对位异构体。芳香胺一般难溶于水，易溶于有机溶剂。芳香胺能随水蒸气挥发，可用水蒸气蒸馏法分离和提纯。芳香胺有特殊气味，且毒性很强，液体芳香胺能经皮肤被吸收，β- 萘胺及联苯胺具有强烈的致癌作用。

常见胺的物理常数见表 8-1。

表8-1 常见胺的物理常数

名称	结构简式	熔点（℃）	沸点（℃）	pK_a（20 ~ 25℃）
氨	NH_3	−77.7	−33	9.3
甲胺	CH_3NH_2	−92.5	−6.5	10.6
二甲胺	$(CH_3)_2NH$	−96.0	7.4	10.7
三甲胺	$(CH_3)_3N$	−124.0	2.9	9.8
乙胺	$CH_3CH_2NH_2$	80.6	16.6	10.7
二乙胺	$(CH_3CH_2)_2NH$	−50	55.5	11.1
三乙胺	$(CH_3CH_2)_3N$	−115	89.5	10.6
乙二胺	$NH_2CH_2CH_2NH_2$	8.5	117	10.0，7.0
苯胺	$C_6H_5NH_2$	−6	184	4.6
N- 甲基苯胺	$C_6H_5NHCH_3$	−57	194	4.8
N,N- 二甲基苯胺	$C_6H_5N(CH_3)_2$	2.0	193	5.1
邻甲基苯胺	*o*-$CH_3C_6H_4NH_2$	24.4	197	4.4
间甲基苯胺	*m*-$CH_3C_6H_4NH_2$	31.5	203	4.7
对甲基苯胺	*p*-$CH_3C_6H_4NH_2$	44	200	5.1
苯甲胺（苄胺）	$C_6H_5CH_2NH_2$		184.5	9.4
邻硝基苯胺	*o*-$NO_2C_6H_4NH_2$	71.5	284	0.3
间硝基苯胺	*m*-$NO_2C_6H_4NH_2$	114	305	2.4
对硝基苯胺	*p*-$NO_2C_6H_4NH_2$	148	331.7	1.1
邻苯二胺	*o*-$C_6H_4(NH_2)_2$	103	257	4.5，1.3
间苯二胺	*m*-$C_6H_4(NH_2)_2$	63	284	4.7，2.6
对苯二胺	*p*-$C_6H_4(NH_2)_2$	140	267	5.1，3.3
二苯胺	$(C_6H_5)_2NH$	54	302	1.0
α- 萘胺	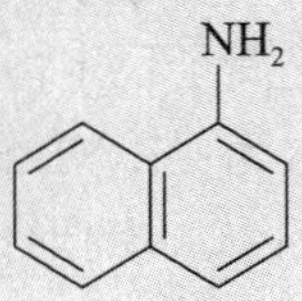	49	301	3.9
β- 萘胺	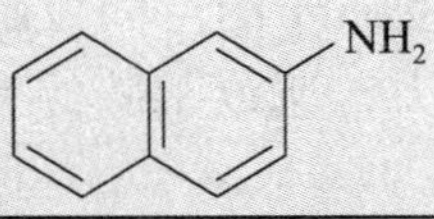	112	306	4.1

注：表中的 pK_a 值，是指胺对应的共轭酸 R_3N^+H 的值。此值越大，胺的碱性越强。

四、胺的化学性质

（一）胺的碱性

胺分子中氮原子的 1 个 sp^3 杂化轨道上有 1 对未共用电子，具有接受质子或提供电子对的能力，因此，胺具有碱性。

$$R\ddot{N}H_2 + HX \longrightarrow R\overset{+}{N}H_3X^-$$

在水溶液中，胺可以与水分子中的 H^+ 结合形成铵正离子，同时离解出 OH^-而呈现出弱碱性。其反应式为：

$$R\ddot{N}H_2 + H_2O \longrightarrow \underset{\text{铵正离子}}{R\overset{+}{N}H_3} + OH^-$$

1. 胺的碱性强弱表示方法　胺在水溶液中的离解程度可用离解常数 K_b 表示，即：

$$K_b = \frac{[R\overset{+}{N}H_3][OH^-]}{[RNH_2]}$$

从上式可知，$[OH^-]$ 越大，K_b 越大，即 pK_b 越小，水溶液中胺的碱性就越强，故可用 pK_b 来表示胺的碱性强弱。例如：

$$pK_b+pK_a=14.00\ (25℃) \qquad pK_a=14.00-pK_b$$

由此可见，pK_b 越小，则 pK_a 越大，所以常用 pK_a 的大小来表示胺的碱性强弱程度，pK_a 越大，胺的碱性越强。从表 8-1 可看出，水溶液中胺的碱性强弱顺序依次为：

	$(CH_3)_2NH$	> CH_3NH_2	> $(CH_3)_3N$	> NH_3
pK_a	10.7	10.6	9.8	9.3

2. 影响胺的碱性的因素　根据水溶液中胺的离解反应式可知，如果铵正离子越稳定，就越容易形成，胺分子也就越容易离解，胺的碱性就越强。因此，可通过胺分子在水溶液中所形成的铵正离子的稳定性强弱来分析胺的碱性。

（1）脂肪胺的碱性：脂肪胺与 H^+ 所形成的铵正离子的稳定性可从电子效应及空间位阻效应等方面加以分析。①从电子效应来看，铵正离子中的氮原子上所连接的烃基越多，对氮原子的供电子作用越强，铵正离子正电荷的分散程度就越高，稳定性越强。②从空间位阻效应来看，胺分子中氮原子上所连接的烃基越多、基团越大，烃基对氮原子上未共用电子对的屏蔽作用也越强，就越不利于胺与质子的结合，胺分子对应的铵正离子稳定性就越差。

综合考虑以上各种因素的影响，胺的碱性强弱顺序依次为：$R_2NH>RNH_2>R_3N>NH_3$。

（2）芳香胺的碱性：由于氮原子上的孤对电子与苯环大 π 键形成 p-π 共轭体系，使氮原子上的电子云密度降低。同时，苯环阻碍氮原子接受质子的空间位阻效应增强。由于电子效应和空间位阻效应都削弱了氮原子接受质子的能力，所以苯胺的碱性（pK_b=9.28）比氨弱。

脂肪胺、芳香胺和氨的碱性强弱顺序依次为：脂肪胺>氨>芳香胺。

	NH_3	> $PhNH_2$	> Ph_2NH	> Ph_3N
pK_a	9.3	4.6	1.0	近中性

（二）烃基化反应

胺类化合物分子中的氮原子上存在的未共用电子对使其可以作为亲核试剂与卤代烷按照

S_N2 机制发生取代反应，生成仲胺、叔胺和铵盐的混合物。其反应式为：

$$RNH_2 + RX \longrightarrow R_2\overset{+}{N}H_2X^- \xrightarrow{RNH_2} R_2NH + R\overset{+}{N}H_3X^-$$

$$R_2NH + RX \longrightarrow R_3\overset{+}{N}HX^- \xrightarrow{RNH_2} R_3N + R\overset{+}{N}H_3X^-$$

$$R_3N + RX \longrightarrow R_4\overset{+}{N}X^-$$

反应混合物经强碱处理，可使铵盐转化成相应的胺，结果得到伯胺、仲胺和叔胺的混合物。通过调节原料的配比以及控制反应温度、时间等其他条件，可以得到主要为某一种胺的产物。

（三）酰化反应

1. 碳酰化反应　伯胺和仲胺可作为亲核试剂，进攻酰卤、酸酐和酯分子中缺电子的酰基碳原子而发生酰化反应，生成酰胺。其反应式为：

$$RNH_2 + \underset{\substack{\text{酰化剂}\\\text{（酰卤、酸酐、酯）}}}{R'-\overset{\overset{\large O}{\|}}{C}-X} \longrightarrow \underset{\text{酰胺}}{R'-\overset{\overset{\large O}{\|}}{C}-NHR} + HX$$

叔胺因其氮原子上没有氢原子，所以不能生成酰胺化合物。

酰卤、酸酐和酯的酰化能力强弱顺序依次为：酰卤＞酸酐＞酯（苯胺不能被酯酰化）。

上述反应所生成的酰胺一般都是具有固定熔点的晶体，且在酸或碱的作用下又可水解为原来的胺，利用这一性质可以鉴别、分离提纯胺类化合物，或在合成过程中保护氨基。

2. 磺酰化反应　伯胺和仲胺还能与苯磺酰氯作用，生成相应的苯磺酰胺，这一反应称为兴斯堡（Hinsberg）反应。叔胺与苯磺酰氯不能发生兴斯堡反应。其反应式为：

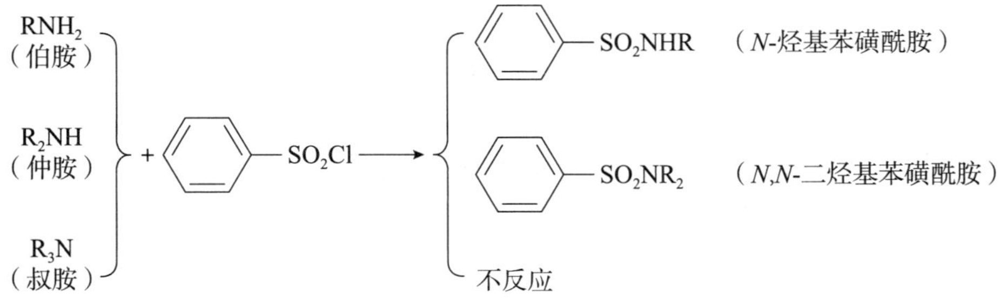

伯胺与苯磺酰氯作用生成的 *N*- 烃基苯磺酰胺分子中氮原子所连接的氢原子由于受到磺酰基及氮原子吸电子作用的影响而呈现出酸性，可与氢氧化钠生成盐而溶于氢氧化钠溶液。仲胺与苯磺酰氯作用生成的 *N*,*N*- 二烃基苯磺酰胺分子中的氮原子没有连接氢原子，因而不溶于氢氧化钠溶液。

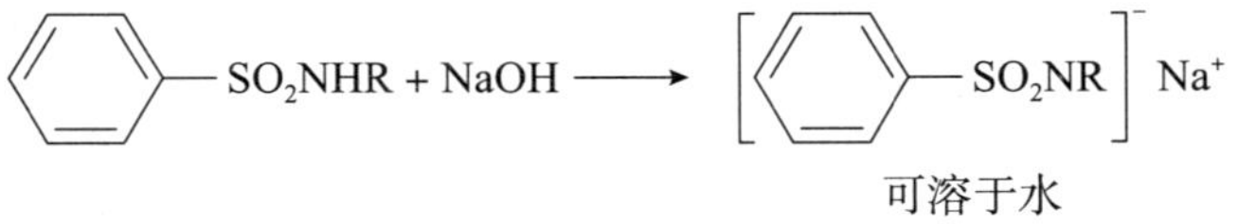

伯胺和仲胺与苯磺酰氯作用所生成的苯磺酰胺在酸或碱的催化作用下可水解生成原来的胺。因此，兴斯堡反应既可用于鉴别伯胺、仲胺和叔胺，又可用于分离或提纯伯胺、仲胺和叔

胺的混合物。苯磺酰胺为固体，有固定的熔点，所以也可将胺转化为相应的苯磺酰胺，通过测定相应苯磺酰胺的熔点可以鉴别原来的胺。

注意：兴斯堡反应只能用于鉴别或分离低级胺类化合物，因为超过 8 个碳原子的脂肪族伯胺和超过 6 个碳原子的脂环族伯胺反应生成的苯磺酰胺都不溶于氢氧化钠溶液。

（四）与亚硝酸反应

伯胺、仲胺和叔胺都能与亚硝酸反应，但它们各自反应的现象及结果不同。脂肪胺及芳香胺与亚硝酸发生反应的情况也存在差异。

1. 伯胺 脂肪伯胺与亚硝酸反应可生成性质极不稳定的重氮盐，后者可随即分解并放出氮气及生成醇、卤烃、烯烃等多种产物。其反应式为：

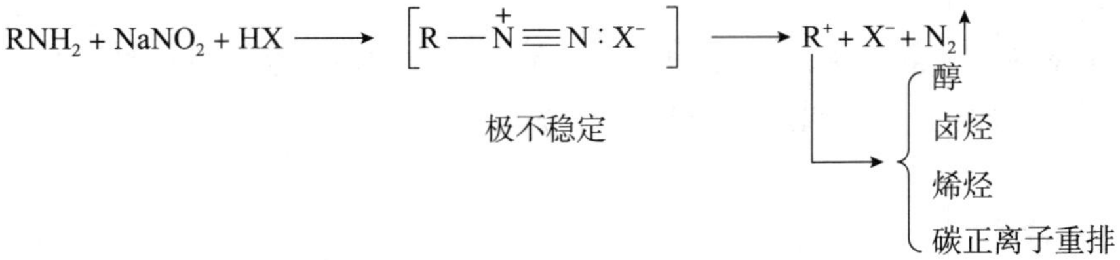

芳香伯胺与亚硝酸在低温条件下可反应生成性质较为稳定的重氮盐。受热（5℃以上）后，重氮盐可分解并放出氮气。其反应式为：

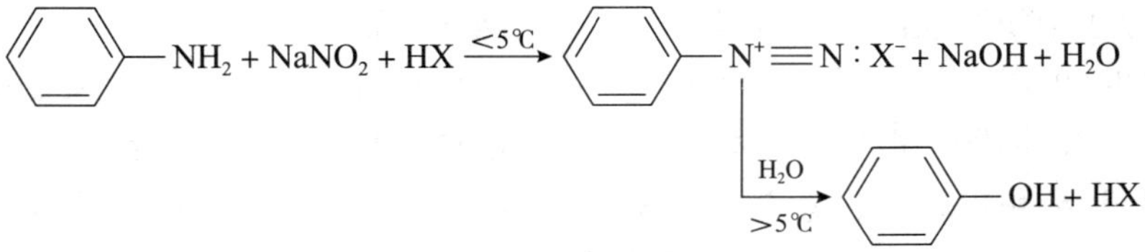

2. 仲胺 脂肪仲胺与亚硝酸发生反应可生成黄色油状或固体状的 *N*- 亚硝基胺。其反应式为：

$$R_2NH + HNO_2 \underset{H^+,\triangle}{\rightleftharpoons} R_2N—N=O + H_2O$$

芳香仲胺与亚硝酸反应后可生成 *N*- 亚硝基化合物。产物在酸性介质中可发生重排，生成对位亚硝基化合物。对位亚硝基化合物经碱中和后又可恢复为 *N*- 亚硝基化合物。这一过程呈现出颜色的变化。其反应式为：

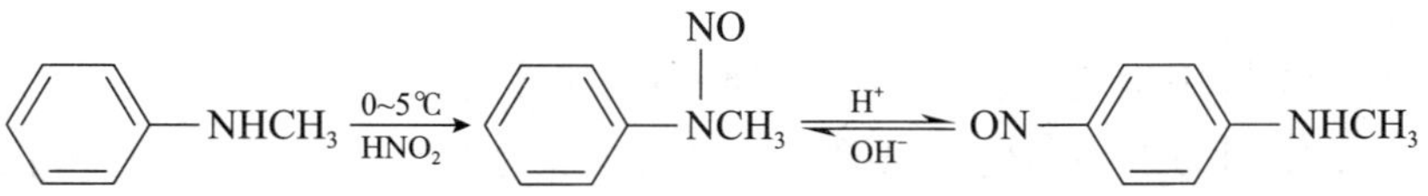

m.p.15℃（黄色）　　m.p.118℃（蓝绿色）

N- 甲基 -*N*- 亚硝基苯胺　　对位亚硝基 -*N*- 甲基苯胺

3. 叔胺 脂肪叔胺与亚硝酸作用可生成性质不稳定的亚硝酸盐并溶解。其反应式为：

$$R_3N + HNO_2 \rightleftharpoons R_3\overset{+}{N}H_3NO_2^-$$

芳香叔胺与亚硝酸反应可生成对位亚硝基化合物，这一过程同样伴随着颜色的变化。例如：

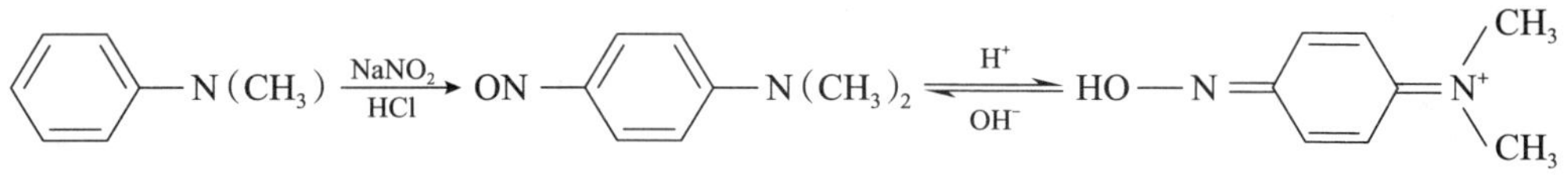

对位亚硝基-*N,N*-二甲苯胺　　　　（橘黄色）

熔点 86℃（翠绿色）

当对位被其他基团占据时，则生成邻位亚硝基化合物。例如：

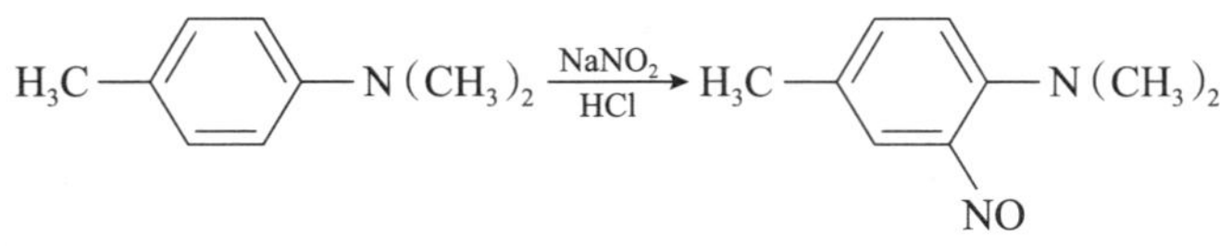

利用不同类型的胺与亚硝酸反应的现象和结果的不同，可以鉴别脂肪族与芳香族伯胺、仲胺、叔胺。

（五）芳香胺的性质

1. 氧化反应　芳香伯胺、芳香仲胺对氧化剂特别敏感，很容易发生氧化反应。纯净的苯胺是无色的，但在空气中放置后会很快被氧化而呈黄色，然后再变成红棕色。芳香胺氧化后得到的主要产物取决于氧化剂的性质和反应条件。例如，苯环上有吸电子基的芳香伯胺，经三氟过氧乙酸氧化后可生成相应的硝基化合物。其反应式为：

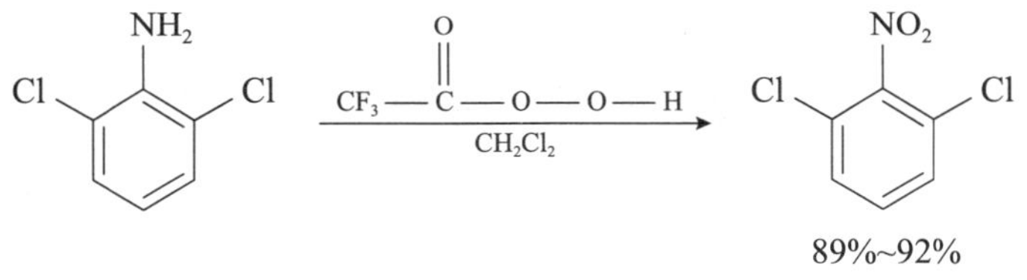

N,N-二烷基芳香胺（芳香叔胺）和芳香胺盐对氧化剂不那么敏感，故常将芳香胺转化为芳香胺盐进行储存。

2. 苯环上的亲电取代反应　芳香胺的氨基连接于芳环上，氮原子上的未共用电子对可通过与芳环形成 p-π 共轭体系而使芳环上的电子云密度增大，从而使苯环上的亲电取代反应活性增强。因此，芳香胺的亲电取代反应非常容易进行，氨基为作用较强的邻位或对位定位基。

（1）卤代反应：芳香胺与卤素极易发生卤代反应，且反应很难停留在一元取代的阶段。例如，苯胺与溴水反应可立即生成三溴苯胺的白色沉淀。该反应定量完成，可用于苯胺的定量和定性分析。其反应式为：

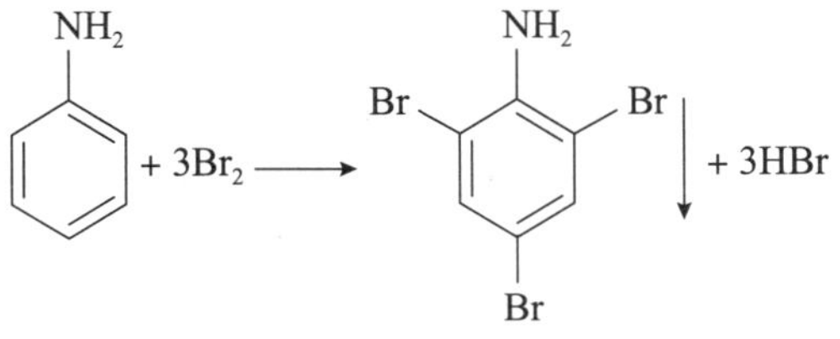

（白色）

若先用酰化剂将氨基酰化，使芳环的活性降低后再进行卤代反应，则可得到一卤代产物。例如：

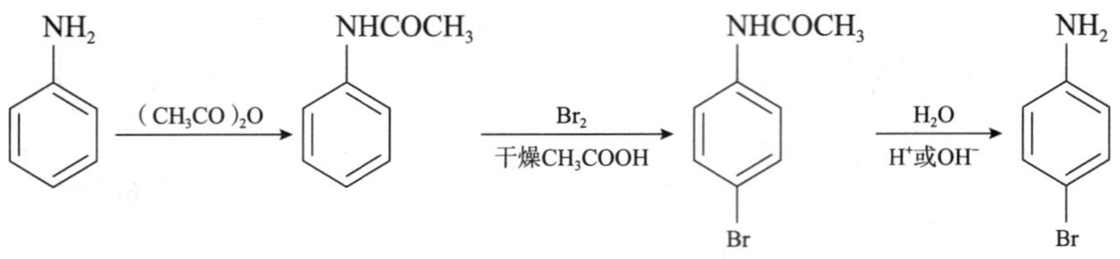

若将芳香胺转化为芳香胺盐后再进行卤代反应，则氨基就成为间位定位基，卤代产物为间位取代物。例如：

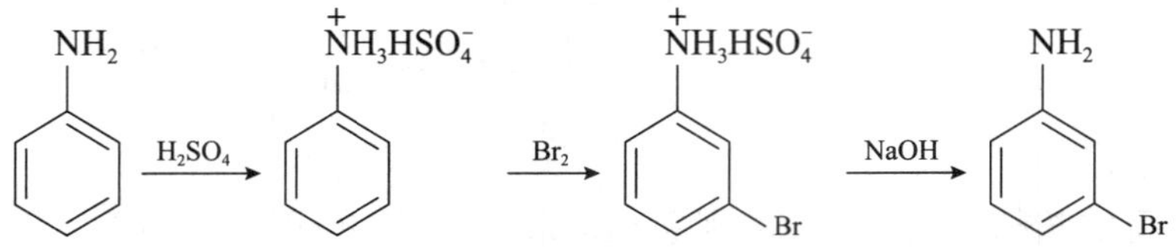

由于碘的亲电性很弱，所以苯胺可与碘直接作用生成对位取代产物。其反应式为：

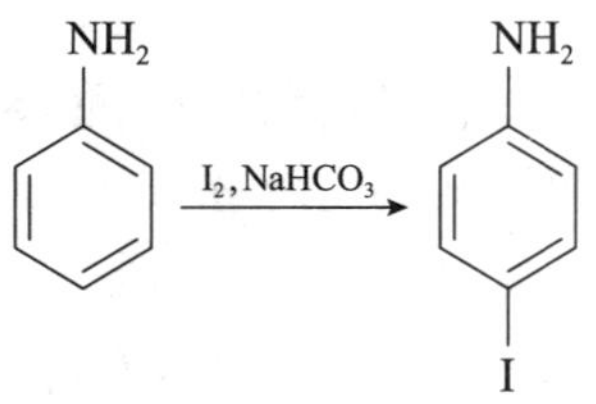

（2）硝化反应：由于芳香胺对氧化剂极其敏感，硝酸又具有很强的氧化性，所以对芳香胺进行硝化反应时，应先将氨基酰化或转化为盐，以保护氨基。其反应式为：

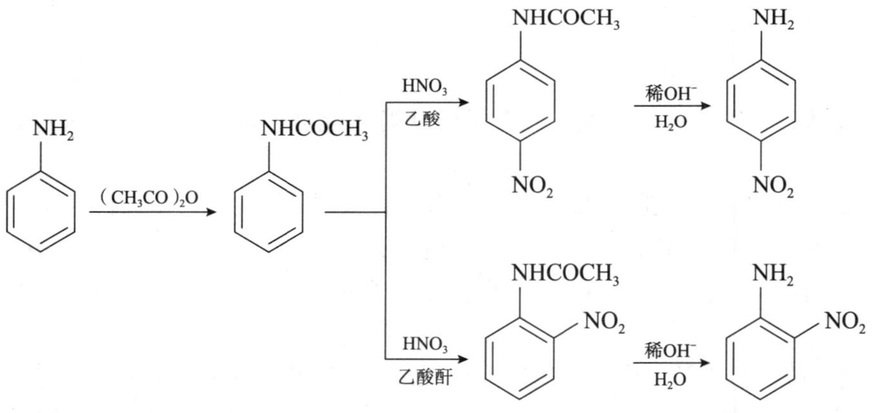

若将苯胺转化为盐后再进行硝化反应，则得到的产物主要为间位取代物。例如：

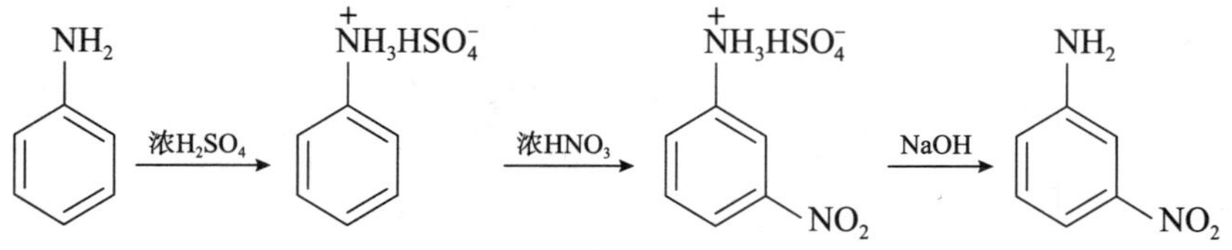

（3）磺化反应：苯胺在室温条件下可与发烟硫酸发生磺化反应，生成邻位、间位、对位氨基苯磺酸混合物；当温度升高至180℃时，苯胺与浓硫酸共热则可生成对位取代产物。例如：

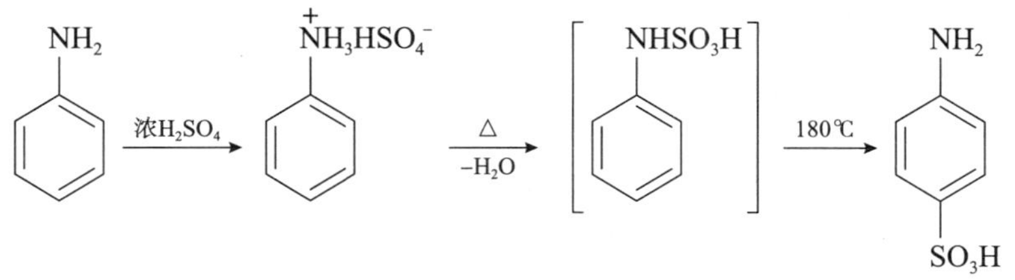

对氨基苯磺酸的酰胺称为磺胺，其衍生物是一类具有消炎作用的药物，称为磺胺类药物。其结构式为：

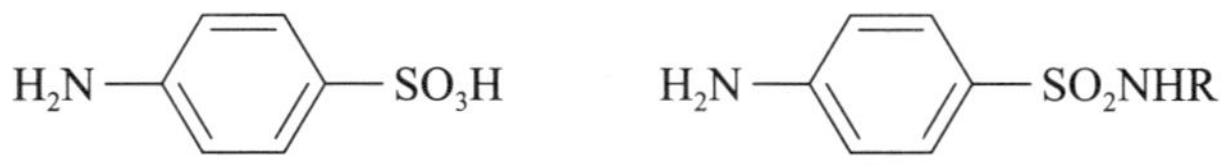

磺胺类药物

知识链接

庞大的磺胺家族

自1932年德国生物化学家杜马克首次发现磺胺类药物至今，其品种已经构成一个庞大的"家族"。对氨基苯磺酰胺简称磺胺，是最简单的磺胺类药物，它是磺胺类药物的母体，也是发挥抑菌作用的必需结构。其化学合成反应过程为：

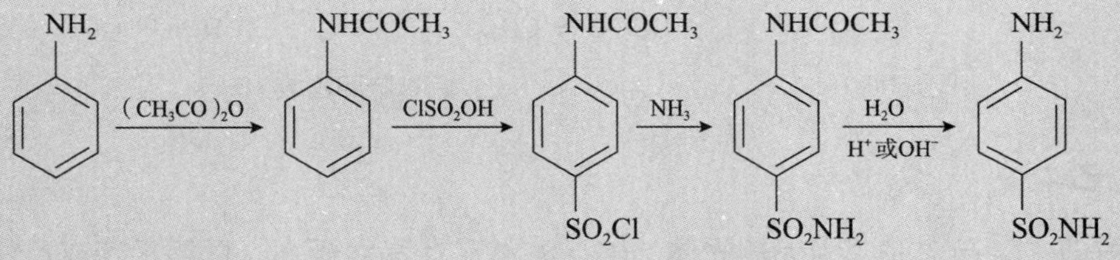

磺酰胺基上的氢原子可以被不同的杂环取代，形成不同种类的磺胺药。它们与母体磺胺相比，具有效价高、毒性低、抗菌谱广、口服易吸收等优点。例如：

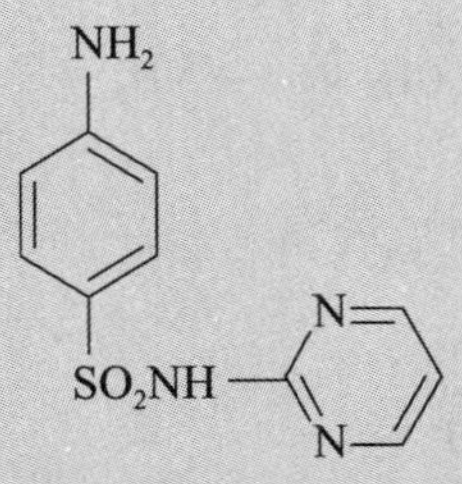

磺胺嘧啶

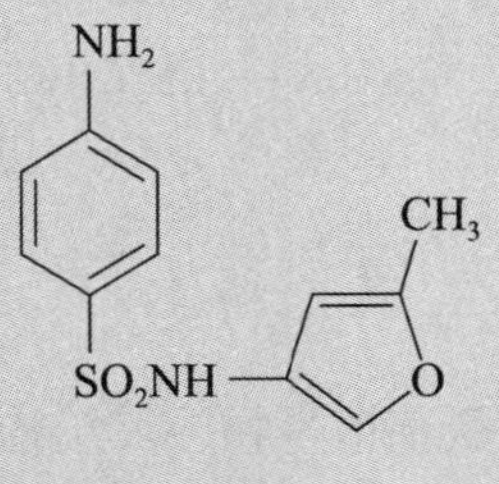

磺胺甲噁唑

五、重要的胺

（一）甲胺

甲胺包括一甲胺、二甲胺和三甲胺3种化合物。其中，一甲胺常简称甲胺。三者均为无色液体，有氨的气味，三甲胺还带有鱼腥味，易溶于水，能溶于乙醇、乙醚等溶剂。

甲胺都是蛋白质分解生成的产物，可从天然产物中得到。例如，三甲胺可经甜菜碱和胆碱分解得到。工业上常用甲醇与氨反应制备三者的混合物。另外，甲胺还是重要的有机化工原料，可用于制药等。

甲胺对皮肤、黏膜有刺激作用，工作场所最高容许浓度为 10 mg/L。

（二）苯胺

苯胺又称“阿尼林油”，是最简单的芳香胺，为无色油状液体，但放置在空气中可逐渐被氧化而呈棕色。其熔点为 −6℃，沸点为 184℃，加热至 370℃可分解。苯胺易溶于有机溶剂，微溶于水，表现出典型的芳香胺性质。

工业上可由硝基苯还原或氯苯的氨基化得到苯胺。同时，苯胺还是一种重要的化工原料，可用于药物合成（主要是合成磺胺类药物）等。

苯胺对血液和神经系统的毒性很强，工作场所最高容许浓度为 5 ppm。

（三）乙二胺

乙二胺又称 1,2- 二氨基乙烷，是最简单的二胺，为无色透明的黏液，有氨的气味。其熔点为 8.5℃，沸点为 117℃，能溶于水和乙醇，具有强碱性。乙二胺对皮肤和黏膜具有刺激性，可引起过敏。

$$H_2N—CH_2CH_2—NH_2$$

乙二胺

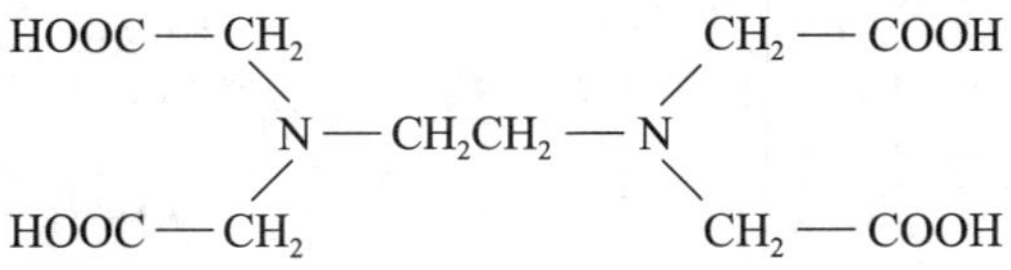

乙二胺四乙酸

（四）己二胺

己二胺即 1,6- 己二胺，为无色固体，熔点为 42℃，易溶于水，微溶于苯或乙醇，在空气中易变色，并能吸收水分及二氧化碳。工业上常经己二酸与氨作用或丙烯腈电解二聚而形成己二腈；己二腈再经催化加氢即可制备己二胺。己二胺是生产聚酰胺纤维［如锦纶 66、锦纶 610（或称尼龙 66、尼龙 610）］的中间体。

$$H_2N—CH_2CH_2CH_2CH_2CH_2CH_2—NH_2$$

己二胺

（五）金刚烷胺

金刚烷胺是金刚烷的氨基衍生物，其结构式为：

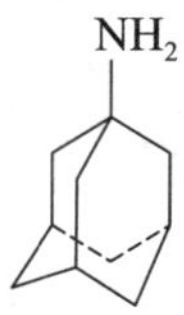

金刚烷胺属于伯胺，是一种抗病毒药，能抑制甲型流感病毒。

六、季铵盐和季铵碱

季铵化合物包括季铵盐和季铵碱，它们都是离子型化合物，而离子在官能团优先规则中排位很高，因此，季铵化合物总是以季铵离子作为最优官能团，归类为季铵盐或季铵碱，且以“铵”字结尾。命名时，其正离子部分（R_4N^+）可以看成是铵根正离子（NH_4^+）中的4个氢原子被烃基取代后形成的。例如：

$(CH_3)_4N^+OH^-$　　$(C_2H_5)_4N^+I^-$

氢氧化四甲铵　　碘化四乙铵

1. 季铵盐　铵盐（$NH_4^+X^-$）中的4个氢原子如果被4个烃基取代，即成为季铵盐（$R_4N^+X^-$）。

季铵盐为离子型化合物，一般为白色晶体，熔点较高，易溶于水，不溶于乙醚等非极性有机溶剂。具有长链烃基的季铵盐为表面活性剂，有杀菌作用，可用作消毒剂，如苯扎溴铵（新洁尔灭）、度米芬（杜灭芬）等就是一类具有去油污、无刺激性的消毒防腐剂，临床上多用于皮肤、黏膜、创面和器皿的消毒。

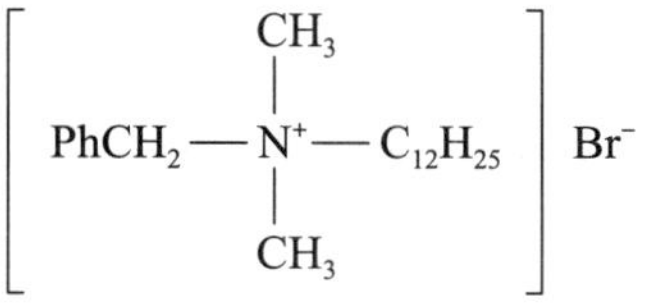

溴化二甲基十二烷基苄基胺（新洁尔灭）

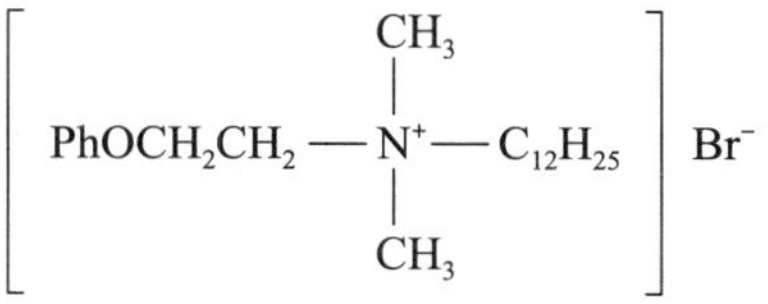

溴化二甲基十二烷基-（2-苯氧乙基）铵（杜灭芬）

季铵盐受热后可分解为叔胺和卤代烷。其反应式为：

$$R_4\overset{+}{N}X^- \xrightarrow{\triangle} R_3N + RX$$

季铵盐与强碱作用可形成季铵碱。其反应式为：

$$R_4\overset{+}{N}X^- + KOH \rightleftharpoons R_4\overset{+}{N}OH^- + KX$$

具有性质活泼的α-氢原子的季铵盐在强碱作用下，以质子的形式脱去α-H而形成碳负离子，烃基从氮原子上转移到相邻的碳负离子上而形成叔胺，这一反应称为史蒂文斯重排（Stevens rearrangement）反应。其反应式为：

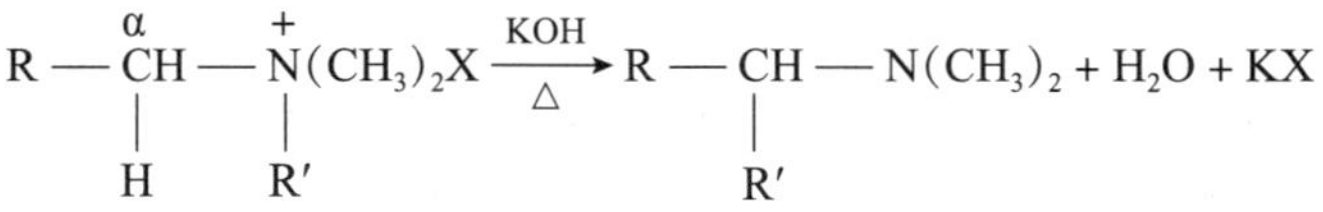

R是C_6H_5CO—、C_6H_5—等能使α-H容易被碱移去的吸电子基；R′是$C_6H_5CH_2$═CH—CH_2—等斥电子基。

发生史蒂文斯重排反应后的转移基团R′的构型保持不变。

2. 季铵碱　季铵碱（$R_4N^+OH^-$）是一种强碱，其碱性与氢氧化钠相当。季铵碱一般由氢氧化银和季铵盐的水溶液作用而制得。其反应式为：

$$R_4\overset{+}{N}I^- + AgOH \longrightarrow R_4\overset{+}{N}OH^- + AgI\downarrow$$

季铵碱受热后易分解，生成叔胺和醇。例如：

$$(CH_3)_4\overset{+}{N}OH^- \xrightarrow{\triangle} (CH_3)_3N + CH_3OH$$

上述反应可以看成是 OH^- 作为亲核试剂进攻受带正电荷的氮原子诱导而带正电荷的甲基碳原子所发生的反应。其反应式为：

$$(CH_3)_3\overset{+}{N}-CH_3-OH^- \xrightarrow{\triangle} (CH_3)_3N + CH_3OH$$

含有 β-H 原子的季铵碱加热至 100 ~ 200℃时，OH^- 可进攻并夺取 β-H，同时 C—N 键自动断裂而发生消除反应，生成烯烃和叔胺，这一反应称为霍夫曼消除（Hofmann elimination）反应。例如：

$$(CH_3)_3\overset{+}{N}CH_2\overset{\beta}{C}H_3OH^- \xrightarrow{\triangle} (CH_3)_3N + H_2C=CH_2 + H_2O$$

当季铵碱裂解成烯烃的消除反应方向有选择余地时，反应的主要产物为双键碳上带有较少烷基的烯烃（与札依采夫规则相反），这一规律称为霍夫曼规则。

例如：

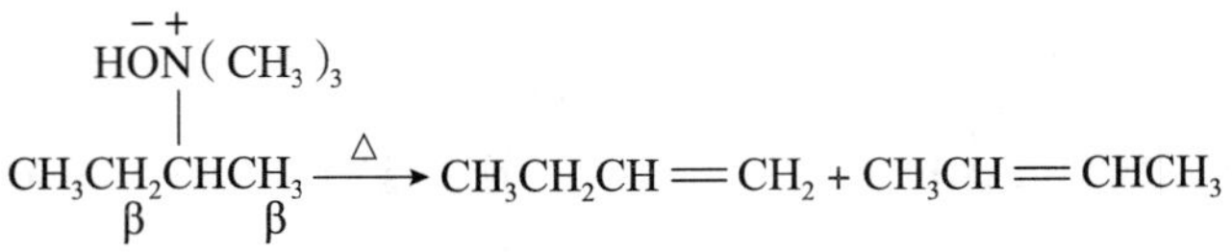

95%　　5%

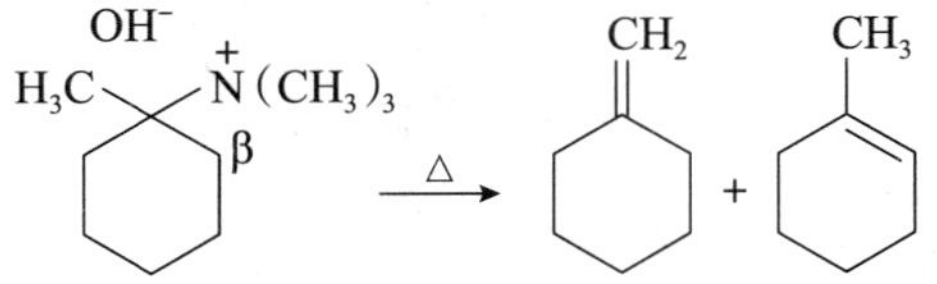

95%　　1%

利用霍夫曼消除反应，对于某个未知的胺，可用过量的碘甲烷与之作用生成季铵盐，然后进一步转化为季铵碱，再进行加热分解。通过检测反应过程中消耗碘甲烷的摩尔数可得知原来胺的级数，再根据所得烯烃的结构，即可推测出原来胺的结构。例如：

$$RCH_2CH_2NH_2 \xrightarrow{3CH_3I} RCH_2CH_2\overset{+}{N}(CH_3)_3I^- \xrightarrow{AgOH}$$

$$RCH_2CH_2\overset{+}{N}(CH_3)_3OH^- \xrightarrow{\triangle} RCH=CH_2 + N(CH_3)_3 + H_2O$$

这种采用过量的碘甲烷与胺作用生成季铵盐，然后进一步转化为季铵碱，最后发生消除反应生成烯烃的反应称为霍夫曼彻底甲基化（Hofmann exhaustive methylation）反应。

环状胺需经过多次霍夫曼彻底甲基化反应才能形成烯烃。例如，毒芹的活性成分毒芹碱（$C_8H_{17}N$）需经过 2 次霍夫曼消除反应，最终得到辛 -1,4- 二烯。其反应式为：

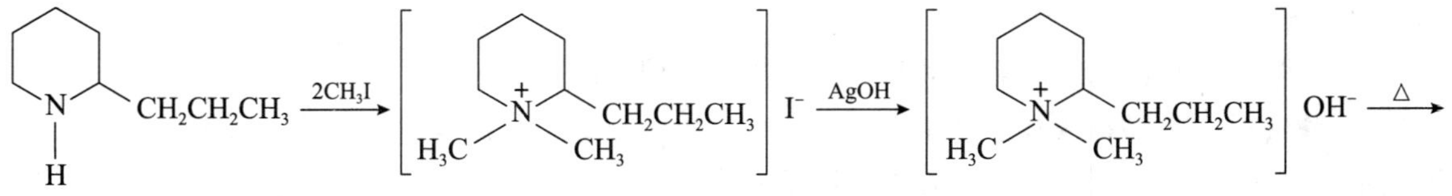

毒芹碱

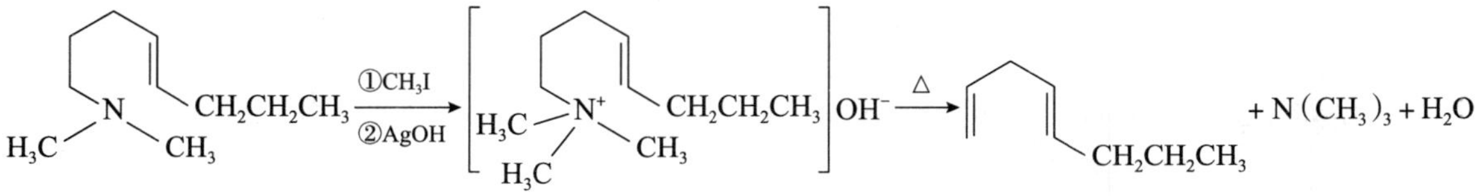

辛 -1,4- 二烯

第二节　硝基化合物

一、硝基化合物的结构与分类

烃（R—H）分子中的氢原子被硝基（$—NO_2$）取代后所形成的化合物（$R—NO_2$）称为硝基化合物。硝基化合物的官能团为硝基。

根据硝基所连接的烃基类型，可将硝基化合物分为脂肪族硝基化合物和芳香族硝基化合物；根据与硝基所连接的烃基上的碳原子类型，可将硝基化合物分为伯、仲、叔硝基化合物；根据分子中所含有的硝基数目，可将硝基化合物分为一元、二元和多元硝基化合物。

硝基化合物可用以下结构表示：

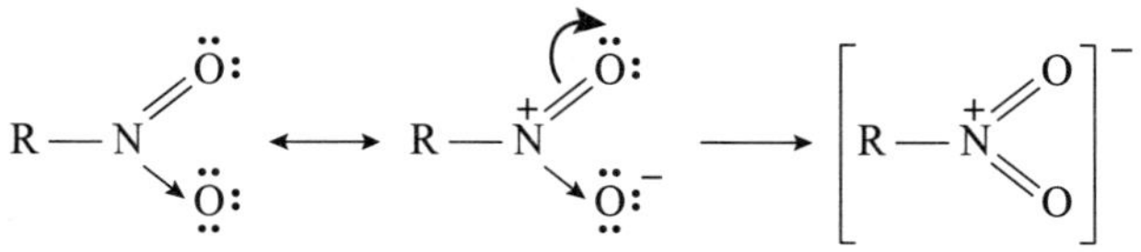

硝基化合物分子中的正、负电荷重心偏移，从而使分子具有较大的极性。硝基氮原子带正电荷，使硝基成为一个作用较强的吸电子基。

二、硝基化合物的命名

由于硝基在官能团优先规则中的排序处于最低位，因此，采用系统命名法进行命名时，可以将硝基化合物看成烃类的衍生物，以烃为母体，硝基为取代基。例如：

$CH_3CH_2NO_2$

硝基乙烷

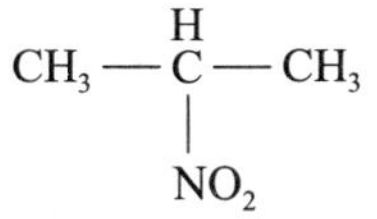

2- 硝基丙烷

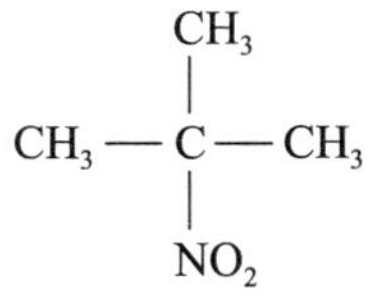

2- 甲基 -2- 硝基丙烷

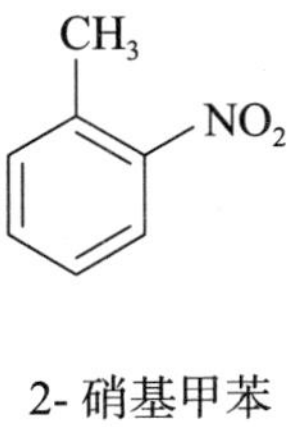

2- 硝基甲苯

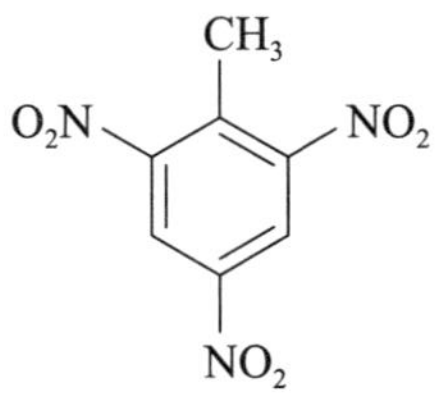

2,4,6- 三硝基甲苯

（TNT，最常用的军用炸药）

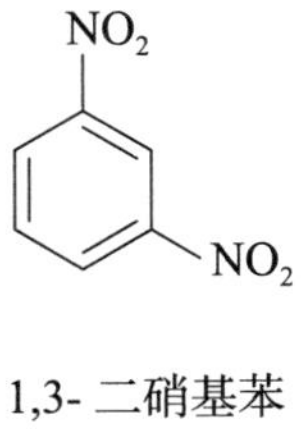

1,3- 二硝基苯

三、硝基化合物的物理性质

硝基化合物分子中含有强极性的硝基，所以一般都具有较大的偶极矩，其沸点和熔点明显高于相应的烃类，也高于相应的卤代烃。脂肪族硝基化合物一般为无色液体。芳香族硝基化合物除了单环硝基化合物为高沸点的液体外，其他多为淡黄色固体。硝基化合物不溶于水，但能与大多数有机物互溶，并能溶解大多数无机盐（形成络合物），故液体硝基化合物常用作某些有机反应（如傅 - 克反应）的溶剂。硝基化合物大多具有特殊气味，个别有香味，可用作香料（如人造麝香），但大多硝基化合物均具有毒性，使用时要注意防护。多硝基化合物不稳定，遇到光照、加热或振动易发生爆炸分解，可用作炸药（如三硝基甲苯）。常见硝基化合物的物理常数见表 8-3。

表8-3　常见硝基化合物的物理常数

名称	结构简式	熔点（℃）	沸点（℃）	D^{20}_{4}
硝基甲烷	CH_3NO_2	−28.5	100.8	1.381
硝基乙烷	$C_2H_5NO_2$	−50	115	1.004
1- 硝基丙烷	$CH_3(CH_2)_2NO_2$	−108	131.5	1.0221
2- 硝基丙烷	$(CH_3)_2CHNO_2$	−93	120.3	1.024（0℃）
硝基苯	$C_6H_5NO_2$	5.7	210.8	1.203
邻二硝基苯	1,2-$C_6H_4(NO_2)_2$	118	319（744 mmHg）	1.565（17℃）
间二硝基苯	1,3-$C_6H_4(NO_2)_2$	89.8	303（770 mmHg）	1.571（0℃）
对二硝基苯	1,4-$C_6H_4(NO_2)_2$	174	299（777 mmHg）	1.625
1,3,5- 三硝基苯	1,3,5-$C_6H_3(NO_2)_3$	122	分解	1.688
邻硝基甲苯	1,2- $CH_3C_6H_4NO_2$	−9.3（α），−4（β）	222	1.163
间硝基甲苯	1,3-$CH_3C_6H_4NO_2$	16	231	1.157
对硝基甲苯	1,4-$CH_3C_6H_4NO_2$	52	238.5	1.286
2,4- 二硝基甲苯	2,4-$CH_3C_6H_3(NO_2)_2$	70	300	1.521（15℃）
α- 硝基甲苯	α-$C_6H_5CH_2NO_2$	61	300.4	1.32

四、硝基化合物的化学性质

（一）脂肪族硝基化合物 α-H 的活泼性

脂肪族 1°、2° 硝基化合物，由于分子中的硝基具有较强的吸电子作用，使 α-C 原子所连接的 H 原子表现出一定的活泼性，使 α-H 酸性增强，故容易发生 α-H 的反应。

1. 互变异构和酸性　脂肪族硝基化合物的 α-H 易转移到硝基的双键 O 原子上，而使（Ⅰ）式与（Ⅱ）式形成互变异构现象；（Ⅱ）式中的 N 原子上连接的—羟基 H 原子具有酸性，能与碱作用生成盐，故含有 α-H 的脂肪族硝基化合物能缓慢地［由（Ⅰ）式异构化成（Ⅱ）式需要时间］溶解于 NaOH 溶液并形成盐。其反应式为：

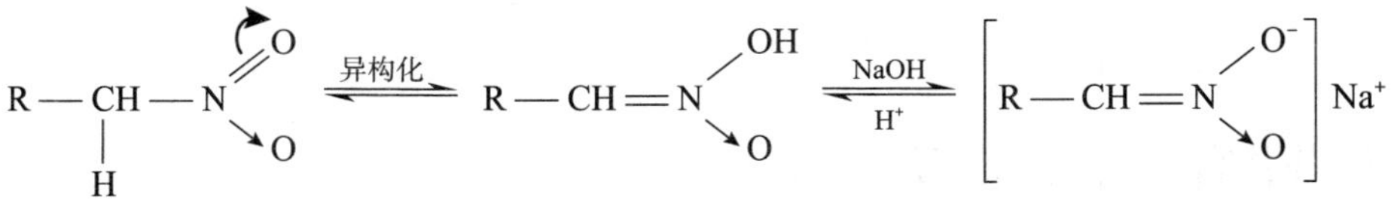

（Ⅰ）　硝基式（假酸式）　　（Ⅱ）　异硝基式（酸式）

以上反应为可逆反应，形成的盐经酸化后又可恢复为原来的硝基化合物，利用这一性质可分离和提纯含有 α-H 的脂肪族硝基化合物。

2. 与羰基化合物缩合　硝基化合物的 α-H 被碱夺取后，可形成碳负离子进攻羰基碳原子，并与羰基发生亲核加成反应，生成 β- 羟基硝基化合物。β- 羟基硝基化合物的性质不稳定，受热后可脱水生成不饱和硝基化合物。

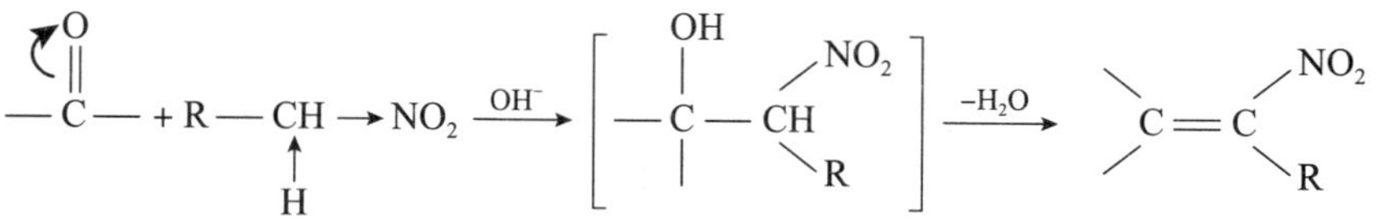

β- 羟基硝基化合物　　不饱和硝基化合物

（二）硝基对芳环的作用

1. 硝基对芳环的钝化作用　硝基对芳环的吸电子诱导效应（–I）及 π-π 共轭效应（–C）都能使芳环上的电子云密度降低，故硝基对芳环起钝化作用。

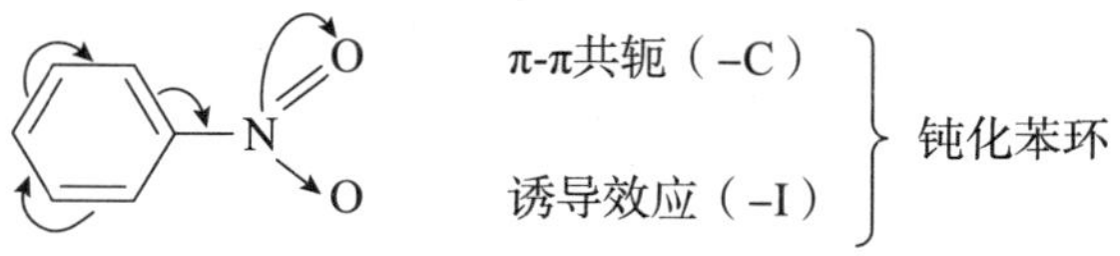

硝基对芳环的钝化作用在邻位和对位比间位更为明显，间位的电子云密度比邻、对位高，所以芳香族硝基化合物的亲电取代反应发生在间位，硝基为间位定位基。例如：

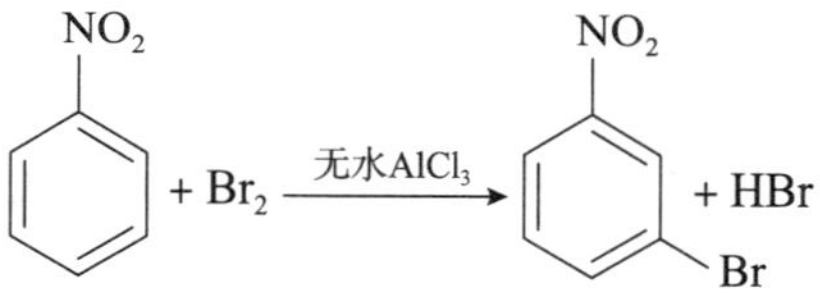

96%

硝基对芳环的钝化作用使得硝基苯不能发生傅 - 克反应。

芳香族硝基化合物的芳环上可发生亲核取代反应，在硝基的邻、对位进行取代。例如：

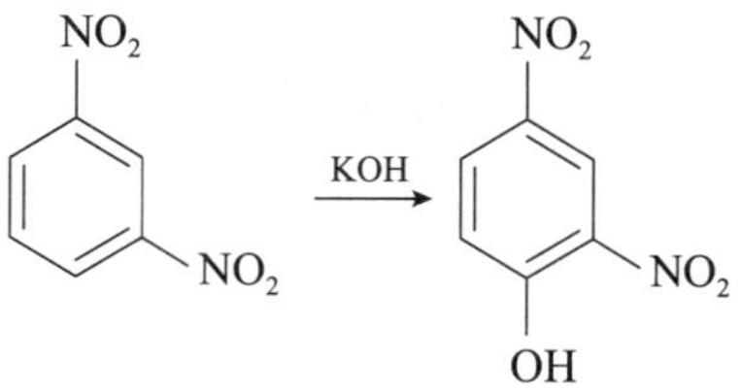

2. 硝基对芳环上取代基的活化作用　芳环上硝基的强吸电子作用使得连接于芳环上的其他取代基表现出一定的活性，如芳环上卤原子的活性、甲基氢原子的活性和酚羟基的酸性等增强。

卤代苯中卤原子的活泼性很差，一般不能发生水解反应，但若在氯苯的邻、对位引入硝基，由于硝基的吸电子作用，使得与卤原子相连的碳原子的正电性增大，则有利于亲核试剂的进攻，从而能够发生水解反应。

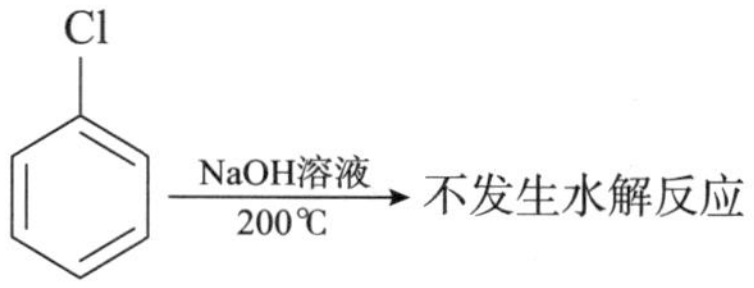

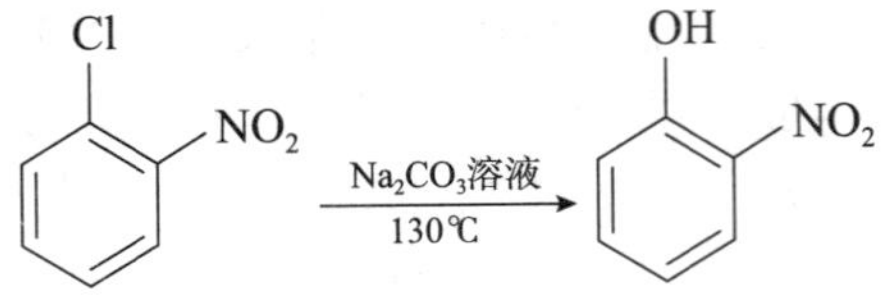

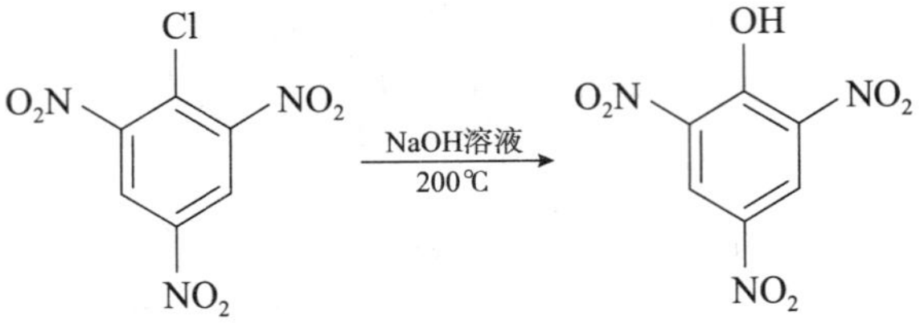

硝基的吸电子作用使得芳环甲基上的氢原子活性增强，在碱的作用下可形成活泼的碳负离子，进而与羰基化合物发生加成、缩合反应（类似于羟醛缩合反应）。例如：

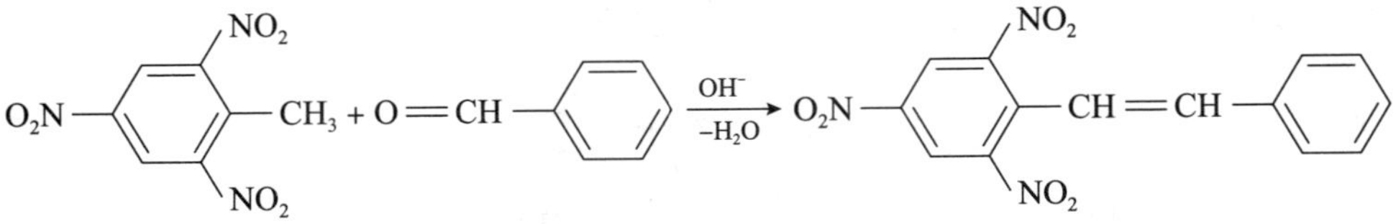

另外，硝基的吸电子作用也使芳环上酚羟基的酸性增强。邻、对位硝基对酚羟基酸性的影响比间位显著，苯环上引入的硝基越多，酚羟基的酸性增强程度也越大。

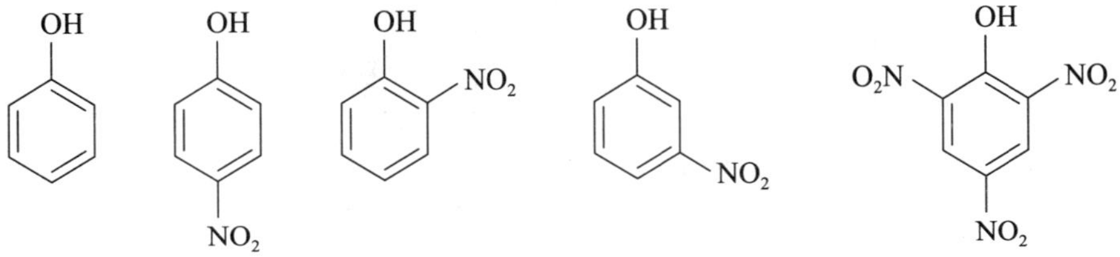

pK_a	10.00	7.16	7.21	8.00	0.80

（三）硝基的还原反应

1. 脂肪族硝基化合物 脂肪族硝基化合物在强还原剂（常用的有 Fe、Sn、Zn + HCl、$SnCl_2$+HCl、HI/Ni）作用下，硝基可被还原成伯氨基。其反应式为：

$$R-NO_2 \xrightarrow{[H]} R-NH_2 \quad \text{伯胺}$$

2. 芳香族硝基化合物 芳香族硝基化合物在不同的条件下可发生还原反应，得到不同的产物。如硝基苯在酸性、中性介质中发生单分子还原反应，还原剂强度不同，得到的产物也不同。例如：

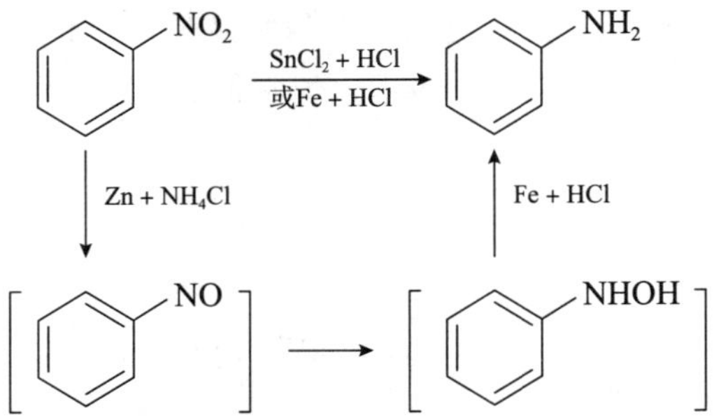

亚硝基苯　　　　*N*-羟基苯胺

硝基苯在碱性介质中可发生双分子还原（即反应发生在 2 个分子之间），生成 *N*- 氧化偶氮苯。其反应式为：

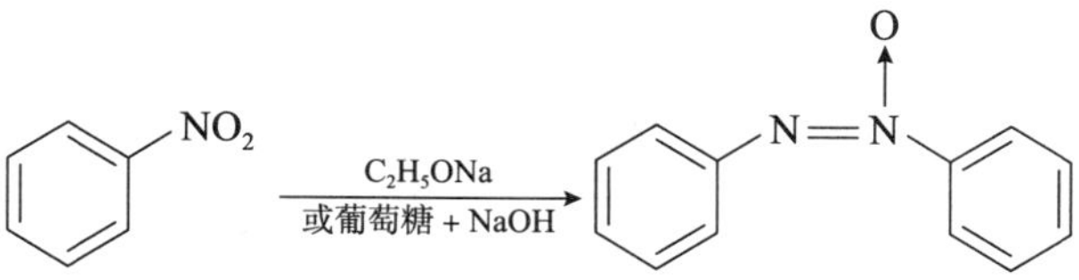

N- 氧化偶氮苯

N- 氧化偶氮苯可能是由硝基苯在还原过程中产生的亚硝基苯与 *N*- 羟基苯胺在碱的作用下缩合而成的。

硝基苯在不同的介质中还原生成的各种中间体，在酸性或中性介质中经较强的还原剂还原，最终都可得到苯胺。

五、重要的硝基化合物

（一）硝基甲烷

硝基甲烷为无色液体，熔点为 −28.5℃，沸点为 100.8℃，具有很高的介电常数，常作为溶剂，能促进许多离子型反应的进行，其自身也能发生反应。

（二）硝基苯

硝基苯为微黄色带有苦杏仁气味的油状液体，熔点为 5.7℃，沸点为 210.8℃。不溶于水，可随水蒸气蒸发。硝基苯有毒，被人体吸入或接触皮肤后都能引起慢性中毒。硝基苯是重要的工业原料，主要用于制备苯胺，也可作为溶剂使用。

（三）硝基苯酚

苦味酸是 2,4,6- 三硝基苯酚的俗称，为黄色结晶，熔点为 122℃，不溶于冷水，能溶于热水、乙醇和乙醚，具有强酸性，其酸性与无机酸相近。三硝基苯酚是一种染料，也是制造其他燃料的原料。干燥的三硝基苯酚受到振动可发生爆炸，所以保存和运输时应使其处于湿润状态。

六、硝基化合物的鉴别

（一）伯硝基烷烃与亚硝酸作用

伯硝基烷烃可与亚硝酸发生反应，生成结晶的硝基肟酸。后者溶于 NaOH 溶液中，可得到红色的硝基肟酸钠盐溶液。其反应式为：

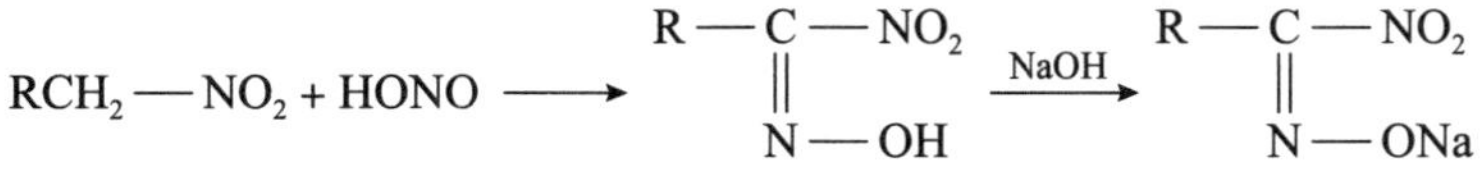

硝基肟酸　　　　（红色）

（二）仲硝基烷烃与亚硝酸作用

仲硝基烷烃可与亚硝酸发生反应，生成结晶的α- 亚硝基取代的硝基化合物。反应产物溶于 NaOH 溶液中，可生成蓝色溶液。其反应式为：

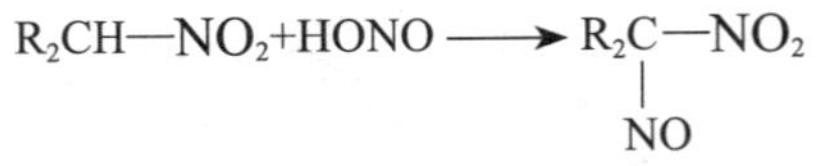

（三）叔硝基烷烃不与亚硝酸作用

叔硝基烷烃不与亚硝酸发生反应。

根据上述反应，可以鉴别伯、仲、叔三种硝基化合物。

第三节　重氮化合物和偶氮化合物

一、重氮化合物和偶氮化合物的结构与命名

重氮化合物和偶氮化合物都含有—N≡N—官能团。当官能团的一端与烃基相连，另一端与其他非碳原子或原子团相连时，称为重氮化合物。当官能团两边都分别与烃基相连时，称为偶氮化合物。例如：

$H_2C{=}N{\equiv}N$

重氮甲烷

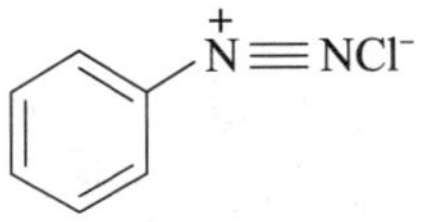

氯化重氮苯

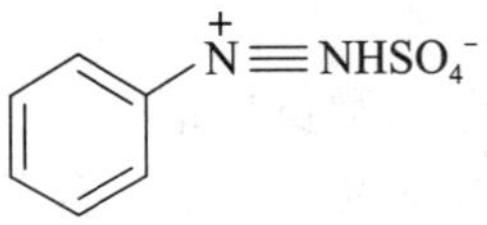

硫酸重氮苯

$H_3C—N{=}N—CH_3$

偶氮甲烷

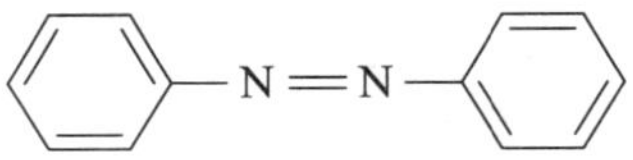

偶氮苯

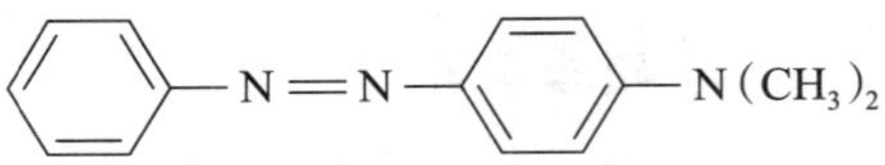

对二甲氨基偶氮苯

二、芳香族重氮化合物

（一）苯重氮盐的结构

苯重氮盐的结构如图 8-3 所示：

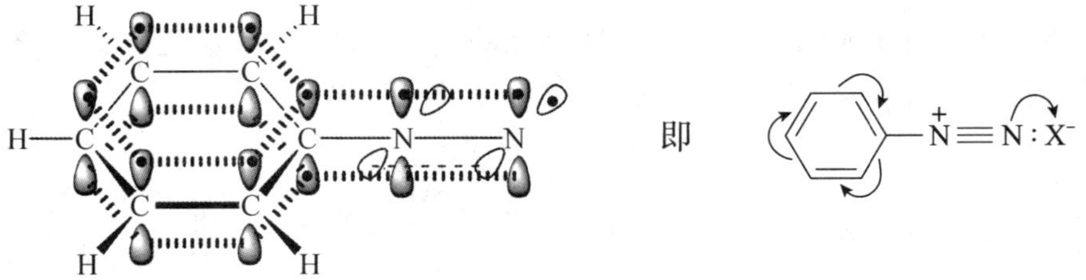

图 8-3　苯重氮盐的结构

重氮盐为离子型化合物。其分子中心的N原子以sp杂化轨道成键，C—N—N是由σ键构成的直线型结构，N≡N键由1个σ键和2个π键所构成。N≡N键上的π轨道可与苯环上的大π轨道形成共轭体系而分散N原子的正电荷，使之形成稳定的重氮阳离子。

（二）芳香重氮盐的性质

芳香重氮盐的化学性质非常活泼，与带正电荷的重氮基直接相连的芳环碳原子易接受亲核试剂的进攻而发生亲核取代反应，重氮基以氮气的形式放出，称为放氮反应。而重氮基的三键可被还原剂所还原。另外，重氮阳离子还可作为亲电试剂与酚或芳香胺发生偶联反应。重氮盐发生还原反应或偶联反应后的产物中还保留有氮原子，该反应称为留氮反应。重氮盐发生的主要反应如图8-4所示。

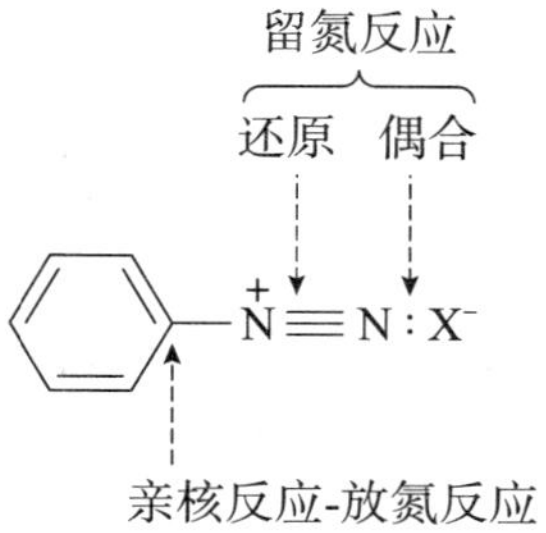

图8-4 重氮盐发生的主要反应

发生放氮反应（取代反应）时，重氮盐中的重氮基易被羟基、卤素、氰基、硝基、氢原子等基团所取代，放出氮气并生成相应的芳香化合物。

1. 被羟基取代 重氮盐与酸溶液共热后，可生成酚并放出氮气。例如：

$$ArN_2HSO_4 + H_2O \xrightarrow[\triangle]{H^+} ArOH + N_2\uparrow + H_2SO_4$$

若使用重氮盐酸盐进行反应，则会生成副产物氯苯。因此，制备酚时必须使用重氮硫酸盐。利用这一反应可以制备结构特殊的酚。例如：

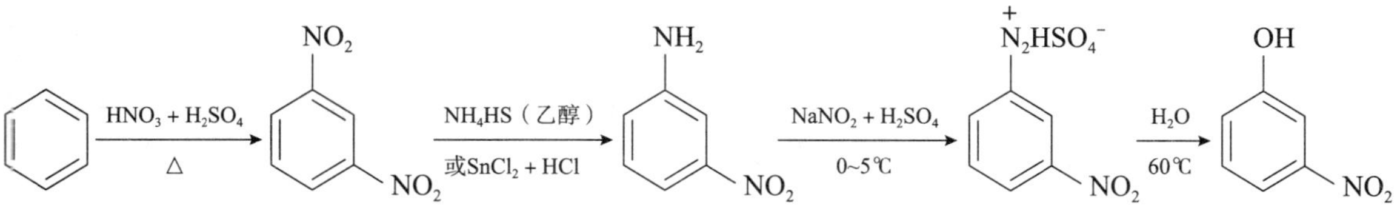

硫酸氢间硝基苯重氮盐

2. 被卤素取代 芳香重氮盐中的重氮基很容易被碘取代。直接将碘化钾与重氮盐共热，就能得到收率良好的碘代物。例如：

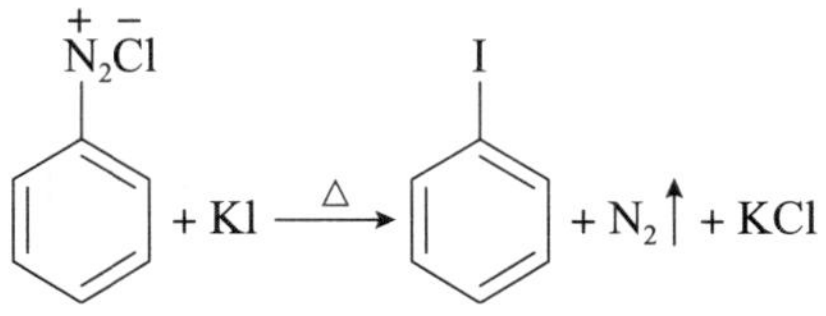

氯化苯重氮盐

进行芳香重氮盐溴代或氯代反应时，芳香重氮盐必须与溴化亚铜或氯化亚铜的酸性溶液作用。例如：

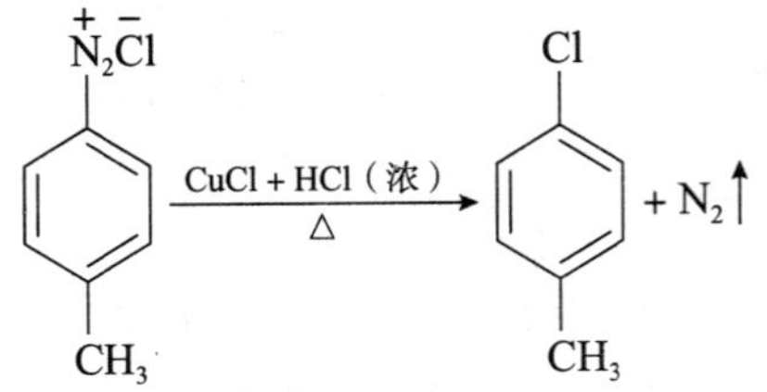

（89%~95%）

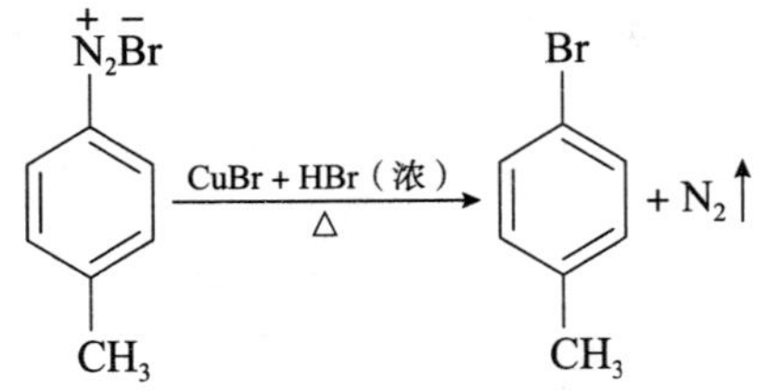

（70%~79%）

以上反应称为桑德迈尔（Sandmeyer）反应。加特曼（Gattermann）改用精制的铜粉代替卤化亚铜作为催化剂，所用铜粉的量很少，操作更为方便，该反应称为桑德迈尔-加特曼（Sandmeyer-Gattermann）反应。

由于氟硼酸重氮盐不溶于水，可将干燥或溶于惰性溶剂中的氟硼酸重氮盐缓慢加热分解，生成相应的氟化物，该反应称为希曼（Schiemann）反应。例如：

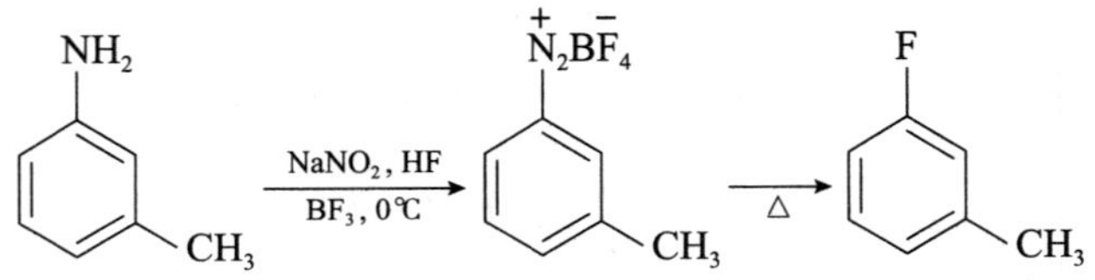

76%~84%
（不溶于水）

该反应也可通过将六氟磷酸重氮盐加热分解来获得氟化物。例如：

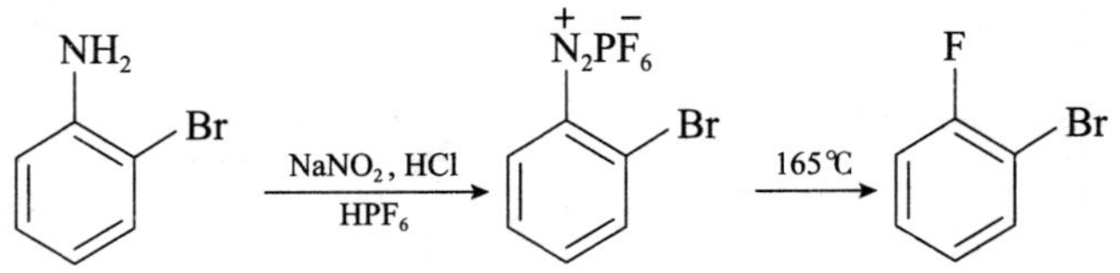

76%~78%

3. 被氰基取代 芳香重氮盐可以与氰化亚铜和氰化钾的混合物在中性溶液中发生反应，重氮基则被氰基所取代。例如：

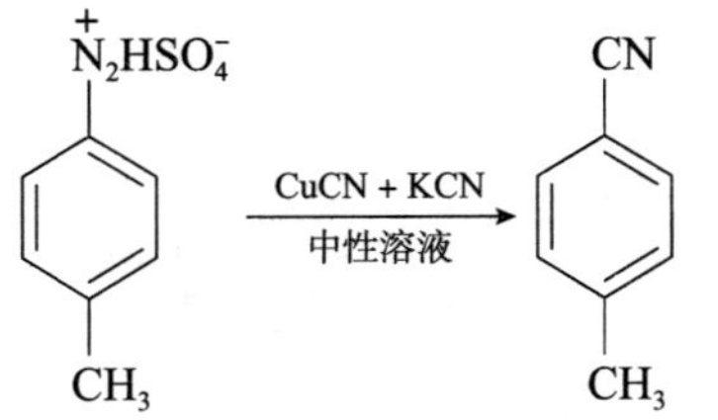

这一反应也称为Sandmeyer反应。若用精制的铜粉代替氰化亚铜，则称为Sandmeyer-Gattermann反应。

由于—CN 能还原成—CH_2NH_2，水解后可生成—COOH，所以上述反应提供了由—NH_2转化为—CH_2NH_2 以及由—NH_2 转化为—COOH 的方法。

4. 被硝基取代　以精制的铜粉作为催化剂时，芳香重氮盐可与亚硝酸盐作用，重氮基则被硝基所取代。例如：

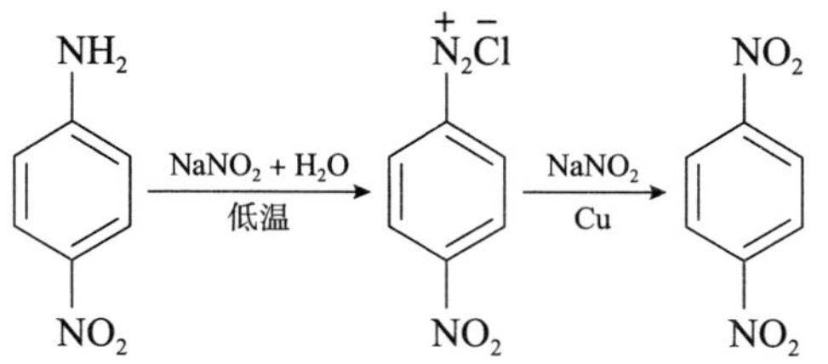

以上反应提供了由—NH_2 转化为—NO_2 的方法。

5. 被氢原子取代　重氮盐可与次磷酸的水溶液、乙醇、甲醛等还原剂作用，重氮基则被氢原子所取代。例如：

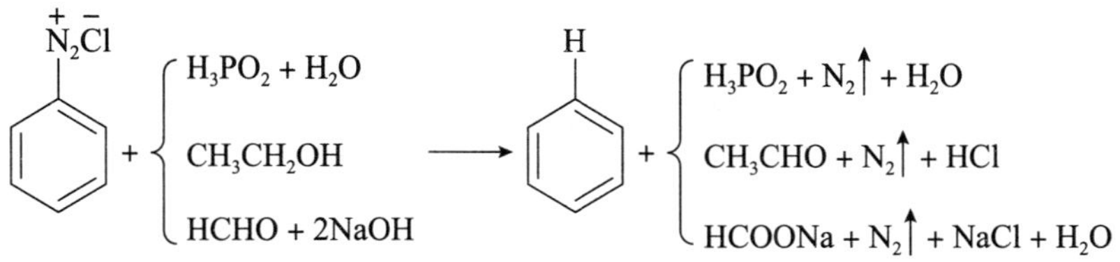

上述反应提供了一个从芳环上脱去—NH_2 或—NO_2 的方法。通过这个方法，在合成上往往可利用—NH_2 的定位作用，在芳环上先引入 1 个—NH_2 发挥定位效应，待反应完成后再利用这一反应将原来引入的—NH_2 脱去。例如：

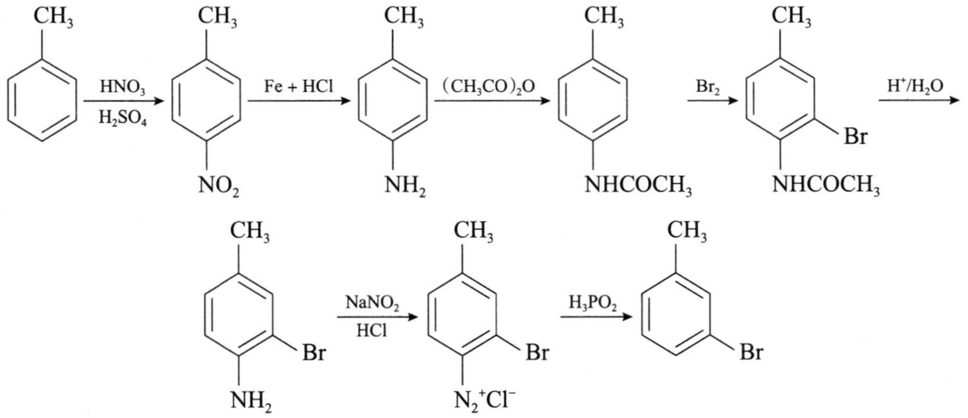

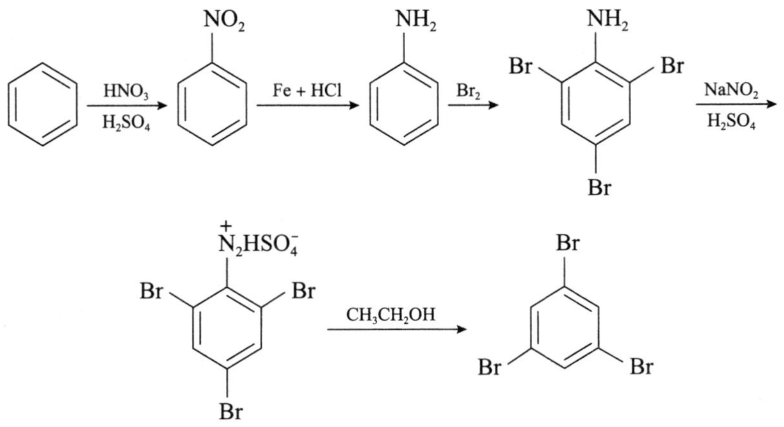

三、偶合反应与偶氮染料

重氮正离子可作为亲电试剂进攻活性较强的酚或芳香胺的芳环（因重氮正离子的亲电性较弱），与酚或芳香胺发生亲电取代反应，生成有颜色的偶氮化合物。这一反应称为偶联反应（coupling reaction），也称为偶合反应。

（一）与酚的偶合

苯重氮盐在弱碱性条件下可与苯酚发生偶联反应，生成对羟基偶氮苯。其反应式为：

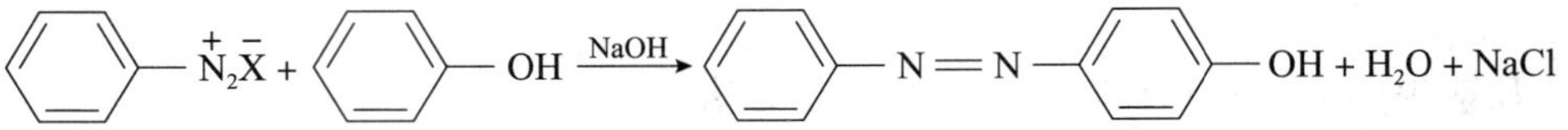

反应在弱碱性条件下进行，是由于酚与碱作用，形成了芳环上电子云密度比酚更大的苯氧负离子，有利于重氮正离子进攻苯酚分子中的芳环。

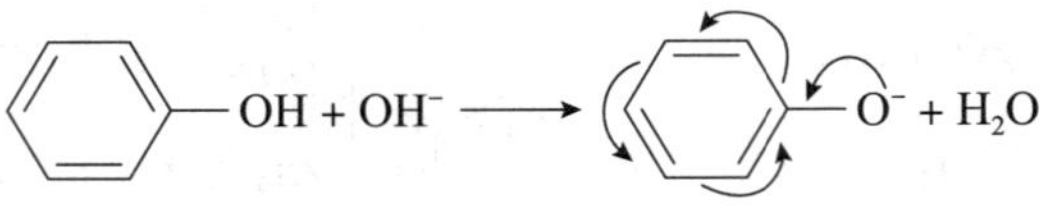

重氮正离子一般进攻酚羟基的对位，当对位被占据时，则进攻酚羟基的邻位。例如：

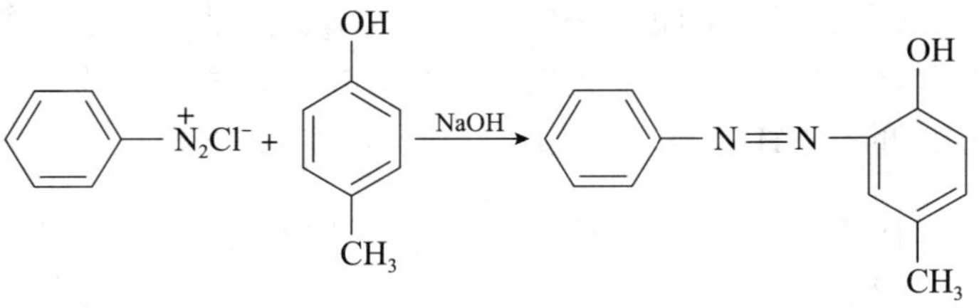

（二）与胺的偶合

苯重氮盐在中性或弱酸性溶液中与芳香叔胺作用，苯重氮正离子可进攻芳香叔胺氨基的对位而发生偶合反应，生成有颜色的偶氮化合物。例如：

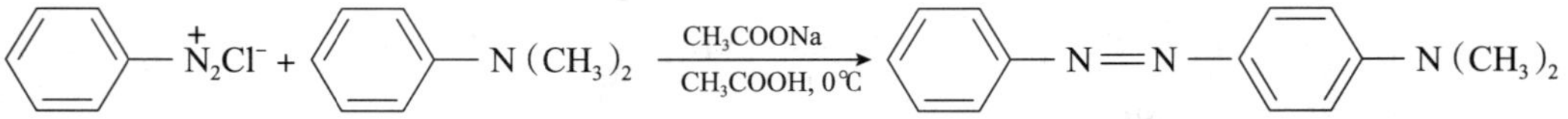

对二甲氨基偶氮苯（黄色）

以上反应是可逆的，且反应后有氢离子产生，因此，在强酸性条件下很难进行正向反应。

偶合反应产物重氮氨基苯在酸性介质中（HCl 或 $C_6H_5NH_3^+Cl^-$）受热后可发生异构化，氨基转移到偶氮基的对位，生成对氨基偶氮苯。

（三）影响偶合反应的因素

影响重氮盐发生偶合反应的因素包括反应物的结构（内因）和反应介质（外因）。由于偶合反应从本质上看是重氮正离子（重氮组分）与芳香胺或酚（偶合组分）发生的亲电取代反应，重氮离子为亲电试剂，芳香胺或酚的芳环为活性中心，所以一切有利于增加重氮组分亲电能力及有利于增强偶合组分芳环活性的因素都有利于偶合反应的进行。另外，反应介质的酸碱性也会影响偶合反应的进行。

（四）偶氮染料

偶氮染料是分子中含有偶氮基（—N＝N—）的一类有机染料，是品种最多、应用最广的一类合成染料，占所有合成染料的70%以上。根据含有偶氮基的数目，可将其分为单偶氮染料、双偶氮染料和多偶氮染料。①单偶氮染料，如酸性大红G。②双偶氮染料，如直接红4B。③多偶氮染料，如直接黑BN。偶氮基越多，偶氮染料的颜色越深。根据用途与性质，可将偶氮染料分为酸性染料、直接染料、媒染染料、冰染染料、分散染料、活性染料、溶剂染料和偶氮颜料等。根据溶解度可将偶氮染料分为可溶性偶氮染料和不溶性偶氮染料。可溶性偶氮染料是指一般能溶解在水中的偶氮染料。不溶性偶氮染料包括冰染染料和其他不溶于水的偶氮染料。偶氮染料可用于各类纤维的染色和印花，也可用于皮革、纸张、肥皂、蜡烛、木材、麦秆、羽毛等的染色，以及油漆、油墨、塑料、橡胶、食品等的着色。制备偶氮染料主要包括重氮化和偶合两个步骤。

自测题

一、单项选择题

1. 下列化合物中属于季铵盐的是

A. 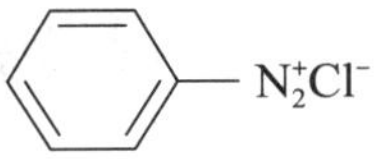
B. 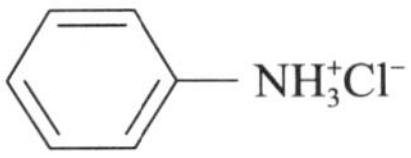
C. 
D. 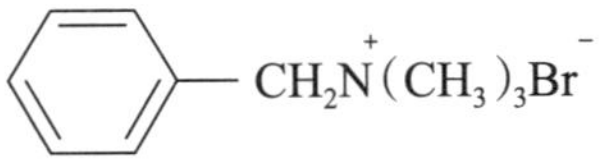
E. 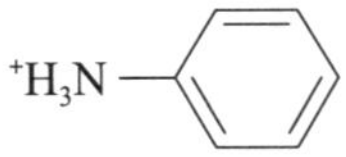

2. 下列化合物中不能发生酰化反应的是

A. $CH_3CH_2NH_2$
B. $CH_3CH_2NHCH_3$
C. $CH_3CH_2N(CH_3)_2$
D. 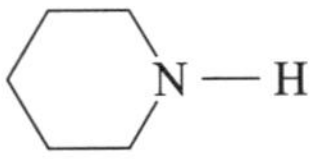
E. $CH_3CH(CH_3)NHCH_3$

3. 芳香伯胺与醛作用发生脱水反应后，生成的物质是

A. 异腈
B. 肼
C. 席夫碱
D. 肟
E. 腙

4. 磺胺类药物的基本结构是

A. 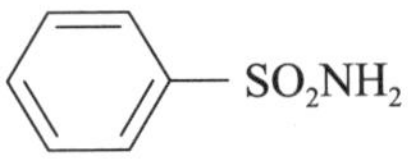
B. 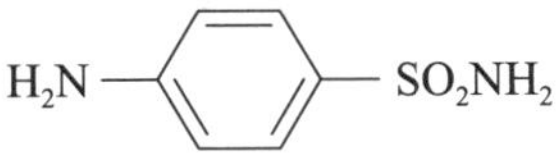
C. 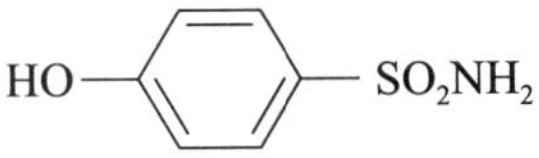
D. 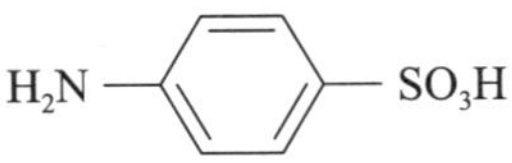
E. 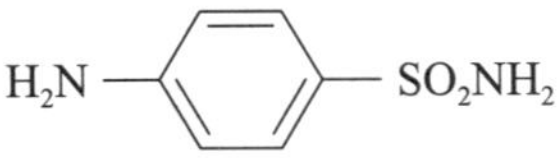

5. 重氮盐在低温条件下与酚类化合物发生的偶联反应属于

A. 亲电取代反应
B. 亲核取代反应
C. 自由基取代反应
D. 亲电加成反应
E. 离子型反应

6. 下列化合物中不能溶于NaOH溶液的是

A. 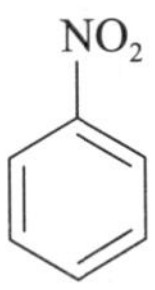
B. 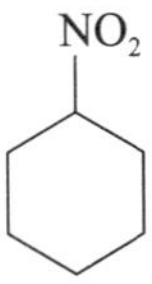
C. 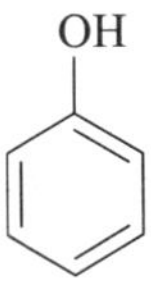

D. 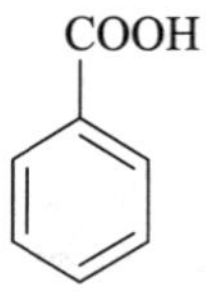   E. 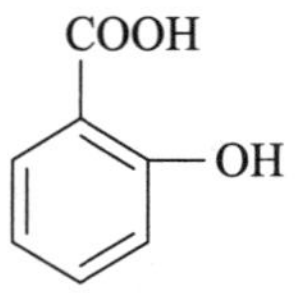

7. 下列化合物中最容易发生亲核取代反应的是

A. 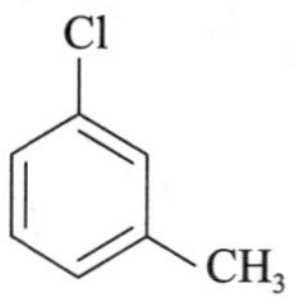   B. 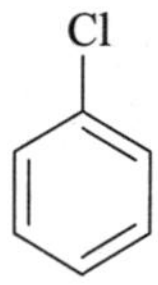   C. 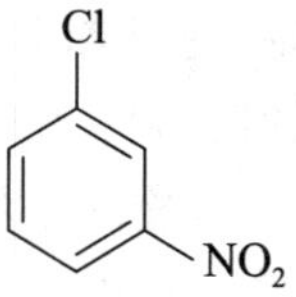

D. 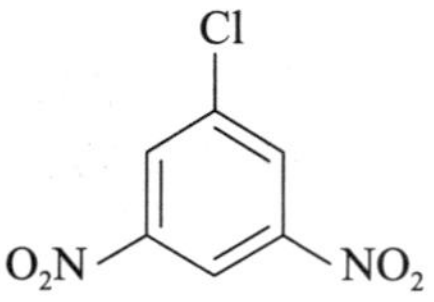   E. 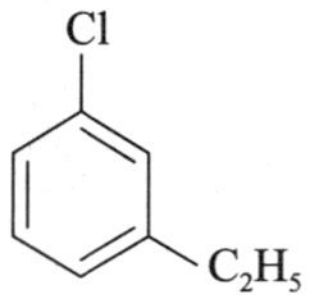

8. 下列化合物中具有旋光性的是

A. $CH_3NHC_2H_5$ B. $CH_3CH_2CHNH_2$（CH 上连 CH_3）   C. $CH_3CH_2NH_2$

D. $(CH_3)_3N$ E. $(CH_3)_2NH$

9. 化合物 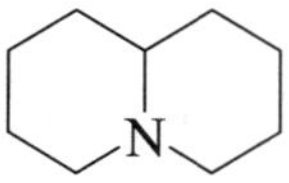 转变为开链烯烃需要经过的霍夫曼彻底甲基化反应次数是

A. 1   B. 2   C. 3

D. 4   E. 5

10. 完成下列转化，通常可使用的试剂是

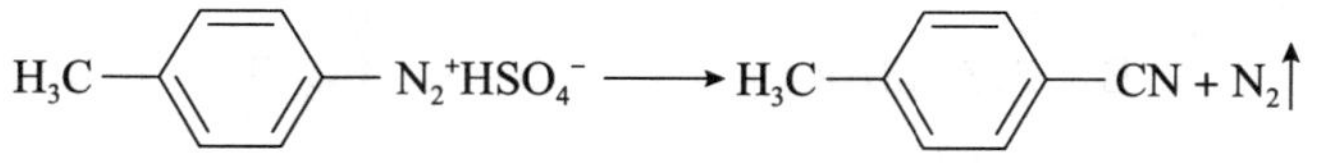

A. KCN + THF   B. KCN + CuCN   C. HCN

D. RCN   E. CH_3CN

二、多项选择题

1. 不能发生双缩脲反应的物质是

A. H_2NCONH_2 B. $NH_2CONHCONH_2$ C. $NH_2CH_2CONHCH_2COOH$

D. $CH_3CH_2CONH_2$ E. $NH_2CH_2CONHCH_2CHO$

2. 下列叙述不正确的是

A. 伯胺是指氨基连在伯碳原子上的胺

B. 胺类都能与亚硝酸反应并放出氮气

C. 季铵碱都是强碱

D. 胺类物质都呈酸性

E. 伯胺是氨基上连有 1 个烃基的胺

3. 下列物质中不属于叔胺的是

A. $(CH_3)_3CNH_2$ B. $(CH_3)_3N$ C. $(CH_3)_2NH$

D. $(CH_3)_2CHNH_2$ E. CH_3NH_2

4. 下列关于苯胺的叙述，不正确的是

A. 无毒   B. 不发生取代反应   C. 是合成磺胺类药物的原料

D. 可与氢氧化钠反应生成盐　　E. 易发生取代反应

5. 不能与 HNO_2 反应放出 N_2 的化合物是

A. 二甲胺　　B. 甲乙胺　　C. 乙胺

D. 三乙胺　　E. 乙丙胺

三、命名下列化合物

1. 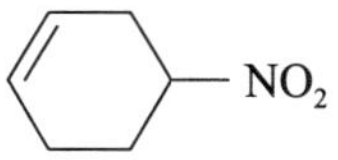

2. 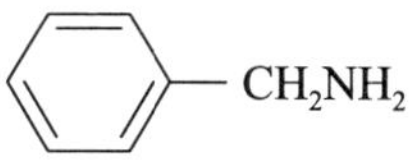

3. 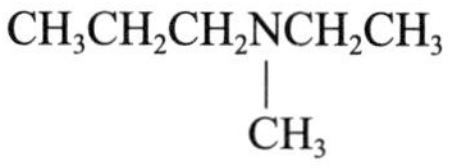

4. 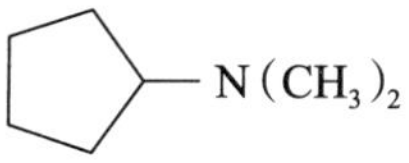

5. 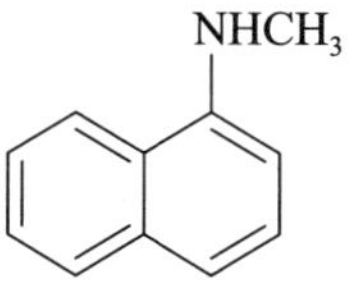

6. 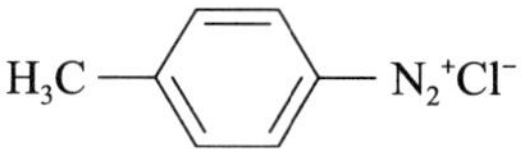

7. 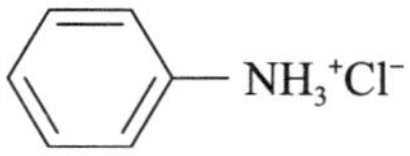

8. 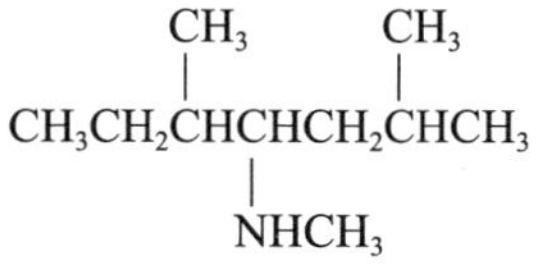

四、写出下列各化合物的结构简式

1. 3- 硝基萘 -1- 酚　　2. 对甲基 -*N*,*N*- 二乙基苯胺

3. 氯化丁基三甲基铵　　4. 对二甲氨基偶氮苯

5. 二苯胺　　6. 间硝基苯肼

五、完成下列反应式

1. 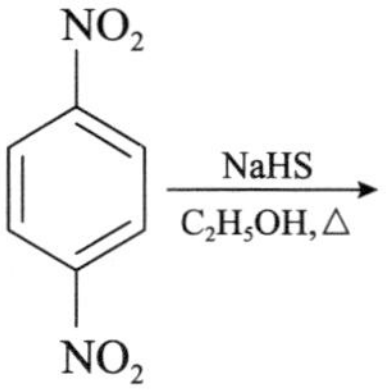

2. 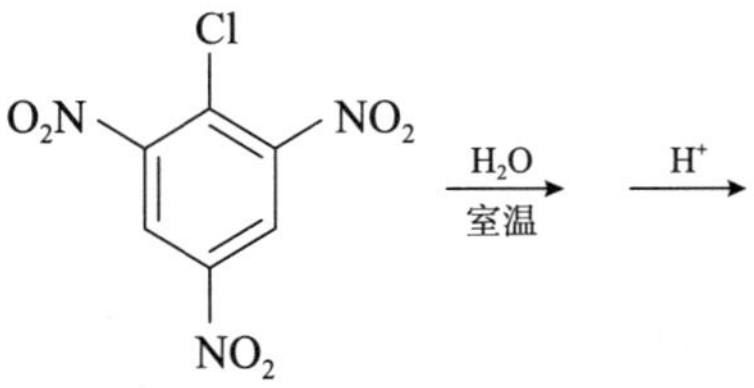

3. 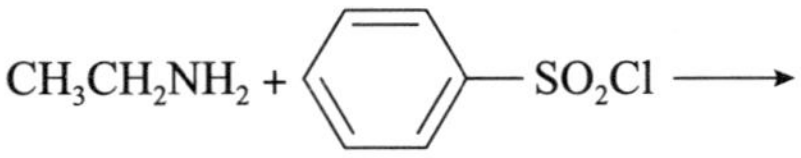

4. 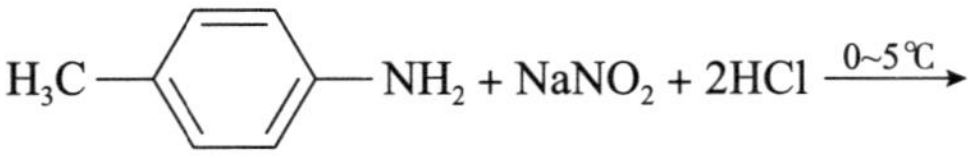

5. 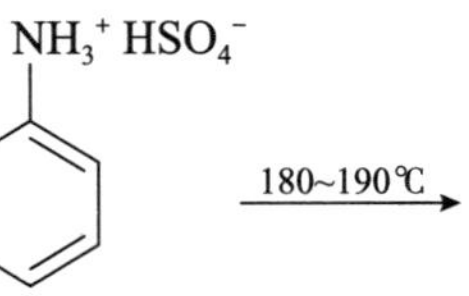

六、简答题

用化学方法区分下列各组化合物。

1. 苯胺、*N*- 甲基苯胺和 *N*,*N*- 二甲基苯胺。

2. 苯酚、苯胺和苯甲醇。

3. 苯胺盐酸盐和对氯苯胺。

七、推断题

化合物 A 的分子式为 $C_7H_9NO_2$，A 能溶于水，但不溶于乙醚和苯。A 受热后可脱去 1 分子水，生成化合物 B（分子式为 C_7H_7NO）。B 与溴的氢氧化钠溶液作用后可得到化合物 C（分子式为 C_6H_7N）。C 与亚硝酸钠和盐酸在低温条件下反应后得到的产物可与亚磷酸反应生成苯。试推测化合物 A、B 和 C 的结构。

（刘雪莹）

第九章

对映异构体

第九章
数字资源

学习目标

1. 掌握物质的旋光性和分子的对映异构现象。
2. 了解对映异构体在生物体内的生理和药理作用。
3. 掌握手性分子中手性碳原子的判断方法。
4. 学会费歇尔投影式的书写方法和分子构型的判断方法。

案例导入

旋光性与史上最美的化学实验之一

19 世纪后半叶，化学家们发现了一种奇妙的同分异构现象。后来证明，这种现象在生命化学中是极其重要的。

1815 年，法国物理学家毕奥发现，当波浪形的平面偏振光以一个平面通过石英晶体时，偏振光从另一个平面射出，即偏振面发生旋转，具有这种作用的物质就称为旋光性物质。毕奥发现，有的石英晶体能使偏振光平面按顺时针方向转动（即右旋），而有的石英晶体能使其按逆时针方向转动（即左旋）。他推测，这很可能是由于分子中原子排列的不对称性造成的。但在之后数十年，这种假设仍然只是一种纯理论的推测。随后人们发现，酒桶底部的酒石结晶酸化后形成的酒石酸也会在偏光镜下呈现旋光现象，后来又有人从这种结晶的母液中偶然制备出了另一种酒石酸。奇怪的是，这种新的酒石酸在偏光镜下却无旋光现象，人们将其称为葡萄酸（其实是外消旋酒石酸）。科学家们研究发现，酒石酸和葡萄酸除了旋光性不同以外，组成与化学性质均完全相同，这成为当时化学界的不解之谜。

1848 年，巴斯德使用显微镜观察酒石酸铵钠盐时发现了一个奇特的现象：酒石酸铵钠盐的结晶都是不对称的。他推测，酒石酸铵钠盐之所以呈现旋光现象，可能与其不对称的晶体结构有关，而无旋光性的葡萄酸铵钠盐则有可能具有完全对称的晶体结构。但观察结果却完全出乎其意料，因为他发现葡萄酸铵钠盐结晶与酒石酸铵钠盐结晶一样，也是不对称的。虽然没有得到预期的结果，但巴斯德注意到，酒石酸铵钠盐晶体的半面晶面都是向右的，而葡萄酸铵钠盐的半面晶面则有不同的取向：一种向左，另一种则向右。

巴斯德在显微镜下将葡萄酸铵钠盐中两种不同方向的晶体用镊子分别挑选出来并配成溶液，然后用偏光镜进行观察。结果发现，凡是半面晶面向右的，旋光性都呈右旋；凡是半面晶面向左的，旋光性都呈左旋。巴斯德又把等量的右旋晶体和左旋晶体混合后配成溶液，结果发生该溶液与葡萄酸铵钠盐溶液一样，无旋光性。由于这种旋光性的差异是在溶液中观察到的，所以巴斯德推测这不是晶体的特性，而是分子的特性。他提出，构成葡萄酸铵钠盐晶体的两种酒石酸铵钠盐分子是互为镜像的，正如这两种晶体本身一样。巴斯德的这一发现证实了旋光异构现象（又称对映异构现象），对立体化学的发展产生了深远的影响，因此该实验也被评为史上最美的十大化学实验之一。

思考题：

1. 具有旋光性的物质存在什么特殊结构？
2. 如何测定旋光性物质的旋光度？

同分异构现象在有机化合物中极为普遍。有机化合物的同分异构包括构造异构和立体异构两大类。

- 同分异构
  - 构造异构
    - 碳骨架异构
    - 位置异构
    - 官能团异构
  - 立体异构
    - 构型异构
      - 顺反异构
      - 对映异构
    - 构象异构

立体异构是指在有相同分子式的化合物分子中，原子或基团互相连接的次序相同，但在空间的排列方式不同的异构现象。立体异构又可以分为构型异构和构象异构。其中，构型异构又可分为对映异构和顺反异构。构型异构与有机物的性质尤其是生理学和医学方面的性质密切相关。

本章重点讨论有机化合物分子的对映异构现象。

第一节 物质的旋光性和比旋光度

一、物质的旋光性

（一）偏振光

光是一种电磁波，属于横波，即光波在空间中的振动方向与传播方向垂直。普通光源所产生的光线可在与其传播方向垂直的各个平面上振动（图 9-1）。

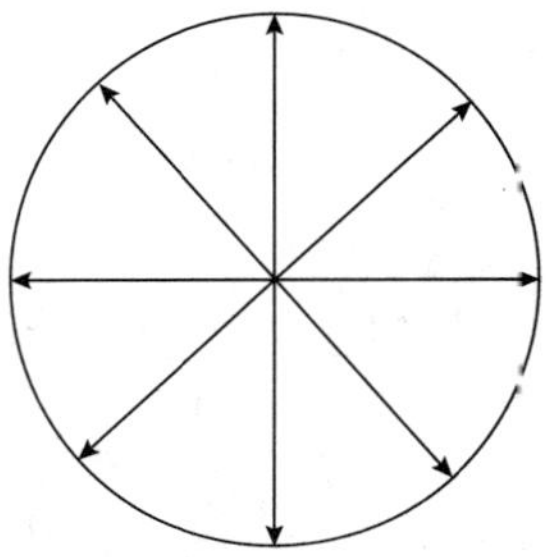

图 9-1 光波振动平面

当单色光通过尼科耳（Nicol）棱镜时，由于尼科耳棱镜具有一种特殊性质，只允许振动方向与棱镜的晶轴平行的光线通过，其他方向振动的光线都将被挡住，因此通过尼科耳棱镜的光线，只能是在某一个平面内振动的光，称为平面偏振光，简称偏振光（图 9-2）。

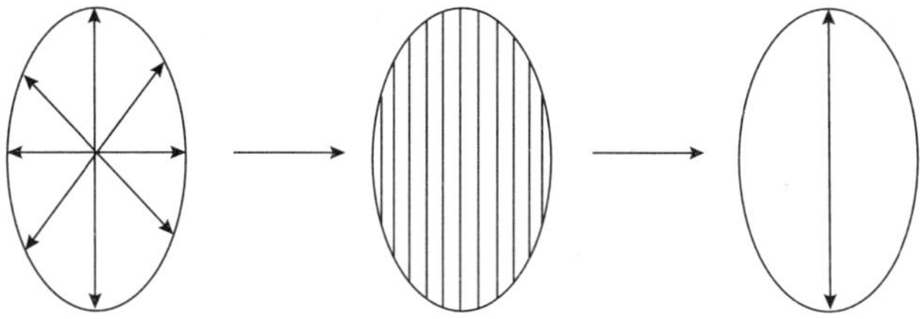

图 9-2　平面偏振光产生示意图

（二）旋光性和旋光仪

1. 旋光性　当偏振光通过某些物质的溶液（如葡萄糖或乳酸溶液）时，偏振光的振动方向可发生向左或者向右旋转的现象（图 9-3）。这种某些物质能使平面偏振光的振动方向发生改变的性质称为旋光性（又称光学活性）。能使偏振光的振动方向向左旋转一定角度的异构体称为左旋异构体，用“(－)”表示。能使偏振光的振动方向向右旋转一定角度的异构体称为右旋异构体，用“(＋)”表示。如将同一物质的左旋异构体和右旋异构体等量混合，则其旋光性可相互抵消，该混合物称为外消旋体，以“(±)”表示。

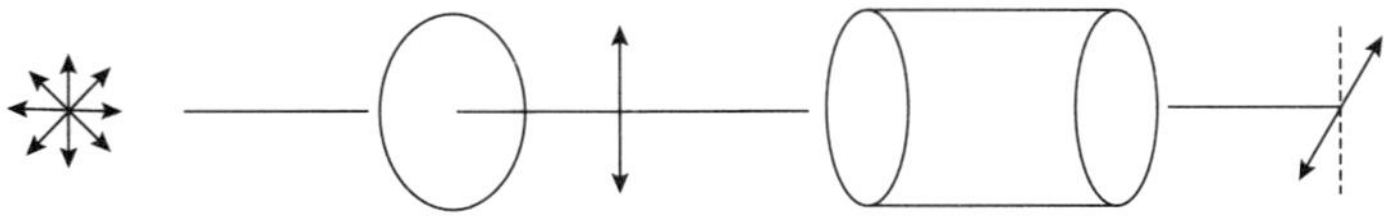

图 9-3　旋光现象示意图

旋光性是有机物分子空间结构的不对称性在光学方面的体现。研究表明，互为对映体的两种分子，若一种具有旋光性，则另一种也一定有旋光性，并且这两种分子在相同条件下旋光的角度相同，方向相反。

2. 旋光仪　将两个尼科耳棱镜平行放置，并在两个棱镜之间放置具有旋光性物质（如葡萄糖）的溶液，在第一个尼科耳棱镜（起偏镜）前放置单色可见光光源，在第二个尼科耳棱镜（检偏振镜）后进行观察（图 9-4）。由于试样管中放置的是具有旋光性物质的溶液，可使偏振光平面向右或者向左偏转一定的角度，要观察到最大亮度，需要把检偏振镜向右或者向左转动一定的角度，这一角度就是偏振光振动方向发生偏转的角度。这个角度称为这种旋光性物质的在一定条件下的旋光度，用希腊字母“α”表示。

按照上述原理（图 9-4）所述设计的仪器称为旋光仪，可用于测定物质的旋光度。

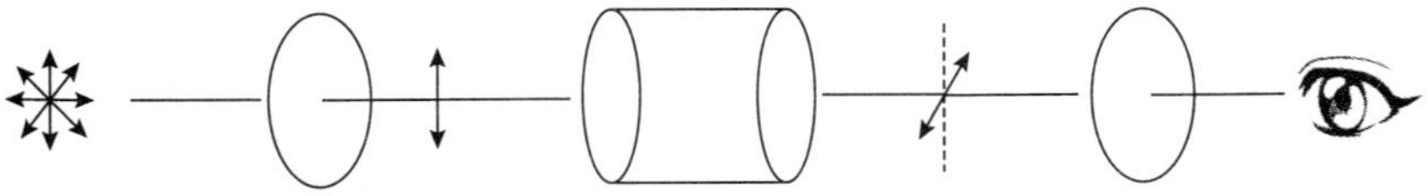

图 9-4　旋光仪的结构简图

旋光仪的主要部件有：光源、起偏镜、旋光管（试剂管）、检偏镜（带有刻度盘的目镜）等。光源一般用钠光灯，原因是钠光灯对明暗变化的灵敏度高，有利于保证测量的准确度；起偏镜的作用是产生偏振光，检偏镜则用于观察并读出所测样品的旋光度。

二、比旋光度

（一）旋光度

旋光性物质使偏振光的振动平面偏转的角度称为旋光度，用 α 表示。旋光性物质的旋光度的大小和方向可利用旋光仪来判断和测定。

（二）比旋光度

由于旋光度与物质的浓度和旋光管的长度有关，同一物质在不同条件下的旋光度不同，因此，旋光度不是一个物理常量，无法用于定性分析。研究表明，旋光度还与入射单色光的波长（λ）以及测定时的溶液温度（t）有关。为了比较物质的旋光性，通常把被测物质溶液的浓度定为 1 g/ml，旋光管（试剂管）的长度定为 1 dm，在一定的温度和特定波长的单色光下测得的旋光度称为比旋光度，一般用$[\alpha]_{\lambda}^{t}$。其表达式为：

$$[\alpha]_{\lambda}^{t}=\frac{\alpha}{l\times c}$$

上式中，α 表示物质的旋光度，通常有“+”或“–”；t 表示溶液的温度；λ 表示测定时所用的单色光的波长，通常是钠光光源 D 线（589 nm）；l 表示旋光管的长度（dm）；c 表示被测液的浓度（g/ml）。

比旋光度是旋光性物质的特征性常数，不同的旋光性物质有不同的比旋光度。通过测定比旋光度，可以对旋光性物质进行定性、定量分析。

例如，测得某旋光性物质的比旋光度为 +52.5°，从化学手册上可以查得葡萄糖的比旋光度为 +52.5°，因此，该物质可能是葡萄糖。

第二节　分子的手性和对称性

一、分子的结构特点

物质的结构决定其性质。为什么有的物质具有旋光性，而有的物质没有旋光性？这些物质在分子结构上各有什么特点呢？

（一）分子的手性

人体的双手和两种类型的氨基酸分子模型如图 9-5 所示。

从模型上看，右旋氨基酸与左旋氨基酸的分子结构如同人体的右手和左手一样，二者相似但不能重合，又如物体与镜像的关系。分子的这种实物与其镜像不能完全重叠的特殊性质称为分子的手性，简称手性。

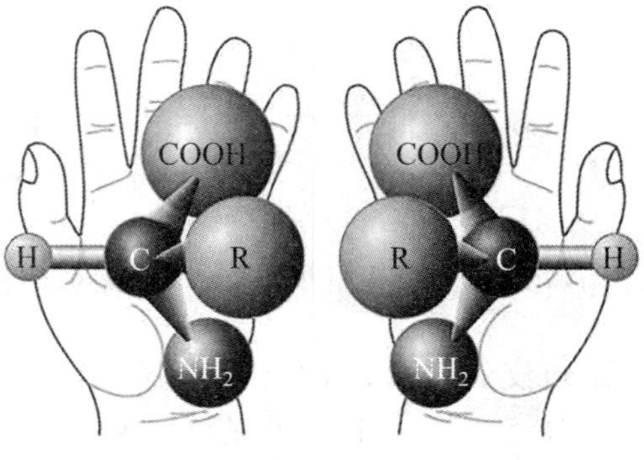

图 9-5　右旋氨基酸和左旋氨基酸分子的立体结构模型

（二）对映异构和对映异构体

像氨基酸分子一样，这种构造相同、原子或基团在空间排列的相对位置不同而形成的立体异构现象，称为对映异构。具有对映异构关系的两个分子互称为对映异构体，简称对映体。一对映体物质除了在光学性质方面有显著的不同外，在生理活性、药理作用方面也有很大的差异。

1. 对映异构体的性质　由于一对对映异构体的分子中各种化学键完全相同，分子间的作用力也完全相同，因此，除旋光方向外，其他的性质完全相同。物理性质方面的比旋光度数值、熔点、沸点、密度、折光率等都完全相同，但溶解度与溶剂的性质有关，如在手性溶剂中溶解度不同，而在非手性溶剂中溶解度相同。

化学性质方面，在非手性溶剂中，对映异构体与其他物质的反应也完全相同，但在手性溶剂中，由于受到手性溶剂的影响，反应的活化能不同，可导致反应速率不同，甚至不能发生反应。

2. 对映异构体的生理和药理功能　存在于自然界生物体内的有机物大多数都是手性的，对映异构体在生物体内的生理活动有很大差异。在生物体内，生化反应往往需要以酶作为催化剂。酶本身就具有手性，它只对符合一定构型的物质起催化作用，这导致对映异构体的生理活动具有很大的差异。

例如，人体所需的氨基酸都是 L- 构型的，所需的糖都是 D- 构型的，而 D- 氨基酸和 L- 糖都不能参与人体的生化反应，仅仅经代谢过程排出体外。

手性药物的不同对映异构体在生物体内通常表现出不同的药理活性，其代谢过程和毒性也存在很大的差异。具体表现在以下几方面：①一个对映异构体具有药理活性，另一个对映体则具有毒性作用，如丙胺卡因属于局部麻醉药，两种对映体的作用相近，但（R）-（–）对映体能在体内迅速水解，生成可导致高铁血红蛋白血症的邻甲苯胺，具有血液毒性。②对映异构体之间可产生强弱不同的药理活性，如组胺类抗过敏药氯苯那敏，其右旋体的活性高于左旋体；抗结核病药乙胺丁醇的 D- 对映体活性比 L- 对映体强 200 多倍。③对映异构体之间可产生相反的活性，如利尿药依托唑啉的左旋体具有利尿作用，而右旋体则具有抗利尿作用；氯胺酮为麻醉性镇痛药，但只有（S）-（+）- 对映体具有麻醉作用，而 R-（–）- 对映体则具有中枢兴奋作用。④对映异构体之间可产生不同类型的药理活性，如右丙氧芬属于镇痛药，而左丙氧芬则为镇咳药；奎宁为抗疟药，奎尼丁则为抗心律失常药。⑤对映异构体中一个有活性，而另一个没有活性，如氯霉素，仅 1R,2R-（–）苏阿糖型化合物有抗菌活性。

一个物质只有一个镜像，镜像的结构与镜子的位置无关，手性分子也一样。

（三）分子的对称性

分子常因含有若干相同的原子或基团而具有某种对称性。如果分子经过某种对称操作后，与未经操作的原有分子无法分辨，则根据对称操作的种类称该分子具有某种对称性。

孤立分子的对称操作有以下 4 种：

1. 分子绕一个轴旋转 $2\pi/n$ 角　若旋转后能恢复原状，则将此轴称为 n 次对称轴，而这种对称操作称为旋转 $2\pi/n$ 角。

2. 分子在一假想平面的镜面中反射　若经过反射后能恢复原状，则将此假想平面称为分子的对称面，这种对称操作称为反射。

3. 将分子上的各点对称地移到其与某一假想点连线上的另一方相同距离处　若分子的各点经此操作后都能恢复原状，则将其假想点称为分子的对称中心，这种对称操作称为反演。

4. 分子先在一个轴进行 $2\pi/n$ 角旋转，然后在垂直于这个轴的一个平面上反射　若分子经过这一复合操作后能恢复原状，则将此轴称为 n 次非正常旋转对称轴，这种操作称为非正常 $2\pi/n$ 角旋转。

例如，甲烷分子和乙烯分子的对称性可表示为：

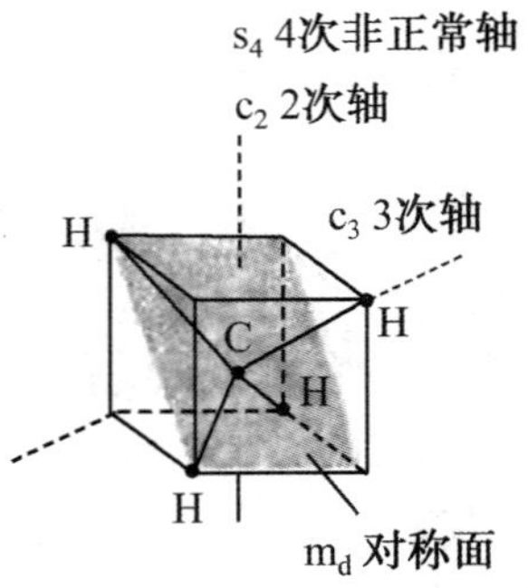

甲烷

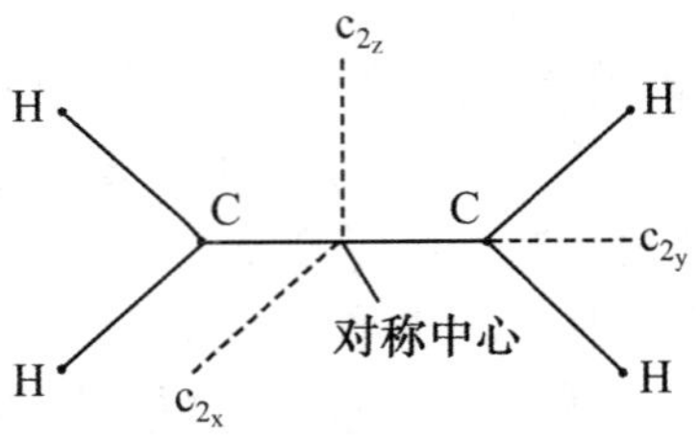

乙烯

甲烷是正四面体形的分子，碳原子位于正中，4 个氢原子各占一顶点，这个分子有 4 个 3 次轴、3 个 2 次轴、6 个对称面和 3 个非正常 4 次轴。乙烯则有 3 个 2 次轴、1 个对称中心和 3 个对称面。

二、对称因素

（一）对称轴 C_n

这种轴是通过物体或分子的一条直线，以这条直线为轴旋转一定的角度，得到的物体或分子的形象和原来的形象完全相同，这种轴即称为对称轴。n 是指绕轴一周，有 n 个形象与原形象相同。

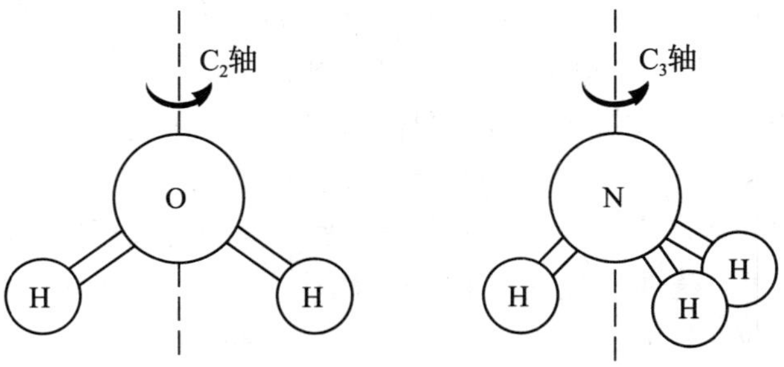

（二）对称面 s

某一平面将分子平分为两半，就像一面镜子，实物（一半）与镜像（另一半）彼此可以重叠，该平面即称为对称面。

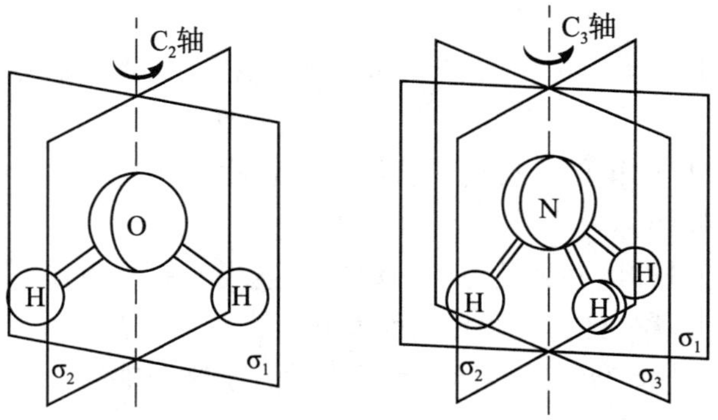

（三）对称中心 i

分子中有一中心点，通过该点所画的直线都以等距离达到相同的基团，该中心点即称为对称中心。

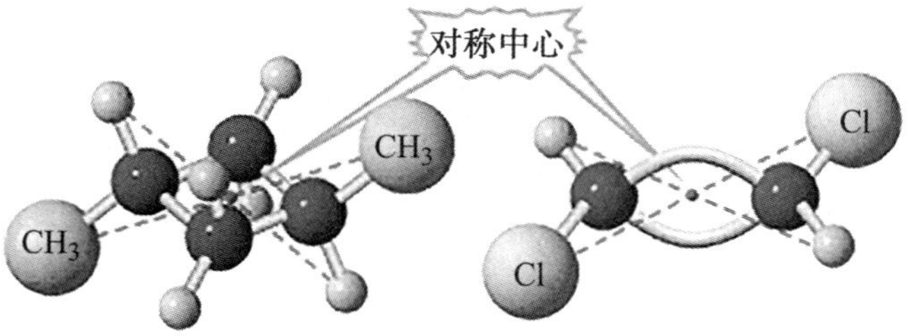

一般而言，如果分子中不存在对称面、对称中心和旋转轴，则这个分子即具有手性。

三、手性分子与手性碳原子

（一）手性分子

物质的分子与其镜像不能重合的性质称为手性。具有手性的分子称为手性分子。手性分子的特征是空间排列不对称。例如，乳酸分子就是手性分子。

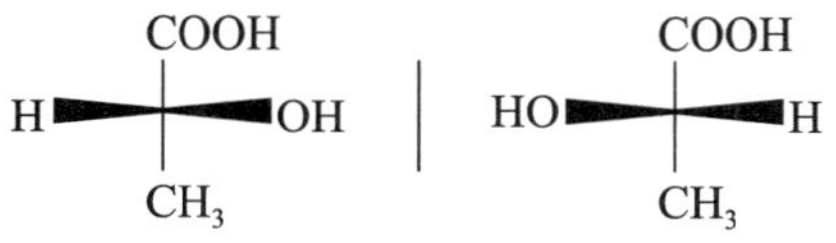

实验表明，凡是手性分子都有旋光性。能够与其镜像重合的分子，即称为非手性分子。非手性分子没有旋光性。

（二）手性碳原子

分子是否具有手性是由其分子结构决定的。常见的手性分子一般含有手性碳原子。手性碳原子是指分子中连有 4 个不同原子或基团的碳原子，常以“*”表示。例如：

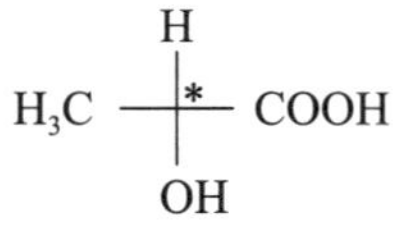

乳酸分子

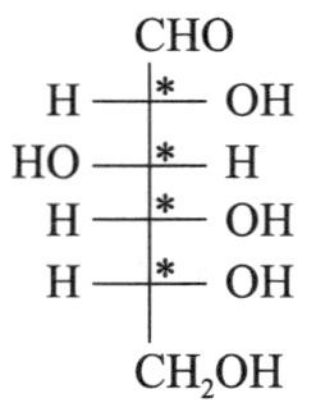

D- 葡萄糖分子

第三节　旋光异构体构型的表示方法

一、费歇尔投影式

对映异构体在结构上的区别在于基团在空间上的排布方式不同，即构型不同。分子的构型常用模型、透视式和费歇尔（Fischer）投影式等方法来表示。目前普遍采用费歇尔投影式来表示对映异构体的立体构型。

（一）费歇尔投影式的投影方法

费歇尔投影式是用四面体模型进行投影的，具体投影方法是：

1. 平面与手性碳原子重合，位于纸平面上。
2. 把含有手性碳原子的主链直立，编号最小的基团放在上端。
3. 用十字交叉点代表手性碳原子。
4. 手性碳原子的 2 个横键所连接的原子或原子团，表示伸向纸平面的前方，2 个竖键所连接的原子或原子团，表示伸向纸平面的后方。
5. 写费歇尔投影式时，一般不写出手性碳原子。

（二）判断两个费歇尔投影式是否为同一构型的方法

1. 将其中一个费歇尔投影式在平面上旋转 180° 后，得到的投影式和另一个相同，则这两个投影式表示同一构型。例如：

2. 将其中一个费歇尔投影式在平面上旋转 90° 后，得到的投影式与另一个相同，则这两个投影式表示不同的构型，二者互为对映异构体。例如：

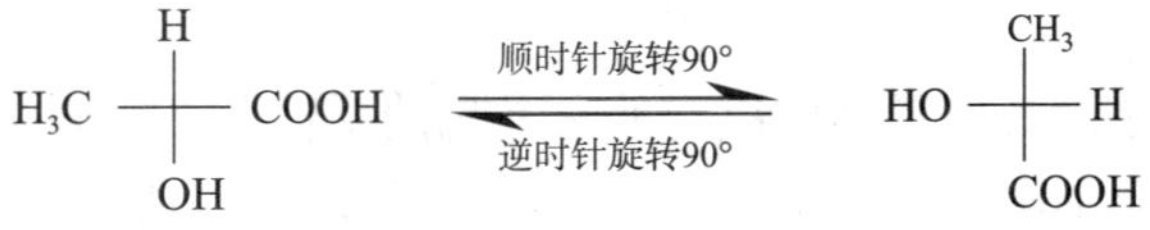

3. 将其中一个费歇尔投影式的手性碳原子上的任意 2 个原子或基团交换偶数次后，得到的投影式与另一个相同，则这两个投影式表示同一构型。例如：

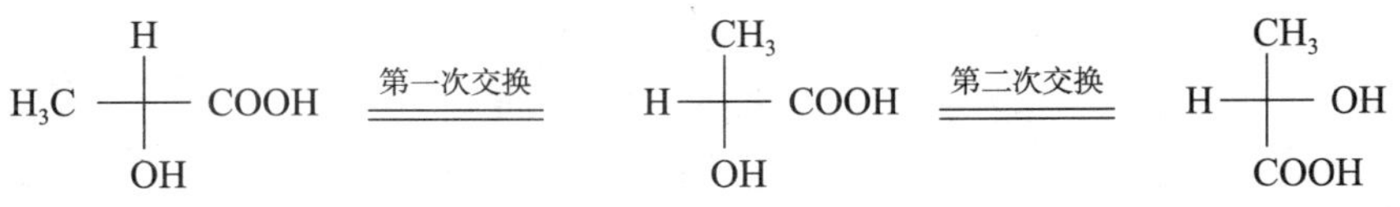

4. 将其中一个费歇尔投影式的手性碳原子上的任意 2 个原子或基团交换奇数次后，得到的投影式与另一个相同，则这两个投影式表示不同的构型，二者互为对映异构体。例如：

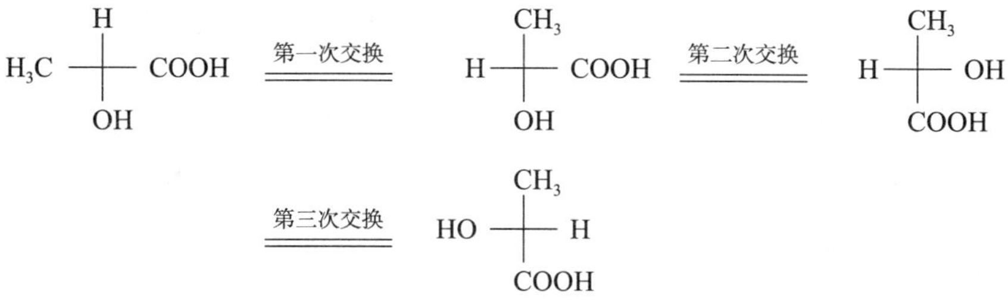

费歇尔投影式的书写规定和注意事项可归纳为：横向前，竖向后，含碳原子上下连。转半圈，不能翻，编号小者在上端。偶次互换是原物，奇次互换构型变。

二、透视式

写在平面上的结构式，只是表示分子结构的一种方法，它并不能全面地反映分子的真实结构。例如甲烷分子，其结构式为：

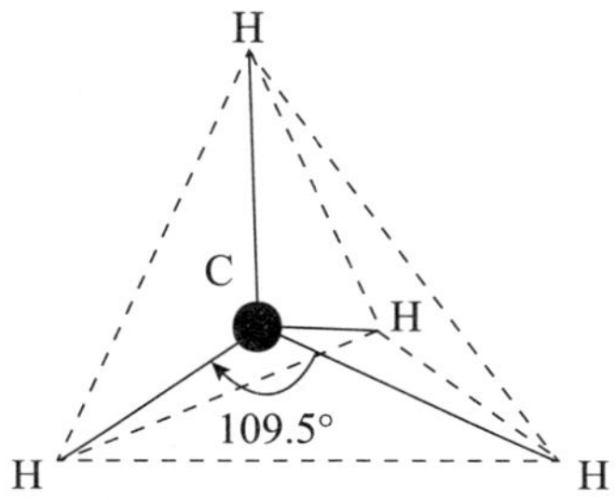

而费歇尔投影式是通过立体模型在纸平面上进行投影得到的。由于这种书写方式不具有任何的立体感，所以需要人为地规定原子或基团所在的位置。

为了能更好地表示分子的立体结构，可采用透视式，对分子中化学键的形状重新定义，规定实线表示键在纸平面上，虚线表示键在纸平面的后方。楔形线表示键在纸平面的前方。例如，甲烷分子的透视式为：

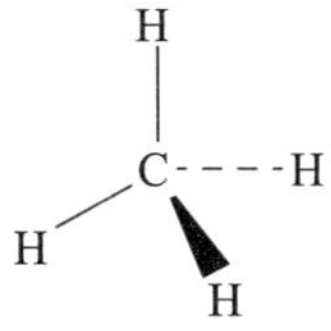

有机化学分子几何形象的提出，是有机化合物结构理论的重要发展和补充。这充分表明，对物质的认识是不断发展和深入的。

三、旋光异构体构型的确定

（一）含有1个碳原子的对映异构

以下是一对互为实物与镜像关系的乳酸分子的立体结构式：

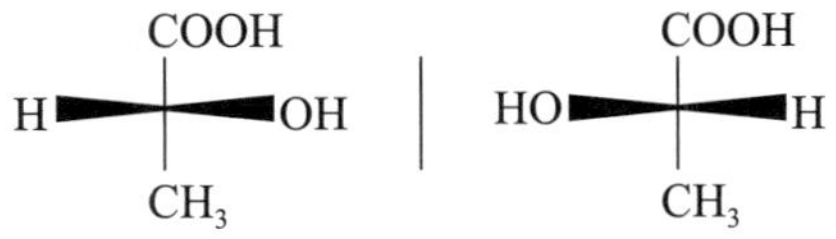

位于中心的碳原子连接有 4 个不同的原子或基团，因此它是手性碳原子，也是仅有的 1 个手性碳原子。

2 种乳酸分子的对映体互为镜像，它们的构造相同，因此物理性质、化学性质一般情况下都相同，二者的区别在于光学性质不同，其比旋光度大小相同，方向相反，即旋光性不同。在一对对映异构体中，一个是左旋体，另一个是右旋体，但从结构上不能判断哪个是左旋体，哪个是右旋体，只能通过旋光仪测定出。

含有 1 个手性碳原子的化合物有 2 个互为镜像的对映异构体，如果等量混合，则旋光性可相互抵消，因此把它们的等量混合物称为外消旋体。

（二）构型的标记方法

含有 1 个手性碳原子的化合物存在 2 种构型，一种是左旋构型，另一种是右旋构型。为了区别不同的构型，常采用 D/L 构型标记法和 R/S 构型标记法进行标记。

1. D/L 构型标记法　在 1951 年之前，人们尚未测定出分子的绝对结构（真正的构型）。为避免混淆以及满足研究的需要，就将甘油醛作为其他旋光性物质构型的比较标准。另外，还人为地规定，在费歇尔投影式中，手性碳原子上所连的羟基在碳链右端的标记为 D- 构型，手性碳原子上所连的羟基在碳链左端的标记为 L- 构型。其中，D 和 L 分别为拉丁文“右”和“左”的首字母。

甘油醛分子的费歇尔投影式为：

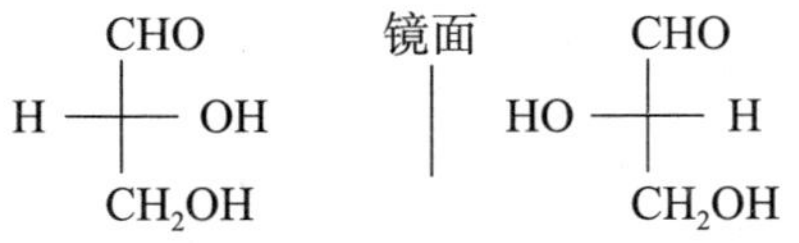

D-（+）- 甘油醛　　L-（−）- 甘油醛

对甘油醛的构型做出规定之后，其他旋光性物质的构型就可以通过一定的化学转变与甘油醛相联系。凡是由 D- 甘油醛转变而来的化合物或者是可以转变成 D- 甘油醛的化合物，其构型一定是 D- 构型；凡是由 L- 甘油醛转变而来的化合物或者是可以转变成 D- 甘油醛的化合物，其构型一定是 L- 构型。例如：

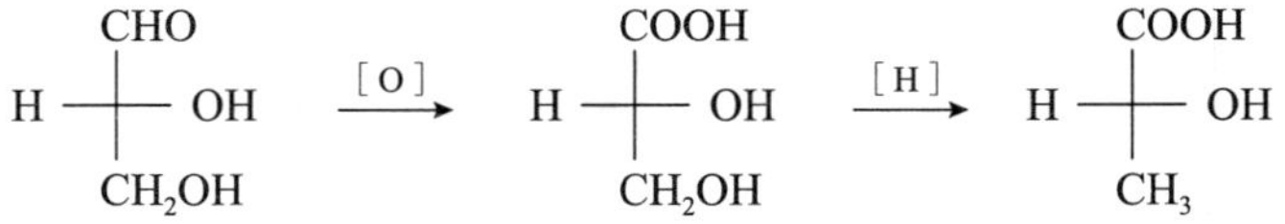

D-（+）- 甘油醛　　D-（−）- 甘油酸　　D-（−）- 乳酸

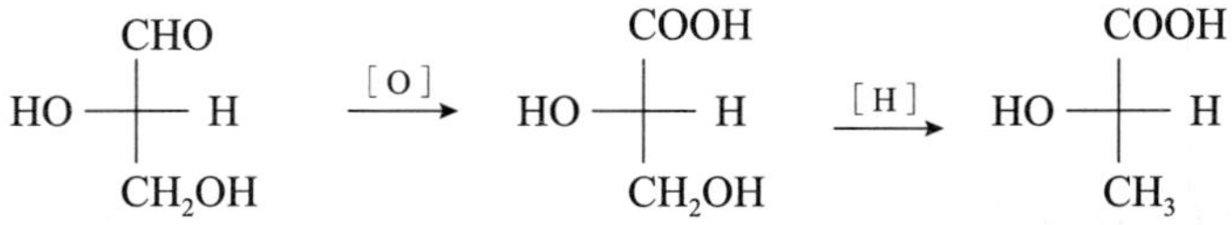

L-（−）- 甘油醛　　L-（+）- 甘油酸　　L-（+）- 乳酸

（+）/（−）表示旋光方向，是通过旋光仪测定出来的。对映异构体的构型与它们对偏振光的旋转方向之间并没有明确的对应关系。

1951 年，化学家用 X 射线衍射法测定出右旋酒石酸铷钾的真实构型（绝对构型），发现其真实构型与相对构型完全相同。这也证实了 D-（+）- 甘油醛的真实构型与原来人为规定的是一致的。

D/L 构型标记法有其局限性，仅适用于含有羟基的手性碳原子。同时，D/L 构型标记法用于标记含有 1 个手性碳原子的化合物比较方便，而对于含有多个手性碳原子的化合物，如果选择的手性碳原子不同，则得到的结果可能不同。另外，对于某些旋光性物质，还无法以甘油醛作为标准来确定构型。因此，IUPAC 建议采用 R/S 构型标记法，但对于 α- 氨基酸和糖类物质，仍沿用传统习惯，采用 D/L 构型标记法进行标记。采用费歇尔投影式表示 α- 氨基酸时，羧基写在竖线的上方，R 基写在竖线的下方，氨基和氢原子写在横线的两侧。若氨基的位置与 L- 甘油醛中羟基的位置一致，就将该氨基酸定义为 L- 氨基酸；若氨基的位置与 D- 甘油醛中羟基的位置一致，就将该氨基酸定义为 D- 氨基酸。天然氨基酸多数为 L- 构型。

2. R/S 构型标记法　R/S 构型标记法是根据手性碳原子所连的 4 个原子或者基团在空间的真实排列情况来进行标记的，因此，用这种方法标记的构型是绝对构型，即真实构型。R/S 构型标记法的具体规则为：

（1）将手性碳原子直接相连的 4 个原子或基团按“顺序规则”进行排列，原子序数大的为较优基团。放射性同位素原子按相对原子质量排列，相对原子质量大的为较优基团，较优基团排在前面。

无法直接判断与手性碳原子直接相连的基团顺序时，需要进行第二轮排序确定顺序。例如，1,2- 二羟基丙醇分子构型表示：

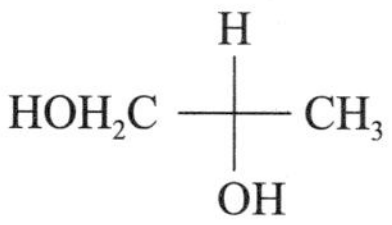

与手性碳原子直接相连的为—H、—CH_3、—OH 和—CH_2OH 4 个原子或基团。通过第一轮排序，可以确定—OH 最大，—H 最小；对于—CH_3 和—CH_2OH，则进行第二轮排序，分别为 H，H，H 和 H，H，O，从而判断出—CH_2OH 优于—CH_3，即可得到 4 个原子或基团的顺序由大到小依次为：

$$—OH>—CH_2OH>—CH_3>—H$$

（2）将排在最后的原子或基团放在离人眼最远的位置，其余 3 个原子或基团放在同一平面上，并离人眼最近，采用与汽车驾驶员观察方向盘相同的方式进行观察。

（3）将平面上的 3 个原子或基团也按照“顺序规则”由大到小进行排列。如果 3 个原子或基团按顺时针方向排列，则为 R 构型；如果按逆时针方向排列，则为 S 构型。

由于费歇尔投影式表示的是立体结构，对于 R/S 构型不便于直接判断，故可以在平面上直接观察判断。具体方法是：先找出最小基团，然后判断其余基团在平面上的大小顺序。若最小基团在竖线上，其余基团的大小顺序按顺时针方向排列时，为 R 构型；按逆时针方向排列时，为 S 构型。若最小基团在横线上，则构型相反。

例如，2- 氯丙酸分子的构型判断：

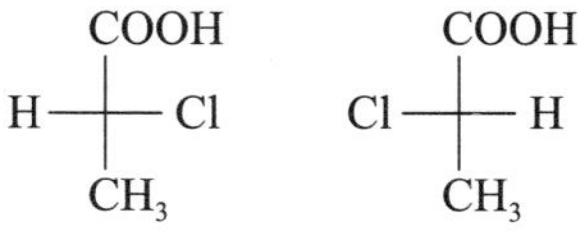

R- 构型　　S- 构型

4 个原子或基团的顺序由大到小依次为：—Cl>—COOH>—CH_3>—H

2- 羟基丙酸分子的构型判断：

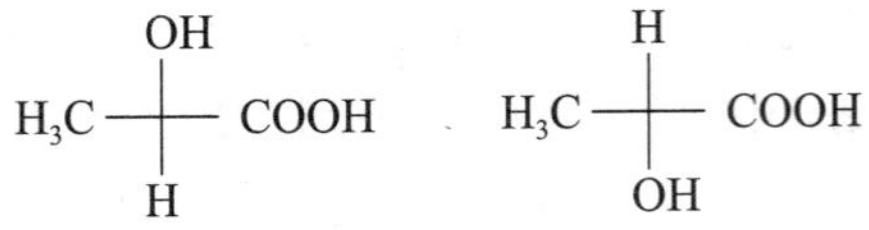

R- 构型　　S- 构型

4 个原子或基团的顺序由大到小依次为：—OH>—COOH>—CH_3>—H

需要说明的是，D/L 构型标记法和 R/S 构型标记法是两种不同的标记方法，二者之间没有必然的联系。对 D- 构型或 L- 构型的化合物，如果使用 R/S 构型标记法进行标记，可能是 R 构型，也可能是 S 构型。但无论采用何种构型标记法进行标记，都与物质的旋光性无关。

第四节　具有两个手性碳原子化合物的对映异构

一、具有两个不相同手性碳原子化合物的对映异构

如果某有机化合物分子中含有两个手性碳原子，且连接的 4 个基团不同或者不完全相同，那么这两个手性碳原子是不同的手性碳原子。前文已提及，含有 1 个手性碳原子的化合物存在 2 个旋光异构体，那么含有 2 个不同手性碳原子的有机化合物就应该有 4 个旋光异构体。例如，2,3,4- 三羟基丁醛（赤藓糖或苏阿糖）分子的构型为：

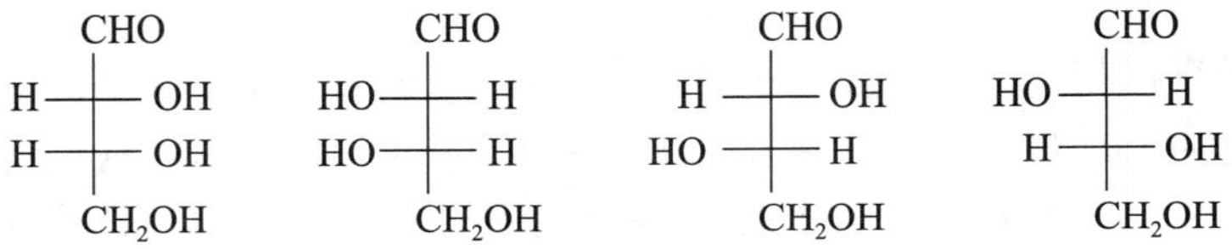

（1）　（2）　（3）　（4）

以上 4 种异构体中，（1）和（2）是一对对映异构体，（3）和（4）是一对对映异构体。如将（1）和（2）或者（3）和（4）等量混合，则可组成外消旋体，其溶液不显示旋光性。

按照 D/L 构型标记法，与甘油醛分子相比，编号最大的手性碳原子所连的羟基在右侧，所以化合物（1）和（4）为 D- 构型，化合物（2）和（3）为 L- 构型（编号最大的手性碳原子所连的羟基在左侧）。通过旋光性测定可知，化合物（2）和（3）为右旋体，记为“+”；化合物（1）和（4）为左旋体，记为“–”。因此，化合物（1）为 D-（–）- 赤藓糖，化合物（2）为 L-（+）- 赤藓糖，化合物（3）为 L（+）- 苏阿糖，化合物（4）为 D-（–）- 苏阿糖。

按照 R/S 构型标记法，对于化合物（1），第一个手性碳原子（按照系统命名法为 2 号碳原子）为 R 构型，记为 2R，第二个手性碳原子（按照系统命名法为 3 号碳原子）为 R 构型，记为 3R，结合旋光性测定，则化合物（1）为（2R，3R）-（–）-2,3,4- 三羟基丁醛。照此方法，化合物（2）为（2S，3S）-（+）-2,3,4- 三羟基丁醛，化合物（3）为（2R，3S）-（+）-2,3,4- 三羟基丁醛，化合物（4）为（2S，3R）-（–）-2,3,4- 三羟基丁醛。

二、具有两个相同手性碳原子化合物的对映异构

如果两个手性碳原子上连接的 4 个基团完全相同，则这两个手性碳原子是相同手性碳原子。例如，酒石酸分子构型为：

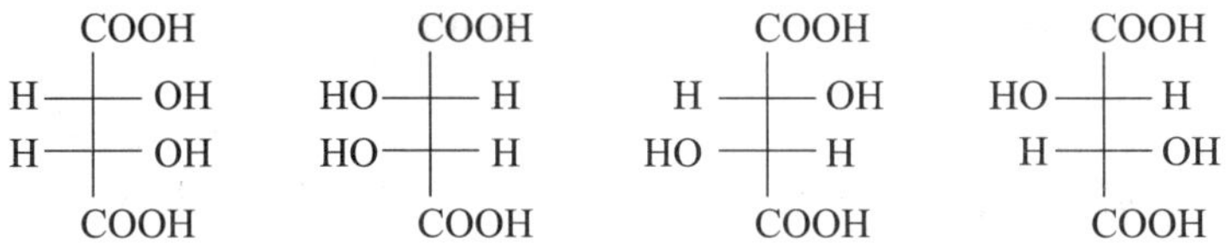

（1）　　（2）　　（3）　　（4）

对照上述2,3,4-三羟基丁醛的4种异构体，酒石酸似乎也存在4种异构体，但是对于化合物（1）和（2）两种分子而言，按照判断两个费歇尔投影式是否为同一构型的方法中“将其中一个费歇尔投影式在平面上旋转180°后，得到的投影式与另一相同，则这两个投影式表示同一构型”来判断，化合物（1）或（2）在纸面上旋转180°后均可与（2）或（1）重合，因此它们是同一构型。同时，化合物（1）和（2）也存在着对称面，不具有产生对映异构体的条件。从化合物（1）和（2）的结构来看，两个手性碳原子的结构相同，旋光能力相同，但构型相反，旋光方向相反，因此，旋光性在分子内部相互抵消，不显示旋光性，称为内消旋体。化合物（3）和（4）则没有此情况，是一对对映异构体。

按照D/L构型标记法，化合物（1）和（2）为同一种物质，且属于内消旋体，常用meso-标记，记为meso-酒石酸。化合物（3）的编号最大的手性碳原子所连的羟基在左侧，为L-构型，化合物（4）为D-构型。通过旋光性测定可知，化合物（3）为右旋体，记为“+”，化合物（4）为左旋体，记为“−”。因此，化合物（3）为L-（+）-酒石酸，化合物（4）为D-（−）-酒石酸。

根据R/S构型标记法，化合物（1）和（2）为同一种物质，且属于内消旋体，常用i-标记，记为（2R，3S）i-酒石酸。化合物（3）的第一个手性碳原子（按照系统命名法为2号碳原子）为R构型，记为2R，第二个手性碳原子（按照系统命名法为3号碳原子）为R构型，记为3R。结合旋光性测定，化合物（3）为（2R，3R）-（+）-酒石酸，化合物（4）为（2S，3S）-（−）-酒石酸。

含有两个相同手性碳原子的化合物一般有3个旋光异构体，分别是左旋体、右旋体和内消旋体。

三、外消旋体的拆分

对于外消旋体，其物理性质与单纯的左旋体和右旋体不同。外消旋体不同于任意两种物质的混合物，它具有固定的物理常数，如熔点、沸点、密度、折光率和溶解度等。外消旋体的化学性质与相应的左旋体和右旋体基本相同。

外消旋体可以拆分为左旋体和右旋体，但由于二者大多数的物理性质相同，采用分馏操作很难进行分离。可以使用手性溶剂，通过重结晶的方法，或使用非手性吸附剂，通过色谱法等方法加以分离。常用的分离方法有化学分离法、微生物法、晶种结晶法、选择吸附法和机械法。

内消旋体由于是单个分子，所以无法进行拆分。

知识链接

构象异构

构象是指具有一定构造的分子，由于共价单键旋转而引起原子或基团在空间的不同排列方式。因此，结构式相同的化合物可能有许多不同的构象，这种现象称为构象异构，它们之间互为构象异构体。

乙烷是最简单的含有碳碳单键的化合物。由于碳碳单键的旋转，乙烷可以有无数种构象，其中最典型的只有交叉式和重叠式两种，即：

重叠式

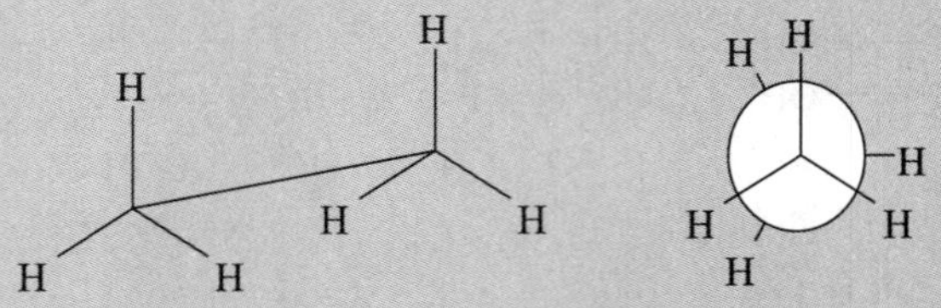

交叉式

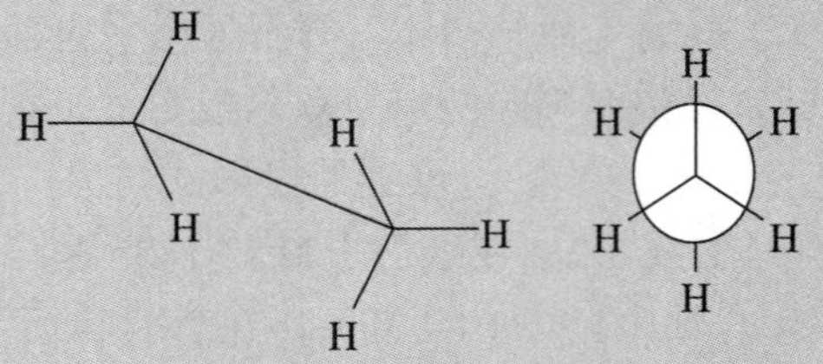

乙烷的两种构象

在交叉式中，2个碳原子上的氢原子间距离最远，相互间的排斥力最小，因而内能最低，性质最稳定；在重叠式中，2个碳原子上的氢原子间距离最近，相互间的排斥力最大，因而内能最高，性质最不稳定。交叉式和重叠式是乙烷的两种极端构象，其他构象都介于这两者之间。交叉式和重叠式的内能虽然不同，但相差很小，室温条件下的热能就可以使两种构象发生相互转化。因此，在室温条件下，乙烷的多种构象异构体是共存的。

构象异构体之间的化学性质、生物学活性都相同，只在内能上有很小的差异。

自测题

一、名词解释

1. 旋光性　　2. 比旋光度　　3. 对映异构体

4. 外消旋体　　5. 内消旋体

二、单项选择题

1. 下列不属于物理常数的是

A. 折光率　　B. 旋光度　　C. 比旋度

D. 相对密度　　E. 黏度

2. 将3.2 g蔗糖（分子量为342.3）的15 ml水溶液盛装在5 cm长的盛液管中测得的旋光度为+7.1°，该化合物的比旋光度值为

A. +67.62°　　B. − 67.62°　　C. ± 62.67°

D. +62.67°　　E. − 62.67°

3. 下列分子中含有手性碳原子的是

A. 四氯甲烷　　B. 氯乙酸　　C. 二氯乙酸

D. 甘氨酸　　E. 2- 羟基丁酸

4. 下列化合物中含有手性碳原子的是

A. CCl_2F_2　　B. CH_3CH_2OH　　C. CH_3CH_2CHO

D. 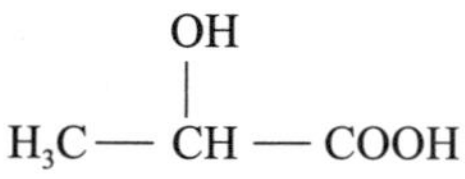　　E. 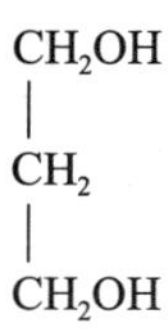

5. 下列化合物属于 R 构型的是

A. 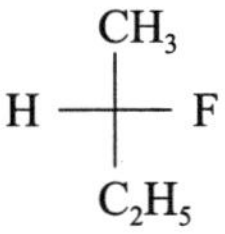

B. 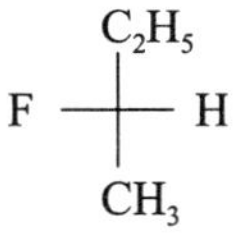

C. 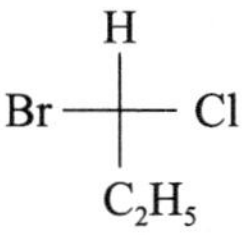

D. 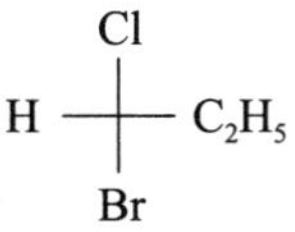

E. 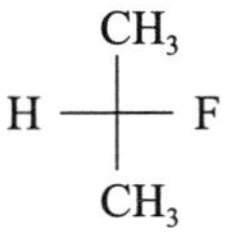

三、多项选择题

1. 下列化合物中含有 2 个手性碳原子的是

A. 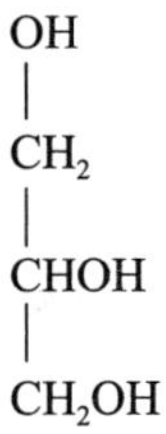

B. 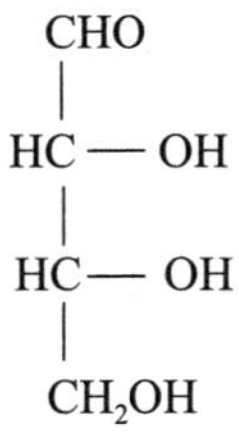

C. 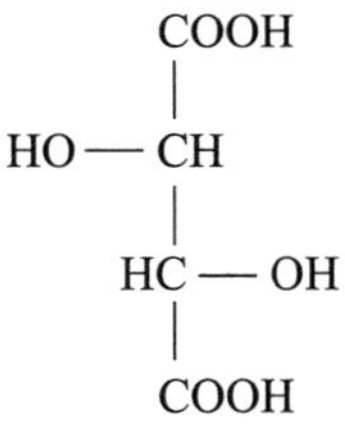

D. 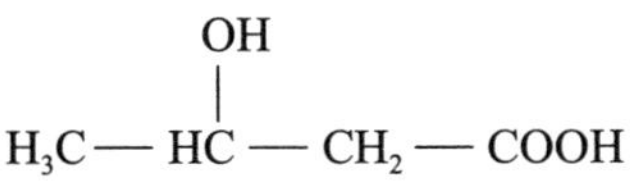

E. 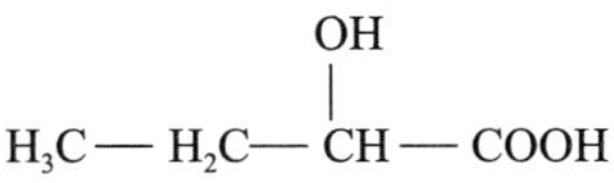

2. 下列化合物中不属于 S 构型的是

A. 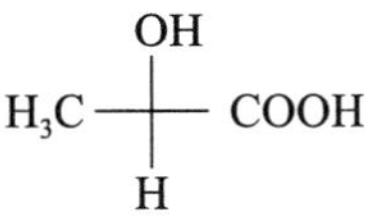

B. 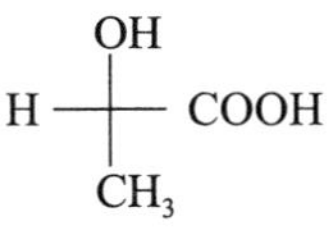

C. 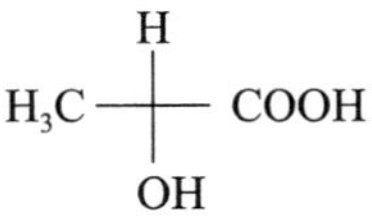

D. 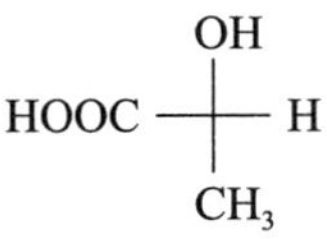

E. 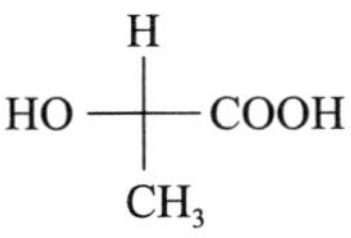

3. 下列化合物中属于内消旋体的是

A. 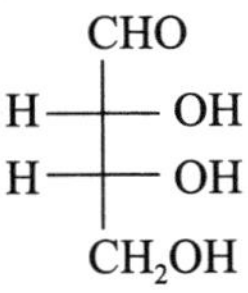

B. 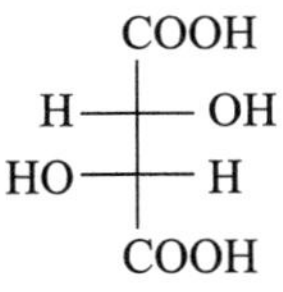

C. 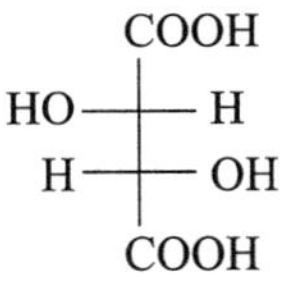

D. 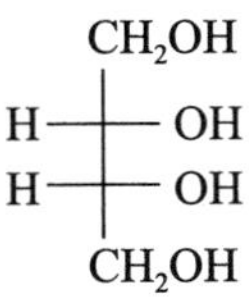

E. 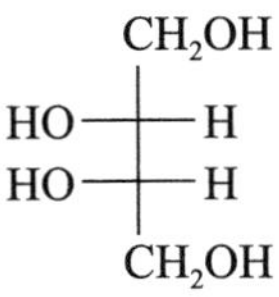

四、下列化合物中有无手性碳原子？若有，请用星号标出。

1. 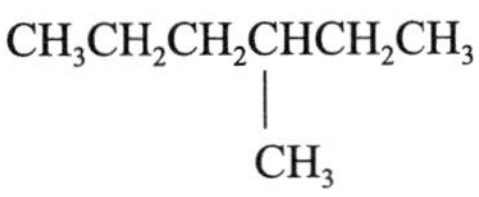

2. $C_6H_5CHDCH_3$

3. 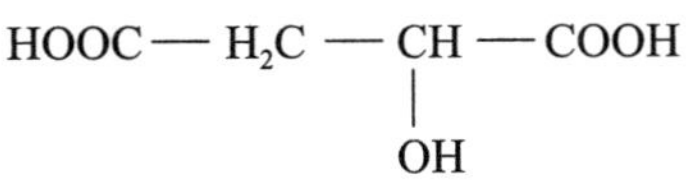

4. 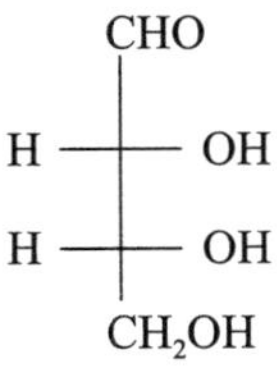

5. 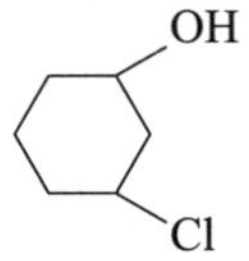

五、下列化合物中哪个具有对称中心？哪个有对称面？分别有几个？

1. $CHCl_3$

2. 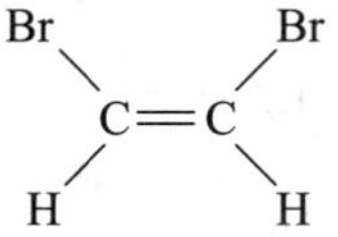

3. 

4. 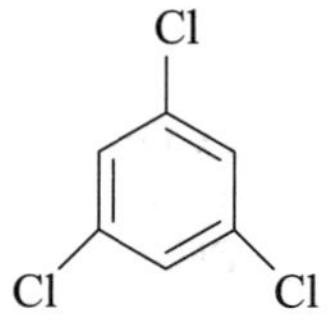

5. 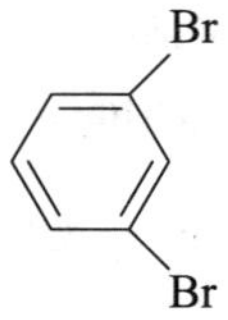

六、3- 氯 -2- 溴丁烷有多少个构型异构体？写出它们的费歇尔投影式，用 **R/S** 构型标记法标记手性碳原子的构型。

（宋煜伟）

第十章

糖　类

第十章
数字资源

学习目标

1. 掌握单糖的分子结构和化学性质。
2. 熟悉醛糖与酮糖结构和性质的异同，会用化学方法鉴别葡萄糖。
3. 了解二糖和多糖的性质及用途。

案例导入

多糖类天然药物的临床应用

近年来，多糖类天然药物在医疗方面的研究已成为热点。这些多糖在自然界中分布广泛，存在于高等植物、动物细胞膜及微生物细胞壁中，在动物体内的肝素类物质中也普遍存在。临床上，多糖类药物包括很多种，它们具有显著的作用和治疗效果。例如麦冬多糖，它是中药麦冬的有效成分。近年来的临床研究表明，麦冬多糖具有广泛的药理作用，如降低血糖、增强机体免疫力、改善心肌功能、清除氧自由基等。

思考题：

1. 糖类物质的结构特点是什么？
2. 糖类是如何进行分类的？

糖类在自然界中分布非常广泛，是动物、植物体内的重要组成部分，也是人类生命活动必需的物质之一。例如，纤维素是植物细胞壁的主要组成成分，淀粉是植物体中糖类的主要贮存形式，存在于种子和根茎中，蔗糖普遍存在于植物的叶、花、茎、种子及果实中，在甘蔗、甜菜和水果中含量尤为丰富。糖类是人类食物的主要成分，其主要的生理功能是提供能量，人体所需能量的 50%～70% 依靠糖类提供。此外，糖类还是核酸的重要组成成分。

第一节　糖类的分类、结构与性质

糖类是由碳、氢、氧三种元素组成的一类化合物。最初分析得知，它们分子中氢原子和氧原子的比例为2∶1，符合通式$C_m(H_2O)_n$，因此最早把这类物质称为碳水化合物。但随着科学的发展，陆续发现某些糖类化合物虽然分子组成上不符合$C_m(H_2O)_n$的通式，但其结构和性质具有糖类的特点，应归属于糖类，如鼠李糖（$C_5H_{12}O_5$）和脱氧核糖（$C_5H_{10}O_4$）。然而，有的化合物，如甲醛（CH_2O）、乙酸（$C_2H_4O_2$）、乳酸（$C_3H_6O_3$），虽然分子组成上符合$C_m(H_2O)_n$通式，但其结构和性质与糖类完全不同，即不属于糖类。此外，还有某些糖类化合物中含有氮原子，如甲壳质就是氨基葡萄糖的缩聚物。因此，碳水化合物的名称是不够确切的，但由于习惯，目前在食品科学领域仍然把糖类称为碳水化合物。

一、糖类的分类

从分子组成来看，糖类是多羟基醛或多羟基酮及其脱水缩合产物以及某些衍生物的统称。根据能否水解及水解后生成产物的情况不同，一般可以将糖类化合物分为三类：单糖、寡糖和多糖。

单糖是最简单的糖类分子，它不能被水解为更小的糖分子。单糖在结构上为多羟基醛或多羟基酮，如葡萄糖为多羟基醛，果糖为多羟基酮。

寡糖又称低聚糖，在酸性条件下能够水解生成2～10个单糖分子，即寡糖是由2～10个单糖分子缩聚而成的糖类物质。根据水解后得到单糖的数目，可以将寡糖分为二糖、三糖等，其中最重要的是二糖，如蔗糖、乳糖等。

多糖在酸性条件下能够水解生成10个以上单糖分子，即多糖是由10个以上单糖分子缩聚而成的糖类物质。多糖大多为天然高分子化合物，如淀粉、糖原等。

二、单糖的结构与性质

根据分子中所含碳原子的数目，可将单糖分为丙糖、丁糖、戊糖和己糖等；根据分子的功能基团，可将其分为醛糖和酮糖等。在自然界中，最简单的单糖是丙糖，包括甘油醛和1,3-二羟基丙酮；最常见的单糖是戊糖和己糖，其中最重要的戊糖是核糖和脱氧核糖，最重要的己糖是葡萄糖和果糖。下文以葡萄糖和果糖为例，介绍单糖的分子结构。

（一）单糖的结构

1. 葡萄糖的结构

（1）葡萄糖的链式结构与相对构型：葡萄糖是一种己醛糖，分子式为$C_6H_{12}O_6$。分子中的6个碳原子连接成链状，是一个直链五羟基己醛。葡萄糖的结构式为：

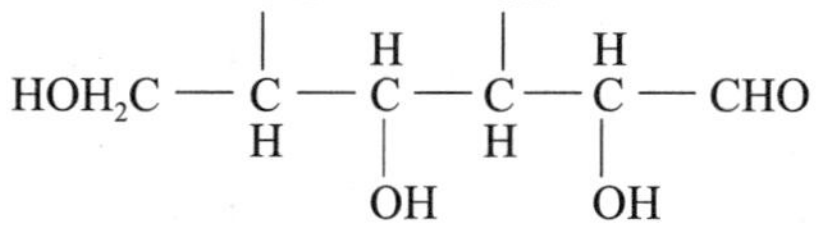

在葡萄糖的链状分子中，C_1为醛基，其余5个碳原子上各连接1个羟基。在费歇尔投影式中，C_3所连的羟基排在碳链的左侧，其余C_2、C_4、C_5所连的羟基均排在右侧。葡萄糖分子中含有4个不同的手性碳原子，具有2^4=16个旋光异构体。

按照习惯，单糖的构型仍沿用D/L构型标记法，这种方法仅考虑与羰基相距最远的一个手性碳原子的构型。单糖分子中编号最大的手性碳原子（如己醛糖的第5号碳原子）与D-甘油醛构型相同者为 D- 构型，与 L- 甘油醛构型相同者为 L- 构型。因此，己醛糖的 16 个旋光异构体中，8 个为 D- 构型，8 个为 L- 构型，一共构成 8 对对映体。8 种 D- 构型己醛糖的费歇尔投影式为：

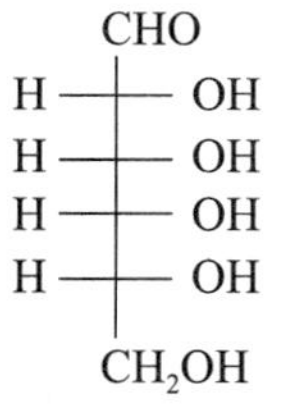

D-（+）- 阿洛糖

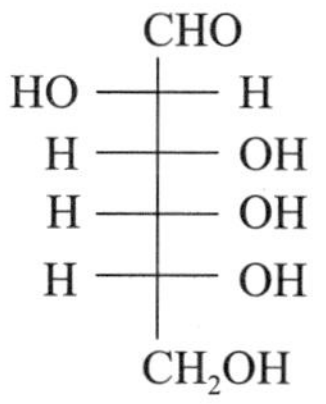

D-（+）- 阿卓糖

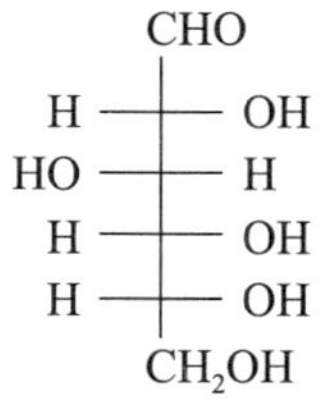

D-（+）- 葡萄糖

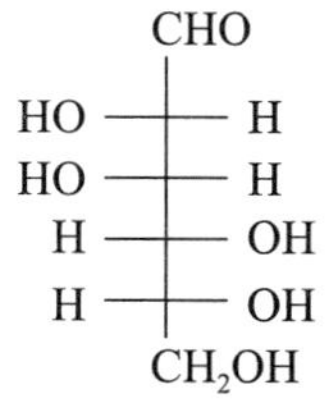

D-（+）- 甘露糖

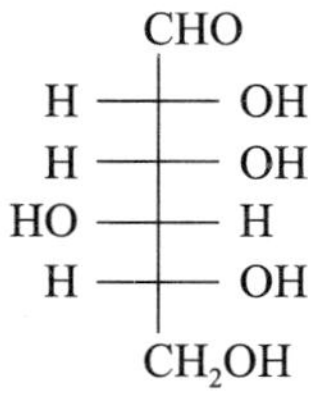

D-（+）- 古罗糖

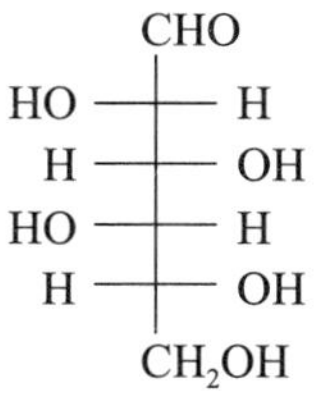

D-（+）- 艾杜糖

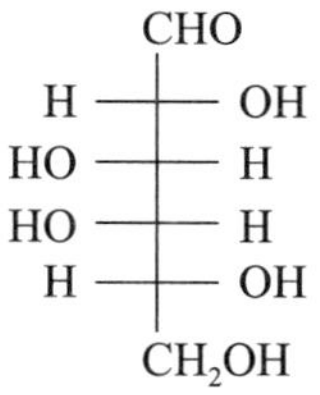

D-（+）- 半乳糖

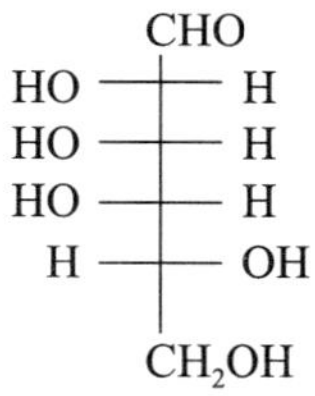

D-（+）- 塔罗糖

糖类化合物的链式结构一般都用费歇尔投影式表示。为了书写方便，在书写费歇尔投影式时，常用一短线表示羟基，氢原子可省略不写；也可用“△”代表醛基（—CHO），“○”代表羟甲基（—CH_2OH）来书写。例如，D-（+）- 葡萄糖的开链式构型可用以下三种形式表示：

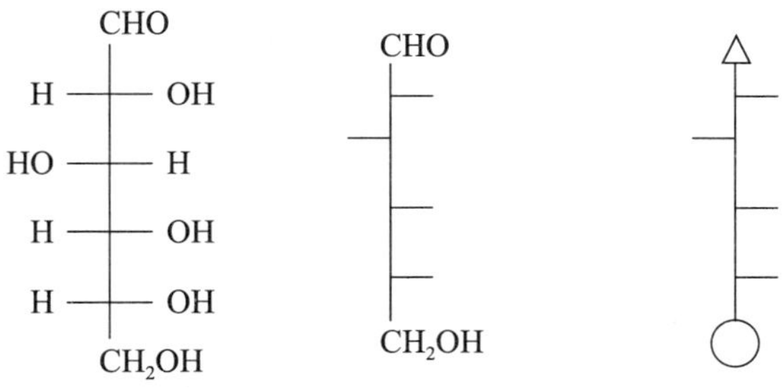

D-（+）- 葡萄糖

在自然界中天然存在的葡萄糖，其分子中与羰基相距最远的手性碳原子的构型与 D- 甘油醛相同，所以葡萄糖为 D- 构型。另外，由于葡萄糖具有右旋光性，故称为 D-（+）- 葡萄糖。自然界中存在的单糖大多属于 D- 构型。

（2）葡萄糖的环状结构及变旋现象：大多数单糖的化学性质可用链式结构解释，但某些化学性质却是用链式结构无法解释的。按照醛的化学性质，一般的醛在干燥氯化氢催化下可与醇发生醇醛缩合反应，总共消耗 2 分子醇而生成缩醛。但实验表明，葡萄糖只能与 1 分子醇反应，形成一个稳定的化合物——糖苷。糖苷的生成是不能用葡萄糖的链式结构来解释的。另外，D- 葡萄糖在不同条件下结晶后，可以得到两种物理性质不同的晶体。一种是在常温条件下从乙醇溶液析出的晶体，熔点为 146℃，比旋光度为 +112º；另一种是在 98℃以上的温度条件下，从吡啶中析出的晶体，熔点为 150℃，比旋光度为 +18.7º。将这两种晶体中的任何一种溶于水后，它们的比旋光度都会逐渐发生变化，最终都会变为恒定的 +52.7º。像葡萄糖这样的糖晶体在水溶液中，随着时间的推移，其比旋光度逐渐减小或增大，直至达到恒定值的现象，称为变旋现象。

通过深入研究，用物理和化学方法证明，结晶状态的单糖并不是链状结构，而是以环状结构的形式存在。单糖分子中因同时存在有羰基和羟基，能在分子内生成半缩醛而构成环，使单糖形成环状结构。对于葡萄糖来说，主要是 C_5 的羟基和 C_1 的羰基发生加成反应而生成环状的半缩醛。这样形成的环是六元环，性质比较稳定。单糖的环状结构中，C_1 上所形成的半缩醛羟基称为苷羟基，C_4 的羟基也可以与 C_1 的羰基生成五元环的半缩醛，但其含量非常少。

D-（+）- 葡萄糖环状结构的形成，使 C_1（即开链式中醛基上的碳原子）成为新的手性碳原子，C_1 上就有 2 种构型。在 D- 构型单糖中，苷羟基在费歇尔投影式右侧的称为 α- 型，苷羟基在左侧的称为 β- 型。这两个异构体是端基差向异构体。α-D-（+）- 葡萄糖和 β-D-（+）- 葡萄糖就是前文所述熔点和比旋光度不同的两种结晶葡萄糖。

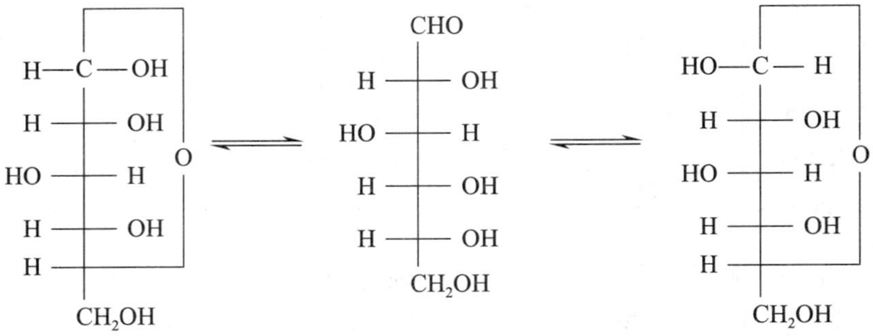

α-D-（+）- 吡喃葡萄糖　　D- 葡萄糖　　β-D-（+）- 吡喃葡萄糖

在水溶液中，α-D-（+）- 葡萄糖或 β-D-（+）- 葡萄糖可通过链式结构相互转化，经过一定时间后，α 构型、β 构型和开链醛式 3 种异构体可达到互变平衡状态。在室温条件下形成的平衡混合物中，α 构型约占 37%，β 构型约占 63%，而开链醛式仅有微量。在平衡过程中，由于 α 构型和 β 构型的量在不断地发生改变，比旋光度也相应地发生变化。当达到平衡状态时，3 种异构体的比值不再改变，比旋光度就保持恒定值（+52.7°）。

因此，两种环状结构和链式结构的互变，使得葡萄糖可发生变旋现象。对于具有环状半缩醛结构的单糖而言，发生变旋现象是它们的共同性质。

（3）葡萄糖的哈沃斯投影式和构象式：上述葡萄糖的环状结构是使用费歇尔投影式表示的，但从环的稳定性来看，这种过长的氧原子价键是不合理的。为了更接近绝对构型和形象地反映单糖的氧环结构，英国学者哈沃斯（Haworth）提出用平面六元环的透视式代替费歇尔投影式，即单糖环状结构的投影画法。由于葡萄糖的环状结构是由 5 个碳原子和 1 个氧原子组成的六元含氧杂环，它和杂环化合物吡喃的环状结构相似，所以称为吡喃环，而具有吡喃环的单糖称为吡喃糖。哈沃斯投影式以吡喃环作为平面，将环中碳原子所连的原子或原子团分别写在环平面的上方或下方，以表示它们在空间的位置，这样写成的结构称为哈沃斯投影式。哈沃斯投影式在糖化学中广泛使用。D-（+）- 葡萄糖的哈沃斯投影式为：

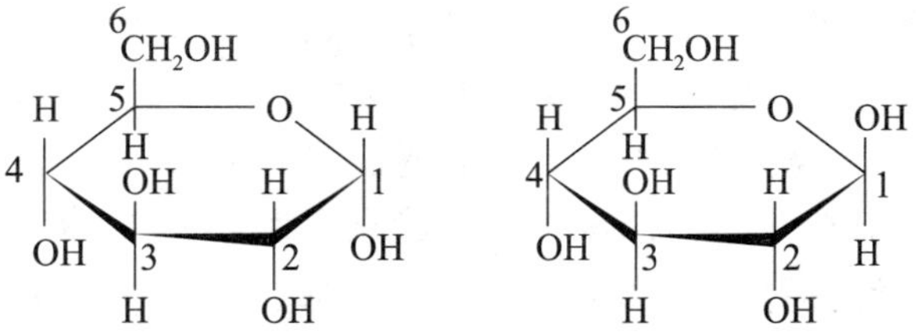

α-D-（+）- 吡喃葡萄糖　　β-D-（+）- 吡喃葡萄糖

在哈沃斯投影式中，成环的原子在同一平面上，粗线表示环平面向前的边，细线表示向后的边。成环的碳原子元素符号不写出，手性碳原子所连的氢原子也可忽略。用哈沃斯投影式表示葡萄糖的环状结构时，通常把环上的氧原子写在右上角，碳原子的编号按顺时针方向进行排列。费歇尔投影式左边的羟基写在环平面的上方，费歇尔投影式右边的羟基写在环平面的下方（即“左上右下”）。而 C_5 上的羟甲基在环平面上方者为 D- 构型。在 D- 构型单糖中，苷羟基在环平面下方者为 α- 构型，在环平面上方者为 β- 构型。

吡喃糖为六元环环式单糖，与环己烷的构象相似，通常以稳定的椅型构象存在。α-D- 吡喃葡萄糖和 β-D- 吡喃葡萄糖的构象式为：

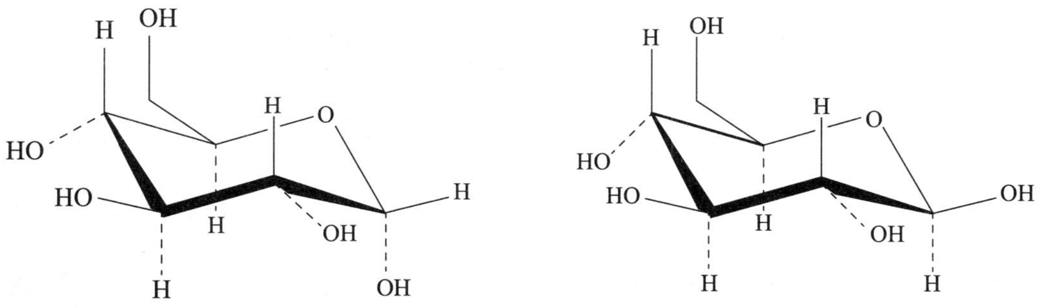

α-D- 吡喃葡萄糖　　β-D- 吡喃葡萄糖

在 β-D- 吡喃葡萄糖中，因其 C_1 上的苷羟基在 e 键位置，能量比 α-D- 吡喃葡萄糖低，故其构象更稳定。这样就能解释，在葡萄糖的变旋混合平衡体系中，β- 构型的比例（约 63%）大于 α- 构型（约 37%）。

2. 果糖的结构 果糖常以游离态存在于许多水果和蜂蜜中，其与葡萄糖的结合态构成蔗糖。果糖是天然糖中最甜的，其甜度为蔗糖的 170%，蜂蜜的甜度主要是因为有果糖的存在。果糖为白色晶体，熔点为 105℃，易溶于水，其水溶液的旋光性为左旋，因此果糖又称左旋糖。

（1）果糖的链式结构：果糖是一种己酮糖，分子式为 $C_6H_{12}O_6$，和葡萄糖是同分异构体，果糖开链式分子中 C_2 是酮基，属于己酮糖。果糖的链式结构可表示为：

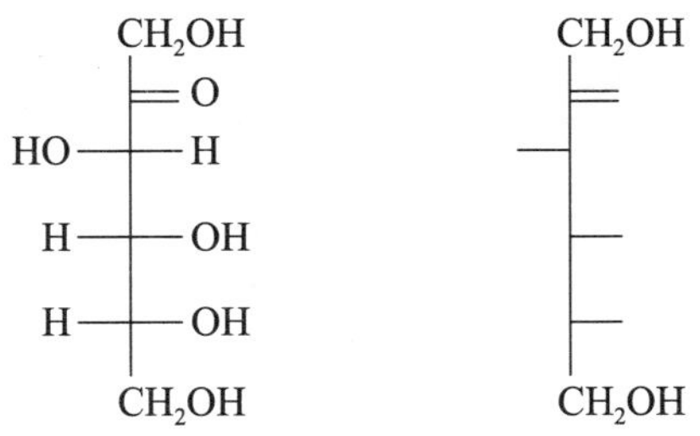

D- 果糖

（2）果糖的环状结构：果糖分子中与酮基相邻的碳原子上都连有羟基，使酮基活泼性增强，可与 C_6 或 C_5 上的羟基作用形成环状半缩酮结构，因而果糖也有 α- 构型和 β- 构型两种环状构型。果糖有两种不同的环状结构，一种是六元含氧杂环，性质比较稳定，称为吡喃果糖；另一种是五元含氧杂环，称为呋喃果糖。自然界中以游离状态存在的果糖主要是 β-D- 吡喃果糖，而以结合状态存在的主要是 β-D- 呋喃果糖。果糖的氧环式结构也可以用哈沃斯投影式表示，苷羟基在环平面下方者为 α- 构型，在环平面上方者为 β- 构型。果糖的链式结构以及吡喃果糖、呋喃果糖的哈沃斯投影式互变平衡体系可表示为：

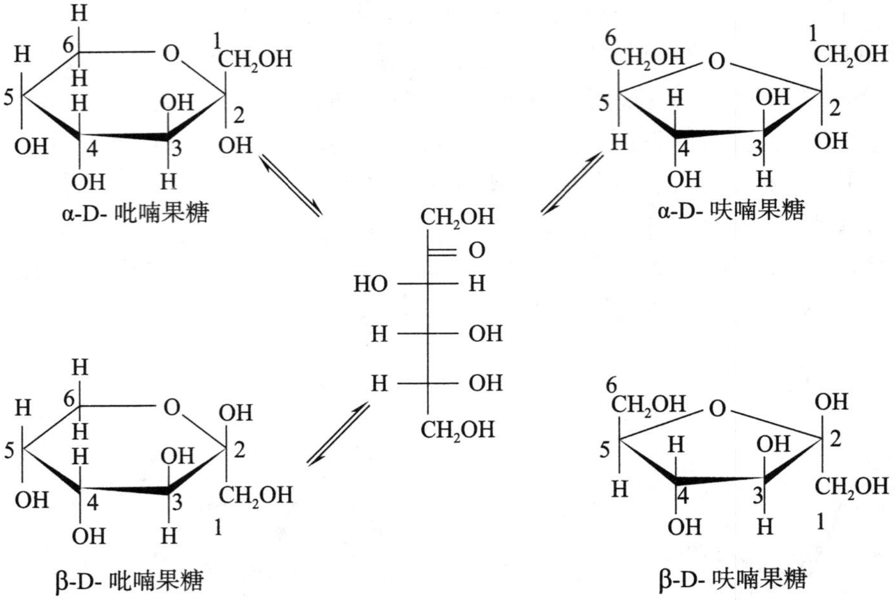

果糖在水溶液中，同样可以通过链式结构与环状结构的互变而形成平衡体系，因此果糖也有变旋现象，达到平衡状态时的比旋光度为 −92°。

（二）单糖的性质

单糖都是结晶性固体，有吸湿性，易溶于水，难溶于乙醇等有机溶剂。单糖有甜味，不同的单糖甜度不同，其中果糖最甜。单糖都具有旋光性，也都会发生变旋现象。

单糖既有醇羟基和羰基的性质，也有环状半缩醛（酮）羟基的性质。单糖的化学反应，有的以链式结构进行，有的以环状结构进行。

1. 差向异构化 D- 葡萄糖经稀碱溶液处理后，一部分会转变成 D- 甘露糖和 D- 果糖，最终成为 3 种糖的混合物。这种转化是通过烯二醇中间体完成的。其反应过程为：

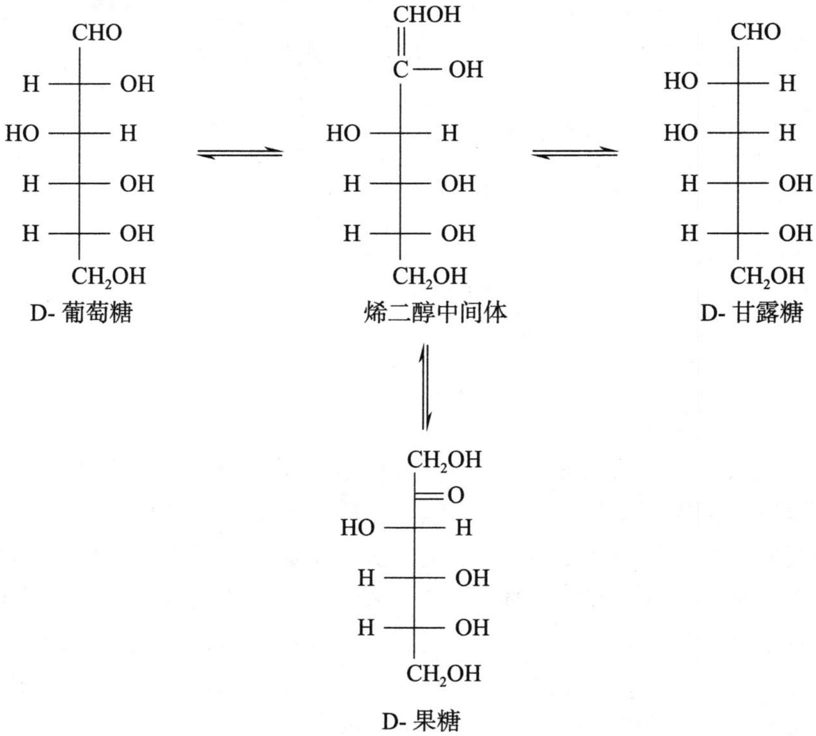

用稀碱溶液处理D-甘露糖或D-果糖，同样可得到上述三者的互变平衡混合物。在混合物中，D-葡萄糖和D-甘露糖除C_2构型不同外，其余手性碳原子都相同。像D-葡萄糖和D-甘露糖这样，含有多个手性碳原子的旋光异构体中，只有一个手性碳原子的构型不同时，互称为差向异构体。它们之间的转化过程称为差向异构化。D-葡萄糖或D-甘露糖与D-果糖之间的转化，是醛糖和酮糖之间的转化，即在碱性条件下，醛糖和酮糖之间可以互相转化。这种转化在体内酶的催化下也可以实现，如在体内糖代谢过程中，在酶的催化下，6-磷酸葡萄糖可以异构化生成6-磷酸果糖。

2. 成苷反应　由于单糖多以环状结构存在，其环状结构中的半缩醛（酮）羟基比较活泼，可与另一分子糖、醇或酚等化合物的羟基反应，脱水生成具有半缩醛或缩酮结构的化合物。这种化合物称为糖苷，简称苷。此类反应称为成苷反应。因此，糖分子中的半缩醛（酮）羟基又称苷羟基。在糖苷中，糖的部分称为糖苷基，非糖部分称为苷元或糖苷配基。糖苷基与糖苷配基之间的键称为糖苷键，简称苷键，包括氧苷键、氮苷键、硫苷键等。根据苷羟基是α-型还是β-型，糖苷键也相应地分为α-糖苷键或β-糖苷键两类。例如：

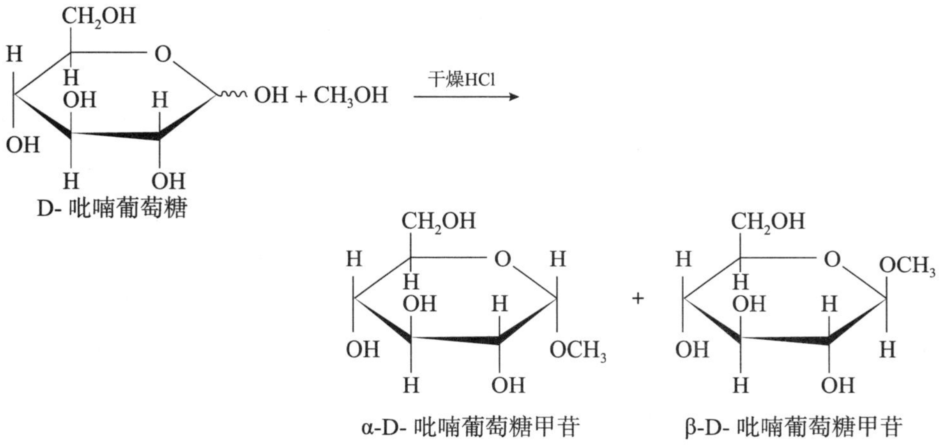

糖苷是性质比较稳定的化合物，分子中不再含有苷羟基，在水溶液中不能转变为链式结构，所以不发生变旋现象，也没有还原性。糖苷对碱的稳定性较好，但在酸性条件下或者酶的催化下会发生水解反应，生成原来的糖和苷元。

知识链接

糖苷在医药学上的应用

糖苷在自然界分布很广，是中药的一种重要成分，如人参中的活性成分人参皂苷、葛根中的葛根素、天麻中的天麻苷，以及氨基糖苷类抗生素庆大霉素、大观霉素、阿米卡星等。

糖苷的生理作用是多种多样的，对人体心血管系统、呼吸系统、消化系统、神经系统以及在抗菌消炎、增强机体免疫力、抗肿瘤等方面都有不同的功效，这也是糖苷类化合物被广泛研究的重要原因。

3. 氧化反应

（1）与碱性弱氧化剂的反应：单糖都可以与碱性弱氧化剂托伦试剂、费林试剂发生氧化反应，分别产生银镜和砖红色的氧化亚铜沉淀。醛糖能还原银氨络离子（托伦试剂）产生银镜，也能还原铜离子（费林试剂或班氏试剂），产生氧化亚铜的砖红色沉淀。果糖是一种酮糖，其自身不具有能被氧化的醛基，但在碱性试剂条件下可异构化为醛糖，因此也能发生氧化反应。

$$\text{单糖} + [Ag(NH_3)_2]^+ \xrightarrow[\triangle]{OH^-} \text{糖酸混合物} + Ag\downarrow$$

$$\text{单糖} + Cu^{2+}(\text{配离子}) \xrightarrow[\triangle]{OH^-} \text{糖酸混合物} + Cu_2O\downarrow$$

凡是能被托伦试剂、费林试剂氧化的糖均称为还原糖，不能被氧化的糖称为非还原糖。单糖都是还原糖。由于醛糖在碱性条件下会发生异构化，故所得到的糖酸为混合物。

（2）与溴水的反应：溴水能将醛糖中的醛基氧化成羧基，生成相应的醛糖酸。其反应式为：

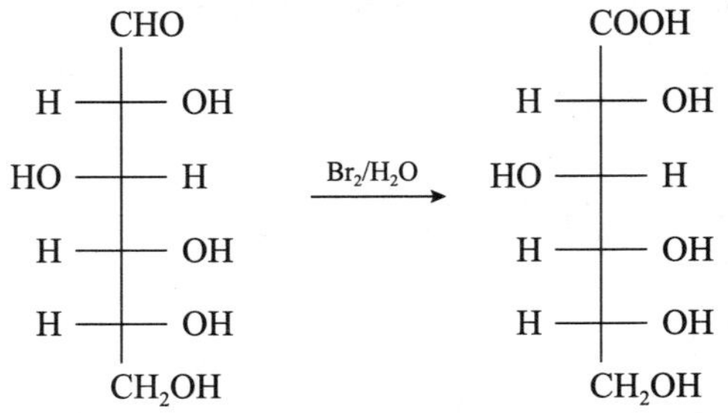

D- 葡萄糖　　葡萄糖酸

由于溴水是酸性氧化剂，在酸性条件下，酮糖不能异构化为醛糖，所以酮糖不发生此反应。

（3）与稀硝酸的反应：稀硝酸是氧化性比溴水更强的氧化剂，可将醛糖氧化成糖二酸，即在氧化醛基的同时，也选择性地氧化一级醇羟基。例如，D- 半乳糖被硝酸氧化后，可生成半乳糖二酸，通常称为黏液酸。D- 葡萄糖被硝酸氧化后，可生成 D- 葡萄糖二酸。其反应式为：

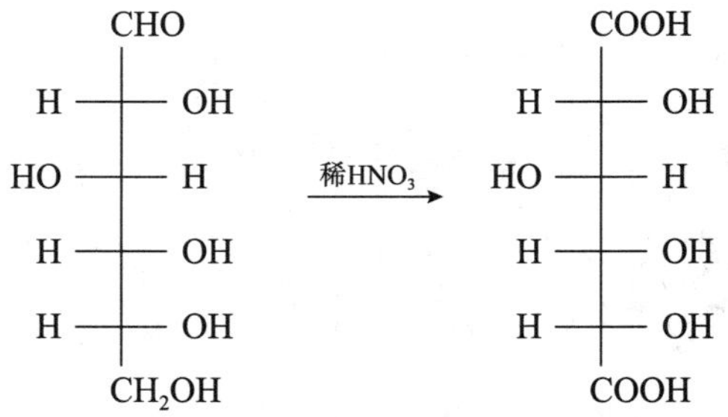

D- 葡萄糖　　葡萄糖二酸

D- 葡萄糖二酸经适当方法还原后，可得到 D- 葡糖醛酸。D- 葡糖醛酸广泛分布于动、植物体内，是一种水溶性代谢物。

4. 还原反应　单糖分子的羰基经催化氢化或硼氢化，可还原得到相应的醇，称为糖醇。例如，D- 核糖的还原产物称为 D- 核糖醇，D- 甘露糖的还原产物称为 D- 甘露醇。D- 葡萄糖的还原产物为山梨醇（或葡萄糖醇）。山梨醇和甘露醇在饮食疗法中常替代糖类使用。

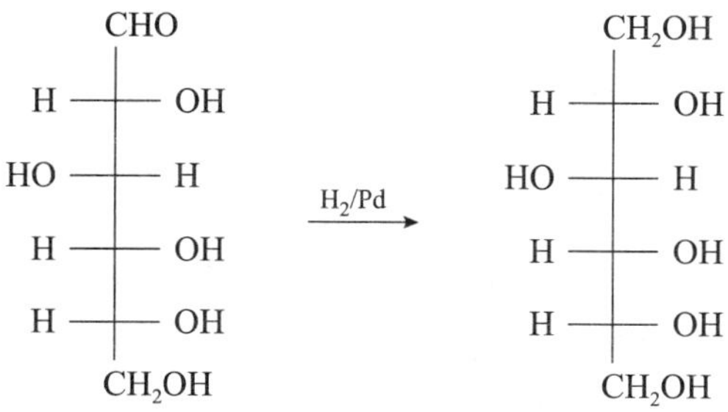

D- 葡萄糖　　　　山梨醇

5. 成脎反应　单糖可与过量的苯肼反应生成黄色的糖脎结晶。该反应是 α- 羟基醛或羟基酮的特有反应，常用于糖类的定性鉴别和衍生物的制备。成脎反应仅仅发生在 C_1 位和 C_2 位上，由于 D- 葡萄糖、D- 果糖和 D- 甘露糖仅仅在 C_1 和 C_2 上结构不同，因此它们可以生成相同的糖脎。反之，能形成相同糖脎的单糖，除 C_1 和 C_2 外，其他碳原子的构型必然相同。

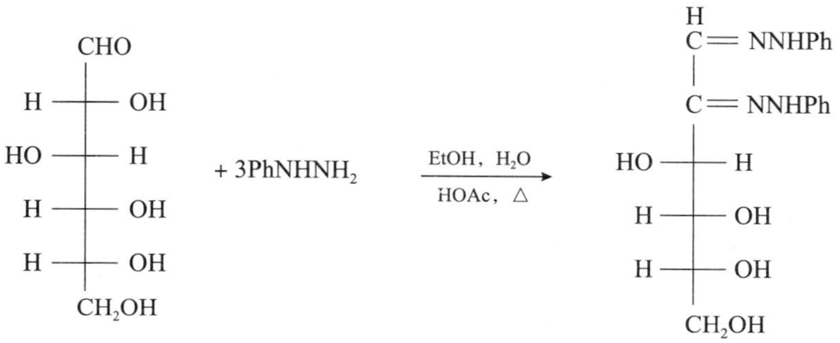

D- 葡萄糖　　　苯肼　　　　葡萄糖脎

6. 酯化反应　单糖分子中的羟基和醇分子的羟基一样，可以与酸发生酯化反应。例如，人体内的葡萄糖在酶的催化下，可以与磷酸作用生成 1- 磷酸葡萄糖和 6- 磷酸葡萄糖。它们是许多代谢过程的中间产物，而糖的磷酸酯化也是人体内糖原贮存和分解的基本途径之一。

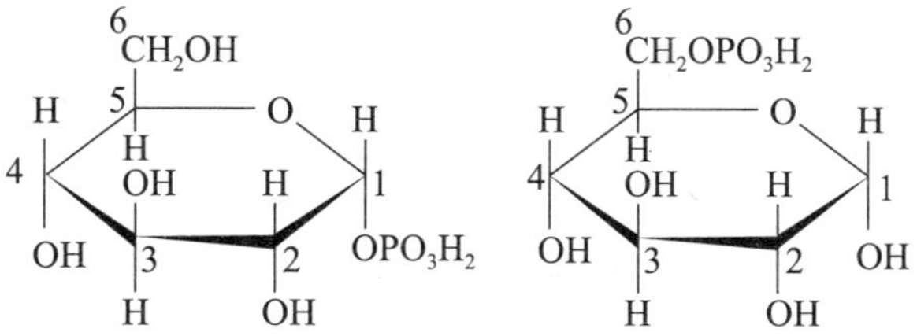

1- 磷酸葡萄糖　　　6- 磷酸葡萄糖

（三）重要的单糖及衍生物

1. D- 葡萄糖　D- 葡萄糖广泛存在于自然界中，天然存在的葡萄糖的旋光性为右旋，故右旋糖通常特指葡萄糖。人体血液中的葡萄糖浓度称为血糖，是人体所需能量的主要来源。正常成人空腹血糖的正常范围为 3.9 ~ 6.1 mmol/L。葡萄糖在医药生产方面具有广泛的用途，如用作营养品，具有强心、利尿和解毒作用；在人体失血、脱水时，葡萄糖溶液可以用来补充体液和增加能量；另外，葡萄糖还可以用于治疗水肿、心肌炎、低血糖等。通常，健康人的尿液中不含有葡萄糖，而糖尿病患者的尿液中含有葡萄糖。

2. D- 半乳糖　D- 半乳糖可与葡萄糖结合成乳糖存在于乳汁中。人体内的半乳糖是食物中乳糖的水解产物，可在酶的催化下通过差向异构转变为葡萄糖。脑磷脂中也含有半乳糖。另外，半乳糖还以多糖的形式存在于许多植物中，如黄豆、豌豆等种子中。

3. D- 果糖 果糖是天然糖中最甜的。蜂蜜很甜就是因为其中果糖含量较多。动物的前列腺激素和精液中也含有大量果糖。菊科植物根部储存的菊粉是果糖的高聚体。工业上常用酸或酶水解菊粉制取果糖。

人体内的 6- 磷酸果糖和 1,6- 二磷酸果糖是果糖的重要衍生物，后者在体内酶的作用下可裂解成 2 分子丙糖，这是糖代谢过程中的一个重要中间反应。

4. D-（–）- 核糖和 D-（–）-2- 脱氧核糖 D-（–）- 核糖和 D-（–）-2- 脱氧核糖是重要的戊醛糖，常与一些杂环化合物及磷酸结合存在于核蛋白中，是核糖核酸和脱氧核糖核酸的重要组成成分。在核酸中，核糖和脱氧核糖都是以 β- 型呋喃糖的形式存在，称为 β-D- 呋喃核糖和 β-D- 呋喃脱氧核糖。其结构式为：

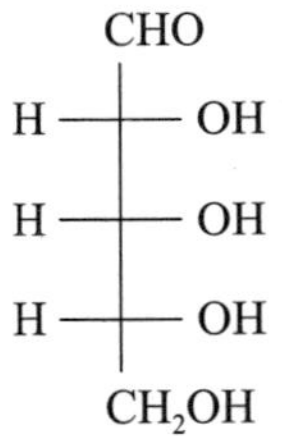

D- 核糖

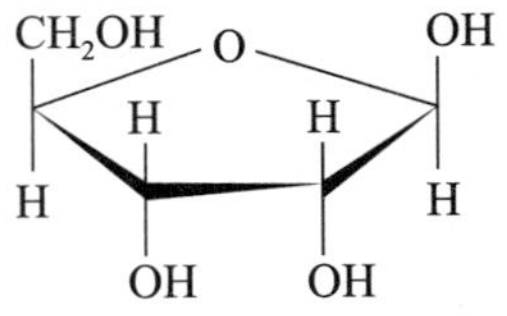

β-D- 呋喃核糖

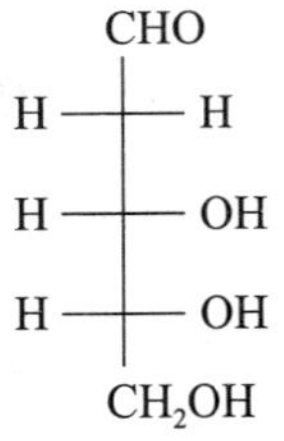

D-2- 脱氧核糖

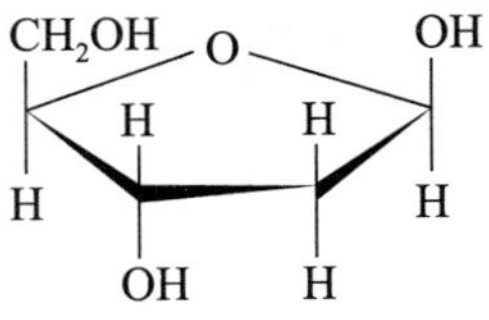

β-D- 呋喃脱氧核糖

5. 氨基糖 糖分子中除苷羟基以外的其他羟基被氨基取代所形成的化合物称为氨基糖。自然界中存在的氨基糖主要是氨基己糖，大多数为己醛糖分子中 C_2 上的羟基被取代的衍生物，如 D- 氨基葡萄糖、D- 氨基甘露糖、D- 氨基半乳糖等。氨基糖及其 *N*- 乙酰基衍生物不仅是肌腱、软骨等结缔组织内糖胺聚糖的主要成分，也是血清、激素的组成成分。

三、二糖和多糖的结构与性质

（一）二糖

由 2 ~ 10 个单糖分子失水结合而成的分子称为寡糖，又称低聚糖。寡糖中最常见的是二糖。二糖又称双糖，可以看成是一个单糖分子中的苷羟基和另一个单糖分子中的苷羟基或醇羟基之间脱水生成的缩合物。若二糖分子中仍保留着一个苷羟基，则在溶液中可以通过链式结构与环状结构互相转换而表现出还原性和变旋现象，该二糖为还原糖。反之，若二糖分子中没有苷羟基，无还原性和变旋现象，则为非还原糖。

二糖的物理性质与单糖类似，能形成结晶，易溶于水，有甜味，具有旋光性。

常见的较为重要的二糖有麦芽糖、纤维二糖、乳糖和蔗糖，它们的分子式都是 $C_{12}H_{22}O_{11}$。

1. 麦芽糖 麦芽糖主要存在于发芽的谷粒，特别是麦芽中。谷物发芽时，其种子内的淀粉酶可以将淀粉水解成麦芽糖。麦芽糖由 1 分子 α-D- 吡喃葡萄糖 C_1 上的苷羟基与另外 1 分子 D- 吡喃葡萄糖 C_4 上的醇羟基脱水，通过 α-1,4- 糖苷键结合而成。其结构式为：

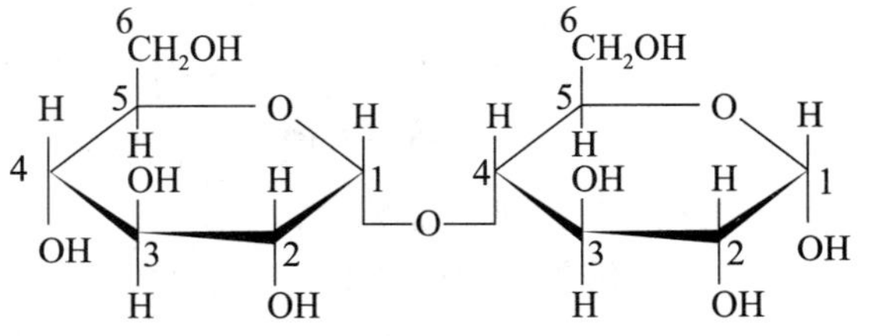

麦芽糖

麦芽糖分子中还保留有1个苷羟基，因此，麦芽糖有变旋现象，能与托伦试剂、费林试剂和班氏试剂等弱氧化剂发生反应，也能发生成脎、成苷反应。麦芽糖是还原糖，在酸或酶的作用下，可水解生成2分子葡萄糖。

麦芽糖为白色晶体，能溶于水，甜度约为蔗糖的70%，是市售饴糖的主要成分。麦芽糖有健脾胃、润肺止咳的功效，也可以用作营养剂和细菌的培养基。人体在消化食物的过程中，机体内的淀粉先经淀粉酶水解成麦芽糖，然后再经过麦芽糖酶的作用水解成2分子D-葡萄糖。因此，麦芽糖是淀粉水解过程的中间产物。

2. 纤维二糖 纤维二糖是纤维素经一定方法处理后部分水解的产物，广泛存在于各种植物中。纤维二糖由2分子葡萄糖以β-1,4-糖苷键结合而成。其结构式为：

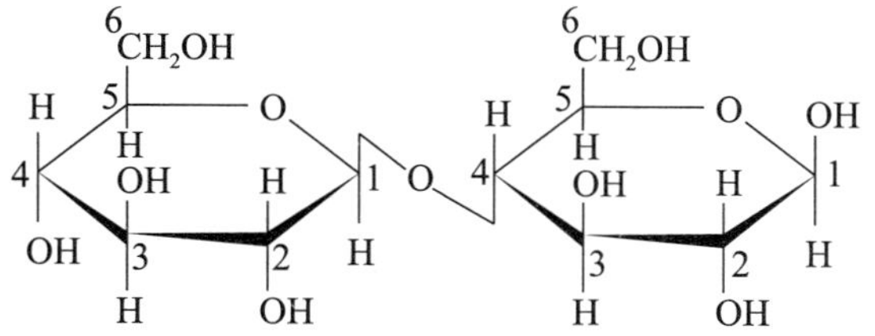

纤维二糖

纤维二糖分子中还保留有1个苷羟基，其化学性质与麦芽糖相似，为还原糖，有变旋现象。和麦芽糖一样，纤维二糖水解后也可得到2分子D-吡喃葡萄糖。与麦芽糖不同的是，纤维二糖不能被麦芽糖酶水解，只能被苦杏仁酶（来自苦杏仁）水解。此酶是催化β-1,4-糖苷键断裂的专一酶。人体内缺乏水解β-1,4-糖苷键的酶，所以纤维二糖不能被人体消化、吸收。

纤维二糖为白色结晶，没有甜味，可溶于水，熔点为225℃。

3. 乳糖 乳糖存在于哺乳动物的乳汁中，人乳中含乳糖5%～8%，牛乳中含乳糖4%～5%。乳糖由β-D-半乳糖的苷羟基与D-葡萄糖C_4的醇羟基脱水后，通过β-1,4-糖苷键结合而成。其结构式为：

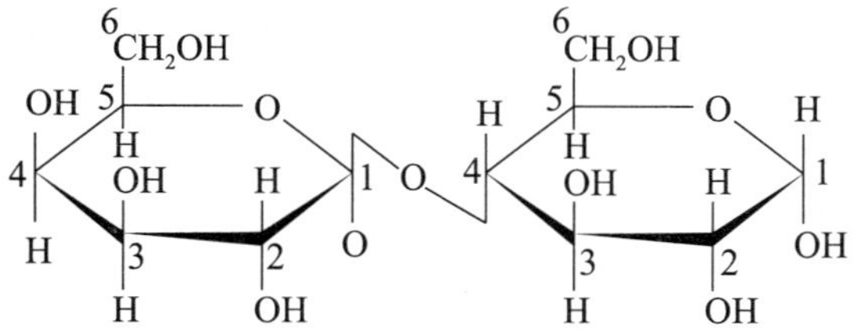

乳糖

由于乳糖分子中的葡萄糖部分仍保留着1个苷羟基，所以乳糖有变旋现象，能与托伦试剂、费林试剂和班氏试剂等弱氧化剂发生反应，也能发生成脎、成苷反应，为还原糖。在苦杏仁酶的作用下，乳糖可水解生成等量的D-葡萄糖和D-半乳糖。

乳糖为白色晶体，味微甜，水溶性较弱，没有吸湿性。在食品工业中，乳糖可用作婴儿食品、糖果及炼乳制品；在医药上，常将其作为药物的稀释剂，用于配制散剂和片剂。

4. 蔗糖 蔗糖是自然界中分布最广的二糖，是植物光合作用的重要产物，广泛存在于植物的根、茎、叶、果实和种子内，尤其在甘蔗和甜菜中含量较高，故又称甜菜糖。蔗糖由α-D-吡喃葡萄糖C_1上的苷羟基和β-D-呋喃果糖C_2上的苷羟基脱水后，通过1,2-糖苷键结合而成。其结构式为：

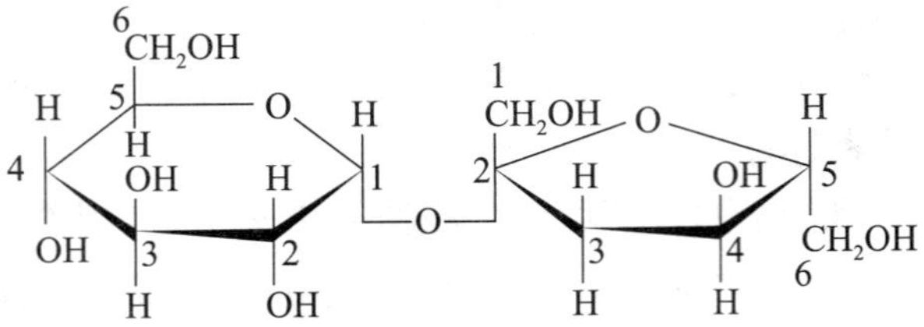

蔗糖

由于蔗糖分子中没有游离的苷羟基，因此蔗糖没有变旋现象，也不能与托伦试剂、费林试剂和班氏试剂等弱氧化剂发生反应，也不能发生成脎、成苷反应，为非还原糖。

蔗糖为右旋糖，比旋光度为 +66.5°，在酸或酶的催化下可水解，得到等量 D- 葡萄糖和 D- 果糖的混合物。果糖为左旋糖，其比旋光度的绝对值较葡萄糖大。因此，蔗糖水解后得到的混合物是左旋的，比旋光度为 –19.7°，即水解前后旋光方向发生了改变。因此，蔗糖的水解反应又称转化反应，水解后生成的 D- 葡萄糖和 D- 果糖的混合物称为转化糖。蜂蜜中大部分属于转化糖。

蔗糖为无色结晶，熔点为 180℃，易溶于水。蔗糖是日常生活和工业上使用最多的甜味剂，其甜味超过葡萄糖，但不如果糖。蔗糖在医药上可用作矫味剂和配制糖浆，也可经加热后生成褐色焦糖在饮料和食品中作为着色剂。

（二）多糖

多糖是天然高分子化合物，由成百上千个单糖分子之间脱水后通过糖苷键缩合而成。多糖主要有直链和支链两类，个别也有环状结构。多糖中各单糖之间的结合键主要有 α-1,4- 糖苷键、β-1,4- 糖苷键和 α-1,6- 糖苷键三种，前两种在直链多糖中常见，而支链多糖的链与链之间主要由 α-1,6- 糖苷键连接。

由于多糖分子中的苷羟基几乎都被结合为糖苷键，因此，多糖的性质与单糖、二糖有较大的差异。多糖无还原性，不能生成糖脎，也没有变旋现象。多糖没有甜味，大多数不溶于水，难溶于醇、醚、苯等有机溶剂，多数为无定型粉末，少数能溶于水而形成胶体溶液。在酸或酶的作用下，多糖可以逐步水解，水解后的最终产物为单糖。

多糖具有重要的生理功能。例如，淀粉、糖原是生物体内重要的储能物质；纤维素、甲壳质参与构成动、植物体的骨架；糖胺聚糖（黏多糖）等物质在生物体内具有重要的作用。另外，还有一些多糖具有特殊的生理功能，如肝素是天然的抗凝血物质。多糖与生命活动密切相关，其中，淀粉、纤维素和糖原尤为重要。

1. 淀粉 淀粉是植物光合作用的产物，广泛存在于植物的茎、块根和种子内，在稻米、小麦、玉米及薯类中含量丰富，是人类获取糖类的主要来源。淀粉是无臭、无味的白色粉末状物质。天然淀粉可分为直链淀粉和支链淀粉两类，前者存在于淀粉的内层，而后者存在于淀粉的外层，组成淀粉的皮质。淀粉经热水处理后，可溶解的部分是直链淀粉或可溶性淀粉，不溶而膨胀的部分是支链淀粉或胶淀粉。两种淀粉水解的最终产物都是 D- 葡萄糖，这说明组成淀粉的基本结构单位是 D- 葡萄糖。

（1）直链淀粉：直链淀粉一般由 200 个以上 α-D- 吡喃葡萄糖以 α-1,4- 糖苷键连接而成，呈线型直链。直链淀粉的结构为：

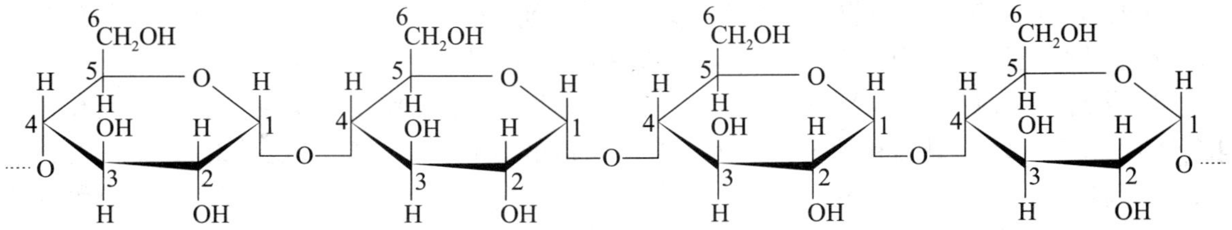

直链淀粉的结构

直链淀粉溶液遇碘显深蓝色。这是由于α-1,4 糖苷键所连的氧原子有一定的键角，且单键可以自由转动，分子内的羟基间可形成氢键，因此，直链淀粉具有规则的螺旋状空间排列（图 10-1），每一圈螺旋都有 6 个 D- 葡萄糖单位。直链淀粉螺旋状结构中的空穴恰好能允许碘分子进入，通过范德瓦耳斯力，碘可与淀粉作用生成蓝色配合物。

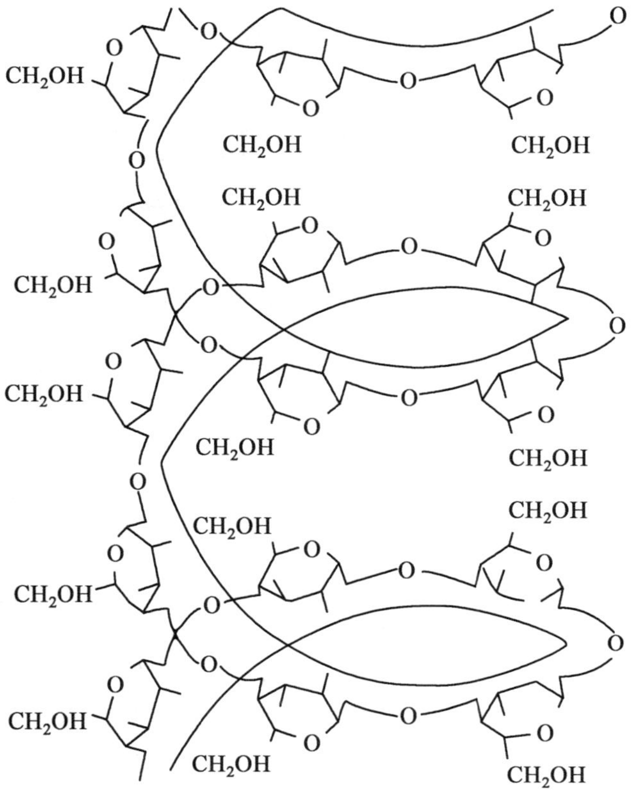

图 10-1 直链淀粉的螺旋状结构示意图

（2）支链淀粉：支链淀粉一般由 20 ~ 30 个α-D- 吡喃葡萄糖以α-1,4- 糖苷键连接成短链。约数百条短链之间又以α-1,6- 糖苷键连接形成高度分支化的多支链结构（图 10-2）。支链淀粉的结构式为：

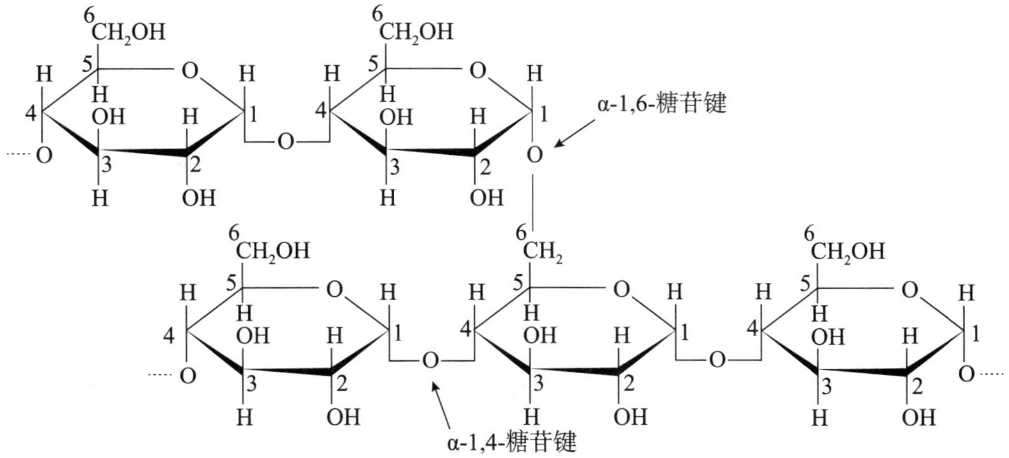

支链淀粉的结构

图 10-2　支链淀粉的分支状结构示意图

淀粉在酸或淀粉酶的作用下可逐步水解，先生成糊精，再进一步水解为麦芽糖，最后水解为葡萄糖。即：

$$\underset{\text{淀粉}}{(C_6H_{10}O_5)_n} \longrightarrow \underset{\text{糊精}}{(C_6H_{10}O_5)_m} \longrightarrow \underset{\text{麦芽糖}}{C_{12}H_{22}O_{11}} \longrightarrow \underset{\text{葡萄糖}}{C_6H_{12}O_6}$$

淀粉是发酵工业、制药工业的重要原料。在药物制剂中常作为赋形剂、润滑剂或保护剂。

2. 纤维素　纤维素是自然界中分布最广、量最多的多糖。它是植物细胞的主要结构成分，占叶干重的 10%～20%，占树木和树皮重量的 50%，占棉纤维重量的 90%。纤维素是由成千上万个 β-D- 葡萄糖以 β-1,4- 糖苷键相连形成的长链聚合物。纤维素虽然是线性的多糖，但其长链是由相邻的羟基间氢键铰链聚集在一起的。纤维素分子的结构式为：

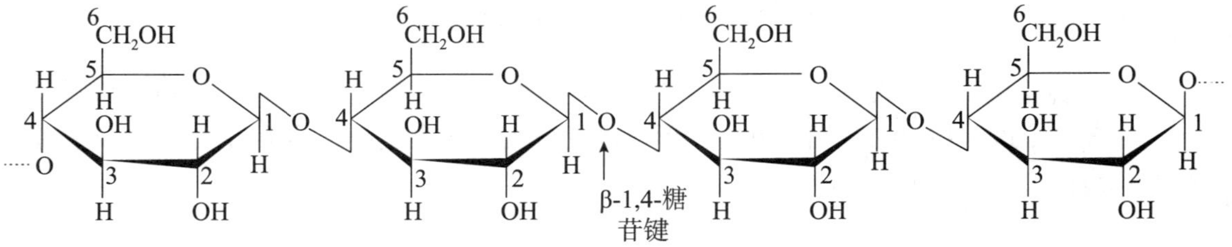

纤维素分子的结构

纤维素是白色固体，不溶于水，没有还原性。在高温、高压条件下，纤维素可发生水解，最终可得到 D- 葡萄糖。

由于人体内的淀粉酶只能水解 α-1,4- 糖苷键，不能水解 β-1,4- 糖苷键，因此，纤维素不能直接作为人体的营养物质。纤维素虽然不能被人体消化、吸收，但可刺激胃肠蠕动、防止便秘、有助于排出有害物质等，所以在食物中保持一定量的纤维素对人体健康是十分有益的。牛、马、羊等食草动物的胃内能分泌纤维素水解酶，可将纤维素水解成葡萄糖，所以纤维素可作为食草动物的饲料。

纤维素的用途很广，可用于造纸，制作人造丝和电影胶片（赛璐珞）。在药物制剂中，纤维素经处理后可用作片剂的黏合剂、填充剂、崩解剂、润滑剂和良好的赋形剂。

3. 糖原　糖原是人和动物体内糖的一种储存形式，又称肝淀粉或肝糖。人体消化、吸收的过多葡萄糖以糖原的形式储存在肝和肌肉中，因此，糖原有肝糖原和肌糖原之分。

糖原的结构与支链淀粉很相似，但其分支更密（图 10-3）。一部分 D- 葡萄糖通过 α-1,4-

糖苷键连接形成一条长链作为主链，每隔 8～10 个葡萄糖残基就出现一个 α-1,6- 糖苷键形成分支。分支的作用很重要，可增加水溶性，尤其是分支可以形成许多非还原性的末端残基，而它们是糖原合成和分解时酶的作用部位，因而也加快了糖原合成和分解的速率。

糖原是白色无定形粉末，可溶于热水而形成透明胶体溶液。糖原的储存对维持人体血糖浓具有重要的作用。成人体内约含 400 g 糖原，一旦机体需要（如血糖浓度低于正常水平时），肝糖原即可在酶的催化下分解成葡萄糖供机体利用；当血糖浓度增高时，多余的葡萄糖就聚合成糖原而储存。肌糖原是肌肉收缩所需的主要能源物质。

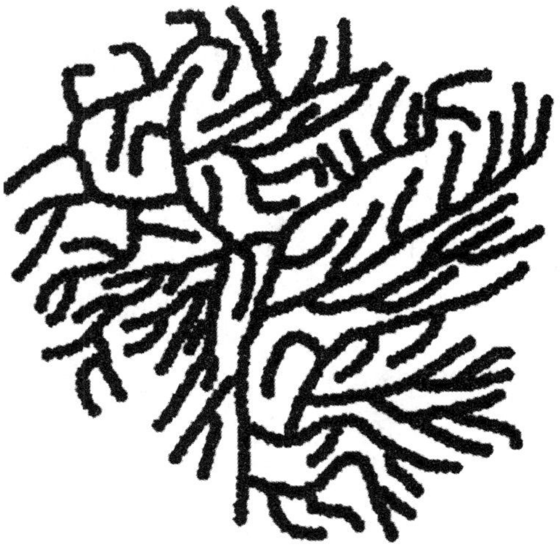

图 10-3　糖原结构示意图

知识链接

环糊精的结构与功能

环糊精（cyclodextrin，CD）是在环糊精糖基转移酶作用下，由淀粉（主要是支链淀粉）所生成的 α-1,4- 糖苷键连接、首尾相连、由 6～12 个葡萄糖单位组成的寡糖。根据成环的葡萄糖数目，通常将其分为 α、β 和 γ 三种不同的环糊精。环糊精呈桶状结构，上端是葡萄糖 C_2 和 C_3 的 2 个羟基，下端是羟甲基。C_3、C_5 上的氢原子及糖苷键所连的氧原子伸向内侧。因此，分子的外部具有亲水性，而内部具有疏水性。许多非极性有机分子或有机分子的非极性端可进入环糊精分子的内腔，通过疏水性结合的范德瓦耳斯力形成包合物。化合物与环糊精形成的包合物能够改变被包合物的理化性质，如降低挥发性、提高水溶性和化学稳定性等，因此，基于环糊精的超分子体系在药物运输、基因运输、催化反应、分离等方面应用广泛。

第二节　糖类的鉴别

一、还原糖的鉴别

糖类化合物分为还原糖和非还原糖两大类。所有的单糖（如葡萄糖、果糖、核糖等）和少数二糖（如麦芽糖、乳糖等）属于还原糖。而蔗糖和所有的多糖（如淀粉、糖原和纤维素等）属于非还原糖。还原糖具有还原性，能与弱氧化剂发生反应（托伦试剂、费林试剂、班氏试剂），也能发生成苷反应、成脎反应等。非还原糖没有还原性，不能与弱氧化剂发生反应，也不能发生成苷反应和成脎反应。

1. 使用托伦试剂鉴别　还原糖都可以与托伦试剂发生反应形成银镜，非还原糖则不发生该反应。可溶性还原糖与托伦试剂混合，在加热条件下，能观察到洁净的容器内壁附着一层光亮的银，因此称为银镜反应。

2. 使用费林试剂鉴别　还原糖都可以与费林试剂发生反应，产生砖红色沉淀，非还原糖则不发生该反应。可溶性还原糖与费林试剂混合，在加热条件下，能生成砖红色的氧化亚铜沉淀。

3. 使用班氏试剂鉴别 还原糖都可以与班氏试剂发生反应，产生砖红色沉淀，非还原糖则不发生该反应。班氏试剂是由硫酸铜、碳酸钠和枸橼酸钠配制而成的蓝色溶液，和费林试剂一样含有 Cu^{2+} 配离子。班氏试剂与糖发生反应的原理和费林试剂相同，其与还原糖共热后可产生砖红色的氧化亚铜沉淀。但班氏试剂的性质比费林试剂稳定，不需现用现配，使用方便。临床上常用班氏试剂检测尿液中是否含有葡萄糖，并根据产生 Cu_2O 沉淀的颜色深浅以及量的多少来判断葡萄糖含量，也可将班氏试剂用于制作尿糖试纸。

知识链接

血糖测定方法——葡萄糖氧化酶 - 过氧化物酶偶联法

葡萄糖氧化酶 - 过氧化物酶偶联法（简称 GOD-POD 法）是目前应用最广泛的测定血糖的常规方法。其原理是葡萄糖氧化酶（GOD）通过氧和水将葡萄糖氧化，生成葡萄糖酸，并释放过氧化氢。在 4- 氨基安替比林存在的情况下，过氧化物酶（POD）可将过氧化氢分解为水和氧，并使 4- 氨基安替比林和酚去氢缩合，生成红色醌类化合物。红色醌类化合物的生成量与葡萄糖含量呈正比。该方法准确度、精密度高，灵敏度和稳定性良好，是目前测定血糖的首选方法。

二、醛糖与酮糖的鉴别

根据糖类的分子结构可将其分成醛糖和酮糖两类，如葡萄糖、核糖和半乳糖等属于醛糖，果糖属于酮糖。溴水能将醛糖分子中的醛基氧化成羧基，使溴水褪色。酮糖则不发生此反应，利用此性质可鉴别醛糖和酮糖。

向酮糖溶液中加入谢利瓦诺夫试剂（间苯二酚的盐酸溶液），加热后可生成鲜红色的缩合物。由于酮糖的反应速度明显快于醛糖，故该反应常用于鉴别酮糖与醛糖。这个反应称为谢利瓦诺夫反应。

三、淀粉的鉴别

直链淀粉溶液遇碘显深蓝色，加热后颜色消失，冷却后又重新显深蓝色，这一性质可用于直链淀粉的定性鉴别。

自测题

一、单项选择题

1. 下列说法正确的是

A. 糖类的分子式都符合通式 $C_m(H_2O)_n$　　B. 糖类都有甜味

C. 糖类一般含有碳、氢、氧三种元素　　D. 糖类都能发生水解

E. 糖类都能发生银镜反应

2. 临床上检测糖尿病患者尿液中葡萄糖的常用试剂是

A. 班氏试剂　　B. 托伦试剂　　C. 溴水

D. 苯肼　　E. 碘

3. 人体内消化酶不能消化的糖是

A. 蔗糖　　B. 淀粉　　C. 糖原

D. 纤维素　　E. 乳糖

4. 血糖通常是指血液中的

A. 葡萄糖　　B. 果糖　　C. 半乳糖

D. 糖原　　E. 乳糖

5. 下列糖遇碘显蓝色的是

A. 蔗糖　　B. 纤维素　　C. 糖原

D. 麦芽糖　　E. 淀粉

6. 从化学结构来看，葡萄糖属于

A. 己醛糖　　B. 己酮糖　　C. 戊醛糖

D. 戊酮糖　　E. 寡糖

7. 天然存在的葡萄糖构型是

A. D- 构型　　B. L- 构型　　C. R- 构型

D. S- 构型　　E. Z- 构型

8. 不能发生银镜反应的糖是

A. 葡萄糖　　B. 果糖　　C. 乳糖

D. 核糖　　E. 蔗糖

9. 下列属于多糖的是

A. 葡萄糖　　B. 蔗糖　　C. 乳糖

D. 糖原　　E. 果糖

10. 下列化合物中既能发生水解又具有还原性的是

A. 果糖　　B. 蔗糖　　C. 葡萄糖甲苷

D. 乳糖　　E. 糖脎

11. 下列各组糖能生成相同糖脎的是

A. 葡萄糖和半乳糖　　B. 麦芽糖和乳糖　　C. 葡萄糖和核糖

D. 葡萄糖和果糖　　E. 核糖和脱氧核糖

12. 能使溴水褪色的化合物是

A. 葡萄糖　　B. 蔗糖　　C. 淀粉

D. 果糖　　E. 糖原

13. 下列各组化合物能用谢利瓦诺夫试剂区分开的是

A. 甘露糖和葡萄糖　　B. 蔗糖和果糖

C. 果糖和甘露糖　　D. 葡萄糖和麦芽糖

14. 蔗糖的水解产物是

A. 2 分子葡萄糖　　B. 葡萄糖和果糖　　C. 葡萄糖和半乳糖

D. 2 分子果糖　　E. 果糖和半乳糖

15. 下列叙述错误的是

A. 淀粉和纤维素都是天然高分子化合物

B. 多糖均为非还原糖

C. 分子式符合 $C_m(H_2O)_n$ 通式的物质都是糖类

D. 单糖是不能水解的最简单的糖

E. 大多数多糖都不溶于水，难溶于醇、醚、苯等有机溶剂

二、多项选择题

1. 下列关于葡萄糖的叙述正确的是

A. 葡萄糖的分子式是 $C_6H_{12}O_6$

B. 葡萄糖是碳水化合物，因为其分子由 6 个碳原子和 6 个 H_2O 分子构成

C. 葡萄糖是多羟基醛，所以既有醇的性质，又有醛的性质

D. 葡萄糖是还原糖

E. 葡萄糖分子中有 4 个不对称碳原子

2. 下列糖属于单糖的是

A. 葡萄糖　　B. 果糖　　C. 乳糖

D. 核糖　　E. 蔗糖

3. 下列性质能说明葡萄糖是一种还原糖的是

A. 与 H_2 发生加成反应，生成己六醇

B. 能发生银镜反应

C. 能发生酯化反应

D. 能与新制的 $Cu(OH)_2$ 悬浊液共热生成砖红色沉淀

E. 能使溴水褪色

4. 可以用于鉴别葡萄糖和蔗糖的试剂有

A. 托伦试剂　　B. 费林试剂　　C. 双缩脲试剂

D. 班氏试剂　　E. 碘

5. 临床实验室检查中，可以用于检测尿糖、血糖的试剂有

A. 班氏试剂　　B. 双缩脲试剂　　C. 葡萄糖氧化酶

D. 托伦试剂　　E. 溴水

三、写出下列反应的主要产物

1. 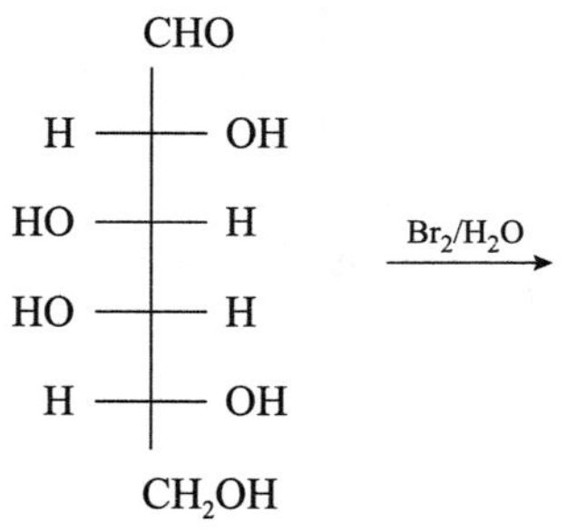

2. 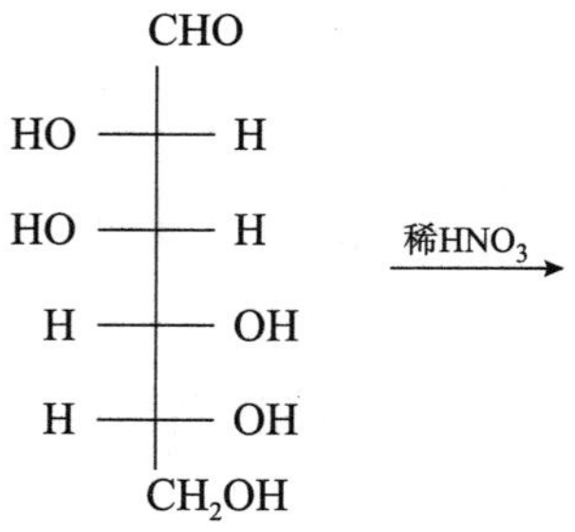

3. 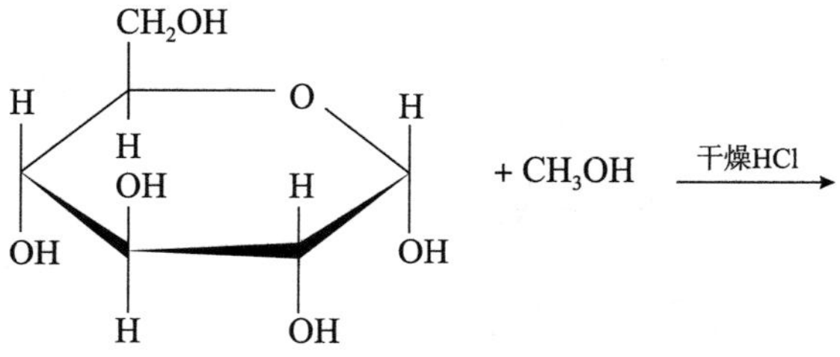

四、用化学方法区分下列化合物

1. 葡萄糖、果糖、蔗糖
2. 葡萄糖、蔗糖、淀粉
3. 麦芽糖、蔗糖、果糖

五、推断题

单糖衍生物 A，分子式为 $C_8H_{16}O_5$，不发生变旋现象，也不被费林试剂氧化，A 在酸性条件下可水解生成 B 和 C 两种产物。B 的分子式为 $C_6H_{12}O_6$，可发生变旋现象，具有还原性，能被溴水氧化生成 D- 半乳糖酸。C 的分子式为 C_2H_6O，能发生碘仿反应。试写出 A 的结构式及其有关反应。

（于俊美）

第十一章

氨基酸与蛋白质

第十一章
数字资源

学习目标

1. 掌握氨基酸的定义、分类、命名和理化性质。
2. 熟悉蛋白质的定义、结构和理化性质。
3. 了解重要的氨基酸、蛋白质及其在医学上的用途。
4. 会用化学方法鉴别氨基酸和蛋白质。

案例导入

夸希奥科病

夸希奥科（Kwashiorkor）病，又称蛋白质缺乏型营养不良，是因蛋白质严重缺乏所导致的皮肤和毛发异常的营养不良综合征，是蛋白质-能量营养不良相关疾病谱中的一种。此病多发生于6月龄至5岁婴幼儿及学龄前儿童，患儿常合并生长发育迟滞、智力发育障碍、低蛋白血症等一系列病变。

通常，饮食中蛋白质不足可引起蛋白质缺乏型营养不良，如部分国家居民以蛋白质含量仅为1%的木薯和芭蕉为主食，其蛋白质摄入严重不足；蛋白质消化、吸收及合成障碍可导致蛋白质缺乏，引起胃肠道、胰腺和肝病等；缺乏芳香族氨基酸亦可致病，如苯丙酮尿症患者不进食含苯丙氨酸的食物或盲目拒绝进食含蛋白质的食物，则可能导致夸希奥科病。

思考题：

1. 简述体内蛋白质缺乏导致疾病的原因。
2. 蛋白质变性在临床应用中有何意义？

第一节　氨基酸

氨基酸在自然界中通常以蛋白质或者多肽形式存在于动、植物体内。不同来源的蛋白质在酸、碱或酶的作用下可逐步发生降解，最终彻底水解为多种 α-氨基酸的混合物，所以 α-氨基酸是组成蛋白质的基本单位。

一、氨基酸的分类与命名

（一）氨基酸的分类

羧酸分子中烃基上的氢原子被氨基取代而生成的化合物称为氨基酸。氨基酸的种类很多。根据分子中氨基和羧基的相对位置不同，可将氨基酸分为 α - 氨基酸、β - 氨基酸和 γ - 氨基酸等。例如：

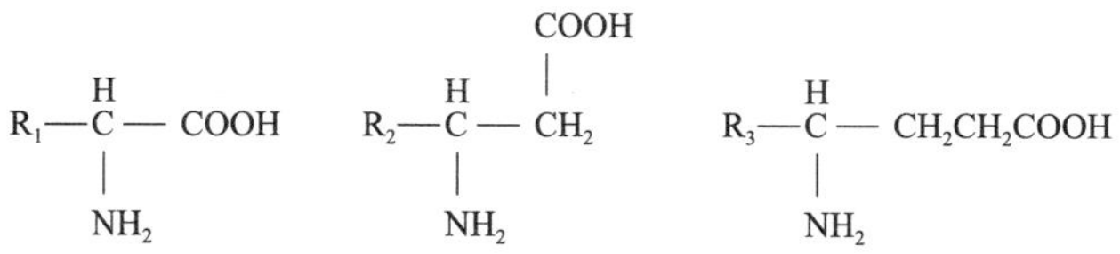

α- 氨基酸　　β- 氨基酸　　γ- 氨基酸

组成蛋白质的氨基酸有 20 余种，除甘氨酸外，几乎都是 L- 构型的 α - 氨基酸，这是天然氨基酸的一般结构特征。其结构通式和费歇尔投影式为：

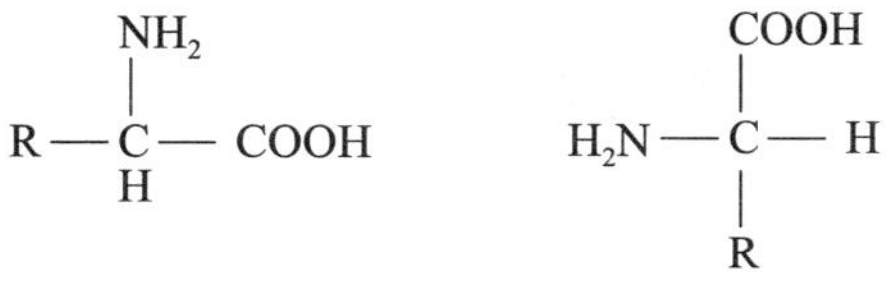

结构式中的 R 代表侧链基团，不同 α - 氨基酸的区别只是 R 不同。人体内有 20 种氨基酸，在营养和代谢上可分为 3 类：必需氨基酸、条件性必需氨基酸及非必需氨基酸。其中，成年人所需的必需氨基酸有 8 种：异亮氨酸、亮氨酸、赖氨酸、蛋氨酸、苯丙氨酸、苏氨酸、色氨酸和缬氨酸。组氨酸在婴幼儿体内的合成不能满足机体需要，所以婴幼儿（4 岁以下）所需的必需氨基酸有 9 种。其余的氨基酸为非必需氨基酸，可以通过食物获取，也可以在体内由其他营养物质合成。半胱氨酸和酪氨酸在体内可分别由甲硫氨酸和苯丙氨酸合成，如果这两种氨基酸在膳食中的含量丰富，则有节省甲硫氨酸与苯丙氨酸两种必需氨基酸的作用，因此称其为条件必需氨基酸。例如，赖氨酸的分子式为 $C_6H_{14}N_2O_2$，它是成年人的 8 种必需氨基酸之一，可以调节人体代谢平衡，为合成肉碱提供结构组分，而肉碱又能促进细胞内脂肪酸的合成。赖氨酸可促进胃液分泌，增进食欲，促进幼儿生长发育。赖氨酸能促进钙的吸收，加速骨骼生长。若机体缺乏赖氨酸，则可能出现厌食、营养不良型贫血、中枢神经受损、发育不良，可引起蛋白质代谢障碍，导致生长障碍。L- 赖氨酸具有生理活性，D- 赖氨酸无生理活性。赖氨酸在谷类中含量低，是第一限制氨基酸。另外，赖氨酸是合成大脑神经再生性细胞和核蛋白及血红蛋白等重要蛋白质的必需氨基酸，也是目前应用比较广泛的氨基酸，特别是对婴幼儿、孕妇的补充有很重要的意义。

氨基酸根据 R 基团的结构又可分为脂肪族氨基酸、芳香族氨基酸和杂环氨基酸；还可以根据分子中所含氨基和羧基的相对数目不同而分为中性氨基酸（氨基和羧基的数目相同）、酸性氨基酸（羧基的数目多于氨基）和碱性氨基酸（氨基的数目多于羧基）。

（二）氨基酸的命名

1. 根据氨基酸的来源或性质命名　氨基酸的命名常根据来源或性质使用俗名。例如，具有微甜味的氨基酸称为甘氨酸；最初从蚕丝中提取得到的氨基酸称为丝氨酸；从天门冬的幼苗中发现的氨基酸称为天冬氨酸。其结构式为：

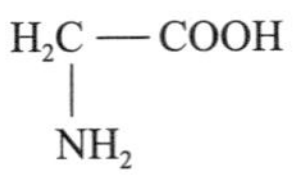

甘氨酸

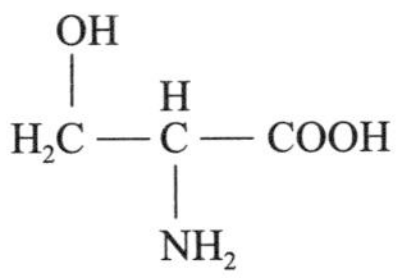

丝氨酸

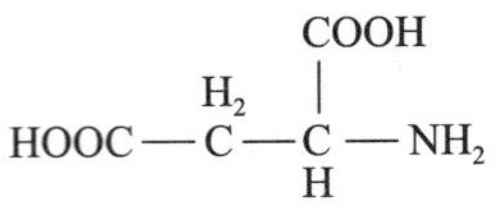

天冬氨酸

2. 系统命名法 是将氨基作为羧酸的取代基来命名，即把氨基酸看成是取代羧酸来命名。氨基酸的系统命名法与羟基酸相同，即以羧酸为母体，氨基为取代基，将其称为“氨基某酸”。氨基的位次习惯上用 α、β、γ 等表示，有时还联合使用中文或缩写表示（表 11-1）。例如：

$CH_3CH(NH_2)COOH$

α- 丙氨酸

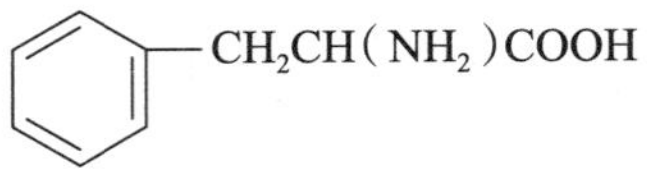

α- 氨基 -β- 苯基戊酸

$HS—CH_2CH(NH_2)COOH$

α- 氨基 -β- 巯基丙酸

$CH_3CH(OH)CH(NH_2)COOH$

α- 氨基 -β- 羟基丁酸

表11-1 常见的α-氨基酸

名称	中、英文缩写	结构式	等电点
中性氨基酸			
丙氨酸（α-丙氨酸）	丙 A 或 Ala	$CH_3CH(NH_2)COOH$	6.00
甘氨酸（氨基乙酸）	甘 G 或 Gly	$CH_2(NH_2)COOH$	5.97
半胱氨酸（α-氨基-β-巯基丙酸）	半胱 C 或 Cys	$HS—CH_2CH(NH_2)COOH$	5.05
丝氨酸（α-氨基-β-羟基丙酸）	丝 S 或 Ser	$HOCH_2CH(NH_2)COOH$	5.68
苏氨酸（α-氨基-β-羟基丁酸）	苏 T 或 Thr	$CH_3CH(OH)CH(NH_2)COOH$	5.70
蛋氨酸（α-氨基-γ-甲硫基丁酸）	蛋 M 或 Met	$H_3C—S—CH_2CH_2CH(NH_2)COOH$	5.74
缬氨酸（α-氨基-β-甲基丁酸）	缬 V 或 Val	$(CH_3)_2CHCH(NH_2)COOH$	5.96
亮氨酸（α-氨基-γ-甲基戊酸）	亮 L 或 Leu	$(CH_3)_2CHCH_2CH(NH_2)COOH$	6.02
异亮氨酸（α-氨基-β-甲基戊酸）	异亮 I 或 Ile	$CH_3CH_2CH(CH_3)CH(NH_2)COOH$	5.98
苯丙氨酸（α-氨基-β-苯基戊酸）	苯丙 F 或 Phe	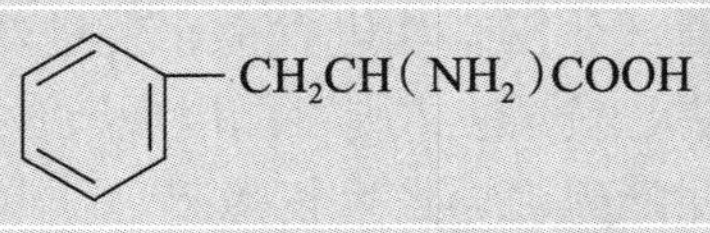	5.48
酪氨酸（α-氨基-β-对羟苯基丙酸）	酪 Y 或 Tyr	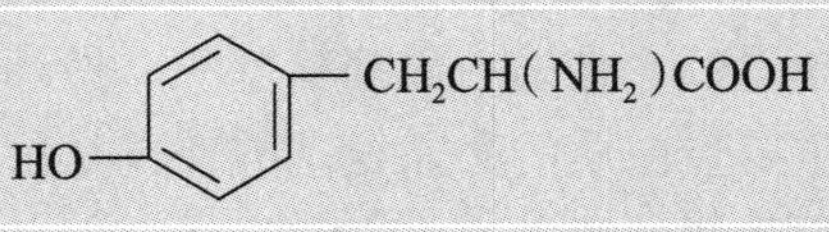	5.66
脯氨酸（α-四氢吡咯甲酸）	脯 P 或 Pro	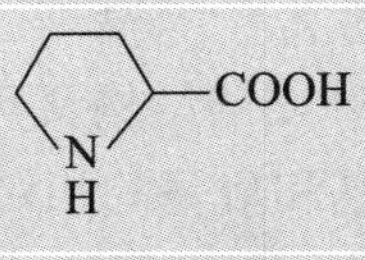	6.30
天冬酰胺（α-氨基丁酰氨酸）	天胺 N 或 Asn	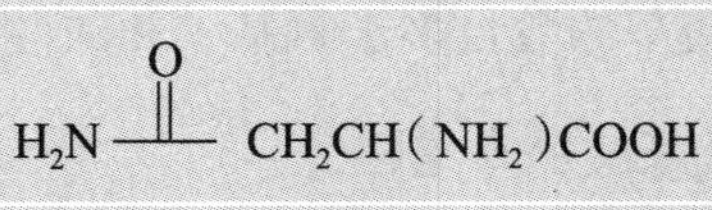	5.41
谷氨酰胺（α-氨基戊酰氨酸）	谷胺 Q 或 Gln	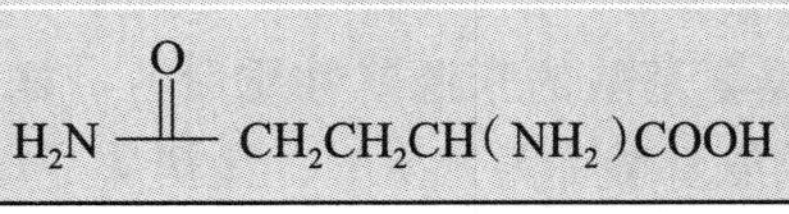	5.65

续表

名称	中、英文缩写	结构式	等电点
色氨酸［-β-（3-吲哚）丙酸］	色 W 或 Try	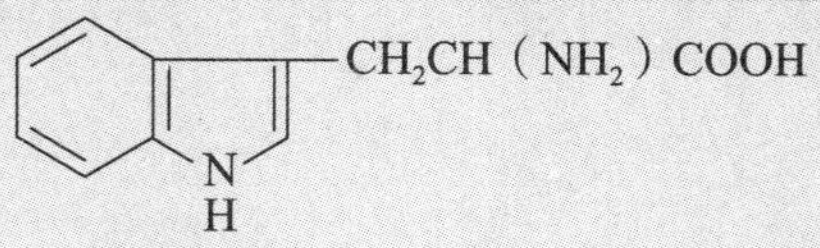	5.80
酸性氨基酸			
天冬氨酸（α-氨基丁二酸）	天 D 或 Asp	HOOC—$CH_2CH(NH_2)COOH$	2.77
谷氨酸（α-氨基戊二酸）	谷 E 或 Glu	HOOC—$CH_2CH_2CH(NH_2)COOH$	3.22
碱性氨基酸			
精氨酸（α-氨基-δ-胍基戊酸）	精 R 或 Arg	$H_2N-C(=NH)-NH(CH_2)_3CH(NH_2)COOH$	10.76
赖氨酸（α,ω-二氨基己酸）	赖 K 或 Lys	$NH_2(CH_2)_4CH(NH_2)COOH$	9.74
组氨酸［α-氨基-β-（4-咪唑）丙酸］	组 H 或 His	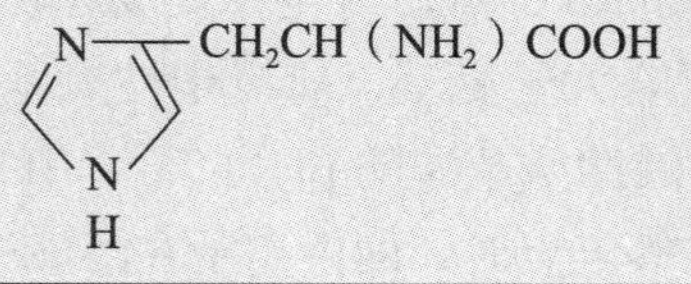	7.59

二、氨基酸的性质

α-氨基酸都是无色晶体，熔点高，一般为 200～300℃，在熔化的同时可分解并放出 CO_2 气体。α-氨基酸一般易溶于水而难溶于乙醇、乙醚、氯仿和石油醚等有机溶剂。组成蛋白质的 α-氨基酸除甘氨酸外，都具有旋光性。

由于分子中同时含有氨基与羧基，所以氨基酸能发生氨基和羧基的典型反应，同时具有两种基团在分子内相互影响而表现出的某些特殊性质。

（一）氨基酸的两性电离和等电点

氨基酸分子中同时含有碱性的氨基和酸性的羧基，具有酸性和碱性。因此，氨基酸既能与酸发生反应，也能与碱发生反应生成盐，这种分子内的碱性基团和酸性基团相互作用（质子转移）而生成的盐称为内盐。其反应式为：

$$R-\underset{NH_2}{\overset{H}{C}}-COOH \rightleftharpoons R-\underset{NH_3^+}{\overset{H}{C}}-COO^-$$

内盐粒子中的正电荷和负电荷共存，所以又将其称为两性离子化合物或偶极离子化合物。实验证明，一般情况下，氨基酸是以两性离子的形式存在于晶体或水溶液中的，这种特殊的离子结构是其具有高熔点、能溶于水而不溶于有机溶剂等性质的根本原因。

氨基酸的水溶液中存在着解离平衡。氨基酸在溶液中带有何种电荷，取决于溶液的酸碱性。溶液的 pH 减小时，碱性电离度增大，有利于氨基酸以阳离子的形式存在；溶液的 pH 增大时，酸性电离度增大，氨基酸的阴离子逐渐增加。通过调节溶液的 pH，使氨基酸的酸性与碱性电离度相同时，氨基酸主要以两性离子的形式存在，氨基酸呈电中性。这种使氨基酸处于电中性状态的溶液的 pH 称为氨基酸的等电点，用 pI 表示。氨基酸的解离平衡状态可表示为：

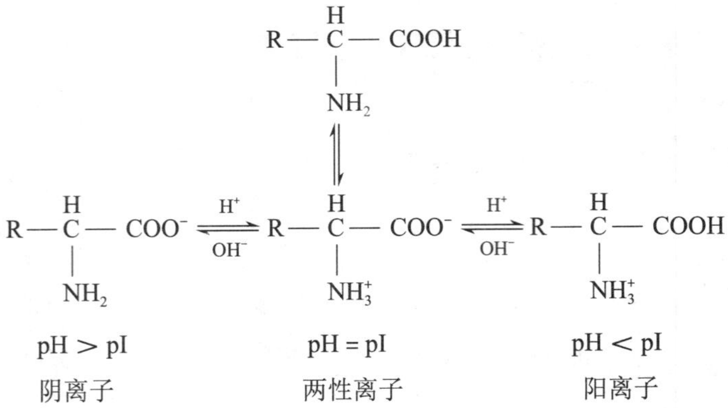

当溶液的 pH < pI 时，氨基酸主要以阳离子的形式存在，在电场中向负极移动；当溶液的 pH>pI 时，氨基酸主要以阴离子的形式存在，在电场中向正极移动。处于电中性状态（pH=pI）的氨基酸，在电场中不向任何电极方向移动。各种氨基酸由于其组成和结构不同，因此具有不同的等电点。等电点是氨基酸的一个特征常数，常见氨基酸的 pI 见表 11-1。由于羧基的电离度略大于氨基，所以中性氨基酸的 pI 略小于 7，通常为 5.0 ~ 6.3。酸性氨基酸的 pI 为 2.8 ~ 3.2，碱性氨基酸的 pI 为 7.6 ~ 10.8。

氨基酸在等电点时，两性离子在溶液中的浓度最大，而在水中的溶解度最小。根据氨基酸 pI 的不同，可以通过调节溶液的 pH，使不同的氨基酸在各自的等电点条件下形成结晶析出；在不同的 pH 缓冲溶液中，各种氨基酸电泳的方向和速率不同，据此可以分离、提纯及鉴定氨基酸。

（二）脱羧反应

α - 氨基酸与 $Ba(OH)_2$ 共热时，可脱去羧基生成伯胺。其反应式为：

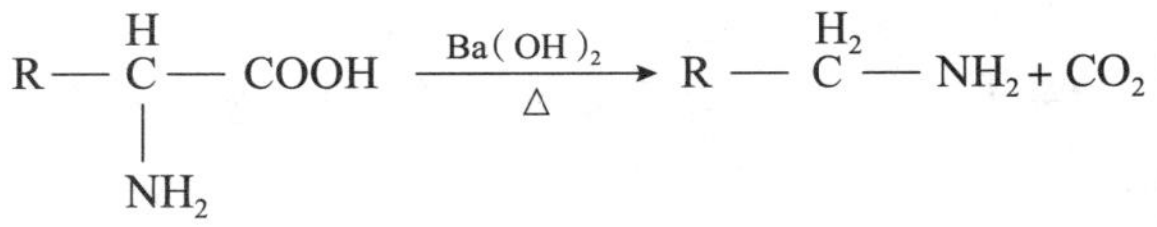

脱羧反应也会由于某些细菌的脱羧酶作用而产生。例如，蛋白质腐败时，精氨酸可转变为腐胺（1,4- 丁二胺），赖氨酸可转变为毒性强且有强烈气味的尸胺（1,5- 戊二胺）。脑内存在的重要神经递质 γ - 氨基丁酸是通过谷氨酸中的 α - 羧基脱羧后形成的。

（三）与亚硝酸反应

在室温条件下，氨基酸分子中游离的氨基能与亚硝酸发生反应，生成 α - 羟基酸，并释放出一定量的氮气。释放出的氮气中，2 个 N 原子分别来自氨基酸和亚硝酸，因此，可以通过测定释放出的氮气体积对氨基酸进行定量分析。这种定量分析氨基酸的方法称为范斯莱克（Van Slyke）定氮法。其反应式为：

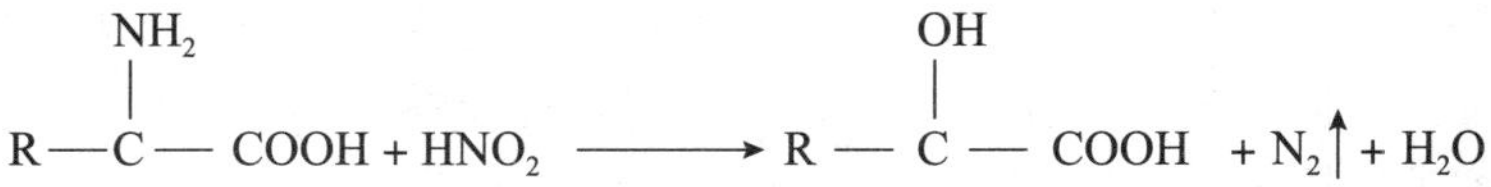

利用这个反应，通过测定反应释放的氮气体积，可以计算出氨基酸和蛋白质分子中的氨基氮含量，这个方法称为范斯莱克（Van Slyke）氨基氮测定法。

（四）与茚三酮反应

α - 氨基酸与水合茚三酮溶液共热后，可生成蓝紫色化合物，称为罗曼紫，同时放出二氧化碳气体。该反应可用于氨基酸的定性鉴定或者定量分析。其反应式为：

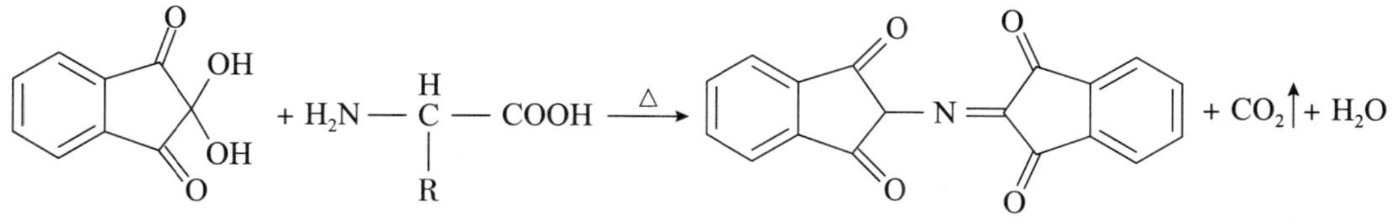

（五）与甲醛反应

甲醛与氨基的反应称为 Eschweiler-Clarke 反应，又称 Eschweiler-Clarke 甲基化反应。伯胺或仲胺经过量甲酸和甲醛处理，可得到 *N*- 甲基化产物。此反应是一种还原胺化反应，反应产物不能再生成两性离子，因此可以用标准碱来滴定。该方法可以用于滴定氨基酸，也是甲醛（俗称福尔马林）具有防腐作用的基本原理。

（六）成肽反应

一个 α - 氨基酸分子中的羧基与另一个 α - 氨基酸分子中的氨基脱水缩合，形成的化合物称为缩氨酸，简称肽。其反应式为：

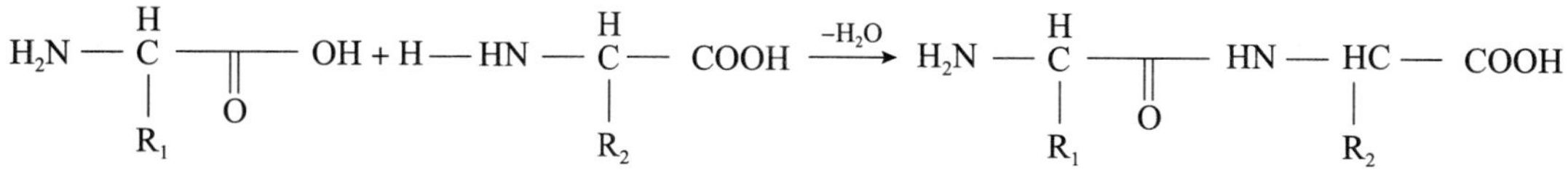

分子中的酰胺键又称肽键。由 2 个氨基酸分子形成的肽称为二肽。二肽分子中仍具有自由氨基和羧基，因此可以继续与氨基酸脱水缩合形成三肽、四肽、五肽等化合物。由较多的氨基酸按照上述方式脱水缩合形成的肽称为多肽，多肽的链状结构称为多肽链。多肽的分子量一般在 10 000 以下。多肽链的结构式为：

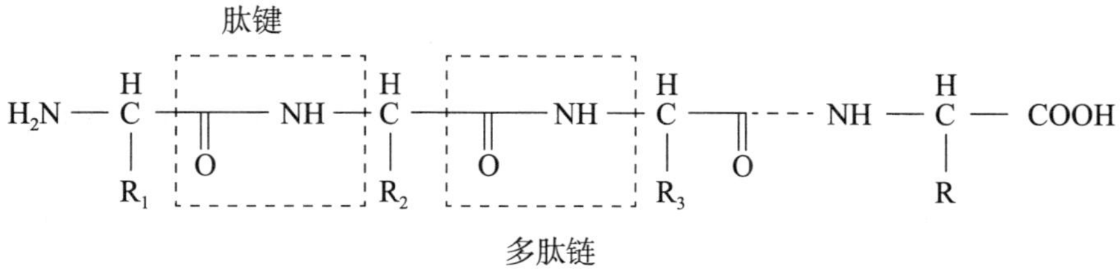

在多肽链中，每个氨基酸单位都是不完整的分子，称为氨基酸残基。多肽链两端的残基称为末端残基，其中保留着氨基的一端称为氨基末端或 N- 端，保留着游离羧基的另一端称为羧基末端或 C- 端。表示氨基酸序列时，习惯上把 N- 端写在左侧，C- 端写在右侧。

肽的结构不仅取决于组成肽链的氨基酸种类，还与肽链中各氨基酸的排列顺序有关。由于各氨基酸的排列顺序不同，所以一定数目的不同氨基酸可以形成多种不同的肽。例如，由甘氨酸和丙氨酸所形成的二肽具有以下 2 种异构体：

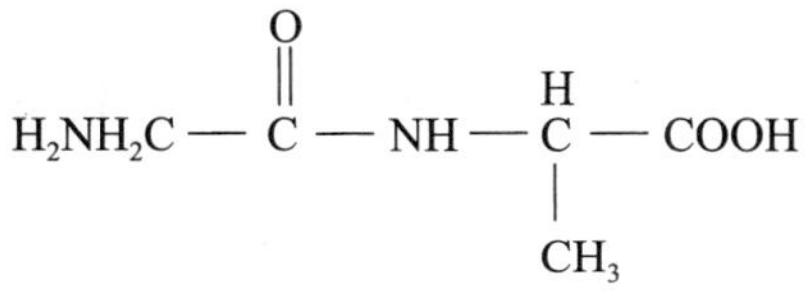

甘氨酰丙氨酸（甘 - 丙）

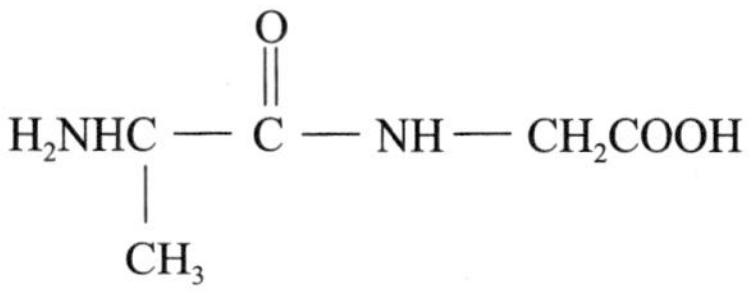

丙氨酰甘氨酸（丙 - 甘）

3 种不同的氨基酸可以形成 6 种三肽；4 种氨基酸可以形成 24 种多肽；多种氨基酸按照不同的顺序结合，可以形成更多的多肽。

第二节 蛋白质

多种氨基酸分子按照不同的排列顺序以肽键相连，可以形成多种具有不同理化性质和生理活性的多肽链。一般相对分子量在 10 000 以上，而且具有一定空间结构的多肽称为蛋白质。蛋白质是生命活动的物质基础。

一、蛋白质的结构

蛋白质虽然种类较多，结构也较复杂，但是真正组成蛋白质的元素并不多，主要为碳、氢、氧、氮、硫等元素，某些蛋白质还含有磷、铁、碘、锰、锌等元素。

大多数蛋白质的含氮量都很接近，平均约为 16%。因此，蛋白质系数为 6.25，在进行化学分析时，只要测定出生物样品中的含氮量，就可以计算出蛋白质的含量：样品蛋白质百分含量 = 每克样品的含氮克数 $\times 6.25 \times 100\%$。

蛋白质的分子结构复杂，为便于人们认知和研究，通常将蛋白质的分子结构分为一级结构、二级结构、三级结构和四级结构。蛋白质的空间结构是指多肽链在空间进一步盘曲折叠形成的构象，包括二级、三级和四级结构。

（一）一级结构

蛋白质分子的多肽链中，α - 氨基酸的排列顺序和连接方式称为蛋白质的一级结构。其中，肽键为主键。不同蛋白质含有的氨基酸种类和数目也不相同，少则含有数十个氨基酸，多则可达数万个；有的蛋白质只有 1 条多肽链，有的蛋白质则由 2 条或 2 条以上的多肽链构成。因此，蛋白质一级结构的测定非常困难，目前仅掌握了一些结构比较简单的蛋白质分子的一级结构。例如，牛胰岛素是由 A 和 B 两条多肽链构成的，共含有 51 个氨基酸残基。其中，A 链含有 11 种共 21 个氨基酸残基，B 链含有 16 种共 30 个氨基酸残基。A 链内有一个二硫键，A 链和 B 链通过两个二硫键连接起来。牛胰岛素中氨基酸的排列顺序如图 11-1 所示。

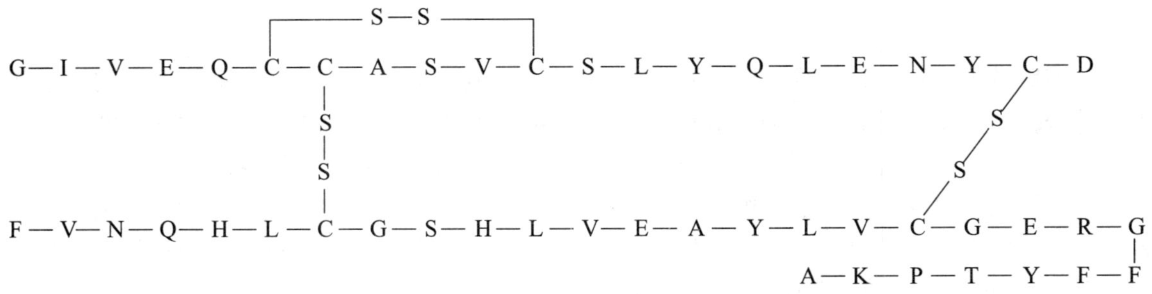

图 11-1 牛胰岛素的一级结构

哺乳动物胰岛素的一级结构很相似，不同种属间仅有微小的差异。人、牛、猪胰岛素一级结构中氨基酸残基的差异见表 11-2。

表11-2　人、牛、猪胰岛素一级结构中氨基酸残基的差异

胰岛素来源	A链		B链
	A_8	A_{10}	B_{30}
人	苏氨酸	异亮氨酸	苏氨酸
牛	苏氨酸	异亮氨酸	丙氨酸
猪	丙氨酸	缬氨酸	丙氨酸

（二）二级结构

组成蛋白质的多肽链并不是通过线型在空间展开的，而是卷曲、折叠成具有形状的空间结构。由于多肽链中某些基团的氢键作用，使多肽链在空间形成一定的构象，即为蛋白质的二级结构。其形式主要有 α-螺旋和 β-折叠。

1. α-螺旋　α-螺旋是多肽链中各肽键平面通过 α-C 的旋转，以螺旋方式按顺时针方向盘旋延伸，螺旋结构靠氢键维系。多肽链的构象为螺旋形，且多半为右手螺旋，每通过 3.6 个氨基酸残基形成一个螺旋圈。α-螺旋是蛋白质中最常见、最典型、含量最丰富的二级结构。

纤维状蛋白质主要由 α-螺旋组成，如存在于毛发、指甲、皮肤等部位的角蛋白、肌细胞中的肌球蛋白以及血凝块中的纤维蛋白，它们的多肽链几乎卷曲成 α-螺旋。球状蛋白质中含有较多的 α-螺旋，如血红蛋白和肌红蛋白。有的酶也含有少量 α-螺旋，如溶菌酶和糜蛋白酶。

2. β-折叠　β-折叠是借相邻肽段间的氢键将若干肽段结合在一起而形成一种铺开的折扇形状。多肽链充分伸展，每个肽单元平面沿 α-C 折叠成锯齿状，平行排列的肽段之间以氢键维持构象的稳定性。

（三）三级结构

具有二级结构的多肽链按一定方式进一步折叠盘曲，形成更加复杂的空间构象，称为蛋白质的三级结构。

蛋白质三级结构的形成和维持主要依靠侧链之间的副键，包括氢键、离子键、二硫键、酯键、疏水作用及范德瓦尔斯力等。疏水作用数量多，是维持蛋白质三级结构的主要作用力。在球状蛋白质分子中，疏水作用总是在分子内部，而亲水基团则趋向水而暴露或接近于分子表面，所以球状蛋白质（如血红蛋白、肌红蛋白）能溶于水。

研究表明，通常具有三级结构的蛋白质才具有生物学功能。三级结构一旦被破坏，蛋白质的生物学功能就会丧失。

（四）四级结构

通常把具有两个或两个以上三级结构的多肽链（又称亚基）以一定的形式聚合而成的立体结构，称为蛋白质四级结构。蛋白质的一级、二级、三级和四级结构如图 11-2 所示。

分散的亚基一般没有生物活性，只有完整的四级结构才具有生物活性。相对分子量在 55 000 以上的蛋白质几乎都有亚基。各亚基可以相同，也可以不同，数目从 2 个到上千个不等。例如，血红蛋白由 4 个亚基组成，包括两条 α-链和两条 β-链。其中，α-链含有 141 个氨基酸残基，β-链含有 146 个氨基酸残基。α-链和 β-链的三级结构十分接近，并且与仅含有一条多肽链的肌红蛋白相近。每个亚基的多肽链都卷曲成球状，并结合 1 个血红素。4 个亚基通过侧链间的副键两两交叉并紧密镶嵌，形成一个球状血红蛋白。

蛋白质分子中的多肽链分子之所以卷曲、折叠并聚合形成空间结构，其中一个重要的因素就是副键的作用。重要的副键有氢键、离子键、疏水作用和二硫键等（图 11-3）。

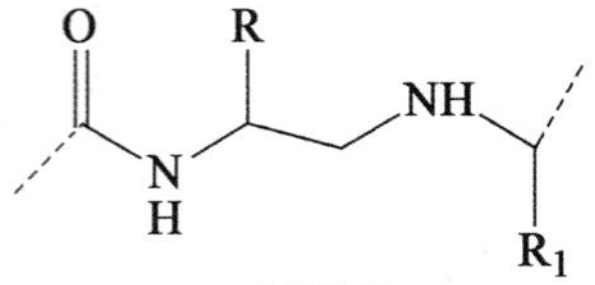

一级结构

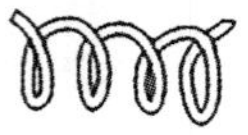

二级结构

三级结构

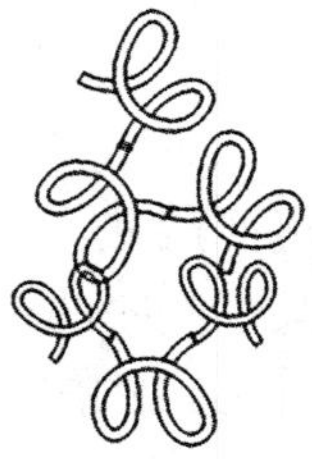

四级结构

图 11-2　蛋白质的一级、二级、三级和四级结构示意图

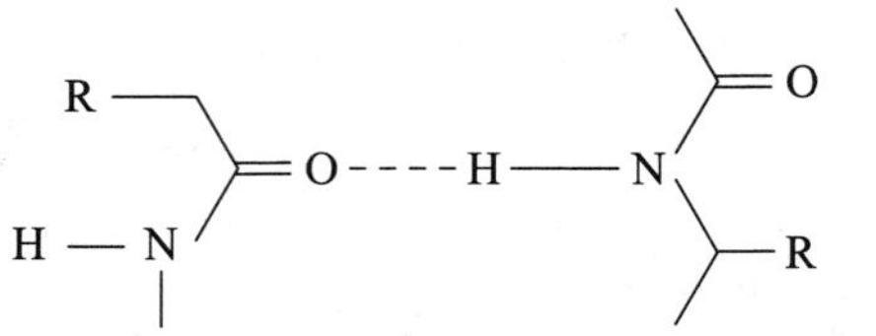

a. 氢键

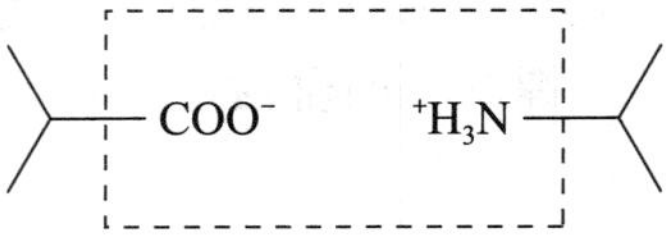

b. 离子键

c. 二硫键

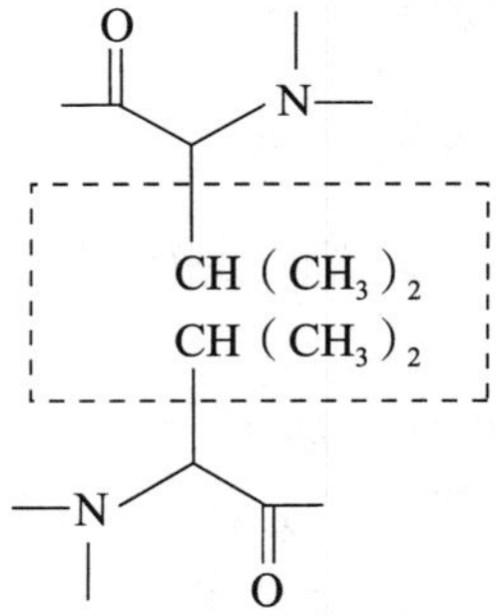

d. 疏水作用

图 11-3　维持蛋白质空间结构的各种副键

二、蛋白质的性质

（一）两性电离和等电点

蛋白质虽然是由氨基酸通过肽键连接而成的大分子，但其分子中仍保留有未结合的氨基与羧基。因此，与氨基酸类似，蛋白质也可以发生两性电离。当调节溶液的 pH 到某一值时，蛋白质即为偶极离子，在电场中不移动，此时溶液的 pH 即为该蛋白质的等电点，以 pI 表示。

当 pH>pI 时，蛋白质带负电荷；当 pH < pI 时，蛋白质带正电荷。其解离平衡状态可表示为：

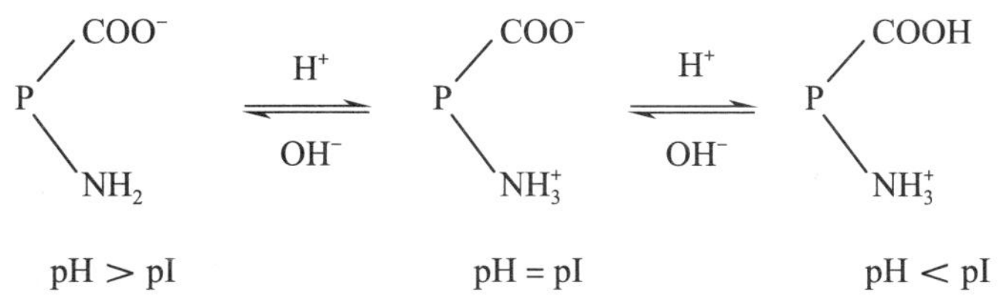

不同的蛋白质由于所含氨基酸的种类和数目不同，所以等电点也不相同。一般含酸性氨基酸残基较多的蛋白质 pI 较低，如人体胃蛋白酶含酸性氨基酸残基 37 个，而碱性氨基酸残基只有 6 个，其 pI 接近 1；含碱性氨基酸残基较多的蛋白质 pI 较高，如鱼精蛋白含精氨酸较多，其 pI 为 12 左右；含碱性和酸性氨基酸残基数目接近的蛋白质，其 pI 为 5 左右。人体内多数蛋白质的等电点为 5 左右，而体液的 pH 约为 7.4，所以人体内的蛋白质主要以阴离子的形式存在，并与 K^+、Na^+、Ca^{2+}、Mg^{2+} 等离子形成盐，同时与两性离子组成缓冲对，具有重要缓冲作用。

处于等电点时，蛋白质由于不存在电荷相互排斥作用，所以最容易生成沉淀并析出，此时，蛋白质的溶解度、黏度等最小，所以容易从溶液中析出。利用这一性质可以分离、提纯蛋白质。

荷电蛋白质在电场中定向移动的现象称为电泳。各种蛋白质的等电点、颗粒大小和形状不同，在一定 pH 的溶液中所带的电荷数量和性质也不同，因此在电场中泳动的方向和速率就会有差别。利用该性质可以分离各种混合蛋白质。

（二）蛋白质的胶体性质

蛋白质是高分子化合物，相对分子量较大，其分子在水溶液中形成的颗粒直径为 1 ~ 100 nm。因此，蛋白质溶液属于胶体分散系，具有胶体溶液的性质，如布朗运动、丁铎尔现象、不能透过半透膜及较强的吸附作用等。蛋白质分子表面含有许多亲水基团（如肽键、羟基、羧基和氨基），能形成很厚且很牢固的水化膜。另外，蛋白质溶液不处于等电点时，蛋白质分子带有同种电荷，它们相互排斥，难以聚集到一起。因此，蛋白质的水溶性较稳定。

利用蛋白质不能通过半透膜的性质，将蛋白质与小分子物质分离而得以纯化的方法称透析法。

（三）蛋白质的沉淀

1. 盐析法 在蛋白质溶液中加入一定量的无机盐，使蛋白质的溶解度降低而沉淀析出的方法称为盐析法。

由于盐离子结合水的能力强于蛋白质，因此可破坏蛋白质的水化膜。同时，盐离子也能中和蛋白质所带的电荷，从而使蛋白质失去稳定性而发生沉淀。盐析法是沉淀蛋白质的方法之一。常用的盐析试剂有硫酸铵、硫酸钠、氯化钠和硫酸镁等。

盐析是一个可逆过程，被沉淀析出的蛋白质分子结构基本无变化，只要消除沉淀因素，沉淀物就会重新溶解。不同蛋白质盐析时所需要无机盐的最低浓度不同，利用这一性质可以分离不同的蛋白质。

2. 加入有机溶剂 某些有机溶剂（如乙醇、丙酮等）是脱水剂，可以破坏蛋白质周围的水化膜，使蛋白质形成沉淀。

3. 加入重金属盐 某些重金属盐（如硝酸银、醋酸铅及氯化汞等）中的阳离子可以与蛋白质分子结合，生成不溶性的蛋白质盐沉淀。采用此方法常易使蛋白质变性。

4. 加入生物碱试剂 某些生物碱（如苦味酸、三氯醋酸和鞣酸等）可使蛋白质生成沉淀。这是因为蛋白质在 pH ＜ pI 的溶液中带正电荷，能与上述有机酸结合而生成不溶性的盐沉淀析出。

（四）蛋白质的变性

在某些物理因素（加热、高压、振荡、紫外线、X 射线、剧烈搅拌及超声波等）或化学因素（强酸、强碱、重金属盐、尿素和有机溶剂等）的作用下，蛋白质分子内部的副键断裂，空间结构发生改变，其理化性质和生物活性也随之改变，这种现象称为蛋白质的变性。

一般认为蛋白质变性主要是二硫键和非共价键受到破坏，而不涉及一级结构中肽键的断裂和氨基酸序列的改变。变性后的蛋白质分子形状发生改变，溶解度降低，而且由于多肽链展开，使酶与肽键的接触机会增加，因此变性的蛋白质比天然蛋白质更容易被酶水解消化。变性蛋白质的特征是生物学功能丧失，如酶失去催化活性，激素不能调节代谢反应，抗体失去免疫活性，这些都是蛋白质空间结构发生改变的结果。

蛋白质的变性已广泛应用于医学实践。例如，通过乙醇、加热、高压、紫外线作用等进行消毒、灭菌；重金属盐中毒急救时，可以先予以洗胃，然后让患者口服大量蛋清、牛奶或豆浆等，以减少机体对重金属盐的吸收。在制备和保存蛋白质制剂（如酶制剂、疫苗等）时，应选用低温、合适的溶剂及适宜的 pH 等条件，以防止蛋白质变性。

第三节　氨基酸与蛋白质的鉴别

（一）双缩脲反应

含有 2 个或 2 个以上肽键的化合物，能与碱性硫酸铜溶液作用，发生双缩脲反应。蛋白质分子中含有许多肽键，发生双缩脲反应后可显紫色或紫红色。

方法：取 1 ml 样品于试管中，先加入 2 ml NaOH 溶液，振荡摇匀后，形成碱性环境，再加入 3 ~ 4 滴 $CuSO_4$ 溶液，随之观察反应现象。

（二）茚三酮反应

在氨基酸、肽类或蛋白质溶液中加入茚三酮溶液，加热后可显示蓝紫色。该反应可用于氨基酸的比色测定和纸上层析的显色，也可用于蛋白质的定性、定量分析。

（三）黄蛋白反应

含有苯环氨基酸残基的蛋白质，可与浓硝酸作用而呈黄色，这个反应称为黄蛋白反应。皮肤、指甲不慎沾上浓硝酸会出现黄色就是这个原因。

（四）米伦反应

含有酚类化合物的蛋白质或酪氨酸残基的蛋白质遇到米伦试剂（硝酸汞的硝酸溶液）后即可产生白色沉淀，加热后可转变为红色。

方法：取 1 ml 样品于试管中，加入米伦试剂 0.5 ml 混合，加热，然后观察颜色变化。

该反应不能用于测定尿液中的蛋白质，因为试剂中的汞离子能被尿液、无机盐所沉淀，从而使试剂失效。

（五）坂口反应

在碱性条件下，蛋白质可与次氯酸钠（或次溴酸钠）溶液和 α - 萘酚作用而呈红色。这是蛋白质分子中胍基的特征性反应。

（六）与乙醛酸反应

含有吲哚基的色氨酸在浓硫酸存在的情况下可与乙醛酸结合，形成与靛蓝类似的物质，呈紫红色。含有色氨酸的蛋白质也可发生该反应。血清免疫球蛋白含有色氨酸残基的量较稳定，故进行临床生化检验时可以通过与乙醛酸反应来测定球蛋白含量。

（七）醋酸铅反应

多数蛋白质分子中常有含硫氨基酸（如半胱氨酸等），在强碱作用下可分解而生成硫化钠。硫化钠与醋酸铅发生反应可生成黑色的硫化铅沉淀，若加入浓盐酸，则有硫化氢气体产生。

（八）偶氮反应

偶氮化合物可与酚类或咪唑环结合而形成有色物质，酪氨酸和组氨酸与之发生反应后分别呈橙红色和樱桃红色，含有酪氨酸和组氨酸的蛋白质也可发生该反应。

氨基酸与蛋白质的鉴别反应见表 11-3。

表11-3　氨基酸与蛋白质的鉴别

反应名称	试剂	颜色	作用基团
双缩脲反应	碱性硫酸铜溶液	紫色或紫红色	肽键
茚三酮反应	茚三酮溶液	蓝紫色	氨基
黄蛋白反应	浓硝酸	黄色	苯环
米伦反应	硝酸汞与硝酸溶液	红色	酚羟基
坂口反应	次氯酸钠或次溴酸钠溶液	红色	胍基
与乙醛酸反应	乙醛酸 - 浓硫酸溶液	紫红色	色氨酸
与醋酸铅反应	醋酸铅溶液	黑色	含硫氨基酸
偶氮反应	对氨基苯磺酸	橙红色或樱桃红色	酪氨酸和组氨酸

知识链接

酶与医学的关系

酶是一种对特定的生物化学反应有催化作用的蛋白质。根据化学组成，可以将酶分为单纯酶和结合酶。单纯酶仅由蛋白质构成，如淀粉酶；结合酶由酶蛋白（蛋白质部分）和辅因子（非蛋白质部分）共同组成。辅因子分为辅酶（与酶蛋白疏松结合）和辅基（与酶蛋白以共价键结合）。辅酶（基）是酶催化过程中不可或缺的部分。如果没有辅酶，酶蛋白将失去催化活性。根据酶的反应类型，可将酶分为氧化还原酶、转移酶、水解酶、裂解酶、异构酶和合成酶等。

酶比一般化学催化剂的催化效率要高 $10^6 \sim 10^{13}$ 倍，并且可以在温和条件下（如常温、常压）或近中性生理条件下起催化作用。一种酶通常只能催化一种或一类反应，选择性强，而且具有立体专一性。例如，在辅酶 I（NAD^+）存在条件下，L- 乳酸在乳酸脱氢酶的催化下，可脱氢生成丙酮酸，而 D- 乳酸则不受影响。其反应式为：

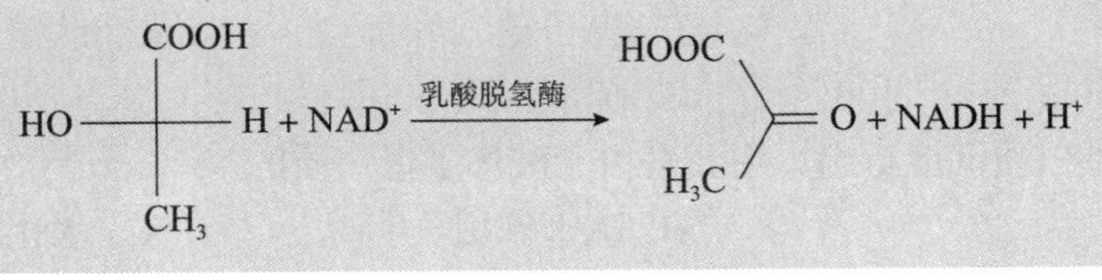

许多疾病与酶的质和量的异常有关，现已发现的140多种先天性代谢缺陷中，多数是由酶的先天性或遗传性缺失所致，如酪氨酸酶缺乏可引起白化病。许多疾病也可引起酶的异常，这种异常又可进一步使病情加重。如患急性胰腺炎时，胰蛋白酶原在胰腺中被激活，可造成胰腺组织被水解破坏。

体液中酶活性的改变可作为疾病的诊断指标，组织器官损伤可使其组织特异性的酶释放入血，有助于对组织器官疾病的诊断。例如，患急性肝炎时，血清丙氨酸转氨酶活性升高；发生急性胰腺炎时，血、尿淀粉酶活性升高等。因此，血清中酶的增多或减少可用于辅助诊断和预后判断。

某些酶可作为药物用于疾病的治疗，如对于消化腺分泌功能不良所致的消化不良，可通过服用胃蛋白酶、胰蛋白酶、胰脂肪酶和胰淀粉酶等予以纠正。

药物可通过抑制体内的某些酶来到达治疗目的，磺胺类药物是细菌二氢叶酸合成酶的竞争性抑制剂；抗抑郁药可通过抑制单胺氧化酶而减少儿茶酚胺的灭活，进而治疗抑郁症；甲氨蝶呤、氟尿嘧啶和巯嘌呤等用于治疗肿瘤也是因为它们都是核苷酸合成途径中相关酶的竞争性抑制剂。

自测题

一、单项选择题

1. 下列氨基酸中，含有吲哚环的是
   A. 蛋氨酸　B. 苏氨酸　C. 色氨酸
   D. 缬氨酸　E. 谷氨酸
2. 蛋白质的一级结构与功能关系的特点是
   A. 相同氨基酸组成的蛋白质，功能一定相同
   B. 一级结构越相近的蛋白质，其功能相似性越大
   C. 一级结构中任何氨基酸发生改变，其生物活性即丧失
   D. 不同生物来源的同种蛋白质，其一级结构相同
   E. 一级结构不同的蛋白质，其功能相似性越大
3. 维持蛋白质三级结构主要依靠的是
   A. 氢键　B. 离子键　C. 疏水作用
   D. 二硫键　E. 肽键
4. 蛋白质分子中氨基酸的主要连接方式是
   A. 肽键　B. 氢键　C. 二硫键
   D. 疏水作用　E. 离子键
5. 不能发生双缩脲反应的是
   A. 双缩脲　B. 蛋白质　C. 谷胱甘肽
   D. 丙氨酸　E. 三肽
6. 蛋白质变性时，一般不会改变的是
   A. 二硫键　B. 离子键　C. 肽键
   D. 氢键　E. 疏水作用
7. 盐析能使蛋白质沉淀析出，主要是由于破坏了蛋白质的
   A. 氢键　B. 疏水作用　C. 水化膜

D. 同性电荷　　E. 肽键

8. 鉴别氨基酸时，常用的试剂是

A. $CuSO_4$/NaOH　　B. I_2/NaOH　　C. 水合茚三酮

D. 费林试剂　　E. NaOH

9. 组成蛋白质的基本单位是

A. 糖类　　B. 氨基酸　　C. 有机酸

D. 脂类　　E. 萜类

10. 茚三酮可用于检测出的化合物是

A. 水杨酸　　B. 丙氨酸　　C. 丙三醇

D. 苯甲醛　　E. 乙醇

二、多项选择题

1. 下列反应中可以用于鉴别蛋白质的是

A. 双缩脲反应　　B. 米伦反应　　C. 黄蛋白反应

D. 与乙醛酸反应　　E. 坂口反应

2. 下列属于氨基酸的性质的是

A. 脱羧反应　　B. 与亚硝酸反应　　C. 茚三酮反应

D. 成肽反应　　E. 与甲醛反应

3. 下列氨基酸中属于必需氨基酸的是

A. 丙氨酸　　B. 甘氨酸　　C. 亮氨酸

D. 缬氨酸　　E. 丝氨酸

4. 一般蛋白质变性主要破坏的是

A. 二硫键　　B. 肽键　　C. 氢键

D. 盐键　　E. 疏水键

三、用化学方法鉴别下列各组物质

1. 苏氨酸和丝氨酸

2. 苯胺、$CH_3CH(NH_2)COOH$ 和 $NH_2CH_2CH_2COOH$

3. 乳酸和丙氨酸

四、简答题

1. 氨基酸既有酸性又有碱性，但是等电点都不等于 7，这是为什么？

2. 苯丙氨酸在水中的溶解度很低，而丝氨酸却溶于水。这是为什么？

（洪开文）

第十二章

脂类、萜及甾体

第十二章
数字资源

学习目标

1. 掌握脂类的结构特点、组成成分、理化性质和生理功能。
2. 熟悉皂化值、碘值和酸值的定义及物理含义。
3. 了解重要的萜类和甾体化合物的结构、性质及生理功能。

案例导入

患者，女，50岁，肥胖，平日喜食动物内脏、肥肉等高脂肪食品，近期自觉胸闷、气促、心悸、胸痛、乏力，每天早晨起床时身体也会出现不适情况。到医院就诊，医生对其进行血脂、彩超及心电图检查。

思考题：

1. 血脂的主要成分是什么？
2. 不良饮食习惯是否会导致高血脂？高血脂对身体有哪些危害？

脂类是人体需要的重要营养素之一，供给机体所需的能量、提供机体所需的必需脂肪酸，是人体细胞组织的组成成分。人体每日需摄取一定量的脂类物质，但摄入过多可导致高脂血症、动脉粥样硬化等疾病的发生和发展。脂类包括油脂（甘油三酯）和类脂（磷脂、固醇类）。本章主要介绍油脂和类脂。

第一节　脂　类

油脂一词本是食品工业上的用语，化学上的油脂一般特指甘油的高级脂肪酸酯，广义上将甘油磷脂和鞘磷脂统称为磷脂后归为类脂。类脂和油脂同属于脂类。油脂是动、植物体内的重要成分之一，也是人类生命活动所必需的物质。油脂包括油和脂肪，习惯上将室温下呈液态的称为油，一般来源于植物；而将室温下呈固态或半固态的称为脂肪，一般来源于动物。

一、油脂的组成和结构

在化学结构和组成上，油脂是 1 分子、2 分子或 3 分子高级脂肪酸与甘油形成的酯类化合物，后者又称甘油三酯或三酰甘油，其结构式为：

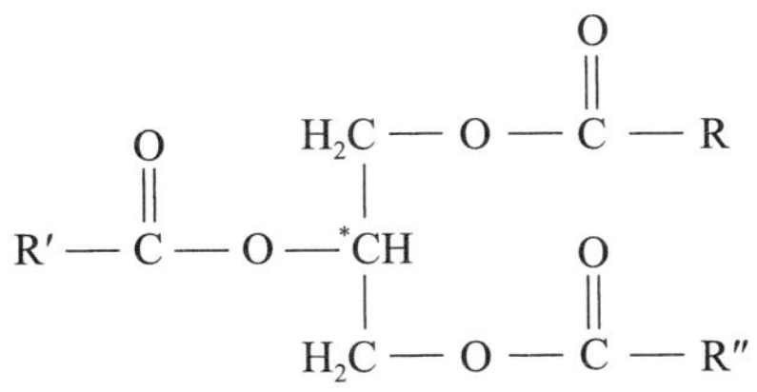

若油脂中的 3 个脂肪酸相同，则称为单甘油三酯，否则称为混甘油三酯。混甘油三酯中，甘油残基中的 C_2 具有手性，天然油脂为 L- 构型。天然油脂为混甘油酯的混合物，而且还混杂有高级脂肪酸、维生素和色素等，没有固定的组成、熔点和沸点。

参与组成油脂的脂肪酸一般都是含有偶数个碳原子的直链羧酸，碳原子数一般为 12 ~ 20 个。天然油脂中的碳碳双键为顺式构型，含反式构型的油脂称为反式脂肪，被认为对健康不利。组成油脂的常见脂肪酸见表 12-1。

表12-1　常见的脂肪酸

类型	名称	结构式
饱和脂肪酸	软脂酸	$CH_3(CH_2)_{14}COOH$
	硬脂酸	$CH_3(CH_2)_{16}COOH$
	花生酸	$CH_3(CH_2)_{18}COOH$
	巴西棕榈酸	$CH_3(CH_2)_{22}COOH$
不饱和脂肪酸	油酸	$CH_3(CH_2)_7CH{=}CH(CH_2)_7COOH$
	亚油酸	$CH_3(CH_2)_3(CH_2CH{=}CH)_2(CH_2)_7COOH$
	亚麻酸	$CH_3(CH_2CH{=}CH)_3(CH_2)_7COOH$
	花生四烯酸	$CH_3(CH_2)_3(CH_2CH{=}CH)_4(CH_2)_3COOH$
	二十碳五烯酸（EPA）	$CH_3(CH_2CH{=}CH)_5(CH_2)_3COOH$

通常，不饱和脂肪酸含量越高，油脂的熔点就越低，常温下多呈液态。亚油酸、亚麻酸和花生四烯酸等不饱和脂肪酸对人体的生长发育和健康是必不可少的，但人体自身不能合成，必须从食物中摄取，称为必需脂肪酸。

二、油脂的性质

天然油脂中混有色素，因此可随加工方法和原料来源的不同呈现不同的颜色。油脂的密度比水轻，纯净的新鲜油脂有香味。

油脂具有酯键的性质，另外，由于脂肪酸中含有碳碳双键，因此还可以发生加成反应和氧化反应等。

（一）皂化反应

油脂在酸、碱或酶的催化作用下可发生水解反应，生成 3 分子高级脂肪酸和 1 分子甘油。用碱作为催化剂可使生成的高级脂肪酸形成盐，从而使水解反应进行完全。反应生成的高级脂肪酸的钠盐即肥皂，而钾盐则称为软皂。因此，油脂在碱性溶液中的水解反应又称为皂化反应。不同的油脂皂化时所消耗的碱的量不同。完全皂化 1 g 油脂所需的 KOH 的毫克数称为皂化值，与油脂的分子量呈反比。根据皂化值的大小，可推知油脂相对分子质量的大小。

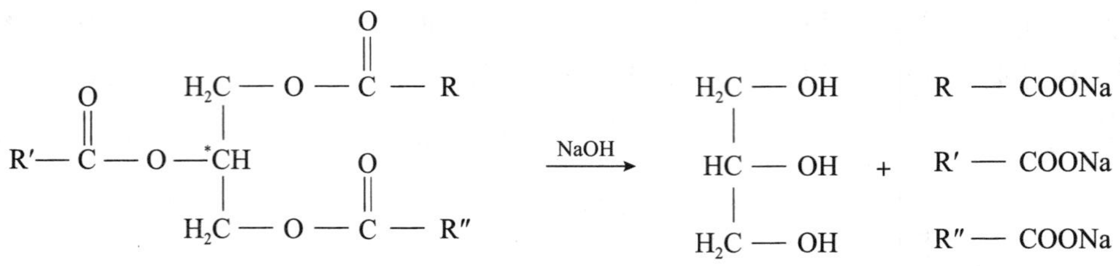

（二）加成反应

油脂分子中不饱和脂肪酸的碳碳双键可以与氢气或卤素发生加成反应。

1. 加氢 含有较多不饱和脂肪酸的油脂，因其分子中含有碳碳双键，故可催化加氢，这种加氢反应可使液态油变成固态“脂肪”，这一过程称为油脂的硬化。食用的人造黄油就是硬化油。硬化的油脂熔点升高，不易变质，便于贮存和运输，亦可作为生产肥皂的原料。

2. 加碘 油脂的不饱和程度可用碘值进行衡量。100 g 油脂能够吸收的碘的克数称为碘值。碘值与油脂的不饱和程度呈正比，碘值越大，油脂的不饱和程度也越高。

长期食用饱和脂肪酸含量高（碘值低）的食物可导致动脉硬化和心脏疾病。因此，日常生活中提倡食用不饱和脂肪酸含量高的花生油、豆油等。

（三）酸败

油脂久置后，出现颜色加深，并有异味的现象称为酸败。酸败的本质是由于受到空气中的氧或微生物的作用，油脂中的碳碳双键被氧化、水解而生成醛、酮或羧酸等化合物。一般认为，光照和潮湿可加快酸败的速度。酸败的产物具有毒性或刺激性，因此药用油脂必须没有异臭或酸败味。中和 1 g 油脂中的游离脂肪酸所需要的 KOH 的毫克数称为酸值。酸值与酸败的程度呈正相关。酸值大于 6.0 的油脂不宜食用。油脂宜贮存于密闭、阴凉、干燥的地方。

皂化值、碘值和酸值是油脂品质分析和应用标准中 3 个重要的理化指标。

三、磷脂

磷脂是含磷酸酯结构的化合物，广泛存在于动、植物体内，如动物的脑以及蛋黄和大豆等植物的种子中。根据与磷酸成酯的组分不同，可将磷脂分为甘油磷脂和鞘磷脂两类。

（一）甘油磷脂

甘油磷脂与油脂的结构相似，首先由 2 分子脂肪酸和 1 分子磷酸分别与甘油的 3 个羟基形成 3 个酯键，组成磷脂酸；然后，磷脂酸的磷酸部分再与其他醇构成酯，即为甘油磷脂。其结构式为：

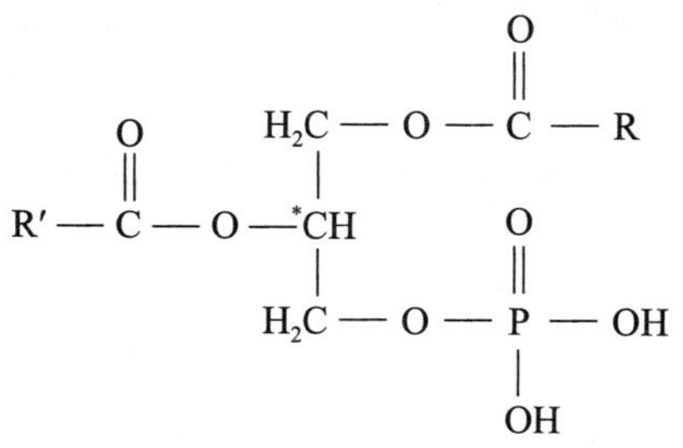

磷脂酸

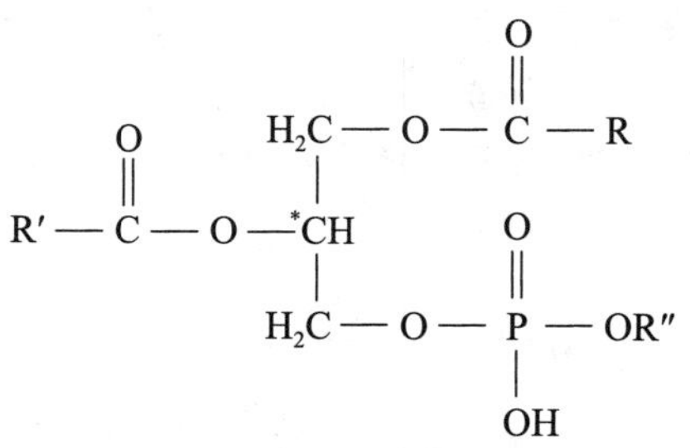

甘油磷脂

组成甘油磷脂的脂肪酸常见的有软脂酸、硬脂酸、油酸、亚油酸、亚麻酸和花生四烯酸等，常见的醇有胆碱、乙醇胺、丝氨酸等。

1. 卵磷脂　卵磷脂又称磷脂酰胆碱，是由磷脂酸与胆碱结合形成的产物。其结构式为：

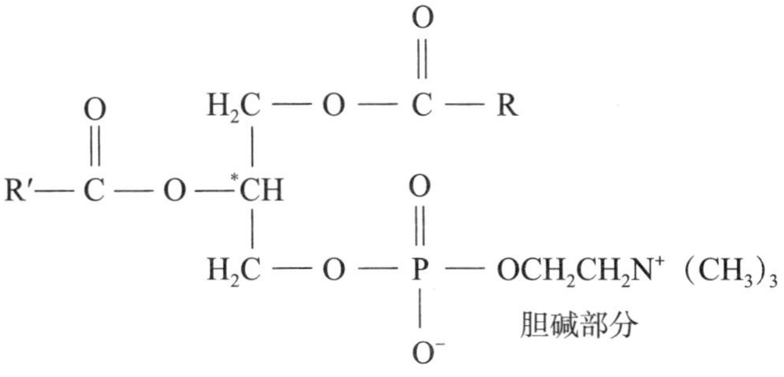

卵磷脂

卵磷脂为白色蜡状固体，不溶于水，易溶于有机溶剂。卵磷脂的性质不稳定，在空气中易变成黄色或褐色。卵磷脂中的胆碱部分是重要的神经递质，并且能促进脂肪在人体内的代谢，可用于脂肪肝等的治疗，也可用作膳食补充剂。

2. 脑磷脂　脑磷脂是磷脂酸分子中磷酸上的羟基与乙醇胺通过酯键结合生成的化学物，又称磷脂酸乙醇胺，因在脑组织中含量较多而得名。其结构式为：

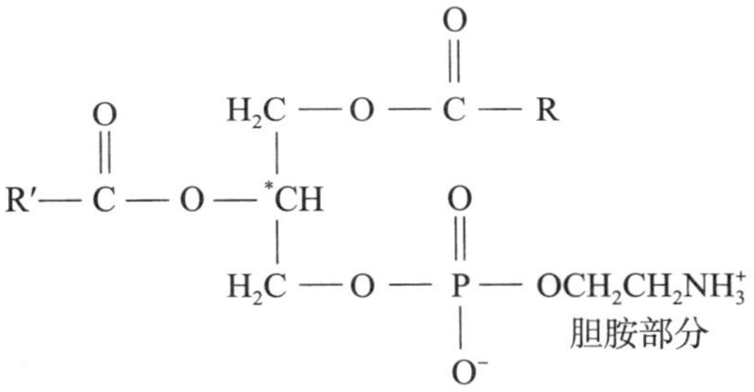

脑磷脂

脑磷脂为无色固体，不溶于水和丙酮，微溶于乙醇。脑磷脂的性质很不稳定，在空气中易氧化而呈棕黑色。脑磷脂与凝血有关，临床上可用作止血药。

（二）鞘磷脂

鞘氨醇是一类脂肪族长碳链（带一反式双键）的氨基二醇。神经酰胺是鞘氨醇中的氨基酰化后的产物。鞘磷脂是由神经酰胺的伯醇羟基与磷酰胆碱或磷酰乙醇胺酰化而生成的一类化合物。

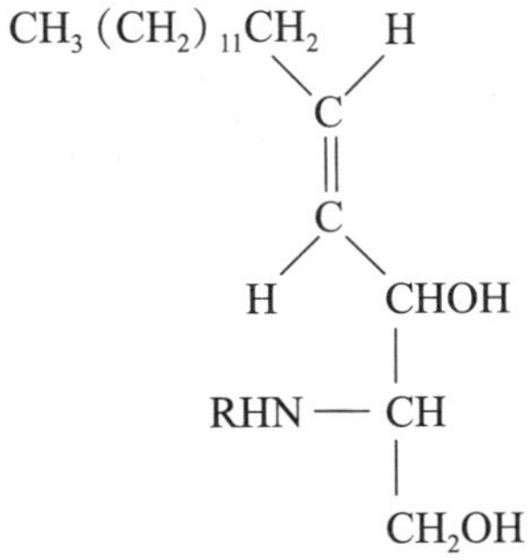

鞘氨醇（R═H）；神经酰胺（R═R′CO）

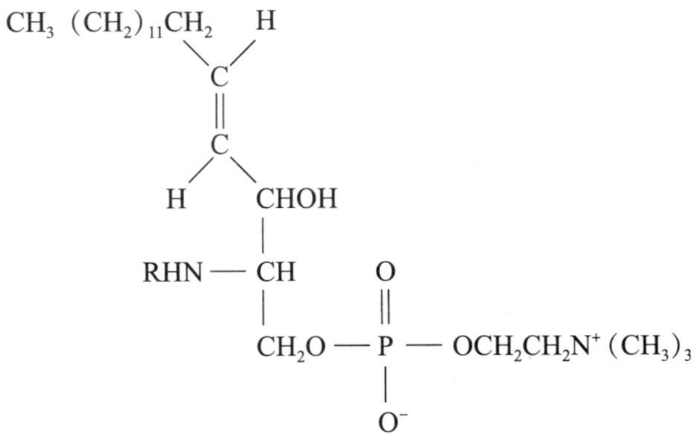

鞘磷脂

磷脂分子中同时含有亲水（磷酰胆碱或乙醇胺）和疏水（脂肪酸或鞘氨醇）两种基团，这种结构特点使磷脂在水溶液中时，极性的亲水基团指向水相，而非极性的长链烃基部分聚在一起形成双分子层的中心疏水区。这种能够自发形成的热力学稳定的结构，使磷脂成为了生物膜的重要组成部分。

第二节　萜

一、萜的含义

萜是由两个或多个异戊二烯单位连接而成的萜烯及其衍生物。萜类化合物广泛存在于自然界中，是许多植物香精油或者挥发油的主要成分。挥发油多为难溶于水的油状液体，如柠檬油、松节油、薄荷油和当归油等。虽然萜类化合物在外观上与油脂类似，但从结构上看一般并不具有酯键的结构。萜类化合物大多具有挥发性，可以用蒸馏法从天然产物中提取。萜类化合物大多具有芳香气味和较强的生物活性，广泛用于香料和医药工业。虽然可以用系统命名法对萜类化合物进行命名，但大多使用俗称或衍生物命名法。

二、萜的结构和分类

（一）萜的结构

从结构上看，萜类化合物可以看成是异戊二烯的低聚物以及它们的氢化物和含氧衍生物的总称，是以异戊二烯为基本分子框架，通过首尾相连或相互聚合而成，这种结构称为“异戊二烯规则”。除极个别的萜类化合物以外，绝大多数萜类分子中的碳原子数是 5 的整数倍。

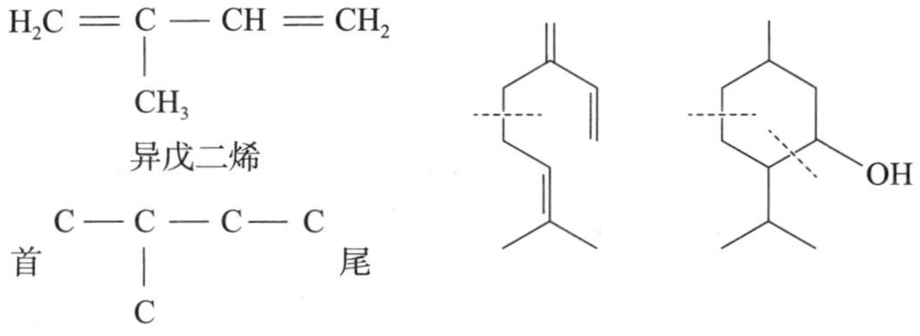

异戊二烯单元　　月桂烯　　薄荷醇

（二）萜的分类

根据萜分子中所含异戊二烯单位的数目，可将其分为单萜、倍半萜和二萜等。同一类别中，又可以根据分子中环的数目进一步细分为链状、单环和多环等多个亚类（表 12-2）。

表12-2　萜类化合物的分类

类别	异戊二烯单位数	碳原子数
单萜	2	10
倍半萜	3	15
二萜	4	20
三萜	6	30
四萜	8	40
多萜	>8	>40

1. 单萜　单萜是由两个异戊二烯单位构成的化合物，可以进一步细分为 3 种。

（1）链状单萜：即无环单萜，例如：

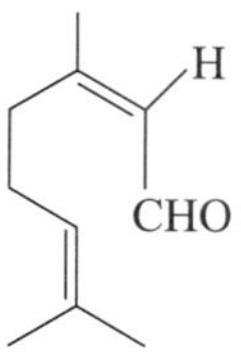
橙花醛

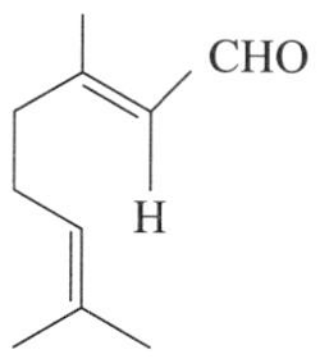
香叶醛

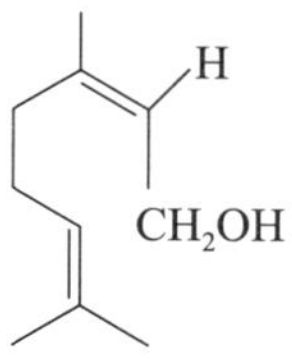
橙花醇

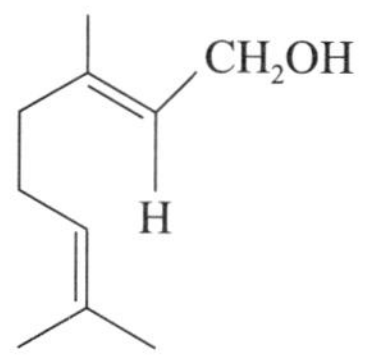
香叶醇

链状单萜中往往有多个双键，有的还有手性碳原子，所以常有顺反异构体和对映异构体，在命名上很容易混淆，如 E- 构型的香叶醇存在于玫瑰油中，Z- 构型的橙花醇存在于橙花油中。橙花醛和香叶醛也互为顺反异构体，而其混合物一般称为柠檬醛。链状单萜大多有芬芳的气味，可用于配制香精，柠檬醛也可用于合成维生素 A。

（2）单环单萜：单环单萜中都能含有一个六元碳环，其中以柠檬烯和薄荷醇最为重要。其结构式为：

柠檬烯

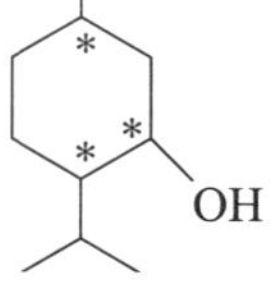
薄荷醇

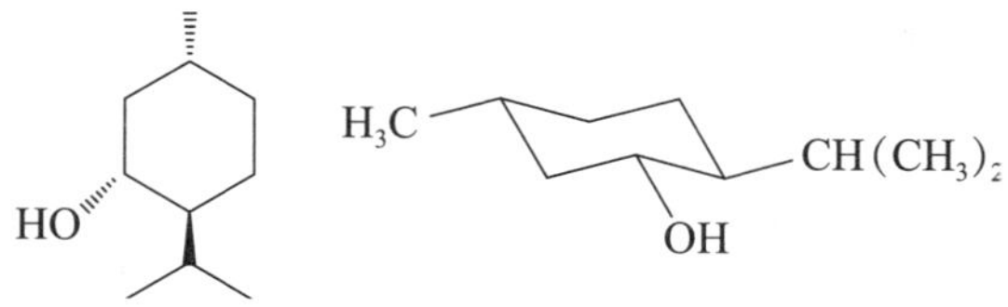
（－）- 薄荷醇

柠檬烯有一对对映体，其左旋体存在于松节油中，右旋体存在于柠檬油中，而外消旋体存在于松节油中，均为有香味的无色液体。

薄荷醇又称薄荷脑，主要存在于薄荷油中。其分子中有 3 个手性碳原子，理论上存在 4 对对映体，但自然界中只存在一种结构，称为（－）- 薄荷醇，这可能是由于其构象最为稳定。（－）- 薄荷醇为无色针状结晶，熔点为 42～44℃，有很强穿透性的芬芳气味，难溶于水而易溶于有机溶剂，临床上用作驱风药和防腐剂，是清凉油和人丹等药物的主要成分之一，外用有清凉止痒和抗菌消炎的作用，也可用作日用洗化用品。

（3）双环单萜：双环单萜可以看成是由薄荷烷分子中的 C_8 分别与不同位置的碳原子相连，从而又形成一个环，个别情况下是 C_4 与 C_6 形成了额外的一个环。例如：

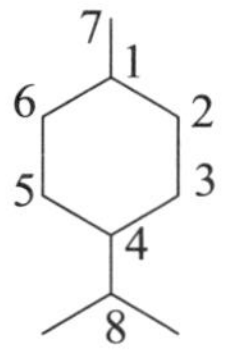
薄荷烷

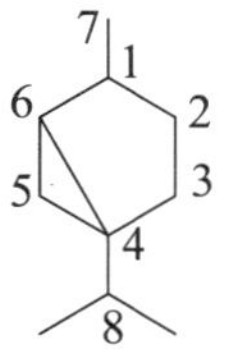
侧柏烷

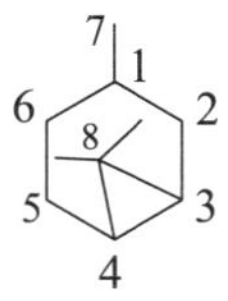
蒈烷

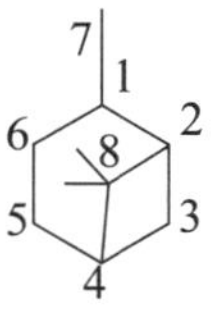
蒎烷

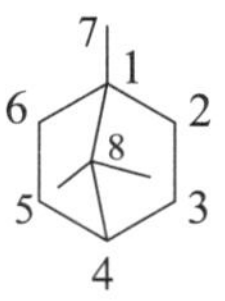
莰烷

虽然上述几种烷烃在自然界中都不存在，但其不饱和衍生物和含氧衍生物广泛分布于植物中，其中最典型的就是蒎烯和樟脑。

α- 蒎烯和 β- 蒎烯均存在于松节油中，但以 α- 蒎烯为主（70%～80%）。松节油具有局部止痛作用，可用作外用止痛药。其结构式为：

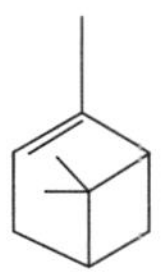
α- 蒎烯

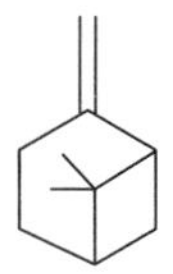
β- 蒎烯

樟脑（camphor）采用系统命名法命名为莰酮-2或α-莰酮，是从樟科植物樟树中提取得到，并因此而得名。其结构式为：

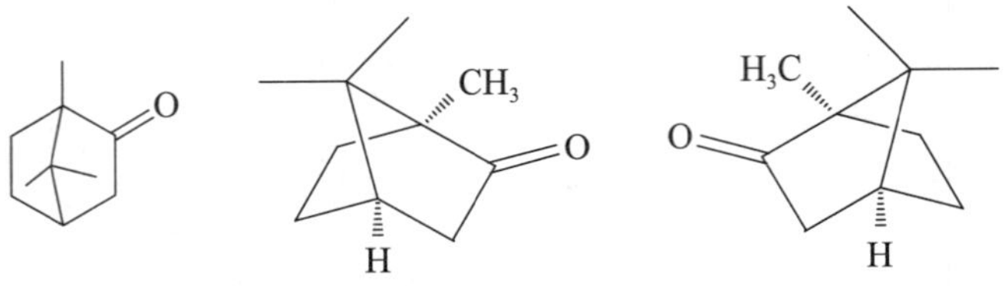

樟脑　　（－）-樟脑　　（+）-樟脑

樟脑分子中有2个手性碳原子，理论上应有4个旋光异构体，但实际上只存在1个：（+）-樟脑和（－）-樟脑。这是因为桥环体系需要的船式构象限制了桥头2个手性碳原子所连基团的构型，使其C_1所连的甲基与C_4相连的氢原子只能为顺式构型。从樟树中得到的樟脑是右旋体，$[\alpha]_D$为+43°～+44°（10%乙醇），人工合成樟脑为外消旋体。樟脑为无色闪光结晶，熔点为179℃，易升华，有特殊香味，难溶于水，易溶于有机溶剂。樟脑球用作驱虫剂，樟脑酊用作强心剂。但由于其水溶性低，在使用上受到一定的限制。若在C_{10}位置引入亲水性的磺酸钠基团，所得到的樟脑磺酸钠则易溶于水，可制成注射剂，用于治疗急性呼吸与循环障碍及对抗中枢神经抑制药所致的中毒等。其反应式为：

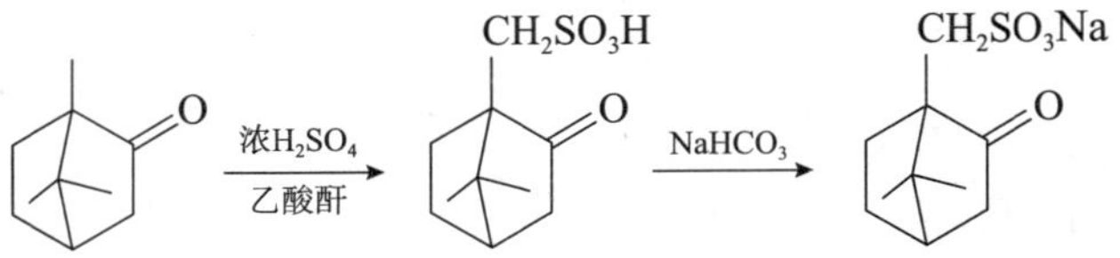

樟脑还原的产物称为龙脑，又称冰片，具有发汗、镇痉、止痛等作用，是人丹和冰硼散等药物的主要成分之一。自然界中存在的龙脑有左旋体和右旋体两种，合成品为外消旋体。其结构式为：

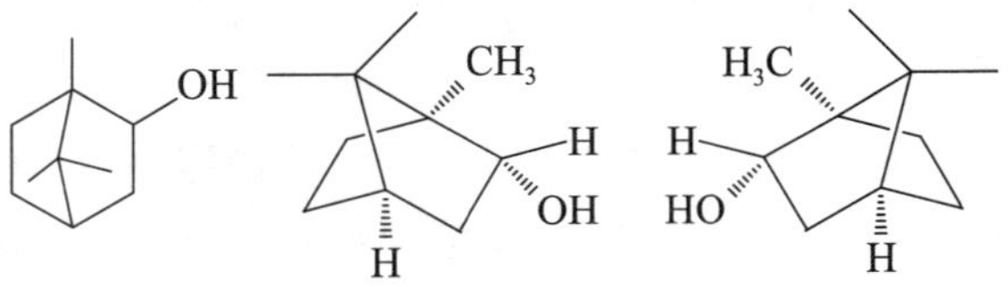

龙脑

2. 倍半萜　倍半萜是含有3个异戊二烯单位的萜类化合物，具有链状或环状结构，基本碳架有48种以上。倍半萜类化合物多数为液体，存在于挥发油中，它们的含氧衍生物（醇、酮、内酯）也广泛存在于挥发油中。例如：

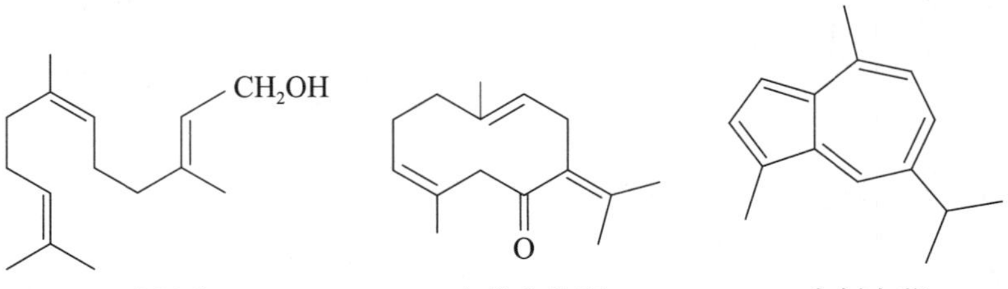

法尼醇　　大牻牛儿酮　　愈创木薁

法尼醇又称金合欢醇，为无色黏稠液体，存在于香茅草、茉莉、橙花、玫瑰等多种芳香植物的挥发油中，是珍贵的香料。大牻牛儿酮又称杜鹃酮，存在于满山红的挥发油中，具有止咳平喘的作用。愈创木薁存在于满山红、香樟或桉叶等的挥发油中，能促进烫伤创面的愈合，是国内烫伤膏的主要成分。

3. 二萜　由 4 个异戊二烯单位构成的萜类化合物称为二萜。叶绿素的水解产物叶绿醇是一种链状二萜。维生素 A 是单环二萜，在共轭体系中，5 个双键均为反式构型。若维生素 A 制剂贮存过久，则可因构型转化而影响其活性；若转化为 13（Z）维生素 A，则其活性可降低至原来的 75%；若转化为 11（Z）维生素 A，则失去活性。维生素 A 是脂溶性维生素，是人必需的维生素之一。缺乏维生素 A 可导致夜盲症。

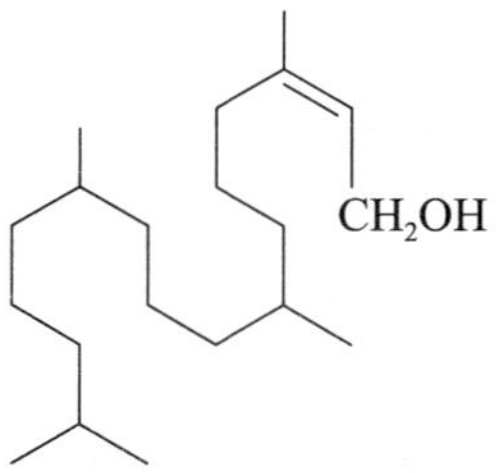

叶绿醇

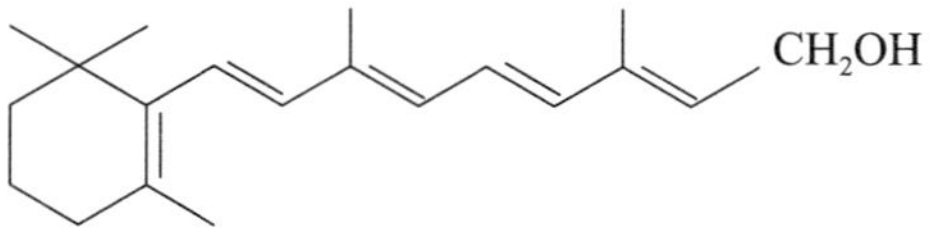

维生素 A

4. 三萜　三萜类化合物是由 6 个异戊二烯单位组成的物质，广泛存在于动、植物体内，以游离态、成酯或成苷的形式存在，多数为含氧衍生物，是树脂的主要成分之一。例如，甘草中的甘草皂苷也称为甘草酸，因其味甜又称甘草甜素，曾被用于病毒性肝炎的治疗，现仅用于某些丙型肝炎的治疗。甘草酸在酸性条件下水解得到的苷元称为甘草次酸，可溶于乙醇和氯仿，是一种五环三萜化合物。

角鲨烯是存在于鲨鱼的肝油、橄榄油、菜籽油中的一个链状三萜，由一对 3 个异戊二烯单位头尾相连后的片段互相对称连接而成，具有降低血脂和软化血管等作用，被誉为血管清道夫。角鲨烯在体内可以转化为胆甾醇。

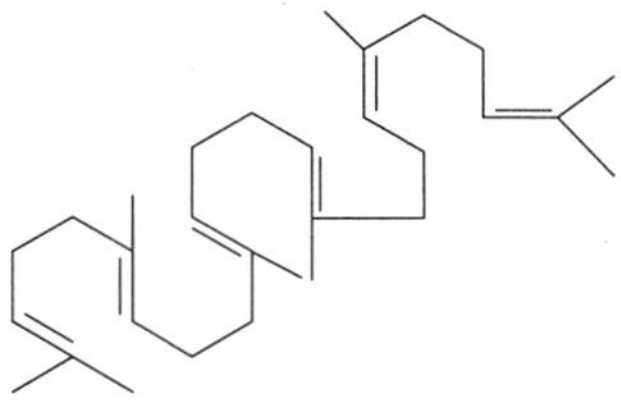

角鲨烯

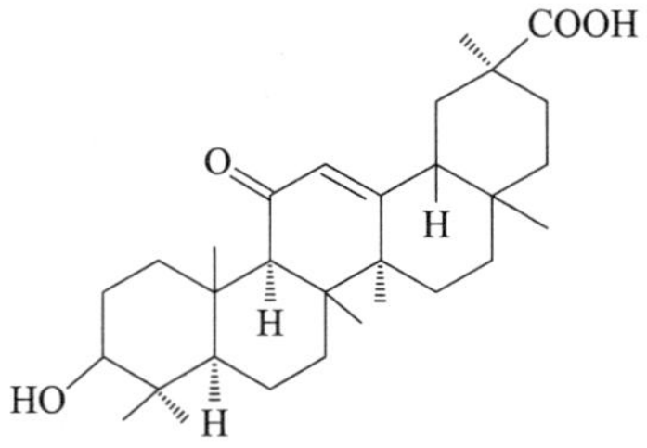

甘草次酸

人参、三七等中药中也都含有三萜类化合物。

5. 四萜　四萜类化合物的分子中都含有一个较长的碳碳双键共轭体系，都具有颜色，因此又称为多烯色素，比较重要的是胡萝卜类色素。例如：

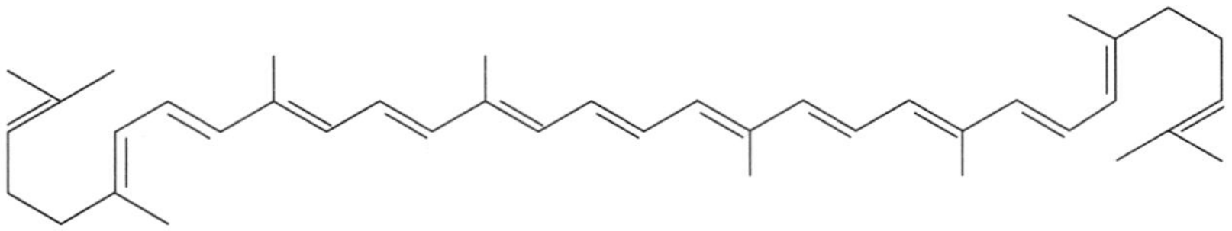

番茄红素

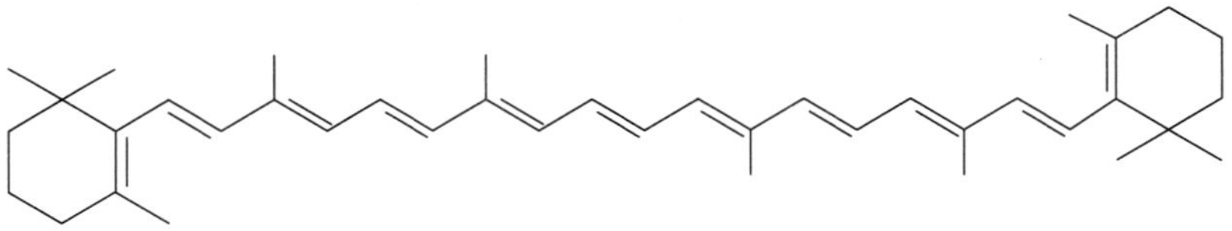

β - 胡萝卜素

番茄红素被用作食品色素。胡萝卜素广泛存在于植物的叶和果实中，也存在于动物的乳汁和脂肪中，共有 α、β 和 γ 3 种异构体。其中，β-胡萝卜素是胡萝卜素中的主要成分，也用作食品色素，在体内可以转化为 2 分子维生素 A，又称为维生素 A 原。

知识链接

精油

精油又称挥发油，一般是指从植物（整株或部分）通过蒸馏后得到的有芳香气味的油状物质，也可以通过溶剂萃取法等方法制备。精油的成分非常复杂，除含有萜类（多为单萜或倍半萜等低级萜）化合物外，还可以有多种脂肪族或芳香化合物，如鱼腥草中的甲基正壬酮、松节油中的正庚烷、桂花中的正癸烷、丁香油中的丁香酚、肉桂中的桂皮醛等。其成分常因植物种类、采摘位置、产地、生长阶段和提取方法的不同而有很大的差异。对于精油的应用，目前还停留在经验为主的阶段。关于精油的医用价值，一定要注意是否经过科学的临床试验以及药理和毒理试验，以防止误用甚至引起健康受损。

第三节 甾 体

一、甾体的含义

甾体又称甾族化合物、类固醇，广泛存在于动、植物体内，是具有重要生理功能和生理活性的一类天然产物。有的甾体化合物是重要的药物，有的则有致癌作用（如致癌烃类）。

知识链接

类固醇激素

类固醇激素又称甾体激素，某些运动员将其用作兴奋剂，如诺龙就是最早被列入禁止使用的药物之一。其结构式为：

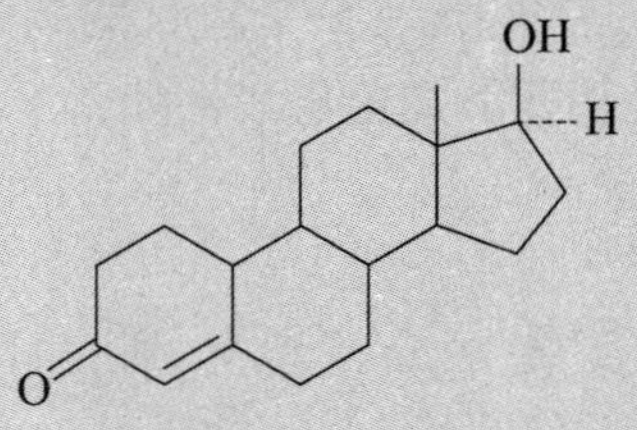

诺龙

诺龙能够促进骨骼肌生长发育，提升耐力，减缓疲劳，从而提高运动员的运动成绩。但该物质对身体危害很大，可导致脱发，女性男性化，诱发心脑血管疾病和恶性肿瘤。

二、甾体的基本结构和分类

甾族化合物根据化学结构可分为多种类型，如带有醇或酚的羟基、羰基或羧基，但它们都具有一个相同的四环结构，即环戊烷并氢化菲（又称甾烷），并且一般有三个侧链。其结构式为：

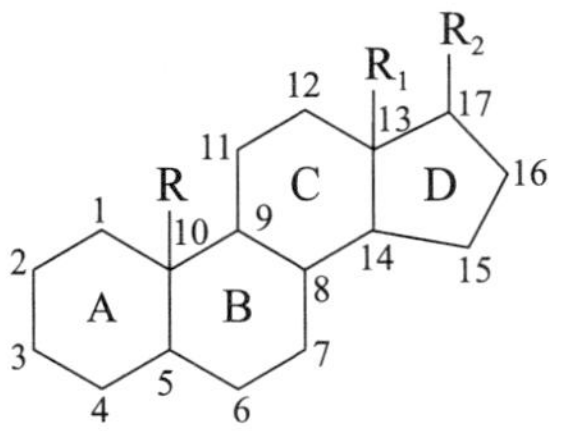

“甾”字很形象地表示了甾体化合物的碳架结构特征，“田”表示四个稠合环，分别用 A、B、C、D 表示，“<<<”则表示三个侧链，其中 C_{10} 和 C_{13} 上的取代基一般都为甲基，称为“角甲基”，C_{17} 上的侧链通常是碳原子数目不等的烃基或含氧烃基。三个取代基中碳原子的编号顺序依次为：首先是 C_{13} 上的取代基中的 C，然后是 C_{10} 上的取代基中的 C，最后是 C_{17} 上的取代基中的 C。

（一）甾体的立体异构

甾环母体共有 7 个手性碳原子，理论上有 128 个对映异构体，但由于多环稠合以及空间位阻的影响，使碳架的刚性增大，因此实际存在的异构体数目显著减少，一般仅能以稳定的构型存在，且一种构型只有一种构象。这种立体特征是甾体化合物生理和生化功能的重要组成部分。

自然界中的大多数甾族化合物的 B、C 两个环都是反式稠合，C、D 两个环也都是反式稠合（强心苷元和蟾蜍素除外），只有 A、B 两个环有顺式和反式两种稠合方式。

顺式稠合，即 C_5 上的氢原子与 C_{10} 上的氢原子或角甲基在环系平面的同一侧，称为正系或 5β-型（β 表示与 C_{10} 上的氢原子或角甲基在同一侧，α 表示在不同侧，其前加母环上 C 的编号即表示该取代基在母环上的位置；如不确定位置，则可以用波浪线表示，并以 ξ 标示）。例如：

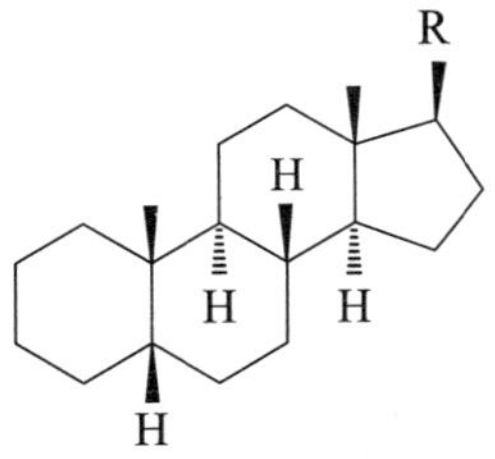
正系的构型式

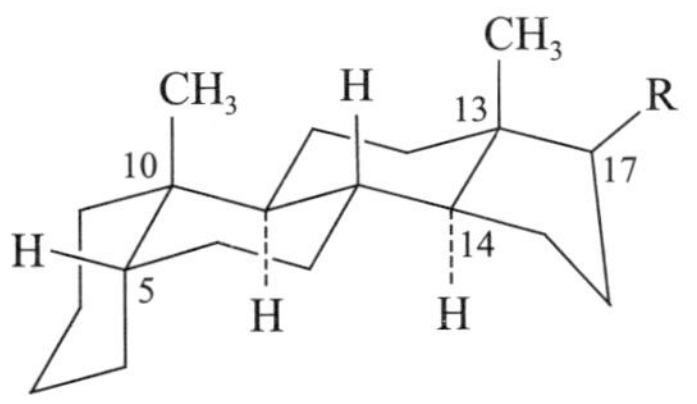

正系的构象式

反式稠合，即 C_5 上的氢原子与 C_{10} 上的氢原子或角甲基在环系平面的不同侧，称为别系或 5α-型。例如：

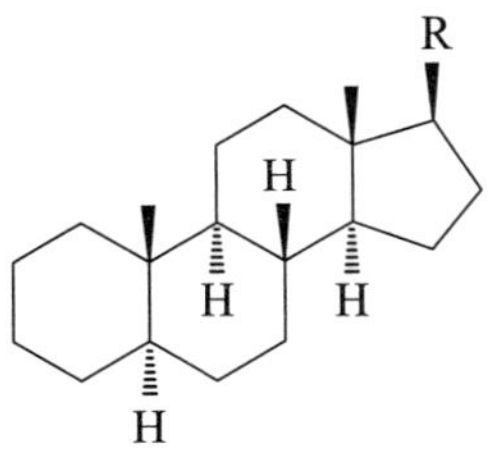
别系的构型式

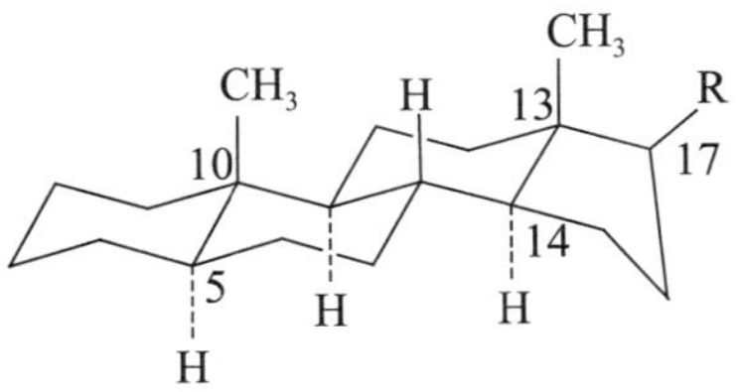

别系的构象式

由于甾族化合物有固定的构象，所以当其所连接基团的构型（α 或 β）确定后，便可以推知该基团是位于 e 键还是 a 键，进而推测或解释其稳定性和化学反应活性。例如：羟基在 e 键时比在 a 键时更容易发生酯化反应，而相应的酯也是在 e 键时更容易被水解，氧化反应则在 e 键时更加困难。另外，取代基的空间指向与甾族化合物的生理活性密切相关。

（二）甾体母环的分类和命名

存在于自然界的甾族化合物大多有习惯名称，新发现或合成的甾族化合物可以看成是已知产物的衍生物或先按照侧链的不同对甾体的母环分类，再标记各取代基的名称、数量、位置和构型。甾族化合物的基本母核名称和分类见表 12-3。

表12-3　甾族化合物的基本母核名称和分类

R	R1	R2	甾体母核名称
—H	—H	—H	甾烷（sterane）
—H	$-CH_3$	—H	雌甾烷（estrane）
$-CH_3$	$-CH_3$	—H	雄甾烷（androstane）
$-CH_3$	$-CH_3$	$-CH_2CH_3$	孕甾烷（pregnane）
$-CH_3$	$-CH_3$	| $CH_3CHCH_2CH_2CH_3$	胆酸烷（cholane）
$-CH_3$	$-CH_3$	CH_3 |　　　| $CH_3CHCH_2CH_2CH_2CHCH_3$	胆甾烷（cholestane）

对甾族化合物进行命名时，也可以将其看成是甾族母环的衍生物。若母环中含有双键或三键，则将“烷”字改为“烯或炔”字，并需要标记其位置。官能团或取代基需要标记其名称、位置和构型，命名时放在母环名称之前。如果将官能团作为母体（羰基、羧基等），则命名时将其放在母核名称之后。例如：

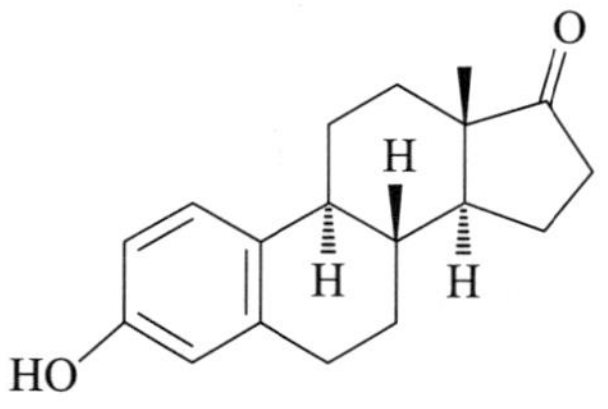

3- 羟基 -1,3,5（10）- 雌甾三烯 -17- 酮
（雌酚酮）

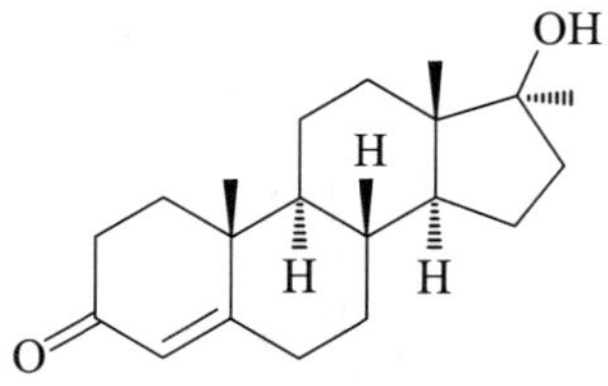

17α - 甲基 -17β - 羟基雄甾 -4- 烯 -3- 酮
（甲睾酮）

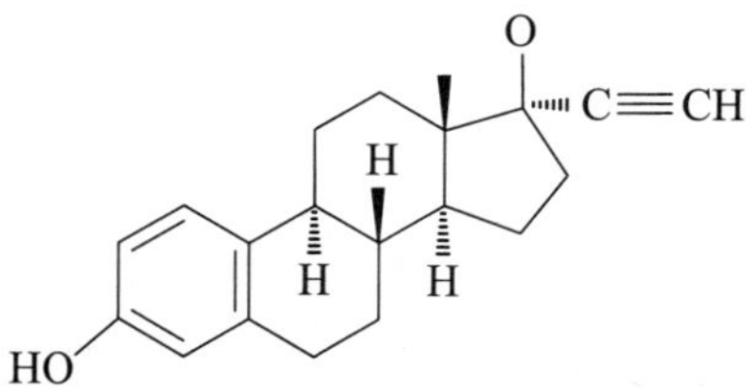

3,17β - 二羟基 -17α - 乙炔基 -1,3,5（10）- 雌甾三烯
（炔雌醇）

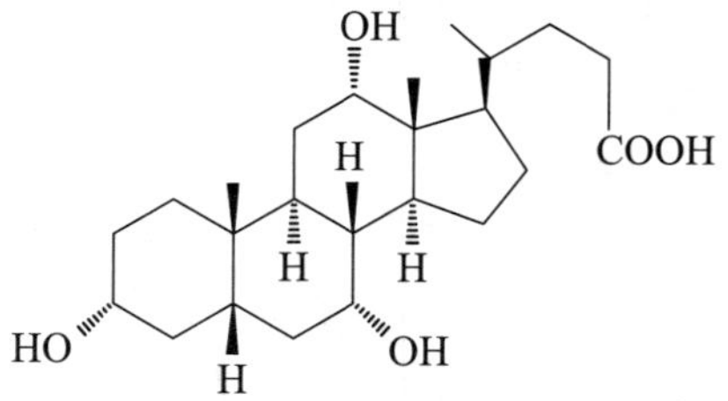

33α,7α,12α - 三羟基 -5β - 胆烷 -24- 酸
（胆酸）

如果出现差向异构体，则习惯上在命名前加“表”字。例如：

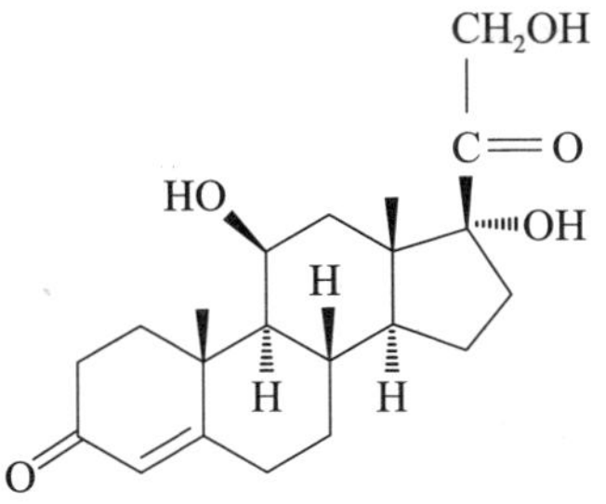

氢化可的松

生理活性强

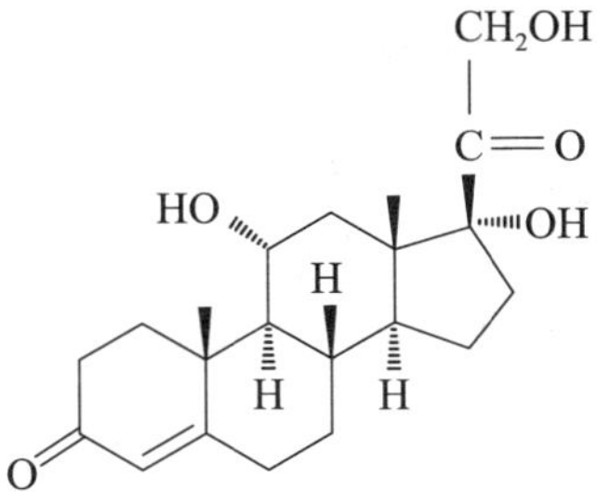

表氢化可的松

生理活性弱

如果角甲基丢失，则以“去甲基”或“失碳”表示，并在其前面标记丢失甲基的位置。如果两个角甲基均丢失，则以“双去”或“双失”表示。例如：

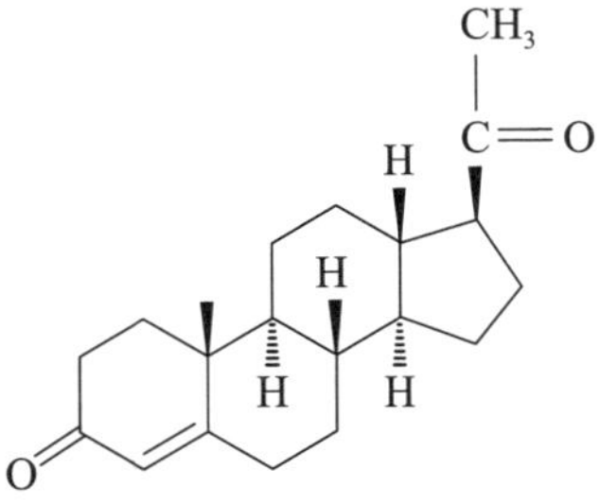

18- 去甲基孕甾 -4- 烯 -3,20- 二酮

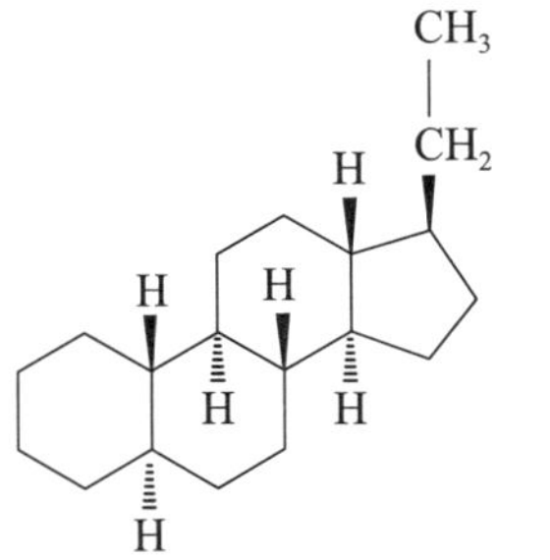

18,19- 双去甲基 -5α- 孕甾烷

三、重要的甾体化合物

（一）固醇

固醇又称甾醇，以游离态或结合态广泛存在于动、植物体内。天然甾醇在 C_3 上有一个羟基，绝大多数时候为 β- 构型。

1. 胆固醇（胆甾醇） 胆固醇是一种动物甾醇，在动物体内大多以脂肪酸酯的形式存在，在植物体内常以糖苷的形式存在。其结构式为：

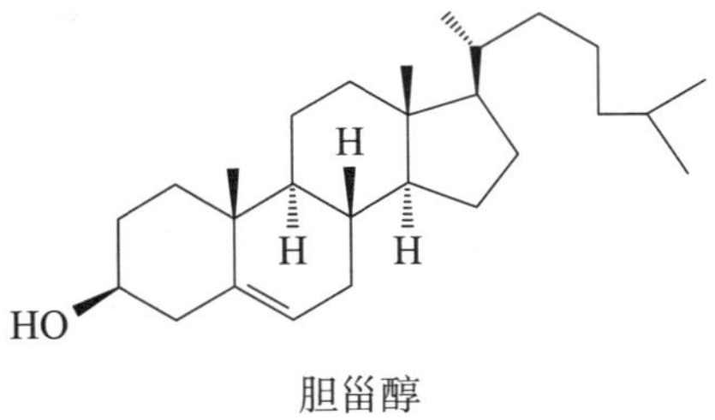

胆甾醇

胆固醇是真核生物细胞膜的重要组成成分，生物膜的流动性与其密切相关。另外，胆固醇还是生物合成胆甾酸和甾体激素等的前体。胆固醇过高或过低都会造成健康风险。总胆固醇的正常范围为 130～200 mg/L，低于 130 mg/L 时需要检查是否有重病或营养不良，并且总胆固醇水平过低可增加出血性脑卒中、抑郁等疾病的患病风险，超过 200 mg/L 则可诱发动脉粥样硬化，严重时可导致血栓形成，进而并发心血管疾病，如高血压、脑卒中等。人体内的胆固醇主要在肝内合成，并转换成脂蛋白供机体利用。胆固醇不溶于水，与低密度脂蛋白及高密度脂蛋白结合后，随血液运行。如果低密度脂蛋白比高密度脂蛋白数值高很多，在血液中运行的胆

固醇就会多于细胞所需的量，过剩的胆固醇会积聚在血管壁上，进而引起动脉粥样硬化。要避免胆固醇过高，控制食物中的胆固醇含量几乎无效，这是因为机体合成的胆固醇量远远大于经食物摄取的胆固醇量，而饱和脂肪酸、反式脂肪酸及自由基等也可刺激机体合成胆固醇。

溶解在三氯甲烷中的胆固醇与乙酸酐及浓硫酸作用后，颜色可由浅红色变为蓝紫色，最后转变为绿色，可以用比色法测定血浆中的胆固醇含量，称为利伯曼 - 布查反应。

2. 7- 脱氢胆固醇和麦角固醇 7- 脱氢胆固醇是一种存在于动物组织和皮肤内的动物固醇，而麦角固醇是一种存在于酵母和某些植物中的植物甾醇。经紫外线照射后，7- 脱氢胆固醇可以转化为维生素 D_3，而麦角固醇则可转化为维生素 D_2。其反应式为：

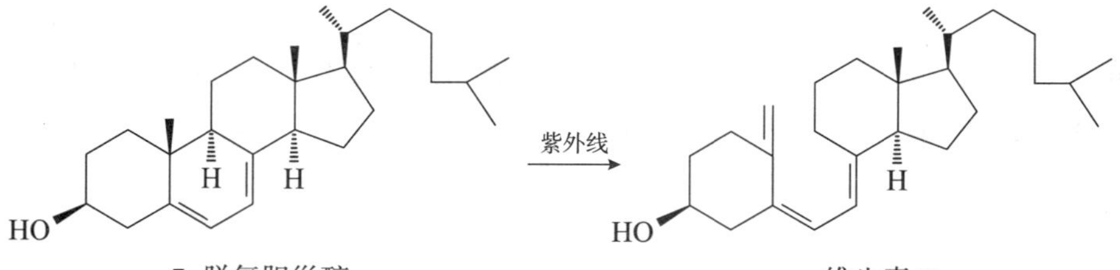

7- 脱氢胆甾醇　　　　维生素 D_3

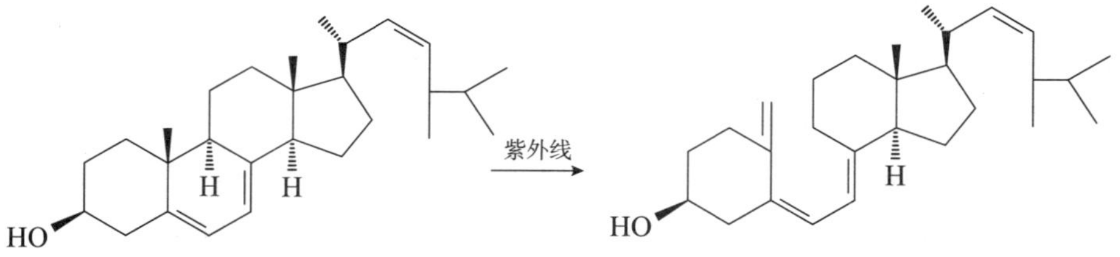

麦角甾醇　　　　维生素 D_2

知识链接

维生素 D 的生理作用

维生素 D 属于开环的固醇衍生物，是一类抗佝偻病维生素的总称，主要作用是调节钙、磷等的代谢。目前已知至少有 10 种维生素 D 都是固醇衍生物，其中活性较高的是维生素 D_2 和维生素 D_3，二者都可以在阳光照射下在皮肤内合成。除在寒带地区长期工作和生活的人群以外，正常情况下不需要刻意用日光浴的方式补充维生素 D，但有缺钙指征的人则需要额外补充一些维生素 D，以促进钙质的吸收。

（二）胆酸类

胆酸是胆汁的组成成分之一，一般由胆固醇合成，目前已经发现的胆酸有 100 多种。命名时，通常先命名一个母体，然后结合其结构变化或者来源等来进行命名。例如：

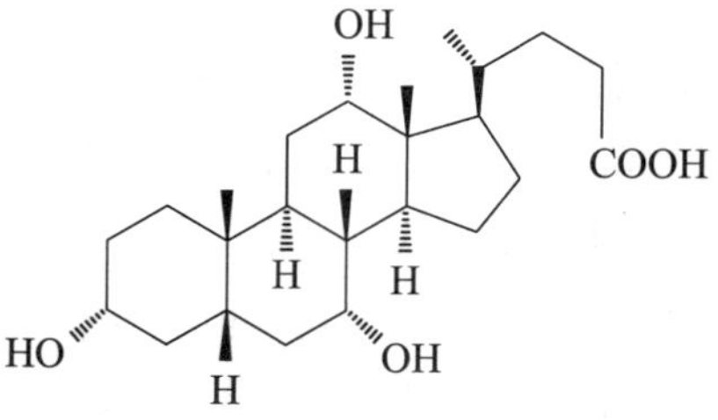

胆酸

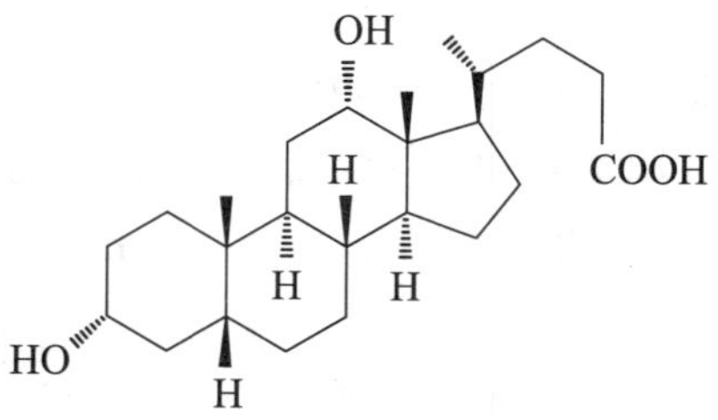

7- 脱氧胆酸

胆酸与甘氨酸、牛磺酸等形成各种结合胆酸，这些结合胆酸统称为胆汁酸。

（三）甾体激素

激素是由内分泌腺分泌的具有极强生理活性的物质的总称。根据分子结构，可以将激素分为含氮激素和甾体激素两类。甾体激素按来源又可以分为肾上腺皮质激素和性激素。

1. 肾上腺皮质激素　肾上腺皮质激素的基本甾体母环为孕甾烷，C_3 连有酮羰基，C_4 与 C_5 间由双键连接，C_{17} 上有一个 2- 羟基乙酰基。根据生理作用，肾上腺皮质激素可分为由肾上腺皮质外层的球状带分泌的盐皮质激素（如醛固酮）和由肾上腺皮质中层的束状带分泌的糖皮质激素（如氢化可的松）两类。另外，肾上腺皮质内层的网状带还可以分泌少量性激素。例如：

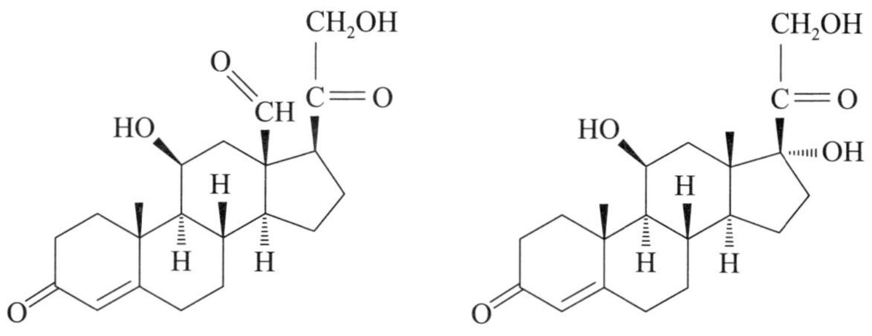

醛固酮　　　　氢化可的松

盐皮质激素主要有保钠、保水和排钾作用，在维持人体的正常水、盐代谢方面有重要作用，可用于纠正电解质紊乱。糖皮质激素对糖、蛋白质和脂肪代谢都有影响，主要作用是促进蛋白质分解和肝糖原异生。大剂量使用糖皮质激素时，还可产生抗炎、抗内毒素、抗休克、免疫抑制和抗过敏等作用，故在临床上广泛应用，但须注意其不良反应。

知识链接

糖皮质激素

糖皮质激素的药理作用强大，临床应用广泛，但不良反应也很显著。在临床上应用量较大的糖皮质激素有30余种，它们的通用名大多以“松”字结尾。为了避免或减少其不良反应，需注意该类药物的临床用药原则：

1. 按必要性用药　对于不危及生命的感染尽量不用糖皮质激素缓解症状。

2. 能局部用药，就不要全身用药　吸入气雾剂、靶向脂质体等局部给药方式优于皮下注射等全身给药方式，除非必须全身给药时。

3. 减少剂量　在足够缓解症状的情况下尽量减少糖皮质激素的使用剂量。

4. 给药时间　全身用药时，应尽量在清晨给药，以减少对下丘脑 - 垂体 - 肾上腺轴的冲击，减少对下丘脑 - 垂体的反馈性抑制。

5. 冲击疗法　如果必须大剂量全身给药，则尽量选择激素冲击疗法。

2. 性激素　性激素主要是由性腺（睾丸、卵巢、黄体）等分泌的，具有促进发育、维持性征和性功能、调节代谢等多重作用。可以按结构和来源将其分为雄性激素、雌性激素和黄体激素，也可以将后两者统称为雌性激素。

雄性激素的基本甾体母环为雄甾烷，C_{17} 上无碳链，而是连有羟基或羰基。例如：

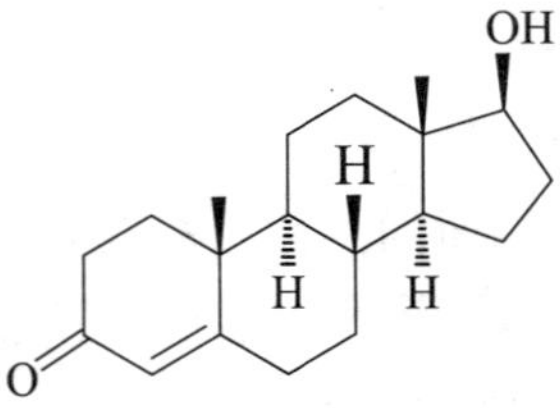

睾酮

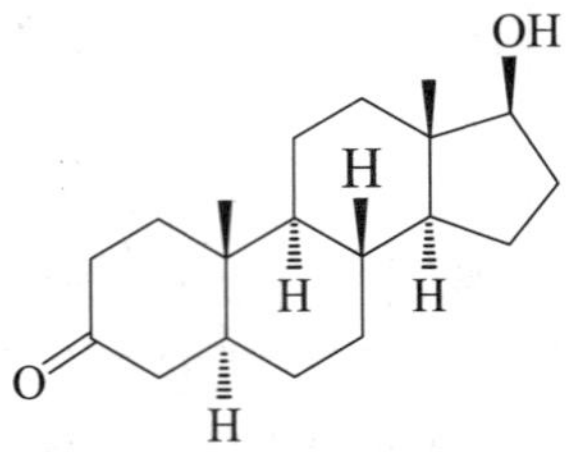

二氢睾酮

雄性激素除可以维持男性的性功能和第二性征外，还可以促进蛋白质合成，抑制蛋白质代谢，使肌肉更加发达，骨骼粗壮。其中，睾酮的作用较强，但浓度会随年龄增长而逐渐降低，作用更弱的双氢睾酮浓度则逐渐上升，但双氢睾酮也被认为是导致男性脱发的元凶之一。

雌性激素的基本母环为雌甾烷，A 环为 C_3 上连有一个酚羟基的苯环，C_{10} 上无甲基，C_{17} 上连有羟基或酮基。例如：

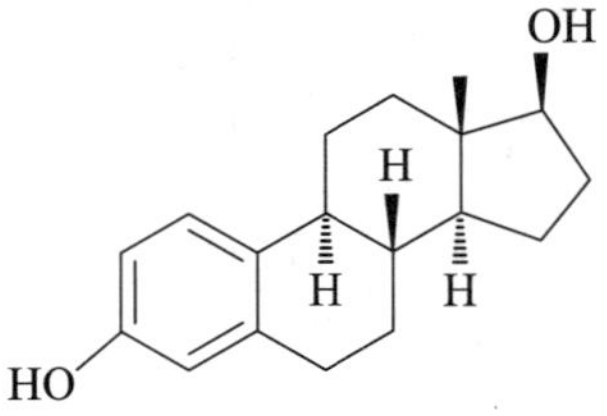

β-雌二醇

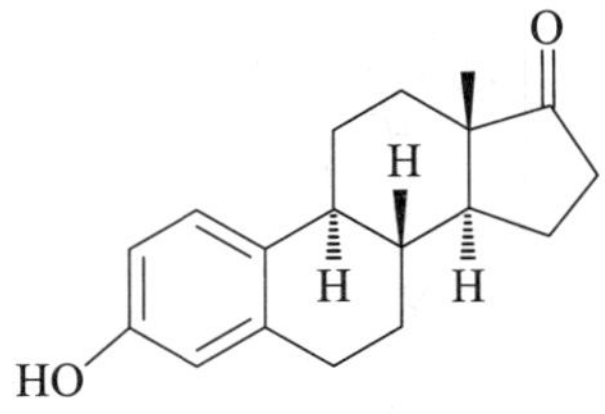

雌酮

雌性激素（如雌二醇、雌酮等）除可影响性功能和生育功能外，还可影响多种物质的代谢。这种影响的广泛性被认为是女性更容易罹患更年期综合征的原因之一。雌性激素与肿瘤的关系，也造成其在用药方面的诸多限制。

黄体激素即孕激素，其基本母环为孕甾烷，C_3 上连有羰基，C_4 与 C_5 间由双键相连，C_{17} 上连接含有两个碳原子的基团。例如：

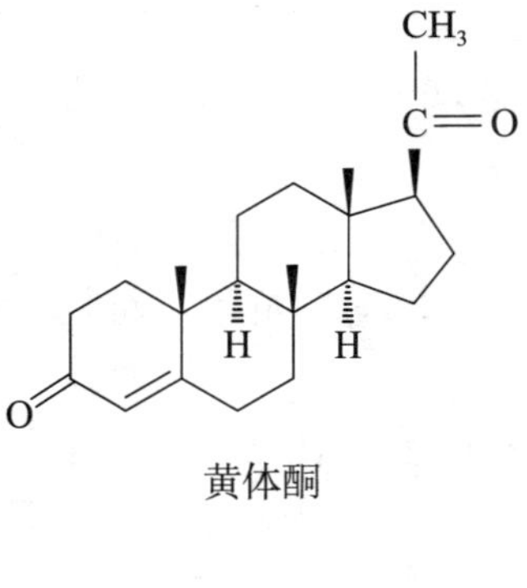

黄体酮

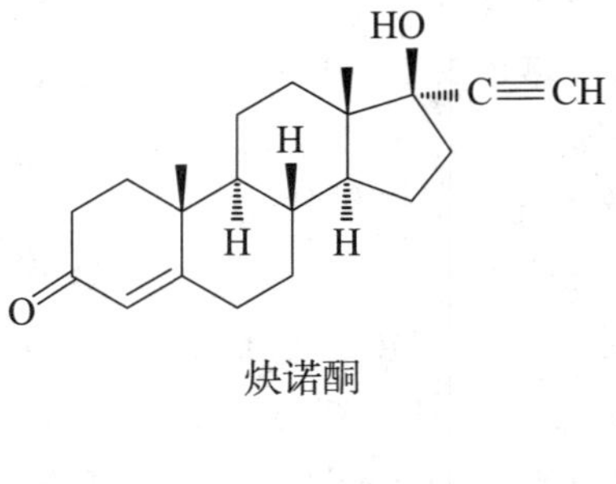

炔诺酮

黄体激素对女性的生理周期和妊娠过程都有重要的影响，因此主要用于妊娠相关问题的支持性治疗，也可与雌激素一同用作避孕药。虽然黄体酮有抑制食欲的作用，但不建议将其作为减肥药。

虽然性激素可发生显色反应，但由于其含量极低，因此目前主要的检测方法为高效液相色谱法（high performance liquid chromatography，HPLC）。

自测题

一、单项选择题

1. 下列关于油脂的说法不正确的是
   A. 油脂难溶于水而易溶于有机溶剂
   B. 天然油脂是纯净物
   C. 常温条件下是液态的称为油，一般来自植物
   D. 常温条件下是固态的称为脂肪，一般来自动物
   E. 油脂有重要的生理功能，也是重要的工业原料
2. 下列脂肪酸中属于不饱和脂肪酸的是
   A. 软脂酸　B. 硬脂酸　C. 花生酸
   D. 巴西棕榈酸　E. 油酸
3. 下列关于油脂中脂肪酸的说法不正确的是
   A. 大多数都是含有偶数个碳原子的高级脂肪酸
   B. 大多数都是碳原子数为 12 ~ 20 的脂肪酸
   C. 不饱和脂肪酸大多是反式脂肪酸
   D. 大多数都是直链脂肪酸
   E. 不饱和脂肪酸含量越高，油脂的熔点就越低
4. 下列脂肪酸中属于营养必需脂肪酸的是
   A. 软脂酸　B. 硬脂酸　C. 花生酸
   D. 巴西棕榈酸　E. 亚油酸
5. 皂化值是使 1 g 油脂完全皂化所消耗的
   A. KOH 毫克数　B. NaOH 毫克数　C. AgOH 毫克数
   D. 纯碱毫克数　E. 小苏打毫克数
6. 与皂化值呈反比的是
   A. 密度　B. 平均分子量　C. 熔点
   D. 水溶性　E. 不饱和度
7. 油脂催化加氢后的产物称为
   A. 加氢油　B. 饱和油　C. 硬化油
   D. 储备油　E. 催化油
8. 100 g 油脂能够吸收的碘的克数称为
   A. 加成值　B. 卤素值　C. 不饱和值
   D. 碘值　E. 干值
9. 与碘值呈正比的是
   A. 密度　B. 平均分子量　C. 熔点
   D. 水溶性　E. 不饱和度
10. 下列不属于卵磷脂水解产物的是
   A. 脂肪酸　B. 甘油　C. 磷酸
   D. 胆碱　E. 胆胺
11. 下列化合物中不属于单萜的是
   A. 金合欢醇　B. 柠檬烯　C. 薄荷醇

D. 龙脑　　E. 樟脑

12. 下列物质中不属于挥发油的是

A. 松节油　　B. 薄荷油　　C. 花生油

D. 橙花油　　E. 当归油

13. 缺乏维生素 A 可导致

A. 坏血病　　B. 佝偻病　　C. 脚气病

D. 夜盲症　　E. 雪盲症

14. 7- 脱氢胆甾醇经紫外线照射后可转化为

A. 维生素 A　　B. 胆固醇　　C. 胡萝卜素

D. 维生素 D_2　　E. 维生素 D_3

15. 下列物质中不属于甾体激素的是

A. 盐皮质激素　　B. 生长素　　C. 糖皮质激素

D. 雄性激素　　E. 雌性激素

二、多项选择题

1. 决定油脂用途的参数主要有

A. 皂化值　　B. 密度值　　C. 碘值

D. 酸值　　E. 透光度

2. 下列物质中属于营养必需脂肪酸的有

A. 软脂酸　　B. 硬脂酸　　C. 亚油酸

D. 亚麻酸　　E. 花生四烯酸

3. 脑磷脂水解后可以得到的产物包括

A. 脂肪酸　　B. 甘油　　C. 磷酸

D. 胆碱　　E. 胆胺

4. 下列物质中属于萜类的有

A. 柠檬醛　　B. 柠檬酸　　C. 薄荷醇

D. 金合欢醇　　E. β - 胡萝卜素

5. 大剂量应用糖皮质激素可产生的作用包括

A. 抗炎　　B. 抗内毒素　　C. 抗休克

D. 免疫抑制　　E. 抗过敏

三、应用异戊二烯规则，分析下列化合物的类别

1. 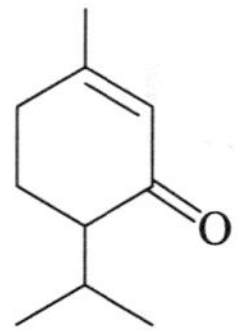

2. 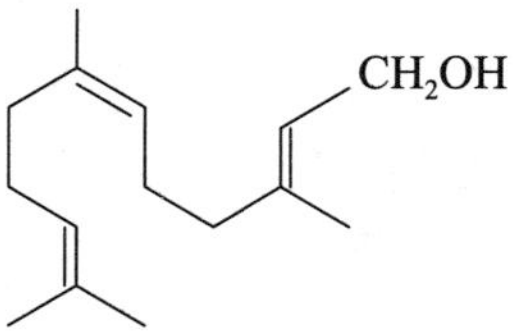

3. 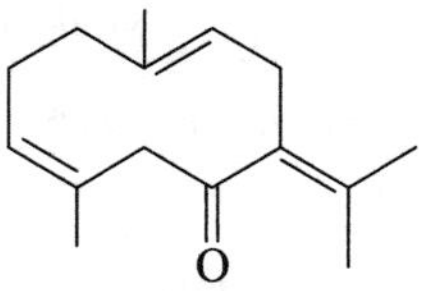

四、填空题

1. 在油脂的通式中，若 3 分子脂肪酸相同，则称为______；若 3 分子脂肪酸不同，则称为______；天然油脂是______的混合物。

2. 萜类化合物是______的主要成分，从结构上可以看成是由若干个______通过首尾相连而构成的，这种结构特点称为______。

3. 胆酸在胆汁中常与______或______结合，称为胆汁酸。

五、简答题

1. 水解 5 kg 皂化值为 190 的油脂，需要消耗 KOH 多少千克？

2. 胆固醇分子中有多少个手性碳原子？

六、完成下列反应式

1. 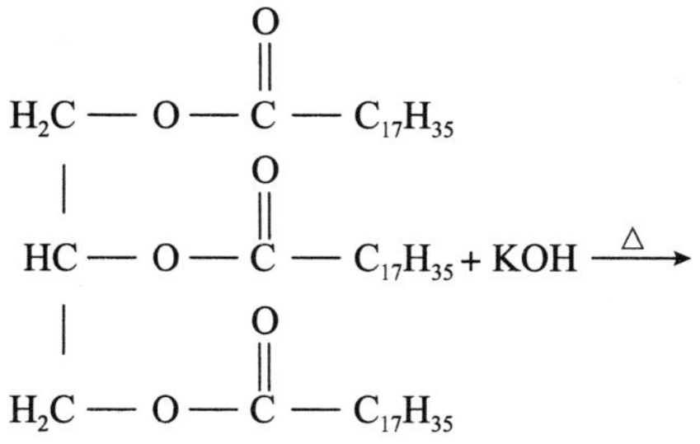

2. 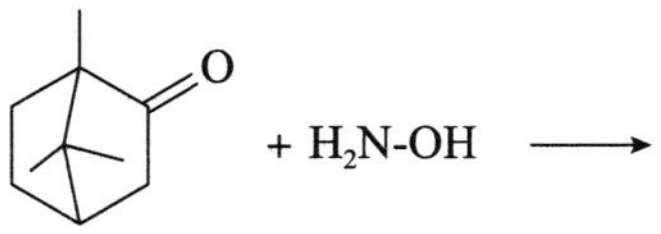

七、推断题

从月桂油中可以分离出一种萜烯（分子式为 $C_{10}H_{16}$），该化合物吸收 3 mol H_2 后可生成 $C_{10}H_{22}$；如果用臭氧氧化该萜烯，再在 Zn 作用下水解，可生成 2 分子甲醛、1 分子丙酮和 1 分子 2- 羰基戊二醛。根据异戊二烯规则，试写出该萜烯的结构式。

（李　刚）

第十三章

杂环化合物

第十三章
数字资源

学习目标

1. 掌握杂环化合物的分类、命名，以及吡咯、呋喃及吡啶等重要杂环化合物的结构和性质。
2. 熟悉嘧啶、嘌呤及其衍生物。
3. 了解常见杂环化合物在医学中的意义。

案例导入

对于广东人而言，饮食中总是少不了一碗老火靓汤。夏季酷暑难耐，饮清热解暑的；秋天气候干燥，饮滋阴润肺的。到医院就诊，也不忘问医生一句“我应该煲点什么汤好呢”？老火靓汤一般用肉类、海鲜和内脏等作为食材，又经过长时间熬制，需要煲两小时以上或更久。

思考题：

1. 老火靓汤中的主要成分是什么？
2. 老火靓汤是否真的有营养价值？

杂环化合物是指在环状化合物分子中，环上的原子除碳原子外，还有 1 个或多个其他非碳原子的化合物。除碳原子外，其他成环原子称为杂原子，常见的杂原子有 N、O、S 等。

一、杂环化合物的结构与分类

杂环化合物根据分子中杂环数目的多少可以分为单杂环和稠杂环；根据杂环的大小，单杂环可分为五元杂环和六元杂环。常见杂环化合物的分类、结构及名称见表 13-1。

表13-1　常见杂环化合物的分类、结构和名称

分类		杂环化合物举例				
单杂环化合物	五元杂环化合物	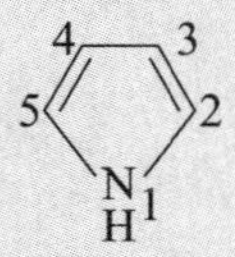 吡咯	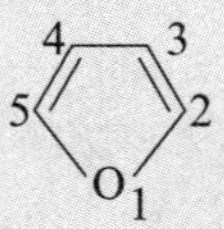 呋喃	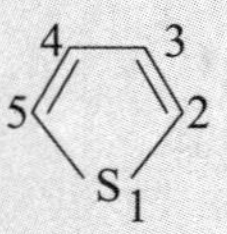 噻吩	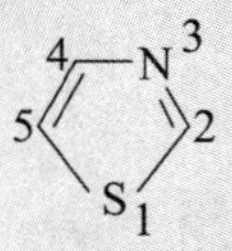 噻唑	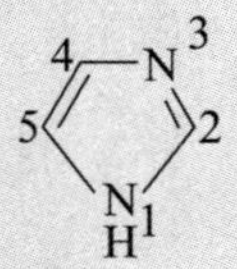 咪唑
	六元杂环化合物	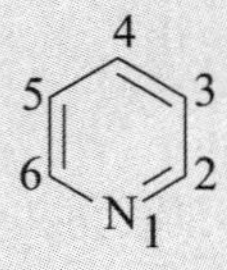 吡啶	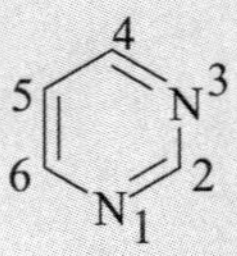 嘧啶	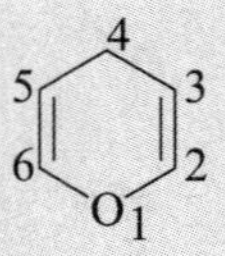 吡喃		
稠杂环化合物	苯稠杂环化合物	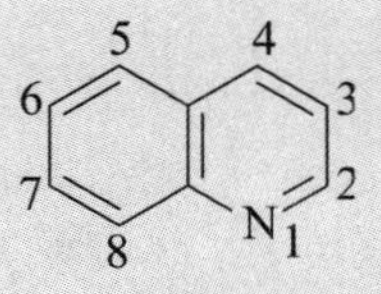 喹啉	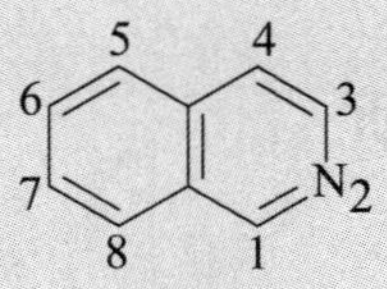 异喹啉	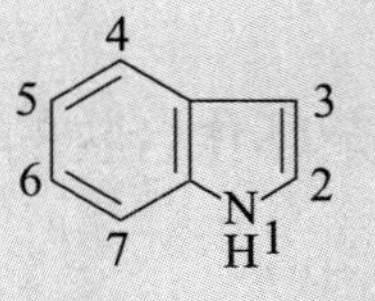 吲哚		
	杂稠杂环化合物	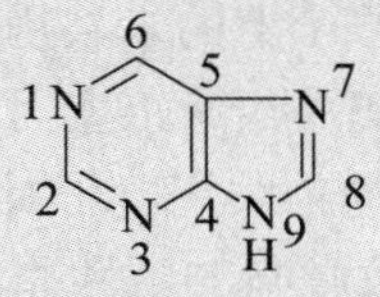 嘌呤				

二、杂环化合物的命名

杂环化合物的命名较复杂，通常采用音译法，即根据杂环化合物的外文译音，选用同音汉字，加“口”字旁来表示杂环化合物的名称，如呋喃（furan）、嘧啶（pyrimidine）和吡啶（pyridine）等。其结构式为：

呋喃

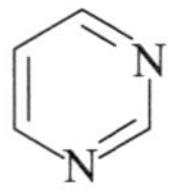
嘧啶

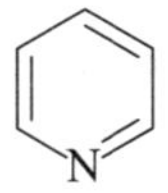
吡啶

当杂环上有取代基时，除需写出杂环母体名称外，还要将杂环上的原子进行编号。具体编号方法为：

1. 若环上只有 1 个杂原子，则从杂原子开始进行编号，依次为 1、2、3 等。或从杂原子旁的碳原子开始进行编号，采用希腊字母（α、β、γ 等），同时还应遵循取代基位次最小的编号原则。

2. 若环上有 2 个相同的杂原子，则命名时从连有氢原子或取代基的杂原子开始进行编号，并且使其他杂原子编号尽可能小。若环上的杂原子不同，则按 O、S、N 的顺序进行编号。

3. 稠杂环化合物的命名通常按其特定的编号顺序进行编号。

4. 另外，还可以含官能团（如—COOH、—CHO）的侧链作为母体，将杂环作为取代基来进行命名。例如：

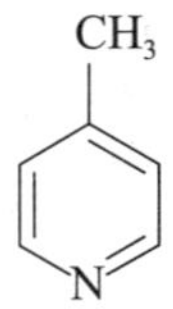

4- 甲基吡啶

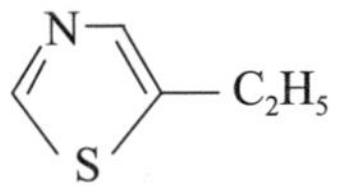

5- 乙基噻唑

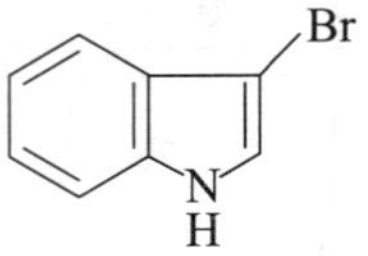

3- 溴吲哚

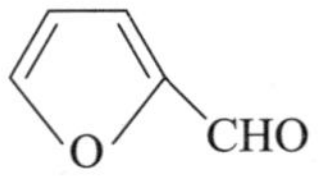

2- 呋喃甲醛
（α - 呋喃甲醛）

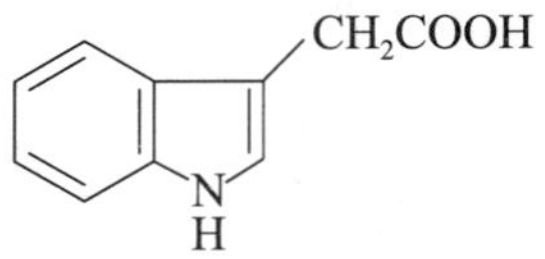

3- 吲哚乙酸
（β - 吲哚乙酸）

三、杂环化合物的性质

（一）吡咯的性质

吡咯是五元含氮杂环化合物。由于杂环 N 原子上的未共用电子对参与构成共轭体系，使得其分子与水形成氢键的能力减弱，故吡咯在水中的溶解度较小，但易溶于有机溶剂。

1. 吡咯的酸、碱性 吡咯分子中 N 原子上的未共用电子对参与形成环状大 π 键，使氮原子的电子云密度降低，从而与质子结合困难，故吡咯的碱性非常弱（pK_b=13.6），不能与酸作用形成性质稳定的盐。但是由于存在共轭效应，使吡咯 N—H 键的极性增加，从而显示出很弱的酸性（pK_a=17.5）。吡咯的酸性比苯酚更弱。在无水条件下，吡咯与强碱 KOH 共热可生成盐，即吡咯钾。其反应式为：

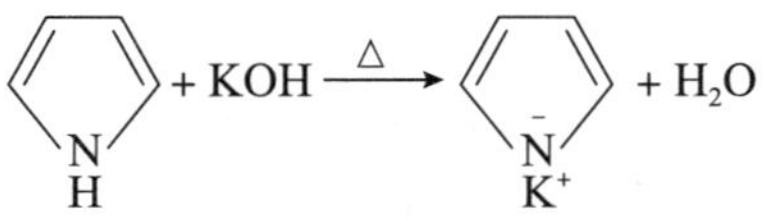

2. 亲电取代反应 吡咯分子具有 6 个 π 电子的五元芳香杂环，使环上的电子云密度增大。因此，其环上的电子云密度比苯环大，较容易发生亲电取代反应，反应常发生在吡咯环的 α - 位。

（1）卤代反应：吡咯较容易发生卤代反应，通常都生成多卤代物。例如：

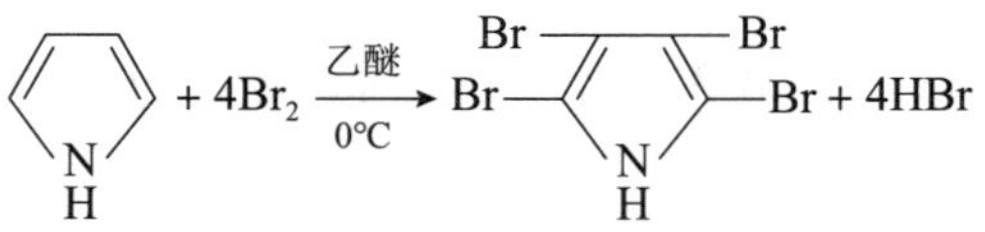

（2）硝化反应：吡咯遇强酸后，可导致大 π 键破坏，因此，不能直接用强酸进行硝化反应。通常，吡咯的硝化反应采用温和的非质子性硝酸乙酰酯（CH_3COONO_2）作为硝化试剂，在低温条件下可以反应生成 α - 硝基吡咯。其反应式为：

$$HNO_3 + (CH_3CO)_2O \longrightarrow CH_3COONO_2 + CH_3COOH$$

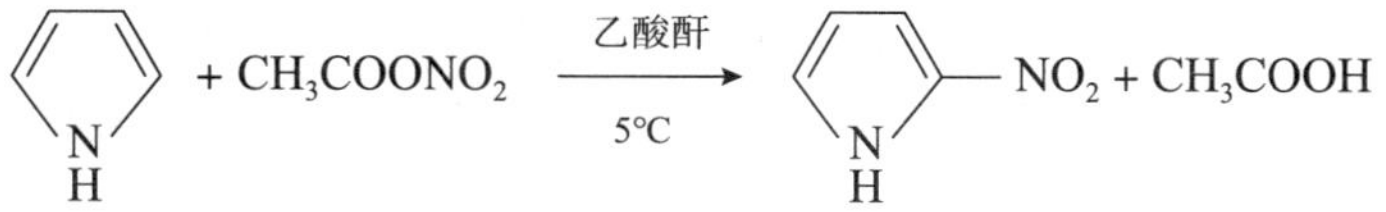

（3）磺化反应：吡咯在强酸性条件下易开环，所以不能直接用浓硫酸进行磺化。吡咯的磺化反应常用温和的非质子性吡啶三氧化硫作为磺化试剂，反应后可生成 α-吡咯磺酸。其反应式为：

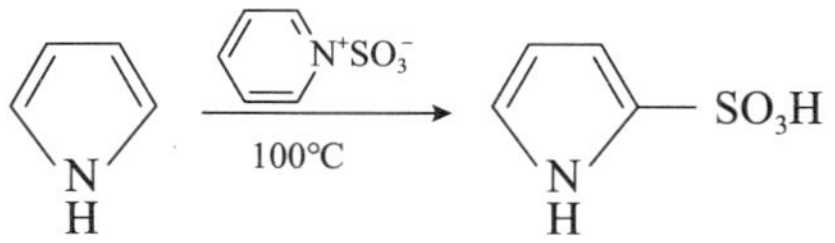

3. 还原反应　吡咯可进行催化加氢反应，生成四氢吡咯。其反应式为：

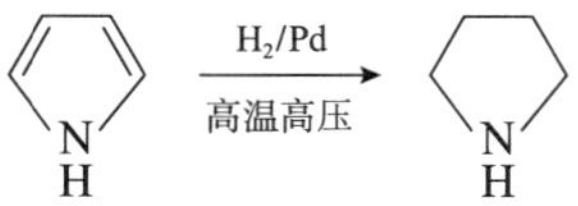

（二）吡啶的性质

吡啶是无色、有特殊气味的液体。吡啶分子中 N 原子上的未共用电子对未参与形成共轭体系，能与水分子形成氢键，故吡啶能与水混溶。吡啶能溶解多种有机物，也能溶解某些无机盐，是一种很好的溶剂。

1. 碱性　吡啶分子 N 原子上的未共用电子对能接受质子，具有弱碱性（pK_b=8.8），其碱性比苯胺、吡咯强，但比氨和脂肪胺弱。

常见含氮化合物的碱性强弱顺序依次为：

	CH_3NH_2	NH_3	吡啶	苯胺	吡咯
pK_b	3.36	4.76	8.8	9.42	13.6

吡啶能与强酸作用，生成盐。例如：

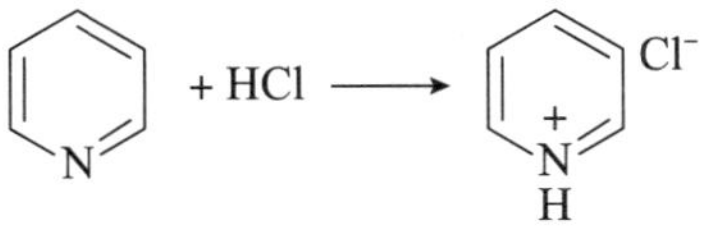

2. 亲电取代反应　吡啶具有芳香性，可以发生亲电取代反应。环上的 N 原子使得环上的电子云密度降低，因此，吡啶的亲电取代反应要比苯更难进行，与硝基苯相似。吡啶的卤代反应、硝化反应和磺化反应一般要在强烈条件下才能发生，而且亲电取代反应主要发生在 β-位。例如：

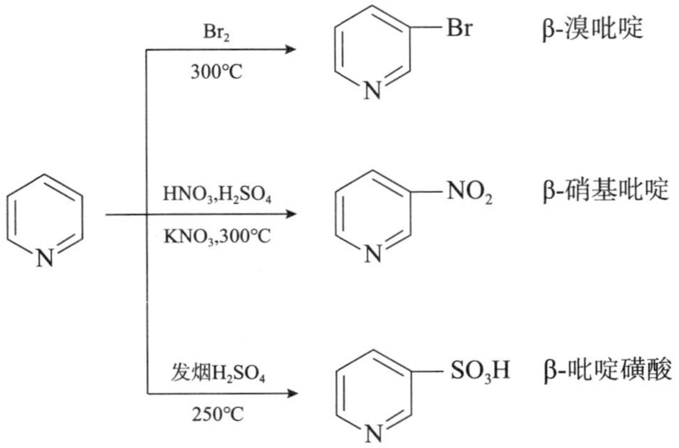

3. 氧化反应 吡啶环上的电子云密度较低，所以吡啶环的性质比较稳定，很难被氧化。如果吡啶环上有侧链，则侧链容易被氧化，生成的产物为吡啶甲酸。其反应式为：

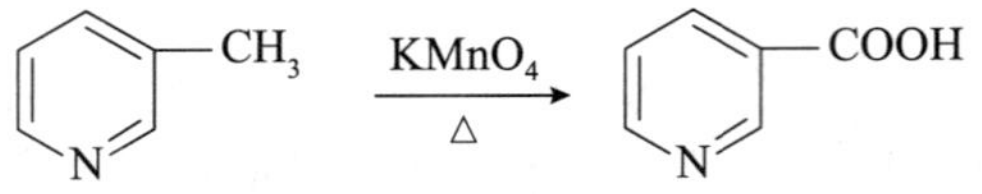

β - 甲基吡啶　　β - 吡啶甲酸（烟酸）

吡啶环与苯环相连时，吡啶环比苯环更难被氧化，所以氧化的是苯环。其反应式为：

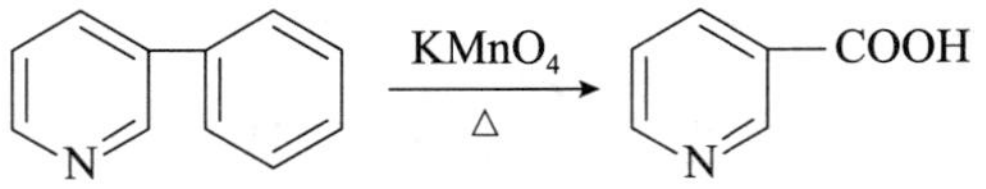

4. 还原反应 吡啶比苯环更容易被还原，在催化加氢条件下，发生还原反应后可得到六氢吡啶。其反应式为：

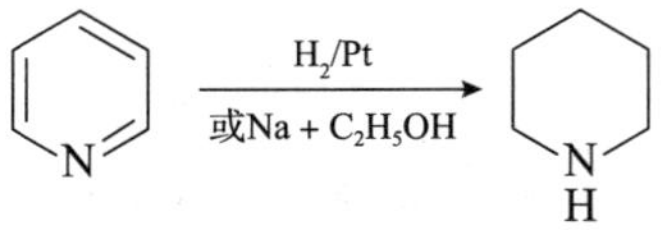

六氢吡啶

四、重要的杂环化合物

（一）吡咯及其衍生物

1. 吡咯 吡咯是简单的五元含氮杂环化合物，存在于煤焦油中。吡咯为无色液体，在空气中其颜色可迅速变黑，有刺激性气味。其沸点为 131℃，熔点为 −24℃，不溶于水，易溶于乙醇、乙醚、苯等有机溶剂。吡咯蒸气遇到浸有盐酸的松木片时可显红色，称为松木片反应，此反应可用于鉴别吡咯。吡咯的许多衍生物都是重要的药物和具有较强生理活性的物质，如血红素、叶绿素等，应用非常广泛。

2. 吡咯的衍生物 吡咯的衍生物广泛存在于自然界中，如血红素、叶绿素和维生素 B_{12} 等，在动、植物生理活动中起着重要的作用。在结构上，这 3 种化合物的基本骨架都是卟啉环，又称卟吩环。卟吩环是由 4 个吡咯环与 4 个次甲基（—CH=）交替相连而构成的。卟吩环本身在自然界中是不存在的，但是它与某些金属离子所形成的配合物却广泛存在，如血红素、叶绿素及维生素 B_{12} 等。血红素、叶绿素及维生素 B_{12} 中的金属离子分别为 Fe^{2+}、Mg^{2+} 和

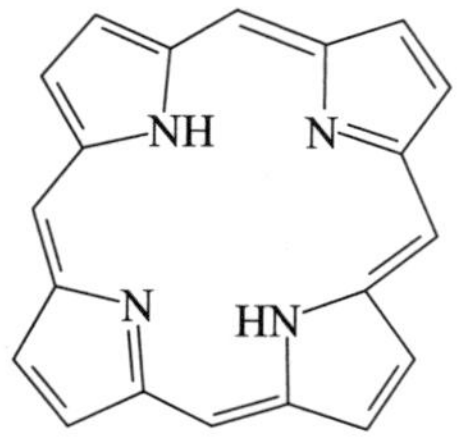

卟啉（卟吩）

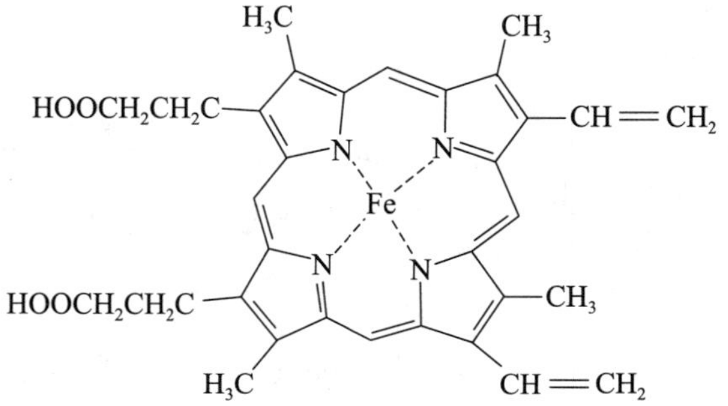

血红素

Co^{3+}。血红素可与蛋白质结合成血红蛋白并存在于红细胞内，其作用是输送 O_2。叶绿素可参与植物的光合作用。维生素 B_{12} 可用于治疗恶性贫血。

（二）呋喃及其衍生物

1. 呋喃　呋喃是简单的五元含氧杂环化合物，存在于松木焦油中。呋喃为无色液体，有特殊的气味，沸点为 32℃，难溶于水，易溶于乙醇、乙醚等有机溶剂。呋喃可使浸有盐酸的松木片显绿色，此反应可用于鉴别呋喃。呋喃主要用于合成药物、除草剂和洗涤剂等。

2. 呋喃的衍生物　糠醛为无色透明的液体，沸点为 162℃，能溶于水，易溶于乙醇、乙醚等有机溶剂。其结构式为：

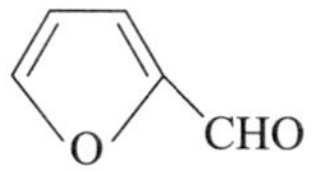

α - 呋喃甲醛（2- 呋喃甲醛）
糠醛

糠醛可从米糠、高粱秆等农副产品中提取得到。糠醛是一种良好的有机溶剂，可溶解石油中的含硫物质和环烷烃等，在医药、塑料、橡胶中应用广泛，还可用作防腐剂和香料等。

（三）吡啶及其衍生物

1. 吡啶　吡啶是存在于煤焦油和骨焦油中伴有恶臭的无色液体，沸点为 115℃，熔点为 −42℃，能与水、乙醇、乙醚等混溶。吡啶具有弱碱性，能与强酸作用生成盐。吡啶可用于制备维生素和药物等。

2. 吡啶的衍生物　包括烟酸、烟酰胺、异烟肼和尼可刹米等，其结构式为：

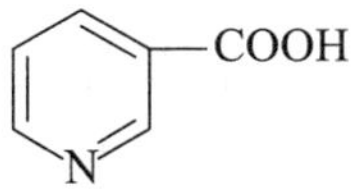

β - 吡啶甲酸
（烟酸）

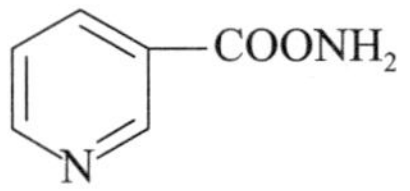

β - 吡啶甲酰胺
（烟酰胺）

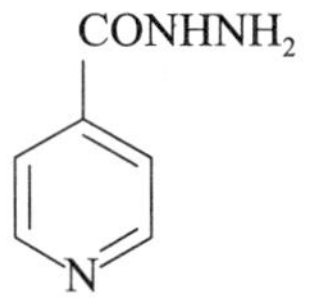

4- 吡啶甲酰肼
（异烟肼）

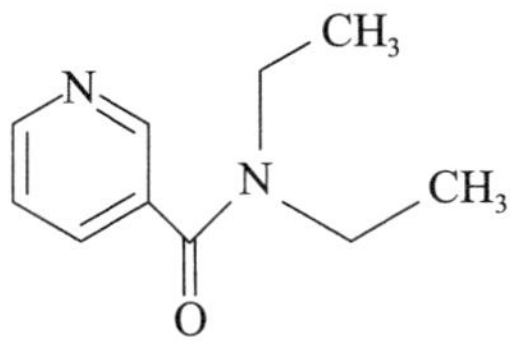

N,N- 二乙烟酰胺
（尼可刹米）

（1）烟酸和烟酰胺：烟酸为白色或淡黄色晶体或结晶性粉末，存在于肉类、肝、肾和酵母中。烟酸又称维生素 PP，属于 B 族维生素。烟酸能促进细胞的新陈代谢，并有扩张血管的作用，可用于防治糙皮病，也可用于治疗末梢血管痉挛、动脉粥样硬化等。

烟酰胺为白色结晶性粉末，有苦味。烟酰胺是烟酸的酰胺化合物，可作药物中间体，也可用于治疗糙皮病及因缺乏烟酰胺而导致的胃肠道疾病。

（2）异烟肼：异烟肼曾称雷米封，为白色晶体或结晶性粉末，味微苦，熔点为 171 ~ 173℃，易溶于水，微溶于乙醇。

异烟肼属于抗结核药物，毒性低，口服易被吸收，是治疗结核病的常用药。

（3）尼可刹米：尼可刹米又称可拉明，为无色或微黄色油状液体，味苦，能与水相混溶，对于呼吸具有明显的兴奋作用，是常用的呼吸兴奋剂。

（四）嘧啶及其衍生物

1. 嘧啶　嘧啶是含有 2 个氮原子的六元杂环化合物。与吡啶相比，嘧啶环上的电子云密度更低，亲电取代反应更难发生。其碱性比吡咯弱。嘧啶为无色结晶固体，具有刺激性气味，熔点为 22℃，沸点为 124℃，易溶于水和乙醇。

嘧啶本身在自然界中并不存在，但嘧啶的衍生物却广泛存在。例如，胞嘧啶、尿嘧啶和胸腺嘧啶是组成核酸的重要碱基成分。另外，维生素及许多合成药物中也都含有嘧啶环结构。

2. 嘧啶的衍生物 包括胞嘧啶、尿嘧啶、胸腺嘧啶和磺胺嘧啶等。其结构式为：

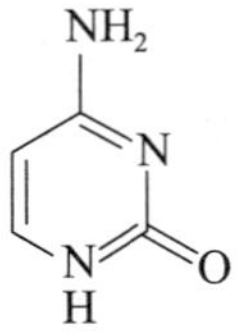
2- 羟基 -4- 氨基嘧啶（胞嘧啶）

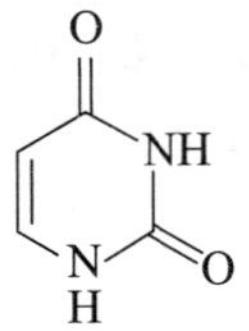
2,4- 二羟基嘧啶（尿嘧啶）

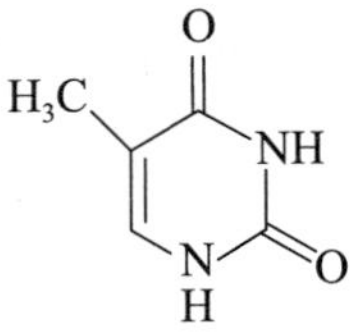
2,4- 二羟基 -5- 甲基嘧啶（胸腺嘧啶）

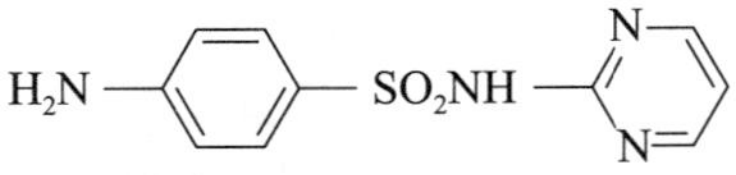
磺胺嘧啶

（1）胞嘧啶、尿嘧啶和胸腺嘧啶：胞嘧啶、尿嘧啶和胸腺嘧啶是组成核酸分子的重要碱基成分。这三种物质都存在酮式 - 烯醇式互变异构现象。

（2）磺胺嘧啶：磺胺嘧啶为白色或淡黄色结晶性粉末，不溶于水，微溶于丙酮和乙醇，能溶于稀盐酸或 NaOH 溶液。

磺胺嘧啶可用于治疗溶血性链球菌、肺炎球菌等所引起的感染。

（五）吲哚及其衍生物

1. 吲哚 吲哚为无色片状结晶，有恶臭气味，熔点为 52℃，沸点为 23.5℃，不溶于水，易溶于热水和有机溶剂。吲哚能使浸过盐酸的松木片显红色，此反应可用于鉴别吲哚。

2. 吲哚的衍生物 吲哚的衍生物广泛分布在自然界中。靛蓝等植物染料和利血平等植物碱中都含有吲哚结构。利血平具有镇静、降血压作用。某些吲哚衍生物具有重要的生理和药理作用，如人体必需氨基酸之一的色氨酸、哺乳动物脑组织中的物质 5- 羟色胺等。其结构式为：

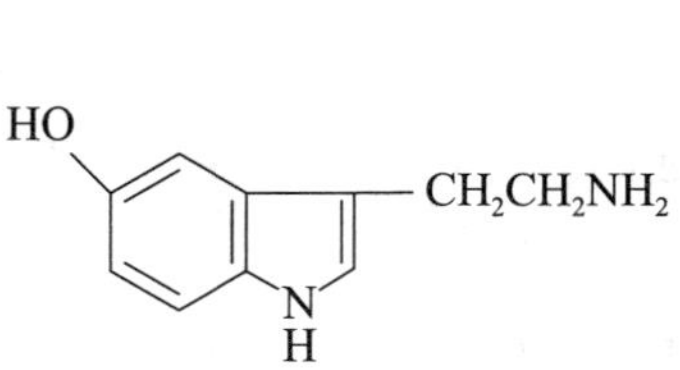
5- 羟色胺

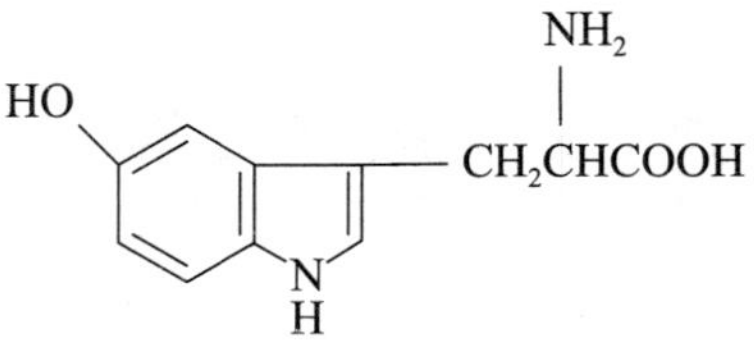
色氨酸

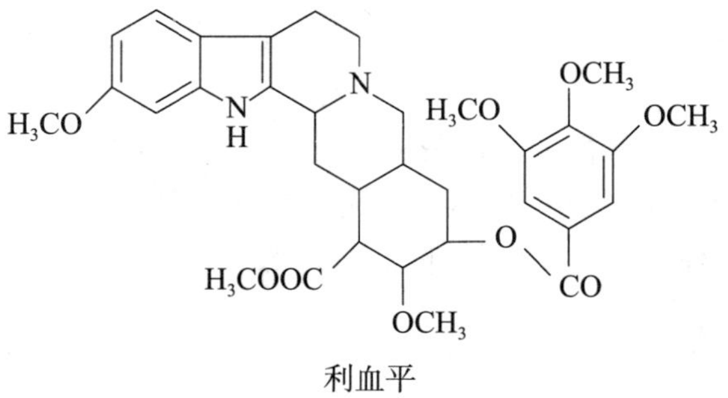
利血平

（六）嘌呤及其衍生物

1. 嘌呤　嘌呤由嘧啶环和咪唑环稠和而成，为无色结晶，熔点为 217℃，易溶于水，难溶于有机溶剂。嘌呤为两性物质，能与强酸或强碱反应，最终都生成盐。

嘌呤本身在自然界中并不存在，它存在于核酸、核苷和辅酶 A 结构中。嘌呤衍生物广泛存在于生物体内，可以参与生命活动过程。

2. 嘌呤的衍生物　如构成核苷酸的腺嘌呤、鸟嘌呤，动物体内的尿酸、黄嘌呤等代谢产物。其结构式为：

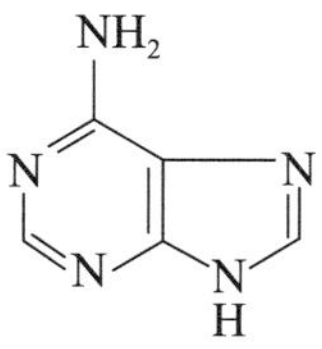

6- 氨基嘌呤
（腺嘌呤）

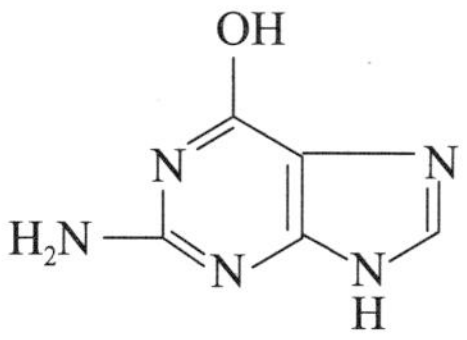

2- 氨基 -6 羟基嘌呤
（鸟嘌呤）

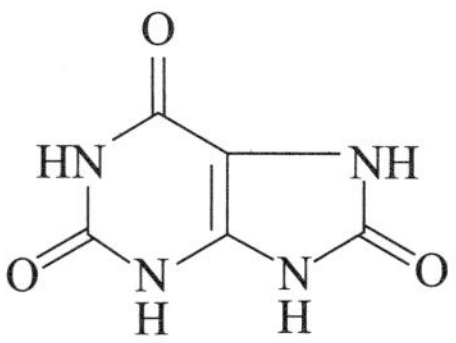

2,6,8- 三氧嘌呤
（尿酸）

（1）腺嘌呤和鸟嘌呤：腺嘌呤和鸟嘌呤是遗传物质核酸的重要碱基成分。

腺嘌呤的磷酸盐为维生素 B_4，是白色细粉末结晶。其功能是当白细胞减少时，可促进白细胞增生。

（2）尿酸：尿酸为白色结晶，难溶于水，具有弱酸性，可与碱反应生成盐。

尿酸存在于哺乳动物的尿液和血液中，是蛋白质、核酸的代谢产物。机体代谢紊乱时，若尿液中的尿酸含量过多，则可形成尿路结石；血液中尿酸含量过多时，则可形成痛风石。

知识链接

痛风与尿酸

痛风是一种由于嘌呤代谢障碍所导致的疾病，常见于男性。其发生不仅与饮食、环境等因素相关，遗传因素也在其中起着重要作用。

血液中尿酸长期增高是发生痛风的关键原因。人体内的尿酸主要来源于两个方面。一方面是内源性尿酸，即人体细胞内蛋白质分解代谢产生的核酸和其他嘌呤类化合物在酶的作用下生成尿酸，约占 80%；另一方面是外源性尿酸，即食物中含有的嘌呤类化合物、核酸及核蛋白成分，经消化、吸收后，在某些酶的作用下生成外源性尿酸，约占 20%。通常情况下，人体内的尿酸不断地生成和排出，在血液中维持一定的浓度。当发生嘌呤代谢障碍时，尿酸生成增多或排泄减少，尿液和血液中的尿酸含量即增多。若尿液中的尿酸含量增高，严重时可形成尿路结石；血液中尿酸浓度高于 0.48 mol/L 时，尿酸盐晶体可沉积在关节、软骨和肾等部位，临床表现为痛风性关节炎、痛风石及肾损害。

若机体中尿酸含量超标，则应限制饮食中嘌呤和蛋白质的摄入。如限制动物内脏、沙丁鱼、虾及肉汤等富含嘌呤的饮食，以减少外源性尿酸；同时应进一步检查，明确尿酸升高的原因，并予以对症治疗。

自测题

一、单项选择题

1. 下列物质中，参与构成嘌呤的杂环化合物是

A. 吡啶与吡咯　B. 吡啶与咪唑　C. 吡啶与呋喃

D. 嘧啶与咪唑　E. 嘧啶与吡咯

2. 下列化合物遇到盐酸浸湿的松木片后呈绿色的是

A. 吡咯　B. 阿托品　C. 呋喃

D. 麻黄碱　E. 小檗碱

3. 下列化合物中能发生银镜反应的是

A. 2- 羟基呋喃　B. 2- 甲基呋喃　C. 2- 呋喃甲醛

D. 2- 硝基呋喃　E. 呋喃

4. 下列化合物中属于稠杂环化合物的是

A. 呋喃　B. 吡咯　C. 吡啶

D. 嘧啶　E. 吲哚

二、多项选择题

1. 下列化合物中，属于六元杂环化合物的是

A. 吡喃　B. 吡啶　C. 呋喃

D. 咪唑　E. 嘧啶

2. 下列化合物中，属于五元杂环化合物的是

A. 吡咯　B. 呋喃　C. 噻吩

D. 嘧啶　E. 吡啶

3. 下列化合物中，含有两个 N 原子的杂环化合物是

A. 吡咯　B. 吡啶　C. 咪唑

D. 嘧啶　E. 喹啉

三、写出下列化合物的结构式或根据化合物的结构式进行命名

1. 2- 呋喃甲醇　2. 四氢吡咯　3.
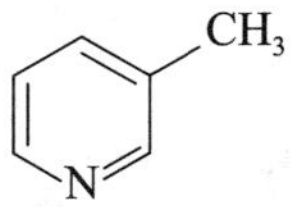

4. 4- 甲基咪唑　5.
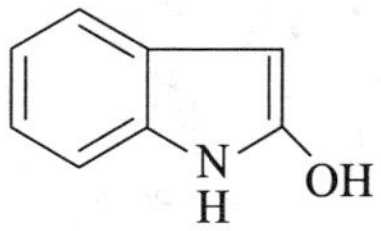
6. 糠醛

7.
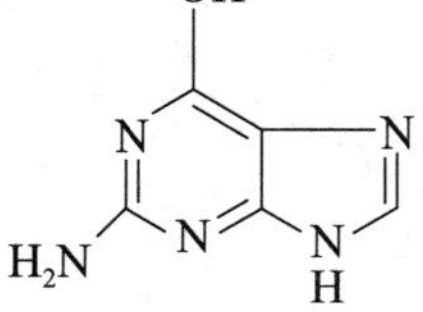

四、判断题

1. 呋喃和吡啶都属于五元环含氮化合物。(　　)

2. 嘧啶是六元含氮化合物。(　　)

3. 血红素属于噻唑衍生物。(　　)

五、完成下列化学反应式

1. 

2. 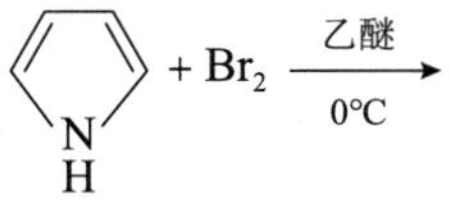

3. 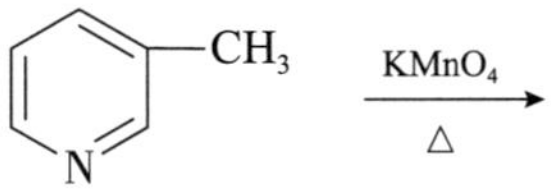

4. 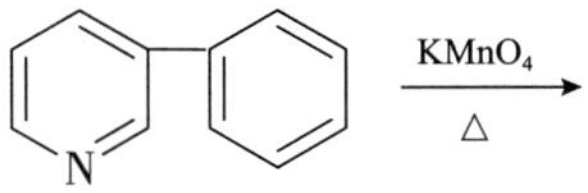

（王英玲）

附　录

实训一　有机化学实验基础

一、实验目的

有机化学是一门实验性学科。有机化学实验课程教学是有机化学教学的重要环节，是有机化学课程不可缺少的一个重要组成部分。许多有机化学的理论和规律都是在大量实验的基础上总结、归纳出来的，并经过实验的检验而得到发展和逐步完善。通过实验可以帮助学生理解、验证和巩固课堂讲授的基本理论和基本知识，培养学生正确掌握有机化学实验的基本操作技能，培养学生独立思考的习惯，提高学生分析问题、解决问题的能力和创新能力；培养学生理论联系实际、实事求是和认真踏实的科学态度。有机化学实验始终与有机化学理论并存。为了保证有机化学实验的正常进行，学生必须遵守有机化学实验室规程，掌握实验室安全知识。

二、实验室规程

实验室是实验教学的重要场所，学生进入有机化学实验室必须严格遵守实验室规程，养成良好的习惯。

1. 着装整洁，保持安静，注意安全。

2. 实验前要认真预习有关实验的全部内容，明确实验的目的和要求、基本原理、操作步骤和有关注意事项，了解实验所需的试剂、原料、仪器和装置，并写出预习报告。

3. 在实验过程中，要遵从教师的指导，做到集中注意力，规范操作，仔细观察，积极思考，分析比较，实事求是地做好实验记录。实验过程中不得擅自离开实验室。

4. 仪器、原料、试剂和工具应在指定的地点使用，用后立即放回原处。暂时不用的器材，不要放在桌面上，以免碰倒损坏。破损仪器应及时报损补充，并按规定赔偿。污水、污物、残渣、火柴梗、废纸、玻璃碎片等应放到指定的地点，不得随意丢弃，更不能置入水槽。废酸、废碱等废液应倒入指定的容器中。

5. 实验完成后，必须将所用的仪器洗净，放置整齐。

6. 将实验原始记录或实验报告交给指定教师检查。值日学生应做好实验室内、外的清洁卫生，并将有关实验仪器和药品整理就绪。

7. 关好水、电、门、窗。

三、实验室安全知识

有机化学实验所用药物试剂多数易燃、易爆、有毒、有腐蚀性，所用仪器大部分是易破碎的玻璃制品，还可能要使用电气设备。如果粗心大意或使用不当，就可能发生灼伤、火灾、爆炸或触电等意外事故。因此，要重视实验室的安全规则，严格按照反应的条件进行操作，正确选择和使用仪器装置，采取必要的安全和防护措施，以保证实验的顺利进行。

（一）安全规则

1. 实验开始前应检查仪器是否完好无损，装置安装是否正确稳妥，实验进行中要经常注意反应进行的情况和装置有无漏气、破裂等现象。不得随便离开。

2. 使用易燃药品、试剂时，应远离火源。切勿将易燃溶剂放在敞口容器内直火加热，必须在水浴中进行。蒸馏或回流易燃有机物时，装置不能漏气。不得将易燃、易挥发物倒入废液缸内，要专门处理。使用酒精灯或酒精喷灯时，应先熄灭火焰，再加入乙醇，并用火柴引火，不能用其他酒精灯火焰直接引火。

3. 切勿使易燃、易爆的气体接近火源，乙醚和汽油等常用有机溶剂的蒸气与空气混合时极为危险，可能会因一个热的表面或者一个火花、电花而引起爆炸。蒸馏时，须检查仪器装配是否妥当，有无堵塞现象，使用的仪器必须耐压。对易爆的固体残渣，不能重压或撞击，必须谨慎处理。注意防止反应过于猛烈。

4. 必须严格遵守剧毒药品的保管、使用操作规程。使用有毒试剂或对于反应过程中会产生有毒气体或液体的实验，应在通风橱中进行。对有毒残渣，要按规定予以妥善而有效的处理。某些有毒物质会渗入皮肤，因此，使用时必须戴橡胶手套。对沾染过有毒物质的仪器和用具，用后应立即清洗处理。使用药品、试剂后，要洗净双手，避免中毒。严禁在实验室内吸烟、进食。

5. 使用电器前，应先检查其外壳是否漏电。不能用湿手直接接触电器或用手拿取湿的物体接触电器。电器使用完毕应立即拔去电源，以防事故的发生。

6. 熟悉灭火器、沙箱以及急救药箱等安全用具的放置地点和使用方法。进行可能发生危险的实验时，应采取必要的安全措施，如戴防护眼镜、面罩和手套等。

（二）事故的处理

1. 割伤 有机实验中主要使用玻璃仪器，使用的原则是不能对玻璃仪器的任何部位施加过大的压力。造成割伤的原因，一般有下列几种情况：

（1）装配仪器时用力过猛或装配不当。

（2）装配仪器用力处远离连接部位。

（3）仪器口径不合适仍强行连接。

（4）玻璃折断面未烧圆滑，有棱角。

预防玻璃割伤，要注意以下几点：

（1）玻璃管（棒）经切割后，断面应在火焰上烧熔，以消除棱角。

（2）注意仪器的配套使用。

（3）正确使用操作技术。

如果不慎发生割伤事故，须及时处理，应先将伤口处的玻璃碎片取出。若伤口不大，则用蒸馏水洗净，再涂抹消炎药，并用止血纱布包扎好。若伤口较大或割破主动脉血管，则应用力按住伤口或血管部位，防止大出血，并及时将伤者送往医院治疗。

2. 着火 预防着火应注意以下几点：

（1）不能用烧杯或者敞口容器盛装易燃物，加热时应根据实验室要求及易燃物的特点选择热源，注意远离明火。

（2）尽量防止或减少易燃物的气体逸出，倾倒时要熄灭火源，而且要注意室内的通风，及时排出室内的有机物蒸气。

（3）易燃及易挥发物，不得倒入废液缸内，量较大时要专门进行回收处理（金属钠残渣要用乙醇销毁）。

（4）实验室内不准存放大量易燃物。

（5）防止煤气管、阀漏气。

实验室如果发生了着火事故，应沉着、冷静，及时采取有效措施，防止事故进一步扩大。首先，应立即熄灭附近所有火源，切断电源，移开未着火的易燃物。然后，根据易燃物的性质和火势，采取有效的方法灭火。①地面或桌面着火时，若火势不大，则可用湿抹布扑灭；②反应瓶内着火时，可用石棉板盖住瓶口，即可使火熄灭；③油类着火时，要用沙或灭火器灭火；④电器着火时，应切断电源，用适宜的灭火器灭火；⑤实验人员身体着火时，切勿在实验室内乱跑，应就近卧倒，用石棉布等把着火部位包起来，或在地面上翻滚，以熄灭火焰，避免造成更大的火灾。

常用的灭火剂有二氧化碳、四氯化碳和泡沫灭火剂等。干砂和石棉布也是实验室中经济、常用的灭火材料。

二氧化碳灭火器是有机化学实验室中最常用的灭火器。灭火器内贮放压缩的二氧化碳。使用时，一手提灭火器，另一手应握在喷射二氧化碳喇叭筒的把手上（不能手握喇叭筒，以免冻伤）。打开开关，二氧化碳即可喷出。这种灭火器灭火后的危害小，特别适用于油脂、电器及其他较贵重的仪器着火时灭火。

四氯化碳灭火器和泡沫灭火器，虽然也都具有比较好的灭火性能，但由于四氯化碳在高温下能生成剧毒的光气，而H原子与金属钠接触会发生爆炸，泡沫灭火器喷射出的大量硫酸氢钠、氢氧化铝，污染严重，给后续处理带来麻烦。因此，除非有必要，否则最好不用这两种灭火器。

无论使用哪一种灭火器，都是从火焰的周围开始向中心扑灭。大多数场合下，不能用水来扑灭有机物着火。因为一般有机物都比水轻，泼水后火焰不但不会熄灭，反而会漂浮在水面上继续燃烧，进而导致火焰随水流蔓延。

3. 爆炸　实验时，若仪器堵塞或装配不当，减压蒸馏过程中使用不耐压的仪器，违章使用易燃物，反应过于猛烈或难以控制等，都有可能引起爆炸。为了防止爆炸事故，应注意以下几点：

（1）常压操作时，切勿在封闭系统内进行加热或反应。在反应进行时，必须经常检查仪器装置的各部分有无堵塞现象。

（2）减压蒸馏过程中，不得使用机械强度不大的仪器（如锥形瓶、平底烧瓶、薄壁试管等）。必要时，要佩戴防护面罩或防护眼镜。

（3）使用易燃、易爆物（如氢气、乙炔和过氧化物）或遇水易燃烧、爆炸的物质（如钠、钾等）时，应特别小心，严格遵守操作规程。

（4）反应过于猛烈时，要根据不同的情况，采取冷冻或减慢加料速度等方式，使反应平稳进行。

（5）必要时可设置防爆屏。

4. 中毒　化学药品大多具有不同程度的毒性。引起中毒的主要原因是皮肤或呼吸道接触有毒药品。在实验过程中，要防止中毒，应切实做到以下几点：

（1）药品不要沾到皮肤上，尤其是毒性较大的药品。实验完成后，应立即洗手。称量任何药品都应使用工具，不得用手直接接触。

（2）使用和处理有毒或腐蚀性物质时，要防止有机物蒸气扩散到实验室内。对有可能生成有毒或腐蚀性气体的实验，应在通风橱内进行。

（3）对沾染过有毒物质的仪器和用具，实验完毕应立即采取适当的方法处理，以破坏或消除其毒性。如药品溅到手上，通常可用清水和乙醇溶液洗去。实验时，若有中毒特征，则应到空气新鲜的地方休息，最好平卧。如果出现其他较严重的症状，如头晕、呕吐、瞳孔放大或体表出现斑点等，应及时送往医院。

5. 灼伤 皮肤接触高温（如热的物体、火焰、蒸气等）、低温（如干冰、液体氮等）和腐蚀性物质（如强酸、强碱、溴水等），都会造成灼伤。因此，实验时，要避免皮肤与上述可引起灼伤的物质接触。取用具有腐蚀性的化学药品时，应戴橡皮手套和防护眼镜。

实验过程中发生灼伤时，要根据不同的灼伤情况分别采取不同的处理方法。被酸或碱灼伤时，应立即用大量清水冲洗。酸灼伤时，用1%碳酸钠溶液冲洗；碱灼伤时，则用1%硼酸溶液冲洗，最后再用清水冲洗。被溴水灼伤时，应立即用2%硫代硫酸钠溶液洗至伤处呈白色，然后涂抹甘油，并加以按摩；试剂溅入眼内时，可立即用生理盐水冲洗，或用干净的橡皮管连接水龙头，然后用细水流对准眼部进行冲洗，再用1%碳酸氢钠溶液或1%硼酸溶液冲洗。对灼伤严重者，要消毒灼伤面，并涂抹烫伤膏，尽快送往医院就医。被灼热的玻璃烫伤时，应在患处涂以正红花油，然后涂抹烫伤膏。除金属钾、钠等活泼金属外的任何药品溅入眼内，都要立即用大量清水冲洗。冲洗后，如果眼部仍未恢复正常，则应立即送往医院就医。

6. 实验室常用的急救药品

（1）医用乙醇、汞溴红溶液（红药水）、止血粉、甲紫（龙胆紫）、凡士林、烫伤膏、硼酸溶液（1%）、碳酸氢钠溶液（1%）和硫代硫酸钠溶液（2%）等。

（2）医用镊子、剪刀、纱布、棉球和绷带等。

7. 用电安全 进入实验室后，首先应了解水、电、煤气的开关位置在何处，并掌握它们的使用方法。进行实验时，应先将电器上的插头与插座连接好，再打开电源开关。不能用湿手或湿物插入或拔出插头。使用电器前，应检查线路连接是否正确，电器内外要保持干燥，不能沾有水或其他溶剂。实验完成后，应先关掉电源，再拔出插头。

四、实验室常用玻璃仪器和设备

进行实验前，实验人员应该熟悉实验过程中需要用到的玻璃仪器、实验装置和设备。现将有机化学实验中比较常见的玻璃仪器和其他主要仪器设备分别进行介绍。

（一）玻璃仪器

1. 常用的普通玻璃仪器 化学玻璃仪器般都是由钾或钠玻璃制成，使用时要注意以下几点：

（1）使用玻璃仪器时，要轻拿、轻放。

（2）加热玻璃仪器时，要垫石棉网（加热试管时可以例外）。

（3）对厚壁玻璃器皿（如抽滤瓶）不能进行加热；对锥形瓶不能进行减压；广口容器（如烧杯）不能贮放有机溶剂；对计量容器（如量筒）不能进行高温烘烤。

（4）使用玻璃仪器后，要及时清洗、干燥（若不急用，则一般以晾干为宜）。

（5）对于有旋塞的玻璃仪器，清洗后应在旋塞与磨口之间放纸片，以防粘连。

（6）不能将温度计作为搅拌棒。温度计使用后应缓慢冷却，特别是以有机溶液作为膨胀液的温度计，由于膨胀液黏度较大，冷却过快可导致液柱断线。不能用冷水冲洗热温度计，以免引起温度计炸裂。

2. 常用的标准接口玻璃仪器 在有机化学实验中，经常会使用标准接口的玻璃仪器。标准接口的玻璃仪器是具有标准磨口或磨塞的玻璃仪器，是按国际通用的技术标准制造的。由于磨口或磨塞的标准化，磨砂密合，所以凡属于同类规格的接口，均可任意互换，并能组装成各种配套仪器。当不同规格的玻璃仪器因磨口编号不同而无法直接连接时，可借助不同编号的磨口变径接头使之连接起来。使用标准接口的玻璃仪器既可避免配制磨塞，又能避免反应物或产物被磨塞污染。磨口玻璃仪器密封性能好，对蒸馏十分有利，如可以比较安全地对有毒性或挥发性液体进行蒸馏操作。进行减压蒸馏时，磨口玻璃仪器能使实验装置充分密闭，并能达到较高的真空度。

标准接口仪器的每个部件在其显著部位均有烤印的白色标志，标明规格。通常，标准接口仪器的规格编号有 10、12、14、16、19、24、29、34、40、50 等。这些规格编号是指接口最大端的直径数值（单位为 mm）。相同编号的内、外磨口可以紧密连接。接口仪器也有用两个数字表示其磨口大小的，如 14/30，表示该磨口仪器最大直径为 14 mm，磨口长度为 30 mm。普通实验室中使用的常量标准接口玻璃仪器一般是 19 号磨口仪器，半微量实验中采用的是 14 号磨口仪器，微量实验中采用的是 10 号磨口仪器。

使用标准接口仪器时。应注意以下几点：

（1）磨口必须洁净，不得沾有固体物质，否则会使磨口对接不紧密，甚至损坏磨口。

（2）用后应立即拆卸洗净，否则，若放置太久，磨口的连接处会粘连，很难拆开。

（3）常规使用时，磨口无需涂以润滑剂，以免沾污反应物或产物。若反应物中有强碱，则应涂以润滑剂，以免磨口连接处因碱腐蚀而粘连，无法拆开。进行减压蒸馏时，所有磨口均应涂以润滑剂，以保证装置密封性良好。

（4）安装磨口仪器时，应注意连接整齐、正确，避免使磨口连接处受到歪斜的应力，否则容易造成仪器破裂。

（5）洗涤磨口时，应避免用去污粉擦洗，以免损坏磨口。

有机化学实验中常用的普通玻璃仪器和标准接口玻璃仪器如图 1 所示。

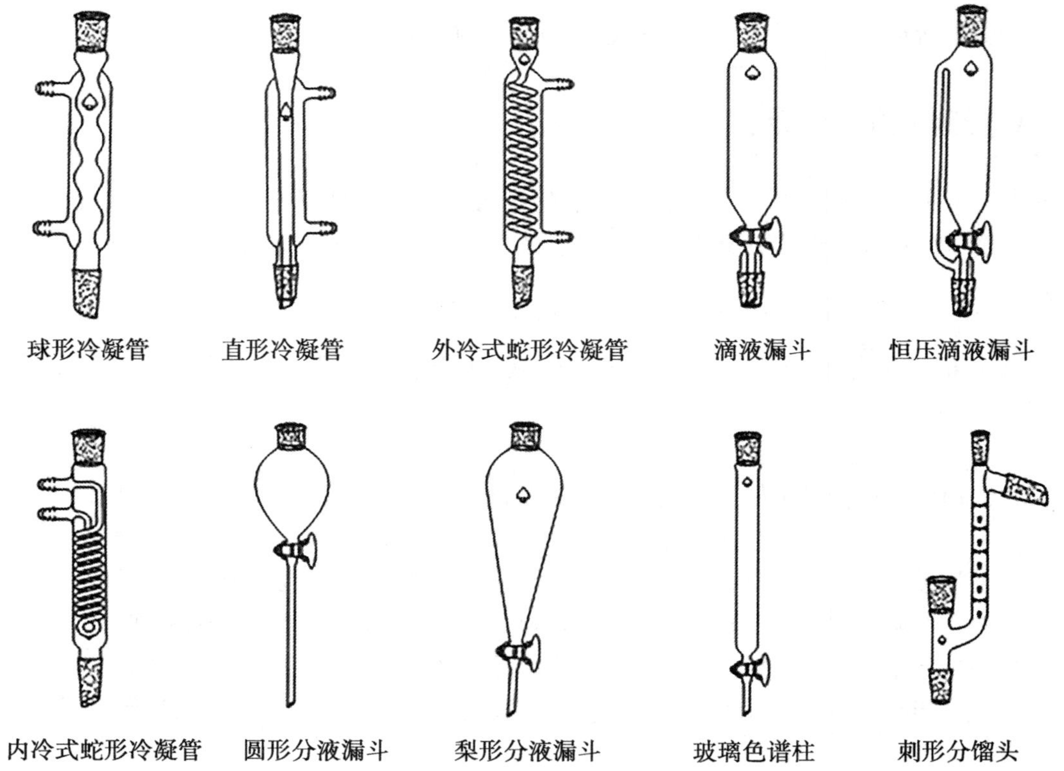

图 1　有机化学实验常用玻璃仪器

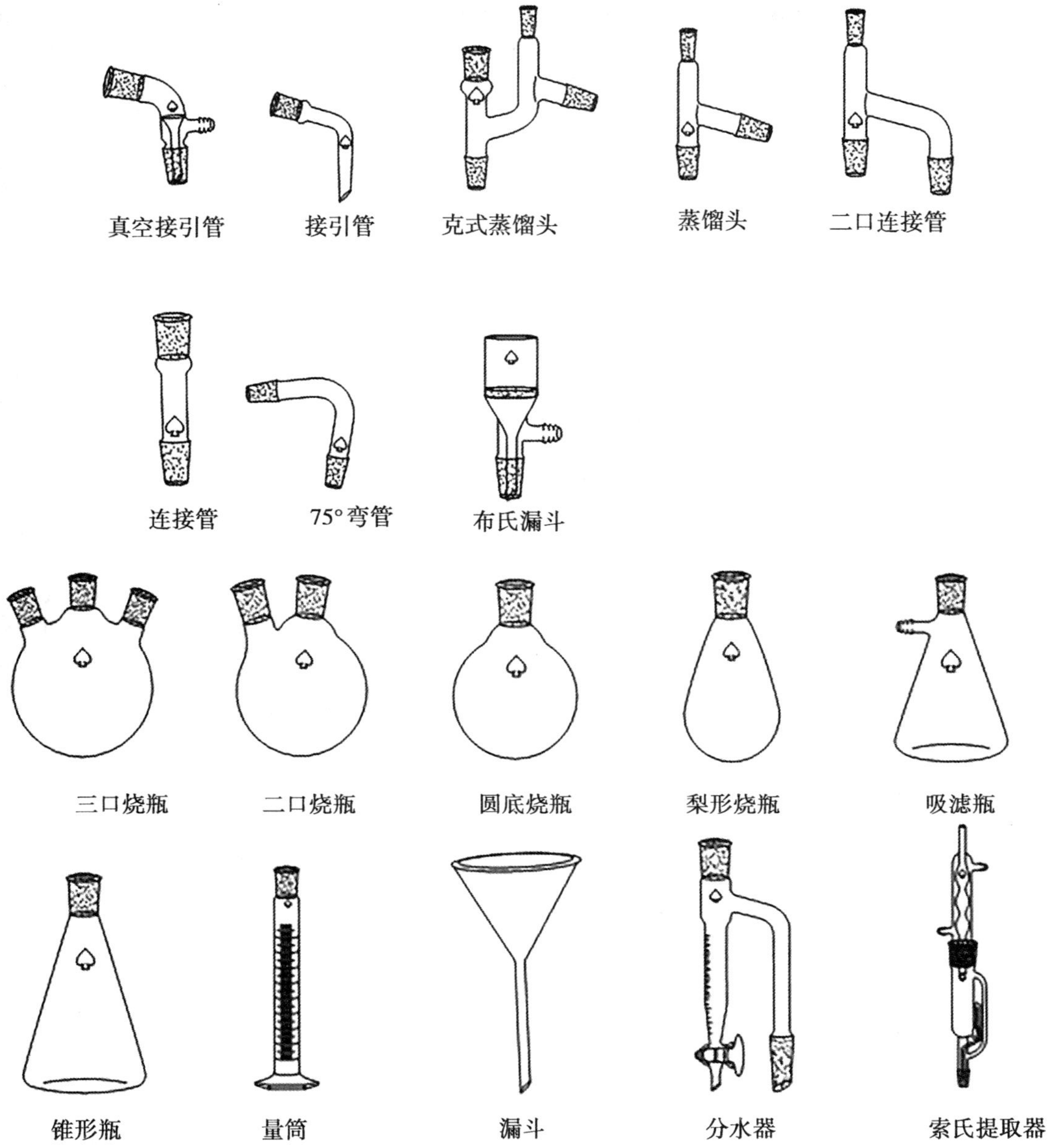

图1 （续图）

3. 玻璃仪器的清洗和干燥 使用清洁的实验仪器是实验成功的重要条件，也是从事化学工作应养成的良好习惯。

（1）玻璃仪器的清洗：进行实验时，应养成仪器使用完毕立即洗净的习惯。清洁的玻璃仪器，可以避免杂质对反应的影响。污物存留时间过长，则会增加洗涤的难度。洗涤仪器的简易方法是用毛刷和洗衣粉擦洗，再用清水冲洗干净。仪器倒置时，器壁不挂水珠，即表示已洗净，可供一般实验用。某些有机反应残留物为胶状或焦油状，用洗衣粉很难洗净，可根据具体情况采用规格较低或回收的有机溶剂（如乙醇、丙酮等）浸泡，或用稀氢氧化钠溶液、浓硝酸煮沸除去。但应注意，不能盲目使用化学试剂和有机溶剂来洗涤玻璃仪器，以免造成危险或浪费。实验室里有时也常用铬酸洗液洗涤玻璃仪器。铬酸洗液呈红棕色，若经过长期使用后变成绿色，则表示已失效。在使用铬酸洗液前，应尽量洗净仪器上的污物，特别是还原性物质。通常应少用洗液，因为有机物多具有还原性，易使洗液失效。使用洗液时要特别注意确保安全。

（2）玻璃仪器的干燥：对于有机化学实验中使用的玻璃仪器，除要洗净外，通常还应干燥。有的反应要求在无水条件下进行，则必须将仪器严格干燥后再使用。干燥玻璃仪器的方法有以下几种：①自然晾干，将洗净的仪器瓶口朝下放置，使其中的水流尽，在空气中自然晾干，即可供大多数有机化学实验用。②在烘箱中烘干，将玻璃仪器放入烘箱内烘干，仪器口朝下。带有磨砂口玻璃塞的仪器，必须取出活塞再烘干。计量仪器、冷凝管等切不可在烘箱内烘烤。③用热空气吹干，常用气流干燥器或用电吹风机把仪器吹干。④使用有机溶剂干燥，实验急用时，可用有机溶剂帮助干燥，如将洗净的仪器用少量丙酮溶液荡洗数次，然后用电吹风吹干，即可使用。

4. 常用的主要仪器设备

（1）烘箱：实验室一般使用的是恒温鼓风烘箱，主要用于干燥玻璃仪器或烘干无腐蚀性、热稳定性较好的实验药品。使用时应注意温度的调节与控制。干燥玻璃仪器时，应先将水沥干，再放入烘箱，温度一般控制在 100～110℃，而且干、湿玻璃仪器要分开放置。

（2）磁力搅拌器：磁力搅拌器是通过磁场的不断旋转变化来带动容器内磁搅拌转子随之旋转，从而达到搅拌的目的。搅拌器通常有控制转速和加热装置，可以调速、调温，也可以按照设定的温度维持恒温。在物料较少、不需要过高温度的情况下，磁力搅拌可代替其他方式的搅拌，且易于密封，使用方便。

（3）电加热套：电加热套是用玻璃纤维包裹电热丝并编织成帽状的一种加热器。加热和蒸馏易燃有机物时，由于不能使用明火，因而电加热套具有不易引起着火的优点，热效率也高。加热温度用调压变压器控制，最高加热温度可达 400℃左右。电加热套是有机实验中常用的一种简便、安全的加热装置，其容积一般与烧瓶的容积相匹配，从 50 ml 起，各种规格均有。

（4）旋转蒸发仪：旋转蒸发仪是由电机带动可旋转的蒸发器（圆底烧瓶）、冷凝器和接收器组成。可以在常压或减压条件下操作，可一次进料，也可分批吸入蒸发料液。由于蒸发器的不断旋转，可避免加入沸石而不引起暴沸。蒸发器旋转时，可使料液附于瓶壁而形成薄膜，使蒸发面积显著增加，进而加快蒸发速率。因此，旋转蒸发器是浓缩溶液、回收溶剂的理想装置。

（二）注意事项

1. 超过温度计的测量范围时不能使用，不能将其作为玻璃棒用于搅拌；温度计用后应缓慢冷却，不能立刻用冷水冲洗，以免炸裂。

2. 标准磨口玻璃仪器的磨口处必须洁净。若附有固体，则可导致磨口对接不紧密，引起漏气，甚至损坏磨口。

3. 若反应物中有强碱，则应在磨口连接处涂以润滑剂，以免因碱腐蚀而粘牢，不易拆开。

4. 安装磨口仪器时，应特别注意对接整齐、正确，使磨口连接处接合良好。否则，易导致仪器破裂。

5. 磨口仪器用后应立即拆卸洗净，否则，若长时间放置，磨口的连接处粘牢后即很难拆开。

五、实验预习和记录

（一）预习和准备

为了使实验能够达到预期的效果，在进行实验前要做好充分的预习和准备。要求反复阅读实验内容，明确实验目的和要求，领会实验的基本原理、简要步骤和注意事项，而且需写出简要的预习报告。

1. 基本操作实验预习报告的内容 包括实验目的、实验装置草图、操作步骤（用流程图表示或归纳要点）和注意事项。

2. 性质实验预习报告的内容 包括实验目的、简要操作步骤（最好采用表格形式，包括反应现象并解释其现象，可用简短的语言或化学式表示）和注意事项。

3. 有机制备实验预习报告的内容 包括实验目的、实验原理（用反应方程式表示）、相关原料、产物的主要物理常数（如熔点、沸点和溶解度等）、实验装置草图、操作步骤（用流程图表示或归纳要点）和注意事项。

（二）实验记录

有机化学实验除了要做到认真操作、仔细观察、积极思考外，还要准确、如实地记录观察到的现象和测得的各种数据。记录应做到简要、明确，字迹整洁。

六、实验报告的书写

实验完成后，应整理预习报告和实验记录，归纳结果，分析出现的问题，撰写实验报告。一般采用表格形式。

（洪开文）

实训二 不饱和烃的鉴别

一、实验目的

1. 验证烷烃、烯烃、炔烃和芳香烃的主要性质。
2. 掌握烷烃、烯烃、炔烃和芳香烃的鉴别方法。
3. 了解乙炔的制取方法。

二、实验原理

液状石蜡、石油醚等属于烷烃，具有化学稳定性，在室温条件下，与高锰酸钾溶液、溴水等均不发生反应。

松节油在结构上属于含有双键的环烯烃，化学性质活泼。在室温条件下，松节油能被高锰酸钾溶液氧化，不能被银氨溶液氧化，能与溴水发生加成反应。

碳化钙与水发生反应能生成乙炔。炔烃也属于不饱和烃，性质与烯烃相似。在室温条件下，乙炔也能与高锰酸钾溶液和溴水发生反应。乙炔属于末端炔烃，能与硝酸银的氨溶液反应而生成白色的炔化银沉淀。

苯和甲苯属于芳香烃，具有芳香性，在一定条件下，能发生硝化、磺化、卤代等取代反应。另外，甲苯含有 α-H，在室温条件下能被高锰酸钾溶液氧化。

三、实验用品

仪器：试管（大、小）、试管夹、铁架台、带导管的塞子、酒精灯、烧杯（100 ml、200 ml）、温度计、钥匙、量筒、石棉网、棉花、火柴。

试剂：0.03 mol/L 高锰酸钾溶液、3 mol/L 硫酸溶液、液状石蜡、饱和溴水、精制石油醚、松节油、0.05 mol/L 硝酸银溶液、0.5 mol/L 氨水、碳化钙、饱和食盐溶液。

四、实验内容

1. 取 1 支试管，加入 0.03 mol/L 高锰酸钾溶液 1 ml 和 3 mol/L 硫酸溶液 2 滴，摇匀后加入液状石蜡 1 ml，振荡。观察高锰酸钾溶液颜色有无变化，记录现象并用相关知识加以解释。

2. 取 1 支试管，加入饱和溴水 1 ml，再加入液状石蜡 1 ml，振荡。观察溴水颜色有无变化，记录现象并用相关知识加以解释。

以精制石油醚代替液状石蜡，重复上述两步实验，记录现象并用相关知识加以解释。

3. 取 1 支试管，加入 0.03 mol/L 高锰酸钾溶液 1 ml 和 3 mol/L 硫酸溶液 2 滴，摇匀后加入松节油 1 ml，振荡。观察高锰酸钾溶液颜色有无变化，记录现象并用相关知识加以解释。

4. 取 1 支试管，加入饱和溴水 1 ml，再加入松节油 1 ml，振荡。观察溴水颜色有无变化，记录现象并用相关知识加以解释。

5. 取 1 支试管，加入 0.05 mol/L 硝酸银溶液 0.5 ml，然后，边振荡边滴加稀氨水，直到生成的沉淀恰好溶解为止（此时生成了银氨溶液）。之后再加入松节油 1 ml，振荡。观察、记录现象，并用相关知识加以解释。

6. 准备 3 支试管，其中 1 支盛放 2 ml 0.03 mol/L 高锰酸钾溶液与 5 滴 3 mol/L 硫酸的混合溶液，1 支盛放 2 ml 饱和溴水，1 支盛放 2 ml 银氨溶液。另外，准备 1 支大试管，加入几小块碳化钙，再加入 3 ~ 4 ml 饱和食盐溶液，然后立即在大试管上部塞入一团疏松的棉花，安装带有导管的塞子后，将导管中产生的气体分别通入步骤 6 中所述的 3 支试管中，观察、记录现象，并用相关知识加以解释。

五、注意事项

精制石油醚是低级烷烃的混合物，易燃烧，操作时应注意远离火源。

溴蒸气有毒，使用时最好在通风厨中进行。溴有腐蚀性，皮肤接触后应立即用 2% 硫代硫酸钠溶液或乙醇溶液清洗，然后涂抹甘油，避免灼伤。

浓硝酸和浓硫酸如果不慎滴到手上，应立即用大量清水冲洗，然后用 5% 碳酸氢钠溶液清洗，并涂抹烫伤膏。

干燥的金属炔化物容易爆炸，实验完毕应立即用稀硝酸处理，不能随意将其丢弃至垃圾桶中。

水与碳化钙的反应非常剧烈，用饱和食盐溶液可有效地减缓反应，平稳地产生乙炔气流；干燥的金属炔化物易爆炸，实验完成后应立即用稀硝酸销毁金属炔化物，不得随便丢弃。

六、问题与思考

1. 根据以上操作，设计实验，鉴别烷烃、烯烃和炔烃。
2. 根据以上操作，设计实验，鉴别苯和甲苯。

（尹莲梅）

实训三 芳香烃和卤代烃的鉴别

一、实验目的

1. 验证卤代烃的主要化学性质。
2. 掌握芳香烃和卤代烃的鉴别方法。

二、实验原理

1. 芳香烃具有特殊的稳定性，即芳香性。在一定条件下，芳香烃能发生硝化、磺化、卤代等取代反应。芳环侧链上含有 α-H 的烷基苯在室温条件下可与 $KMnO_4$ 等强氧化剂发生氧化反应，使 $KMnO_4$ 溶液褪色。

2. 多数卤代烃可与 $AgNO_3$ 醇溶液发生取代反应，而且不同类型的卤代烃反应活性不同。根据卤化银沉淀形成的快慢，可以区分不同类型的卤代烃。

三、实验用品

仪器：试管（大、小）试管夹、铁架台、带导管的塞子、酒精灯、烧杯（20 ml、100 ml）、温度计、药匙、量筒、石棉网、棉花、火柴。

试剂：0.03 mo/L $KMnO_4$ 溶液、3 mol/L H_2SO_4 溶液、饱和溴水、0.05 mol/L 硝酸银溶液、0.5 mol 氨水、碳化钙（CaC_2）、饱和食盐溶液、浓硝酸、浓硫酸、苯、甲苯、0.1 mol/L 硝酸银醇溶液、1- 氯丁烷、1- 溴丁烷、1- 碘丁烷、氯化苄、氯苯。

四、实验内容

1. 芳香烃的性质

（1）硝化反应：取干燥大试管 2 支，向每支试管中加入浓硝酸和浓硫酸各 2 ml，摇匀。待混合酸冷却后，向其中一支试管中加入 1 ml 苯，向另一支试管中加入 1 ml 甲苯，边加边不断振荡，混匀后将 2 支试管置于 60℃水浴中加热。约 10 min 后，将 2 支试管中的液体分别倒入盛有 20 ml 水的小烧杯中。观察生成物的颜色、状态，并闻其气味，写出反应式。实验完毕，将烧杯中的生成物倒入指定的容器中。

（2）磺化反应：取干燥大试管 2 支，各加入 2 ml 浓硫酸，然后向其中一支试管中加入 1 ml 苯，向另一试管中加入 1 ml 甲苯，摇匀后分别将试管置于 80℃水浴中加热并不断振荡。开始时，反应物形成乳浊液，然后逐渐溶解。待完全溶解后，缓慢放置冷却，再将 2 支试管中的反应物分别倒入盛有 20 ml 冷水的小烧杯中。观察生成物的颜色、状态，记录现象并写出化学反应式。

（3）氧化反应：取试管 2 支，各加入 0.03 mol/L $KMnO_4$ 溶液 5 滴和 3 mol/L H_2SO_4 溶液 2 滴，然后分别加入 1 ml 苯和 1 ml 甲苯。剧烈振荡数分钟后，观察生成物的颜色变化，记录并解释发生的现象。

2. 卤代烃的性质

（1）不同烃基的卤烃与硝酸银醇溶液反应：取干燥试管 3 支，各加入 1 ml 0.1 mol/L 硝酸银醇溶液，再分别加入 1- 氯丁烷、氯化苄和氯苯各 3 滴，边加边振荡试管。注意观察每支试管中是否出现沉淀，记录出现沉淀的时间。约 5 min 后，再将未出现沉淀的试管置于水浴中加热到微沸。注意观察这些试管中是否出现沉淀，并记录出现沉淀的时间，解释上述变化并写出反应式。

（2）不同卤原子的卤烃与硝酸银醇溶液反应：取干燥试管 3 支，各加入 0.1 mol/L 硝酸银醇溶液 1 ml，然后分别加入 1- 氯丁烷、1- 溴丁烷和 1- 碘丁烷各 3 滴，振荡试管。注意观察 3 支试管中沉淀生成的速度和颜色。5 min 后，再将未出现沉淀的试管置于水浴中，加热到微沸，再观察是否出现沉淀，记录并解释发生的现象。

五、注意事项

1. 浓硝酸和浓硫酸都具有很强的腐蚀性，使用时应特别小心。如若不慎滴到手上，应立即用大量清水冲洗，然后用 5% $NaHCO_3$ 溶液清洗，并涂抹烫伤膏。

2. 苯、甲苯、硝基苯和卤代烃均有毒性，芳香烃和卤代烃的性质实验必须在通风橱中进行。

3. 进行硝化反应的温度不宜超过 60℃，否则可导致硝酸分解，也可导致苯挥发损失。实验完毕，需将烧杯或试管中的生成物回收到指定的容器中。

六、问题与思考

在卤代烃的性质实验中，为什么用硝酸银醇溶液而不用硝酸银水溶液？

（苗 方）

实训四 醇、酚、醚的鉴别

一、实验目的

1. 验证醇、酚、醚的主要化学性质。
2. 掌握伯醇、仲醇、叔醇，具有邻二醇结构的多元醇以及酚类物质的鉴别。
3. 了解醚与饱和烃的鉴别方法。

二、实验原理

醇羟基中的 O—H 键和 C—O 键均可在一定条件下发生断裂。O—H 键断裂后，羟基中的 H 原子可以被活泼金属置换出来；C—O 键断裂后则可发生羟基取代反应。醇与卢卡斯试剂发生反应，可生成卤代烃，而不同的醇反应速率不同，此性质可用于醇的鉴别。含有 α-H 的伯醇和仲醇可以发生氧化反应，而叔醇则不发生此反应。具有邻二醇结构的多元醇可以与新制备的氢氧化铜反应生成深蓝色的溶液。

与醇羟基相比，酚羟基中氢原子的酸性更强，但羟基很难被取代。酚可以与三氯化铁形成有颜色的配合物，这是烯醇式结构的特有反应。酚很容易被氧化。在酚羟基的活化下，苯环变得非常活泼，极易发生取代反应。反应发生在羟基的邻、对位，如苯酚与溴水反应可生成白色沉淀。

醚可以与强酸反应生成𨦡盐并溶解于强酸中，此反应可用于醚和惰性烃类或卤代烃的鉴别。

三、实验用品

仪器：试管、烧杯、电加热套。

试剂：无水乙醇、金属钠、酚酞指示剂、正丁醇、仲丁醇、叔丁醇、苯甲醇、1,3- 丙二醇、甘油、3 mol/L H_2SO_4、卢卡斯试剂、0.17 mol/L 重铬酸钾、2.5 mol/L 氢氧化钠、0.3 mol/L 硫酸铜、0.2 mol/L 苯酚、饱和碳酸氢钠、苯酚、饱和溴水、0.2 mol/L 邻苯二酚溶液、0.06 mol/L 三氯化铁溶液、0.03 mol/L 高锰酸钾溶液、浓硫酸、乙醚、石油醚。

四、实验内容

1. 醇与金属钠的反应 取干燥试管 1 支，加入 0.5 ml 无水乙醇，再加入绿豆大小新切的金属钠，然后观察现象。待金属钠完全溶解后，加入 1 ml 蒸馏水，再加入 1 滴酚酞指示剂，观察现象并加以解释。

2. 醇的氧化反应 取 4 支试管，分别加入正丁醇、仲丁醇、叔丁醇、苯甲醇各 3 滴，然后分别向 4 支试管中均加入 3 mol/L H_2SO_4 溶液和 0.17 mol/L 重铬酸钾溶液各 2 ~ 3 滴，振荡摇匀。观察现象并加以解释。

3. 醇与卢卡斯试剂的反应 取 3 支试管，分别加入正丁醇、仲丁醇、叔丁醇各 3 滴，并置于 50 ~ 60℃水浴中加热 2 ~ 3 min，然后同时向 3 支试管中各加入 1 ml 卢卡斯试剂。观察现象并加以解释。

4. 醇与新制备氢氧化铜的反应 向 1 支试管中加入 2.5 mol/L 氢氧化钠 2 ml、0.3 mol/L 硫酸铜 1 ml，混匀后将溶液分到两个容器中，然后分别加入 1,3- 丙二醇和甘油 2 ~ 3 滴，振荡摇匀。观察现象并加以解释。

5. 酚的酸性 取 2 支试管，均加入少许苯酚和 1 ml 蒸馏水，振荡摇匀，观察现象。然后，分别向 2 支试管中加入数滴 2.5 mol/L 氢氧化钠和 1 ml 饱和碳酸氢钠溶液。观察现象并加以解释。

6. 苯酚与溴水的反应 向 1 支试管中加入 2 滴 0.2 mol/L 苯酚溶液，再逐滴加入饱和溴水，直至产生白色沉淀。观察现象并加以解释。

7. 酚与三氯化铁的反应 向 3 支试管中分别加入 0.2 mol/L 苯酚溶液 10 滴、0.2 mol/L 邻苯二酚溶液 10 滴、苯甲醇 1 滴和蒸馏水 10 滴，再各加入 1 滴 0.06 mol/L 三氯化铁溶液，振荡摇匀。观察现象并加以解释。

8. 酚的氧化反应 向 1 支试管中加入 5 滴 2.5 mol/L 氢氧化钠溶液和 2 滴 0.03 mol/L 高锰酸钾溶液，振荡摇匀后加入 2 ~ 3 滴 0.2 mol/L 苯酚溶液。观察现象并加以解释。

9. 镁盐的生成 向 2 支试管中分别加入 5 滴乙醚和石油醚，小心地闻一下气味，然后各加入浓硫酸 1 ml，振荡摇匀。观察现象并解释。

五、注意事项

1. 醇与金属钠的反应 环境必须是无水的，否则不仅会干扰实验，而且容易发生危险，同时无法验证究竟发生的是何反应。

2. 叔醇有时可因脱水生成烯烃而被酸性的重铬酸钾溶液氧化而出现变色现象。因此，当伯醇和仲醇与重铬酸钾溶液反应褪色后，即可终止实验，长时间与酸性重铬酸钾溶液混合的叔醇发生的变色现象可以忽略。

3. 卢卡斯试剂的鉴别要点 醇是易溶的，而生成的卤代烃是难溶的，因此，鉴别苯甲醇等水溶性较差的醇有时效果不佳。

4. 邻二醇与氢氧化铜的反应　必须先制备氢氧化铜，然后加入醇，这样鉴别效果较好，而且应注意使氢氧化钠稍过量。

5. 苯酚蒸气有毒，本实验应注意通风。如果苯酚不慎沾到皮肤上，应尽快用肥皂水冲洗。

6. 卢卡斯试剂的配制　将 34 g 无水氯化锌在冷却条件下溶于 23 ml 浓盐酸中。

7. 生成锌盐只适用于鉴别醚和饱和烃或性质不活泼的卤代烃。

六、问题与思考

不同的酚与三氯化铁反应所呈现的颜色不同，而颜色的深浅与其浓度有关，能否以此为依据，用分光光度法对酚进行定性和定量检测?

（李　刚）

实训五　醛和酮的化学性质

一、实验目的

1. 验证醛和酮的主要化学性质。
2. 掌握醛和酮的鉴别方法。

二、实验原理

1. 加成反应　2,4- 二硝基苯肼等碳基试剂与醛、酮发生反应，不停留在加成阶段，而是继续脱水，生成综合产物。

2. 碘仿反应　在强碱性条件下，同一个碳原子上含有 3 个 α-H 的醛、酮或醇都可以与 NaIO 作用，生成 CHI_3 沉淀。

3. 银镜反应　醛可以与托伦试剂发生银镜反应，而酮则不发生该反应。

4. 费林反应　甲醛可以与费林试剂发生反应形成铜镜，其他脂肪醛可与费林试剂反应生成 Cu_2O 沉淀。芳香醛、酮等则不与费林试剂发生反应。

5. 希夫反应　醛可以与希夫试剂发生反应而呈现特殊颜色。甲醛与希夫试剂反应所呈现的颜色遇硫酸不褪色，其他醛与希夫试剂反应所呈现的颜色遇硫酸后可褪色。

6. 临床上常用亚硝酰铁氰化钠溶液、氨水与丙酮的显色反应检查患者尿液中是否含有丙酮。

三、实验用品

仪器：大试管、小试管、烧杯（250 ml）、温度计（100℃）、石棉网、酒精灯。

试剂：甲醛、乙醛、苯甲醛、丙酮、乙醇、2,4- 二硝基苯肼试剂、碘试剂、2 mol/L 氢氧化钠溶液、0.05 mol/L 硝酸银溶液、0.5 mol/L 氨水、费林试剂 A、费林试剂 B、0.05 mol/L $Na_2[Fe(CN)_5NO]$ 溶液、希夫试剂。

四、实验内容

1. 醛、酮与 2,4- 二硝基苯肼的反应　取 4 支试管，分别加入 3 滴甲醛、乙醛、丙酮和苯甲醛，再各加入 10 滴 2,4- 硝基苯肼试剂，充分振荡后，静置片刻。记录并解释发生的现象。

2. 碘仿反应　取 4 支试管，分别加入 5 滴甲醛、乙醛、乙醇和丙酮，再各加入 10 滴碘试剂，然后分别加入 1 滴 2 mol/L 氢氧化钠溶液，直至碘试剂的颜色恰好褪去。振荡，观察有无沉淀生成。若无沉淀，则可将试管置于温水浴中温热数分钟，冷却后再观察。记录并解释发生的现象。

3. 银镜反应　在 1 支大试管中加入 2 ml 0.05 mol/L 硝酸银溶液，再加入 1 滴 2 mol/L 氢氧化钠溶液，然后边振荡边滴加 0.5 mol/L 氨水，直至生成的沉淀恰好溶解，即为托伦试剂。将托伦试剂分装在 4 支洁净的试管中，分别加入 2 滴甲醛、乙醛、丙酮和苯甲醛。摇匀后，将其置于热水浴中加热。观察现象，记录并解释发生的现象。

4. 费林反应　在大试管中加入 2 ml 费林试剂 A 和 2 ml 费林试剂 B，混合均匀，即为费林试剂。将费林试剂分装在 4 支洁净的试管中，再分别加入 2 滴甲醛、乙醛、丙酮和苯甲醛。振荡摇匀后，将其置于热水浴中加热。观察现象，记录并解释发生的现象。

5. 希夫反应　取 4 支试管，分别加入 5 滴甲醛、乙醛、乙醇和丙酮，然后各加入 10 滴希夫试剂。观察现象，记录并解释发生的现象。

6. 丙酮的鉴定　取 2 支试管，各加入 1 ml 0.05 mol/L $Na_2[Fe(CN)_5NO]$ 溶液和 10 滴 0.5 mol/L 氨水。摇匀后，再分别加入 5 滴乙醛和丙酮，并摇匀。观察现象，记录并解释发生的现象。

五、注意事项

1. 2,4- 二硝基苯肼试剂的配制　称取 2,4- 二硝基苯肼 3 g，溶于 15 ml 浓硫酸中，将此溶液缓慢加入 70 ml 95% 乙醇溶液中，再用纯化水稀释至 100 ml，然后过滤。将 2,4- 二硝基苯肼试剂贮存于棕色瓶中。

2. 碘试剂的配制　称取 2 g 碘和 5 g 碘化钾，并将其溶于 100 ml 纯化水中。

3. 进行碘仿反应　应注意样品不能过多，否则生成的碘仿可能会溶于醛或酮溶液中。另外，滴加氢氧化钠溶液时也不能过量，至溶液呈淡黄色（有微量的碘存在）即可。

4. 进行银镜反应　应将试管洗净，加入碱液不要过量，否则会影响实验效果。另外，反应时必须采用水浴加热，以防止生成具有爆炸性的雷酸银而发生意外。实验完毕，应立即用稀硝酸洗去银镜。

5. 费林试剂的配制　称取 5 g 硫酸铜晶体，将其溶于 100 ml 蒸馏水中，即可得到费林试剂 A。称取 17 g 酒石酸钾钠，将其溶于 20 ml 热水中，加入 20 ml 5 mol/L 氢氧化钠溶液，再加入纯化水稀释至 100 ml，即可得到费林试剂 B。费林试剂的性质不稳定。两种溶液要分开贮存，使用时等体积混合即可。

6. 费林试剂与醛的反应　溶液颜色由蓝色转变为绿色，再变为黄色，进而生成砖红色的氧化亚铜（甲醛反应后生成金属铜）。芳香醛、酮不能与费林试剂发生反应，但由于费林试剂加热时间过长也会分解产生砖红色的氧化亚铜沉淀，所以可出现假阳性反应。

7. 希夫试剂的配制　称取 0.2 g 品红盐酸盐，将其溶于 100 ml 热水中，冷却后，加入 2 g 亚硫酸氢钠和 2 ml 浓盐酸，再加入纯化水稀释至 200 ml，待红色褪去即可使用。若溶液呈浅红色，则可加入少量活性炭混匀并过滤。将希夫试剂贮存于棕色瓶中。

8. 醛与希夫试剂的反应　必须在室温和酸性条件下进行。因为希夫试剂不能受热，亦不能含有碱性物质和氧化剂，否则二氧化硫会溢出而使溶液恢复品红的颜色，出现假阳性反应。

六、问题与思考

1. 进行银镜反应时要注意什么？
2. 使用希夫试剂鉴别醛时应注意什么？

（刘雪莹）

实训六　含氮有机化合物的鉴别

一、实验目的

1. 掌握胺和尿素的主要化学性质。
2. 学会伯胺、仲胺和叔胺的鉴别方法。

二、实验原理

1. 胺类　具有碱性。含 6 个以下碳原子数的胺易溶于水，其水溶液显碱性。胺与无机强酸作用可生成盐，使不溶于水的胺溶于强酸溶液。

2. 苯胺　微溶于水，呈弱碱性，能与无机强酸作用生成可溶性的苯胺盐。苯胺与溴水反应可生成 2,4,6- 三溴苯胺的白色沉淀。苯胺容易被氧化为有色物质。

3. 伯胺、仲胺和叔胺　伯胺、仲胺的 N 原子上有 H 原子，可发生酰化反应和磺酰化反应。而叔胺的 N 原子上没有 H 原子，不发生此反应。

4. 胺与 HNO_2 的反应　①脂肪族伯胺与 HNO_2 反应后可生成 N_2。②芳香族伯胺与 HNO_2 反应后可生成重氮盐（反应温度控制在 0～5℃）。重氮盐与 β - 萘酚碱溶液混合后可产生橙红色物质。③仲胺与 HNO_2 反应后可生成亚硝基化合物（黄色的油状物或固体）。④脂肪族叔胺与 HNO_2 反应后可生成可溶性的盐。⑤芳香族叔胺与 HNO_2 反应后可生成亚硝基化合物，在碱性溶液中呈绿色。

5. 尿素　具有弱碱性，能与浓硝酸作用生成难溶于水的盐。若将尿素加热到熔点（150～160℃）以上，则可发生缩合反应，生成双缩脲。双缩脲与 $CuSO_4$ 在碱性溶液中可生成紫色的物质，称为双缩脲反应。

三、实验用品

仪器： 试管、试管夹、滴管、玻璃棒、烧杯、酒精灯。

试剂： 甲胺、苯胺、*N*- 甲基苯胺、*N*, *N*- 二甲基苯胺、尿素、浓 HCl、浓 HNO_3、稀 H_2SO_4 溶液、10% NaOH 溶液、20% 尿素溶液、1% $CuSO_4$ 溶液、$NaNO_2$ 溶液、饱和溴水、饱和 $K_2Cr_2O_7$ 溶液、乙酐、10% β - 萘酚碱溶液、红色石蕊试纸、碘化钾淀粉试纸、pH 试纸。

四、实验内容

1. 苯胺和甲胺的碱性　取 2 支试管，分别加入苯胺和甲胺各 5 滴，再向每支试管中加 1 ml 蒸馏水，振荡摇匀，观察并记录现象。然后用干净的玻璃棒分别蘸取试管中的苯胺和甲胺溶液，用 pH 试纸分别测定它们的 pH。观察、比较其碱性强弱，并加以解释。

在上述苯胺溶液的试管中，滴加浓盐酸。观察并记录现象，写出反应式，并加以解释。然后逐滴加入 10% NaOH 溶液，观察、记录现象，并加以解释。

2. 与 HNO_2 的反应　取 3 支大试管，分别进行编号，然后各加入苯胺、*N*-甲基苯胺和 *N,N*-二甲基苯胺各 5 滴，然后各加入 10 滴浓 HCl 和 1 ml 蒸馏水。另取 3 支试管，各加入 10% $NaNO_2$ 溶液 5 滴。然后将这些试管置于冰水浴中冷却至 0 ~ 5℃。

（1）伯胺与 HNO_2 的反应：在加入苯胺的试管中，缓慢加入预先冷却的 $NaNO_2$ 溶液，振荡摇匀。然后取出 1 滴反应液，滴加在碘化钾淀粉试纸上。如果出现蓝色，则停止加入 $NaNO_2$ 溶液。再加入数滴 β-萘酚碱液，观察并记录现象。

（2）仲胺与 HNO_2 的反应：在加入 *N*-甲基苯胺的这支试管中，缓慢加入预先冷却的 $NaNO_2$ 溶液。待黄色固体（或油状物）析出后，加入 10% NaOH 溶液 1 ml，观察并记录现象。

（3）叔胺与 HNO_2 的反应：在加入 *N,N*-二甲基苯胺的这支试管中，缓慢加入预先冷却的 $NaNO_2$ 溶液，待黄色固体析出后，加入 10% NaOH 溶液 1 ml，观察并记录现象。

3. 酰化反应　取 1 支试管，加入 2 滴苯胺，边摇边滴加乙酐 2 滴，并将试管置于冷水中进行冷却。然后加入 1 ml 蒸馏水，振荡摇匀。观察、记录现象，并加以解释。

4. 苯胺的特性

（1）与溴水反应：取 1 支试管，加入 2 滴苯胺，再加入 1 ml 蒸馏水。振荡摇匀后再逐滴加入饱和溴水 4 ~ 5 滴。观察并记录现象，并写出反应方程式。

（2）氧化反应：取 1 支试管，加入 1 滴苯胺和 1 ml 水，再加入 10 滴稀 H_2SO_4 溶液和 2 滴饱和 $K_2Cr_2O_7$ 溶液，振荡摇匀。观察、记录现象，并加以解释。

5. 尿素的弱碱性　取 1 支试管，加入 2 滴 20% 尿素溶液，再加入 2 滴浓 HNO_3，振荡摇匀。观察、记录现象，并写出反应方程式。

6. 双缩脲的生成和双缩脲反应　取 1 支干燥的试管，加入约 0.25 g 尿素，用酒精灯进行加热，使尿素融化。然后继续加热，闻其气味并用润湿的红色石蕊试纸在管口进行检验，记录现象并加以解释。持续加热，直至试管内的物质变稠、凝固，生成的物质即为双缩脲。将试管稍放置冷却后，加入 10% NaOH 溶液 5 ~ 8 滴，再加入 1 ml 蒸馏水，用玻璃棒搅拌并加热，使固体溶解，然后静置。将一部分上清液转移至另 1 支试管中，逐滴加入 1% $CuSO_4$ 溶液 4 滴。观察、记录现象，并加以解释。

五、注意事项

1. 取用浓盐酸时，需注意在通风橱中进行。

2. 苯胺与溴水反应时，有时会呈粉红色，这是由于部分苯胺被溴水氧化为有色物质所导致的。

3. 苯胺有毒性，切勿与皮肤接触。

4. 小心使用浓硝酸和溴水，注意不要将其滴到皮肤上。

六、问题与思考

1. 如何鉴别伯胺、仲胺和叔胺？
2. 如何鉴别脂肪族伯胺和芳香族伯胺？

（王英玲）

实训七　糖、氨基酸和蛋白质的鉴别

一、实验目的

1. 进一步认识和验证糖类化合物及氨基酸、蛋白质的化学性质。
2. 会用简单的化学方法鉴别单糖和双糖、还原性糖和非还原性糖。
3. 掌握鉴别氨基酸、蛋白质的实验方法。

二、实验原理

1. 糖类化合物的性质

（1）糖的还原性：单糖均具有还原性，分子中具有游离苷羟基的二糖也具有还原性，二者均能被托伦试剂、费林试剂和班氏试剂等碱性弱氧化剂所氧化，生成有颜色的沉淀物。

（2）糖的显色反应：

1）谢利瓦诺夫反应：在浓硫酸或浓盐酸存在的情况下，糖类化合物与酚类化合物能发生显色反应。通常用 α-萘酚鉴定糖类的存在，用间-苯二酚鉴别酮糖和醛糖。

2）莫利希反应：糖类先与浓硫酸作用，发生分子内脱水，生成糠醛或糠醛的衍生物，然后再与 α-萘酚缩合成紫色化合物，此反应称为莫利希反应。莫利希反应是鉴别糖类化合物的一种简单方法，大多数单糖、二糖和多糖均能发生此反应。

（3）淀粉的性质：淀粉为多糖，属于非还原糖。在酶或酸的作用下，可以发生水解反应，生成还原糖。采用酸水解时，淀粉为逐步水解，经一系列中间产物，可生成麦芽糖，最终生成葡萄糖。淀粉与碘液反应可显蓝色。水解中间产物、各种糊精与碘液反应可呈不同颜色，可以通过由蓝色—紫色—红色—无色的颜色变化了解淀粉的水解进程。其反应过程可表示为：

$$\text{淀粉} \xrightarrow[H^+]{H_2O} \text{糊精} \xrightarrow[H^+]{H_2O} \text{麦芽糖} \xrightarrow[H^+]{H_2O} \text{葡萄糖}$$

2. 氨基酸、蛋白质的性质

（1）茚三酮反应：α-氨基酸与水合茚三酮作用时，可呈现蓝色。由于蛋白质是由许多 α-氨基酸组成的，所以也可发生此显色反应。

（2）双缩脲反应：蛋白质在碱性溶液中与硫酸铜作用可呈现紫红色，称为双缩脲反应。凡分子中含有 2 个以上—CO—NH—键的化合物，都可发生此反应。蛋白质分子中的氨基酸是以肽键相连的，因此，所有蛋白质都能与双缩脲试剂发生反应。

三、实验用品

仪器：试管、试管夹、烧杯（50 ml）、酒精灯、玻璃棒、点滴板。

试剂：甲酸（1 mol/L）、托伦试剂、费林试剂、班氏试剂、谢利瓦诺夫试剂、莫利希试剂、碘液、硫酸（3 mol/L）、盐酸苯肼 - 醋酸钠溶液、NaOH 溶液（2 mol/L）、浓盐酸、茚三酮溶液（0.1%）、葡萄糖溶液（2 g/L）、果糖溶液（20 g/L）、蔗糖溶液（20 g/L）、乳糖溶液（20 g/L）、麦芽糖溶液（20 g/L）、淀粉溶液（0.5%）、甘氨酸溶液（10 g/L）、谷氨酸溶液（10 g/L）、胱氨酸溶液（10 g/L）、蛋白质溶液（10 g/L）、硫酸铜溶液（0.1 mol/L）、红色石蕊试纸。

四、实验内容

1. 糖的性质

（1）糖的还原性：取 5 支试管，各加入班氏试剂 1 ml，再分别加入 20 g/L 葡萄糖溶液、20 g/L 果糖溶液、20 g/L 蔗糖溶液、20 g/L 麦芽糖溶液、淀粉溶液各 5 滴，摇匀，然后将其置于沸水浴中加热数分钟。待溶液自行冷却后观察现象，并说明原因。

另取 6 支试管，各加入托伦试剂试剂 1 ml，再分别加入 1 mol/L 甲酸溶液、20 g/L 葡萄糖溶液、20 g/L 果糖溶液、20 g/L 蔗糖溶液、20 g/L 麦芽糖溶液、淀粉溶液各 5 滴，摇匀，然后将其置于沸水浴中加热数分钟。待溶液自行冷却后观察现象，并说明原因。

再取 6 支试管，各加入费林试剂试剂 1 ml，再分别加入 1 mol/L 甲酸溶液、20 g/L 葡萄糖溶液、20 g/L 果糖溶液、20 g/L 蔗糖溶液、20 g/L 麦芽糖溶液、淀粉溶液各 5 滴，摇匀，然后将其置于沸水浴中加热数分钟。待溶液自行冷却后观察现象，并说明原因。

（2）糖脎的生成：取 2 支试管，分别加入 2% 葡萄糖溶液和 2% 果糖溶液各 1 ml，再加入新配制的盐酸苯肼 - 醋酸钠溶液 1 ml。将 2 支试管摇匀后，置于沸水浴中加热 30 min。然后取出 2 支试管，自行冷却（请解释原因），此时有黄色结晶生成。取少量结晶，在显微镜下观察糖脎结晶的形状。

（3）显色反应

1）谢利瓦诺夫试验：取 4 支试管，分别加入谢利瓦诺夫试剂（间 - 苯二酚的盐酸溶液）1 ml，再向其中 3 支试管中分别加入 2% 葡萄糖溶液、2% 果糖溶液和 2% 蔗糖溶液各 5 滴，剩余的 1 支试管作为对照。将 4 支试管摇匀后，同时置于水浴中加热 2 min，比较各试管出现颜色的顺序。

2）莫利希反应：取 5 支试管试管，分别加入 20 g/L 葡萄糖溶液、20 g/L 蔗糖溶液、20 g/L 麦芽糖溶液、20 g/L 乳糖溶液、20 g/L 淀粉溶液各 20 滴，再分别加入新配制的莫利希试剂 10 滴。摇匀后，将试管倾斜成 45°，然后沿管壁缓慢加入 20 滴浓硫酸。切勿振荡摇匀，使硫酸沉入管底，并静置试管。注意观察硫酸和糖溶液的界面间是否出现紫红色环，并说明原因。

（4）淀粉的性质：

1）淀粉与碘的显色反应：取 1 支试管，加入淀粉溶液 6 滴和碘液 1 滴，观察有何颜色产生。然后将试管置于沸水浴中加热数分钟，观察有何现象？取出试管并将其放置冷却，观察又有何变化。试解释现象发生的原因。

2）淀粉的水解：取 1 支试管，加入淀粉溶液 5 ml，再加入浓盐酸 3 滴，然后将其置于水浴中煮沸 10 ~ 15 min。加热时，每隔 5 min 用吸管吸出 1 滴反应液并滴在白瓷点滴板上，再滴加碘液 1 滴，观察结果。待反应液不再与碘液反应并显色时，再加热煮沸 5 min 左右。将反应液放置冷却后，用 2 mol/L NaOH 溶液滴加中和（用红色石蕊试纸检查），然后加入班氏试剂

5～10滴，然后将试管置于水浴中煮沸2～3 min，观察结果。与未水解的淀粉溶液做对照试验，比较现象有何不同。

2. 氨基酸和蛋白质的性质实验

（1）蛋白质的沉淀：取2支试管，分别进行编号，然后各加入1 ml蛋白质溶液，再向2支试管中分别加入饱和硫酸铜溶液、碱性醋酸铅溶液2～3滴。观察是否有蛋白质沉淀析出。

（2）蛋白质与生物碱试剂反应：取1支试管，加入0.5 ml蛋白质溶液，并滴加5%乙酸溶液使之呈酸性，然后加入饱和苦味酸溶液，直至沉淀析出为止。

（3）蛋白质的双缩脲反应：取1支试管，加入蛋白质溶液2 ml和2 mol/L NaOH溶液2 ml，混合均匀后，再加入3～5滴0.1 mol/L硫酸铜溶液，边加边振荡摇匀。观察有什么颜色产生。

（4）氨基酸的茚三酮反应：取4支试管，分别加入10 g/L甘氨酸溶液、10 g/L谷氨酸溶液、10 g/L胱氨酸溶液和10 g/L蛋白质溶液各1 ml，再分别滴加2～3滴1 g/L茚三酮溶液。然后将试管置于水浴中加热煮沸3 min，观察有何现象发生。

五、注意事项

1. 淀粉溶液 常用浓度为0.5%。淀粉溶液的配制方法：在天平上称取0.5 g可溶性淀粉，将其溶于100 ml小烧杯中，用少量水搅匀后，加入100 ml沸水中搅匀，达到完全溶解，即可使用（如需久置，则可放入硼酸等防腐剂）。

2. 费林试剂、班氏试剂和莫利希试剂 不可久置，需要在实验前临时配制。

六、问题与思考

1. 试从结构上分析甲酸为什么具有还原性。
2. 如何鉴别还原糖和非还原糖？
3. 氨基酸能否发生双缩脲反应？为什么？

（宋煜伟）

实训八 格氏试剂的制备

一、实验目的

1. 了解格氏试剂的制备及进行格氏反应的条件和操作方法。
2. 巩固回流等操作技能。
3. 学习简单的无水条件反应操作技术。

二、实验原理

卤代烷烃与金属镁在无水乙醚中反应，可生成烃基卤化镁（简称格氏试剂）。其反应式为：

$$\text{n-C}_4\text{H}_9\text{Br} + \text{Mg} \xrightarrow{\text{无水乙醚}} \text{n-C}_4\text{H}_9\text{MgBr}$$

由于水和氧可以破坏格氏试剂，故制备反应必须在无水和无氧条件下进行。

所用仪器和试剂必须充分干燥，以乙醚作为溶剂，可以借助乙醚的挥发性赶走空气。由于格氏反应为放热反应，所以制备时必须先加少量卤代烃和镁屑反应，用碘引发反应后再滴加余下的卤代烃，且滴加速度不能太快。应保持乙醚溶液微沸，否则可能造成爆沸而使反应物溅出。若卤代烃局部浓度过高，则可导致较多偶联副产物生成。

三、实验用品

仪器：铁架台、100 ml 三颈烧瓶、磁力搅拌器、铁夹、回流冷凝管、滴液漏斗（均需充分干燥）、干燥管、烧杯、空心塞等。

试剂：3.1 g（0.13 mol）镁条，17 g（13.5 ml，约 0.13 mol）正溴丁烷，无水乙醚、碘片。

四、实验内容

（一）制备装置的安装

制备装置由恒温磁力搅拌器、三颈烧瓶、恒压滴液漏斗、球形冷凝管和干燥管组成。仪器安装的原则是以搅拌器作为基本高度，先下后上，先左后右。制备装置如图 2 所示。

制备装置的安装步骤为：

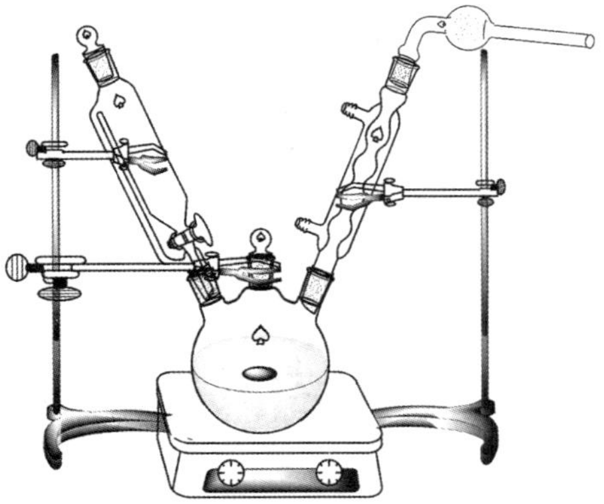

图 2　制备装置图

1. 根据恒温磁力搅拌器的高度，将三颈烧瓶固定在铁架台的铁夹上。将铁夹夹在三颈烧瓶中间支管上部的瓶颈处，并用空心塞将烧瓶中间的支口塞好。

2. 用另一个铁夹固定恒压滴液漏斗。将铁夹夹在滴液漏斗的中部，并调整滴液漏斗的位置，使漏斗与三颈烧瓶的左侧支口紧密连接。

3. 用另一铁架台固定冷凝管。将铁夹夹在冷凝管中部，并调整冷凝管的位置，使冷凝管与蒸馏烧瓶的右侧支口紧密连接，并在冷凝管上口安装氯化钙干燥管。

（二）格氏试剂的制备

1. 取打磨光滑并除去氧化膜的镁条 3.1 g，将其剪成细片。然后将镁屑加入烧瓶中，并加入一粒干燥的磁力搅拌器、一小粒碘片及 10 ml 无水乙醚。

2. 在恒压滴液漏斗中加入 13.5 ml 正溴丁烷和 10 ml 无水乙醚，并用空心塞将恒压滴液漏斗上口塞住。

4. 向三颈烧瓶内滴入 3 ~ 4 ml 混合液，然后静置（注意：此时应保持溶液静止，切勿开动磁力搅拌器。因为搅拌会使碘快速溶解，局部碘浓度降低，导致难以引发格氏试剂制备反应）。数分钟后，即见溶液呈微沸状态，溶液的棕色褪去。从冷凝管上口加入 6 ml 无水乙醚。

5. 缓慢开动搅拌，向烧瓶中滴加剩余的溴代正丁烷乙醚溶液，滴加速度约为 1 滴 / 秒（约 25 min 滴加完毕，水浴温度控制在 30 ~ 35℃）。滴加完毕，将水浴温度升至 40℃，然后继续回流至镁完全溶解。

五、注意事项

1. 镁屑不宜长期存放。长期存放的镁屑，需用 5% 盐酸溶液浸泡数分钟，抽滤后，依次用水、乙醇和乙醚洗涤，并干燥。
2. 实验采用简易密封。
3. 实验所用仪器、药品必须充分干燥。
4. 注意控制滴加速度和反应温度。
5. 使用低沸点物质乙醚时，要远离火源，防止外泄，注意安全。

六、问题与思考

1. 为什么使用的药品和仪器均需绝对干燥？应采取什么措施？
2. 反应开始前，加入大量正溴丁烷有何不妥？
3. 反应若不能立即开始，则应采取什么措施？
4. 本实验可能会有哪些副反应，应如何避免？

（李　刚）

实训九　阿司匹林的制备

一、实验目的

1. 掌握乙酰水杨酸（即阿司匹林）的合成原理及主要性质。
2. 巩固重结晶和抽滤等有机合成中常用的基本操作。
3. 了解乙酰水杨酸中杂质的来源以及定性检测方法。

二、实验原理

阿司匹林，化学名为乙酰水杨酸，熔点约为 135℃，为针状或板状结晶，微溶于水而易溶于乙醇，一般通过水杨酸的乙酰化反应来制备。常用的酰化试剂有乙酰氯、乙酸酐和冰醋酸。前两者一般用于实验室合成，后者用于工业合成。本实验选用乙酸酐作为乙酰化试剂。其合成原理是：

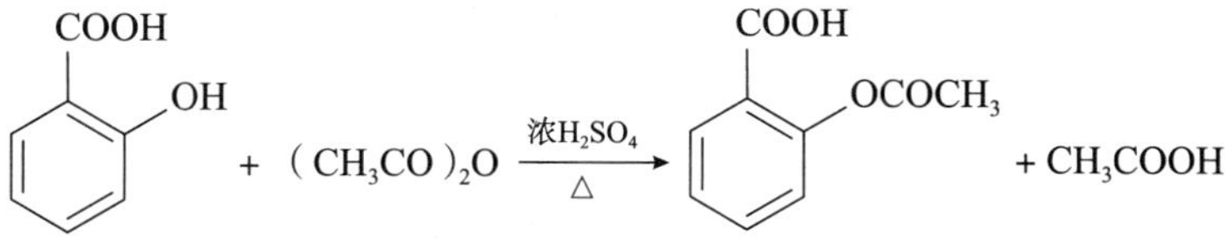

由于水杨酸分子中的羟基和羧基可以形成分子内氢键，对乙酰化反应不利，因此常加入浓硫酸或浓磷酸，以破坏分子内氢键，从而保证酰化反应顺利进行。

反应过程中，可能因水杨酸分子之间发生缩聚反应而生成聚合物。

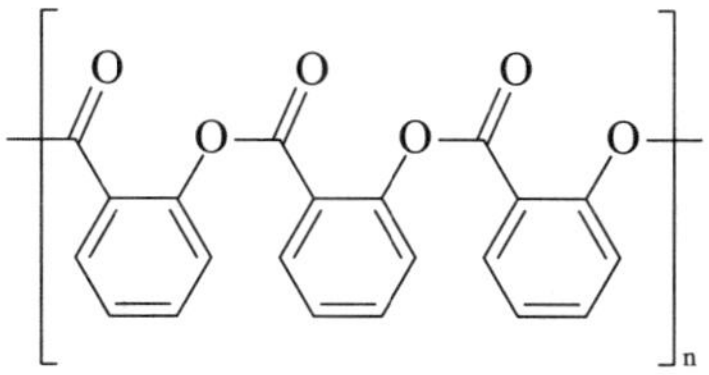

可以利用阿司匹林可溶于碱而聚合物不溶的性质将其分离，然后再加入酸，以恢复阿司匹林分子中的羧基结构。其反应式为：

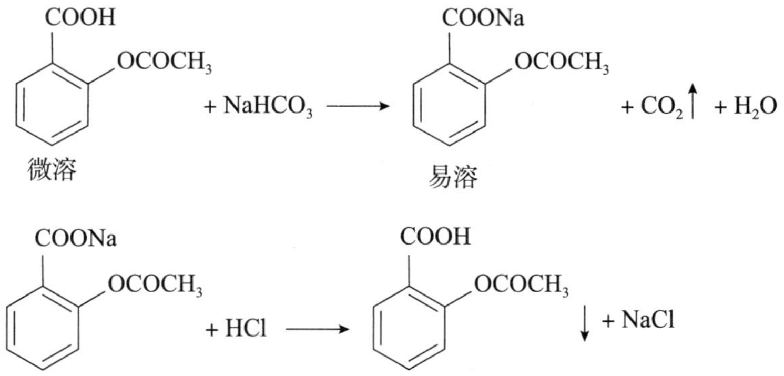

其他副产物包括水杨酸酐、双水杨酯（水杨酰水杨酸）和乙酰水杨酰水杨酸等。最后，纯化后的产物可以用三氯化铁检测是否有未参加反应的残留水杨酸。

三、实验用品

仪器：三口烧瓶、圆底烧瓶、蒸馏头、冷凝管、接液管、锥形烧瓶、恒压滴液漏斗、温度计套管和温度计、抽滤瓶，真空泵、烧杯、磁力搅拌器、电加热套、恒温水浴锅、干燥箱、橡胶管。

试剂：水杨酸、乙酸酐、浓硫酸、饱和碳酸氢钠溶液、6 mol/L HCl 溶液、95% 乙醇溶液、0.06 mol/L 三氯化铁溶液、蒸馏水、冰块。

四、实验内容

1. 乙酸酐的精制 取乙酸酐 25 ml，将其加入干燥的圆底烧瓶中，然后安装蒸馏装置进行蒸馏精制，收集 139 ~ 140℃的馏分备用。

2. 合成 取 10 g 水杨酸，将其加入干燥的三口烧瓶中，放入磁力搅拌器，然后安装冷凝管、温度计和恒压滴液漏斗。将温度计插入至接近底部的位置，在缓慢搅拌下，通过恒压滴液漏斗逐滴加入 14 ml 精制的乙酸酐和 5 滴浓硫酸的混合物。待混合液增多后，可稍加快搅拌速度，至其完全溶解后，继续在缓慢搅拌下用 80℃的水浴加热。将反应体系的温度控制在 80 ~ 85℃，反应 20 min。

3. 冷却、结晶 停止加热，稍冷却后向反应体系中加入 10 ml 蒸馏水，以分解剩余的乙酸酐。然后将反应液倒入含有 150 ml 冷水的烧杯中，再用 10 ml 蒸馏水洗涤烧瓶，并将洗涤液合并到冷水烧杯中。之后将烧杯置于冰水浴中冷却 20 min，使乙酰水杨酸结晶析出。

4. 分离、提纯 抽滤，并用少量冰水冲洗。抽干后可得到粗品阿司匹林。将粗品转移至 100 ml 烧杯中，边搅拌边加入适量饱和碳酸氢钠溶液，直至无 CO_2 放出，且溶液呈中性或弱碱性。抽滤，除去不溶物，然后将滤液转移至 100 ml 烧杯中，再少量多次加入 6 mol/L HCl 溶液约 40 ml，直至其 pH 值为 2 ~ 2.4。在将烧杯置于冰水浴中冷却结晶后抽滤，并用冷水洗涤后抽干。

5. 干燥、称重 将晶体置于干燥箱中干燥 12 h，然后称重，计算收率。

6. 产品纯度检测 取数粒乙酰水杨酸结晶并加入试管中，加入 95% 乙醇 2 ml 溶解后，再滴入 1 滴 0.06 mol/L 三氯化铁溶液，观察是否有颜色变化。

五、注意事项

1. 乙酸酐的质量对于合成十分重要，因此建议使用新蒸馏的乙酸酐，但必须在通风良好的条件下进行。

2. 蒸馏乙酸酐和乙酰水杨酸的合成过程均应注意严格无水条件。

3. 向水杨酸中加入乙酸酐和浓硫酸的混合液时一定要缓慢，否则容易因局部过热而碳化，造成产品颜色发黄。

4. 反应温度需要严格控制，温度过低则不发生反应，温度过高则容易导致副产物生成增加。

5. 合成结束后，向反应体系中加入蒸馏水，以破坏乙酸酐。由于乙酸酐水解可放出大量的热，因此需要控制加水的速率，防止蒸气溢出时使溶液溅出。必要时可在冷却条件下进行这一步加水操作。

6. 加入饱和碳酸氢钠溶液时速度不要过快，以免产生的气体过多而导致溶液溢出。

六、问题与思考

1. 能否用高纯磷酸替代浓硫酸，有哪些利弊？

2. 如何检测最终产品的纯度？如果纯度不理想，应如何处理产品，以提高产品纯度？

3. 计算收率时，应以水杨酸的用量为标准还是以乙酸酐的用量为标准？

（李　刚）

实训十　香豆素-3-羧酸的合成

一、实验目的

1. 掌握 Perkin 合成法的反应原理和芳香族羟基内酯的合成方法。

2. 熟练掌握重结晶的操作技术。

二、实验原理

香豆素又称1,2-苯并吡喃酮，为白色晶体或结晶粉末，存在于很多天然植物中，以及薰衣草和桂皮的精油中。香豆素具有香茅草的香气，是重要的香料，常用作定香剂，用于配制香水、花露水香精。香豆素的衍生物除可用作香料外，还可用作农药、杀鼠剂和医药用品等。天然植物中的香豆素含量非常少，大多是通过合成得到的。1868年，Perkin用邻羟基苯甲醛（水杨醛）与乙酸酐、乙酸钠共同加热后制得香豆素，该方法称为Perkin合成法。反应原理是：水杨醛和乙酸酐先在碱性条件下进行缩合，经酸化后生成邻羟基肉桂酸，再在酸性条件下闭环形成香豆素。

本实验采用改进方法来合成香豆素-3-羧酸，即用水杨醛和丙二酸二乙酯在有机碱的催化作用下，在较低的温度条件下合成香豆素的衍生物。这种合成方法称为Knoevngel反应，是对Perkin合成法的一种改进。也就是水杨醛与丙二酸二乙酯在六氢吡啶的催化作用下，缩合生成中间体香豆素-3-甲酸乙酯。香豆素-3-甲酸乙酯经加碱后水解，其酯基和内酯均被水解，然后经酸化再次闭环形成内酯，即可制得香豆素-3-羧酸。

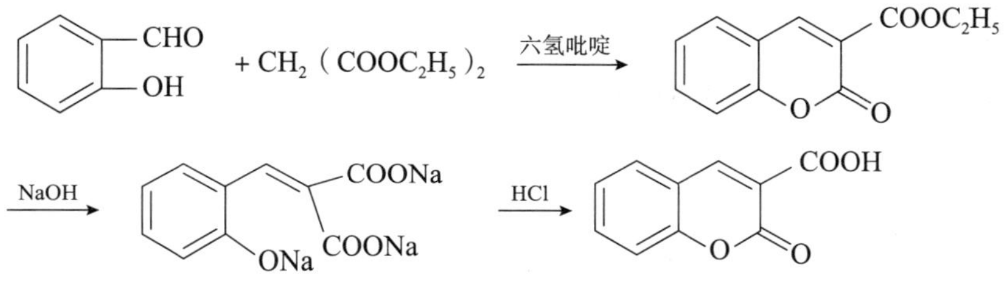

三、实验仪器与试剂

仪器：分液漏斗（500 ml）、恒压滴液漏斗、布氏漏斗、旋转蒸发仪、电动搅拌器、水浴锅、圆底烧瓶（50 ml）、球形冷凝管、干燥管、玻璃水泵、电热干燥箱、温度计（0～300℃）、滴液漏斗（60 ml）、电子天平、烧杯（500 ml）、量筒（100 ml）。

试剂：水杨醛2.2 g（1.9 ml，0.018 mol）、丙二酸二乙酯3.3 g（3.1 ml，0.0207 mol）、无水乙醇、95%乙醇溶液、六氢吡啶溶液、冰醋酸溶液、浓盐酸、氢氧化钠溶液、无水氯化钙。

四、实验内容

1. 香豆素-3-甲酸乙酯的制备 在干燥的50 ml圆底烧瓶中，依次加入1.9 ml水杨醛、3.1 ml丙二酸二乙酯、12.5 ml无水乙醇、0.2 ml六氢吡啶溶液，再加入1滴冰醋酸溶液，并加入数粒沸石，然后装上配有无水$CaCl_2$干燥管的回流冷凝管。将烧瓶在水浴中加热回流2 h。待稍冷却后，再将反应液倒入烧杯中，加入14 ml蒸馏水，置于冰浴中冷却，能观察到有结晶析出。待结晶完全析出后，再进行过滤。每次均用约2 ml冰冷的50%乙醇溶液洗涤晶体，洗涤2～3次。制得的白色晶体为香豆素-3-甲酸乙酯的粗产物，经干燥后称重约2.8 g，熔点约为92℃。粗产物可再用25%乙醇溶液重结晶。纯香豆素-3-甲酸乙酯的熔点为93℃。

2. 香豆素 -3- 羧酸的制备 在 50 ml 圆底烧瓶中加入上述步骤制得的 2 g 香豆素 -3- 甲酸乙酯，1.5 g NaOH，10 ml 95% 乙醇溶液和 5 ml 蒸馏水，再加入数粒沸石。装上冷凝管，经水浴加热使酯溶解后，继续加热回流 15 min。然后停止加热，将反应瓶置于温水浴中，用滴管吸取温热的反应液，并将其滴入盛有 5 ml 浓 HCl 和 25 ml 蒸馏水的锥形瓶中。边滴边摇动锥形瓶，能观察到有白色的结晶析出。滴完之后，用冰水浴冷却锥形瓶，使结晶完全。然后抽滤晶体，并用少量冰水洗涤、压紧、抽干。干燥之后得到的产物重约 1.4 g，熔点为 188.5℃。粗品可用水进行重结晶。纯香豆素 -3- 羧酸的熔点为 190℃（分解）。

五、注意事项

1. 缩合反应的时间非常重要，时间过短，则反应进行不完全；时间过长，则反应的副产物会增多，也会影响酯的产率，并且会增加之后的处理难度。

2. 加入冰醋酸的目的 向反应体系中加入 1 滴冰醋酸溶液后，反应即可在较低的温度条件下进行，而且能缩短反应时间。

3. 抽滤时，应使用 2 层滤纸。

六、问题与思考

如何利用香豆素 -3- 羧酸制得香豆素？

（王英玲）

主要参考文献

1. 黄怡 . 有机化学 . 北京：科学出版社，2018.
2. 董先明，杨卓鸿，罗颖 . 有机化学 . 北京：科学出版社，2017.
3. 汪小兰 . 有机化学 . 北京：高等教育出版社，2017.
4. 吉卯祉 . 有机化学 . 北京：科学出版社，2021.
5. 刘郁，刘焕 . 有机化学 . 北京：化学工业出版社，2019.
6. 曹晓群 . 有机化学 . 北京：人民卫生出版社，2015.
7. 陆阳 . 有机化学 . 北京：人民卫生出版社，2018.
8. 王志江 . 有机化学 . 北京：人民卫生出版社，2018.
9. 李柱来 . 有机化学 . 北京：人民卫生出版社，2013.
10. 李柱来 . 有机化学实验 . 北京：人民卫生出版社，2018.
11. 李玲 . 有机化学 . 武汉：华中科技大学出版社，2021.
12. 郑敏燕 . 有机化学实验指导 . 北京：科学出版社，2019.